游戏设计入门
从创意策划到工程实践

李红松 马明阳 梅浩楠 著

U0377277

人民邮电出版社

北 京

图书在版编目（CIP）数据

游戏设计入门：从创意策划到工程实践 / 李红松,
马明阳, 梅浩楠著. -- 北京 : 人民邮电出版社, 2025.
ISBN 978-7-115-65426-7

I. TP311.5

中国国家版本馆 CIP 数据核字第 2024TL9404 号

内 容 提 要

本书是艺术专业和工程专业都可以使用的游戏设计入门图书，对游戏设计的方法、流程和技术进行了全面的介绍。本书分为 4 个部分，共 14 章。第一部分介绍游戏研究理论、分类和游戏引擎等基础知识；第二部分根据游戏分析框架，组织游戏策划工作，详细讲解从简单的创意到形成完整的游戏策划文档的全过程；第三部分讲解如何基于游戏策划内容完成一个游戏原型系统，并利用网络资源和AIGC 工具制作部分游戏素材；第四部分介绍在进入游戏行业之前需要了解的事项。

本书适合游戏设计相关专业的师生使用，也适合对游戏开发有兴趣的爱好者自学使用。

- ◆ 著　　　　　李红松　马明阳　梅浩楠
　　责任编辑　孙亦珣
　　责任印制　陈　犇
- ◆ 人民邮电出版社出版发行　　北京市丰台区成寿寺路 11 号
　　邮编　100164　电子邮件　315@ptpress.com.cn
　　网址　https://www.ptpress.com.cn
　　涿州市京南印刷厂印刷
- ◆ 开本：787×1092　1/16
　　印张：22　　　　　　　　　　　　2025 年 1 月第 1 版
　　字数：553 千字　　　　　　　　 2025 年 1 月河北第 1 次印刷

定价：79.80 元

读者服务热线：(010)81055410　印装质量热线：(010)81055316
反盗版热线：(010)81055315
广告经营许可证：京东市监广登字 20170147 号

前 言
PREFACE

为什么要编写这本教材？

作为一名从2011年开始讲授游戏设计课程的教师，编写这本教材是我的一个夙愿。游戏设计出现在我国大学课堂上的历史并不长，开始于2005年前后。在我2011年开始讲授"游戏设计概论"课程的时候，完整的游戏设计教育体系在国内外都还没有出现，因此从事游戏教育的教师都在按照自己的理解进行探索。这种探索直到今天也没有结束。2018年，北京理工大学计算机学院和软件学院合并之后，我讲授的课程由"游戏设计概论"改为"游戏设计与开发"，一直到现在。在这期间，我还为北京交通大学软件学院的留学生讲授过全英文的"游戏设计概论"课程。在讲授这两门课程期间，我为学生推荐的教材列表一直在变化，学生也能够接触到越来越多的国内外优秀教材。同时，我越来越感受到需要一本新的教材来指导学生的学习和游戏设计工作，主要有以下几个原因。

（1）填补理论与实践之间的空白。

每个参与游戏设计项目的学生，都遇到过如何将设计原则应用于游戏设计工作的问题。各种游戏设计图书中介绍的游戏设计方法和原则来源于具有真实游戏项目工作经验的游戏设计师，对游戏设计工作具有重要的指导意义。将这些凝结了游戏行业几十年实践经验的设计方法和原则介绍给第一次接触游戏设计的学生，学生依然不清楚如何着手游戏设计工作。课后经常会有学生告诉我，他们听完课以后认为这些设计原则很重要，但是实际进行游戏设计时还是在凭感觉工作，他们完成的游戏设计作品和原型依然会违反这些设计原则。教学实践告诉我们，设计原则虽然可以帮助我们判断一个设计作品的质量，但是不会告诉我们如何设计出合格的作品。对初学者来说，他们更需要设计指南（Guideline），而不只是设计原则（Principle）。这个指南需要具体地描述一个游戏设计项目包含哪些工作内容，以及这些工作内容是如何一步一步完成的。在游戏设计项目推进的过程中，设计原则用于为每一项具体的设计工作提供指导，或者提供一些可能的设计选择让游戏设计师参考。为了填补理论与实践之间的空白，本书提供了一个完整的游戏设计案例，逐步介绍每个部分的设计内容是如何产生的，以及需要遵循何种原则。这个案例从一个游戏创意开始，以一个游戏原型为最终结果。我希望这种内容安排能够给初学者更多的帮助和启发，使第一次完成游戏设计工作的学生能够有一个更加具体的工作指南。富有创意的游戏不会通过一个相对固定的工作流程产生，在实际游戏设计工作中也不可能有一种标准的游戏设计方法，本书提出的设计方法和设计流程主要面向游戏设计的初学者。

（2）帮助非艺术设计专业的学生享受游戏制作的乐趣。

设计和制作游戏应该是一件很快乐的事，但是对非艺术设计专业的学生来说，有些障碍需要克服。我讲授的课程主要面向计算机科学和软件工程专业的本科生，也开放给所有信息科学方向的本科生。在很多开设游戏设计相关课程的高校，游戏设计课程通常面向设计专业的本科生，要求这些学生具有一定的绘画和造型设计基础。对理工科学生来说，游戏设计工作中需要的原画设计、场景设计和角色造型设计等游戏艺术设计工作往往是难点，设计过程中需要的游戏素材往往很难在有限的时间内制作完成。这个问题有时会阻碍这些学生享受设计和制作游戏的乐趣。在这种情况下，指导学生充分利用互联网上可以获得的游戏素材完成游戏设计工作就成为一种折中的选择。目前，互联网上存在丰富的游戏素材，可以用于教学目的的游戏设计项目。这些容易获得的游戏素材包括平面图、3D模型、音乐、音效、动画等种类，并覆盖现实、科幻、魔幻、中世纪、中式、日式、西式等各种不同的时代和文化背景。在Unity游戏引擎（又称团结引擎）和Unreal Engine（又称虚幻引擎）的游戏素材线上商店以及很多网上游戏素材库中，琳琅满目的游戏素材可以充分满足各种类型游戏的设计工作需要。因此本书会介绍如何通过互联网获得和挑选游戏设计工作中需要的游戏素材，并将这些素材用于制作游戏原型。这种方式可以帮助没有艺术设计背景的理工科学生学习游戏设计，毕竟成为游戏设计师也是很多理工科学生的梦想。

（3）帮助准备进入游戏行业的学生探索AIGC工具。

从2023年开始，AIGC（Artificial Intelligence Generated Content）技术的出现为游戏设计工作提供了新的工具。深度学习在学术界蓬勃发展了10年以后，以一种出人意料的方式进入了游戏行业。在业界的大力推动下，不同类型的深度学习模型被尝试与传统技术行业结合，在非常短的时间内完成了从算法到应用的转变。游戏行业的传统技术路线也受到了挑战。传统的游戏制作技术会不会被取代？传统的游戏工作岗位是不是会被取代？这是目前所有游戏从业人员都在思考的问题。在编写本书的过程中，我们尝试利用现有的AIGC工具完成部分游戏创意和制作任务，希望对读者有所启发。我们的实践结果证明：至少在游戏的剧本设计、原画设计、音乐制作和角色配音等领域，AIGC技术已经能够用于制作一些可以接受的游戏设计内容和游戏素材，同时工作效率能够得到很大的提高。其他一些AIGC技术方向目前还在探索过程中，包括AI生成3D模型和贴图、AI生成动画、AI生成角色对话等，目前还达不到可以直接应用的水平，AI生成的内容与人类制作的内容相比缺陷依然明显。考虑到当前这些方向的技术发展速度，我们有希望在几年之内看到AIGC技术生成的大量游戏素材，甚至出现完整的AI生成游戏作品。当AIGC技术发展到这样一个关键转折点时，游戏行业可能会被这样的技术进步重新塑造。这样的技术进步既是机会也是挑战。希望本书的内容能够帮助准备进入游戏行业的学生探索AIGC工具，跟踪技术前沿，更好地迎接新的技术挑战。

（4）学生的学习热情。

我在讲授"游戏设计概论"和"游戏设计与开发"课程的过程中，有幸认识了很多对游戏设计有热情的学生。其中有些学生后来成为我的研究生，有些学生毕业后进入游戏企业工作，有些学生则从本科阶段开始制作独立游戏并开启了创业历程。他们在学习游戏设计过程中展现出来的热情是我在其他课程教学过程中很少见到的，也许这就是把学习和兴趣统一起来后激发出来的学习热情吧。很多同学喜欢在课后与我讨论自己的游戏创意，并在游戏设计和原型制作工作中投入大量的时间和精力。他们提交的设计作品创意十足且制作精良，完成这些设计作品需要的工作量远超一门专业课的平均工作量水平。正是这样的学习热情敦促我不断改进教学内容和教学方法，这本书也是献给他们的。

本书的结构

本书包括以下4个部分。

● 游戏基础知识。

● 游戏创意与策划。

● 游戏原型与测试。

● 准备进入游戏行业。

"游戏基础知识"部分是游戏设计工作的准备知识，包括一些成熟的游戏研究理论、游戏分析框架、游戏分类和游戏项目工作流程简介，这些理论知识形成了游戏设计工作的理论基础。我们还为没有游戏引擎编程经验的读者简单地介绍Unity游戏引擎的相关知识，已经对游戏引擎编程比较熟悉的读者可以跳过这个部分。

"游戏创意与策划"部分首先介绍游戏创意的工作内容和工作流程，创意工作目标是完成一个游戏概念设计文档。然后参考富勒顿游戏分析框架，将策划工作分为3个步骤，分别是戏剧元素的详细设计、形式元素的详细设计和动态元素的详细设计，并分别对这3个步骤的游戏策划工作进行详细

的介绍，策划工作目标是完成一个游戏策划文档。这是本书的一个重要特点，即根据游戏分析框架组织游戏策划工作。"游戏原型与测试"部分介绍如何基于游戏策划内容完成一个游戏原型系统。在开始游戏原型制作之前，首先进行游戏素材的准备工作，包括利用网络资源和AIGC工具制作部分游戏素材。然后基于Unity游戏引擎，详细介绍游戏原型的制作过程。最后通过介绍游戏测试技术，引导读者对完成的游戏原型进行评估和测试，并根据测试结果对游戏策划内容和游戏原型进行改进。

本书的第二、三部分形成一个闭环工作流程，完成了一个游戏项目的创意、策划、原型系统制作和原型测试工作，体现了游戏设计工作"设计—实现—测试—再设计"的迭代过程。

本书的第四部分为准备进入游戏行业的学生提供了一些游戏行业背景知识，包括游戏产业现状、人才需求和相关管理政策等内容。有志于进入游戏行业的读者可以根据人才需求有目的地选择岗位和学习所需的知识。

由于篇幅限制，本书没有提供详细的游戏引擎编程教学内容。相关的教学资源在互联网上有很多。建议没有游戏引擎编程经验的读者在开展游戏原型开发工作之前至少完成20小时的游戏引擎学习，可以选择网络视频教程或游戏引擎厂家提供的官方RPG制作案例进行自学。关于游戏引擎的选择，尽管本书使用Unity游戏引擎作为开发工具，但是其他游戏引擎完全可以用于开发本书的游戏原型系统。教师在实际教学过程中，如果课程的学时充足，则可以将游戏引擎编程的相关内容加入教学内容中；如果学时不够，则可以将该部分内容转为学生自学内容。

李红松

目录
CONTENTS

第 7 章 游戏策划阶段之戏剧元素的详细设计

第 8 章 游戏策划阶段之形式元素的详细设计

第 9 章　游戏策划阶段之动态元素的详细设计

第三部分　游戏原型与测试

第 10 章　游戏素材准备

第一部分

游戏基础知识

在开始游戏创意与策划工作之前，首先介绍一些读者需要的基础知识，大致包括游戏的基本概念、游戏项目工作流程和游戏技术基础知识等。

与游戏相关的理论研究起源于20世纪80年代，不同学科的学者从不同角度研究了游戏的基本元素、玩家群体的特点、玩家群体分类、玩家心理状态和游戏分析框架等。这些理论构成了游戏设计工作的理论基础。这一部分将介绍一些最重要的理论。

在实践方面，这一部分将概述游戏设计与开发的完整工作流程，并基于富勒顿框架提出一个游戏策划工作流程。这个工作流程可以认为是在本书前言中提到的设计指南，用于指导读者从理论出发循序渐进地开展游戏策划工作。这个工作流程覆盖了一个完整的游戏项目的前半部分，包括在全面开展游戏开发之前应该完成的主要工作内容。这个游戏策划工作流程的详细内容将在第二部分介绍。

这一部分的最后将以游戏引擎为核心介绍游戏技术基础知识。

第1章
游戏的基本概念

第1章介绍一些游戏的基本概念，以及一些著名的游戏研究成果，作为游戏教育的理论基础。特别是游戏分析框架这部分知识，对于游戏的创意与设计有重要的指导意义。

1.1　什么是游戏

在游戏盛行的今天，我国有超过8亿的游戏玩家。我们需要把游戏看作一种重要的社会现象和文化现象进行深入的研究。在介绍计算机游戏之前，我们先介绍广义的游戏。

游戏是一种社会现象，随着人类文明的发展而不断演化。今天的儿童依然在玩着我们小时候玩的游戏，比如捉迷藏，如图1-1所示。很多儿童游戏是跨文化和种族的。成人也会参与游戏活动，很多棋牌类的桌游在世界各地广泛流传。因此，游戏是人类的一种本能，被认为是人类最初的学习方式和消耗过剩的时间与精力的方式。

图 1-1 捉迷藏

不同的学科从不同的角度对人类游戏行为都有很深入的研究。柏拉图认为"游戏是一切幼体（动物的和人的）生活和能力提升需要而产生的有意识的模拟活动"。这个定义来自生物学的角度，通过对儿童游戏行为的观察，指出游戏的目的是训练成年后所需的生存技能。教育学领域的专家也认可游戏对儿童认知和身体发展的重要性。亚里士多德认为"游戏是劳作后的休息和消遣，本身不带有任何目的性的一种行为活动"。这个定义来自社会学的角度，突出游戏的娱乐性。按照社会结构和价值观来评价：游戏与工作是对立的，游戏的成果是无用的，游戏的目的在于过程；工作的成果是有用的，工作的目的在于结果。其他研究领域，包括人类学、心理学、语言学等领域，都从不同的角度定义和解读游戏。这些研究从不同的角度完善了人们对游戏这个人类行为的认识。

约翰·胡伊青加（Johan Huizinga）在他的著作《人：游戏者》中对游戏的标准定义：游戏是一种自愿参加，介于信与不信之间有意识的自欺，并映射现实生活，跨入了一种短暂但完全由其主宰的，在某一种时空限制内演出的活动或活动领域。

1.2　游戏的基本元素

游戏包含4个基本要素：娱乐性、虚构情节、游戏规则、玩家目标。

游戏必须要有**娱乐性**。在游戏中，娱乐性可以来自游戏的很多个方面。游戏玩家的喜悦有时来自取得胜利，有时来自与伙伴分享体验，有时来自游戏结果的偶然性因素。由于游戏没有像工作一样的强制性和压力，因此游戏过程中玩家的体验是轻松的和愉悦的，身体也处于放松和自由的状态。游戏的娱乐性决定了游戏玩家会主动参与游戏。儿童的游戏行为最能揭示游戏的娱乐性。尽管这似乎是一个明显的事实，很多游戏设计的初学者在设计过程中往往会忽视游戏的这个基本要素。

游戏中要包括一定的**虚构情节**。通常游戏玩家需要在大脑中虚构一个现实元素，它可以对应现实世界中的某个元素，例如小孩子玩的打仗游戏中的玩具枪。虚构的游戏元素可以是一个与现实世界规则不同的虚拟世界，可以是一个虚拟的角色，也可以是一种特殊的因果关系，等等。游戏玩家通过想象来补充现实场景中的其他元素。这种虚构的游戏元素可以是非常简单的，例如儿童在地上画条线就可以虚构一个不可逾越的边界；也可以是非常复杂的，例如在计算机游戏中构建的整个魔幻世界。

游戏要求游戏玩家遵守一定的**规则**。这些规则必须明确地定义游戏玩家应如何玩游戏。规则通常是显式的，语言清晰明了且不能相互矛盾；有时部分规则是隐式的，没有直接说明，但是游戏玩家同样应该遵守。游戏规则可以是某种义务，即游戏玩家必须要做到的事；可以是某种许可，即游戏玩家被允许做的事；也可以是某种禁令，即游戏玩家不允许做的事。

游戏玩家需要达成一个**目标**。游戏的目标通过游戏规则来定义，有不同的形式。有的目标定义胜利的条件，即游戏玩家为了赢得游戏需要做到的事；有的目标定义防止失败的条件，即游戏玩家为了不输掉游戏需要避免的事。目标提供了让游戏玩家持续其游戏行为的推动力。同时，只有使游戏玩家不能轻松地实现目标，游戏才具备挑战性。这些挑战来自其他游戏玩家、游戏的环境、游戏的规则、玩家的能力等。

视频游戏和计算机游戏都是游戏概念的发展，是具有交互性的数字媒体艺术形态，同样符合游戏的定义并包含游戏的4个基本要素。视频游戏（Video Game）通常指运行在家用游戏机（家用主机）和街机等专用游戏平台上的游戏；计算机游戏（Computer Game）指运行在通用计算机平台，包括个人计算机、平板电脑和智能手机上的游戏。本书统一将视频游戏和计算机游戏称为游戏，只在必要情况下才做区分。

1.3　游戏玩家群体研究

游戏玩家群体特征的研究已经成为游戏研究的重要领域，包括玩家的心理驱动力、玩家的分类、不同类型玩家的特征、玩家间的互动和合作、玩家的心理健康、影响游戏玩家的社会文化因素、新技术对玩家的体验和行为的影响等方面。本节选择部分重要的研究结果进行介绍，这些研究结果对游戏设计工作都有直接的帮助。

1.3.1　人们为什么玩游戏

理解人们为什么玩游戏对于理解游戏设计的基本原则非常重要。只有理解了人们玩游戏的心理驱动力，才能设计出能打动游戏玩家的游戏作品。在游戏设计过程中，至少要把一类游戏激励因素或一类激发玩家情感的关键因素作为游戏设计工作的主要目标，很多成功的游戏包括不止一种类型的游戏激励因素。

游戏分析咨询公司Quantic Foundry基于大量的玩家数据研究了玩家的激励和行为模式。他们提出了一个名为"玩家动机模型"（Gamer Motivation Model）的玩家分类系统，该模型考虑了玩家在游戏中寻求的不同激励和满足感。Quantic Foundry的游戏激励因素大致分为以下六大类。

● **动作（Action）因素：** 这类玩家喜欢快速的、与人机交互相关的挑战，如手眼协调和反应。可以细分如下。

刺激：寻求快节奏、高度刺激的游戏体验。

战斗：喜欢物理战斗和战争。

● **社交（Social）因素：** 这类玩家喜欢与其他玩家互动。可以细分如下。

合作：与其他玩家合作完成任务。

竞争：与其他玩家竞争，力求上位。

● **精通（Mastery）因素：** 这类玩家喜欢策略和挑战。可以细分如下。

挑战：喜欢高难度的挑战和任务。

策略：喜欢深度的思考和计划。

● **创造（Creativity）因素：** 这类玩家喜欢在游戏中创造和自定义。可以细分如下。

发现：探索游戏世界，发现新事物。

设计：自定义游戏角色和环境。

● **成就（Achievement）因素：** 这类玩家追求游戏中的目标和成就。可以细分如下。

完成：完成所有游戏任务和收集所有物品。

权力：通过升级和强化变得更强大。

● **沉浸（Immersion）因素：** 这类玩家喜欢沉浸在游戏的故事和世界中。可以细分如下。

故事：对游戏的剧情和角色背景感兴趣。

角色：与自己的游戏角色产生强烈的情感联系。

通过这一模型，Quantic Foundry为开发者和研究者提供了一个更细致的方法，以了解玩家在游戏中的不同激励和需求。这有助于设计出更吸引人的游戏，并更好地满足玩家的需求。

XEODesign公司是由游戏研究者和设计师妮科尔·拉扎罗（Nicole Lazzaro）创办的游戏设计和用户体验咨询公司。XEODesign公司的玩家体验研究部门发布过一个研究报告——《为什么我们玩游戏：四个不需要故事就能获得更多情感的关键》（*Why We Play Games:Four Keys to More Emotion without Story*）。这篇报告研究了几个问题：除游戏故事以外还有什么游戏因素触发玩家的情感？玩家在游戏中期望获得的内在的和外在的体验是什么？玩家（特别是成年玩家）认为什么是好的游戏体验？

为了增强结果的客观性，XEODesign公司的玩家体验研究部门征集了15名硬核游戏玩家（Hardcore Gamer）、15名非硬核游戏玩家（Casual Gamer）和15名非游戏玩家（Non-player），观察这些实验对象在游戏前、游戏中和游戏后的心理状态。这个研究是跨游戏类型和平台的，前30名游戏玩家可以自己选择游戏、游戏平台和玩游戏的地点。15名非游戏玩家选自30名游戏玩家的朋友或家人，用以调查非游戏玩家对游戏的看法。数据采集的方法包括实况录像、问卷调查和分组讨论。

研究结果发现除了游戏故事本身，还有以下4个关键因素会触发游戏玩家的情绪，是玩家玩游戏的主要驱动力。而且这些关键因素符合心理学基本原理，在很多游戏里都得到了体现。

（1）轻松获得的乐趣（Easy Fun）

一些玩家不在乎输赢，而在乎在游戏中享受探索未知和身临其境的快乐。因此，为这类玩家设计的游戏关键在于为他们提供足够的选择和内容，使他们保持兴趣和好奇心，不断地在游戏中探索下去。这类玩家喜爱色彩斑斓的世界、炫酷的造型、有趣的角色、未解之谜、曲折的故事，并且往往能够和所控制的虚拟角色在想象中融为一体。冒险类和角色扮演类游戏是这个关键因素吸引玩家的最好的例子。

（2）克服挑战的乐趣（Hard Fun）

一些玩家玩游戏是为了面对游戏中的挑战，在克服困难、实现目标的过程中产生强烈的成就感。在游戏中，为挑战成功的玩家提供相应的奖励，挑战失败的玩家则在一次一次的尝试中汲取经验，发挥自己的想象力，设法解决问题，随着游戏情节的发展体验进步和成功。这类玩家喜欢在游戏中实现自我，击败对手（NPC或其他玩家），利用正确的战略而不是运气来实现目标。即时战略类和解谜类游戏是这个关键因素吸引玩家的最好的例子。

（3）人际交往的乐趣（People Fun）

一些玩家喜欢与朋友一起玩游戏或在游戏内合作。有时一些玩家甚至会陪朋友玩一些自己不喜欢的游戏。在这个过程中，玩家和朋友的关系可以是竞争关系，也可以是合作关系。在相互竞争时，玩家之间可以互相挑衅和开玩笑；在相互合作时，玩家之间可以培养信任和默契。这类玩家认为游戏活动是一种社交方式，并能在这个过程中体验到喜悦、失望等情感。这类玩家认为自己是对和朋友一起玩游戏这个行为上瘾，而不是对游戏本身上瘾。他们把一起玩游戏作为与朋友相处的方式。有些玩家甚至只是喜欢旁观朋友玩游戏。社交类游戏和几乎所有大规模网络多人游戏都是这个关键因素吸引玩家的最好的例子。

（4）严肃的乐趣（Serious Fun）

一些玩家喜欢玩游戏时的内在情感状态变化，并由此获得更深层次的满足感。这种满足感往往超出了游戏可玩性的范围。例如，某些玩家追求有意义的成就感，指玩家在游戏中完成任务或挑战，不仅仅是为了获得游戏内的奖励或分数，还因为他们觉得这些任务对他们个人有意义。一些游戏可能会设定更大的目标或愿景，鼓励玩家为了更高的目标而玩。例如，某些教育游戏可能鼓励玩家学习新的知识或技能。一些游戏设计的目的是带来现实世界的改变。例如，有些游戏可能鼓励玩家采取行动来支持某一慈善事业或社会运动。通过游戏，玩家可能会被鼓励去反思他们的价值观、信仰或行为。这些乐趣能够触动玩家的情感，使他们感到自己在玩游戏时所花费的时间和付出的努力是有价值的。教育类和模拟经营类游戏都是这个关键因素吸引玩家的最好的例子。某些游戏允许玩家探索不同的文化和历史事件，如《文明》（Civilization）系列游戏，同样能够让玩家获得严肃的乐趣。

最后，XEODesign的报告也简单总结了那些非游戏玩家为什么不玩游戏或放弃了游戏。常见的原因包括工作和家务劳动占用过多时间、个人兴趣的转移、游戏中的暴力和成人元素等。有趣的是有些玩家甚至会因为游戏过于让人上瘾而放弃继续玩游戏，玩家对于自己自控能力的不信任使他们干脆放弃尝试游戏。XEODesign的工作对于游戏玩家的情感动机进行了总结。虽然测试对象的数量和范围有限，但是这项工作的成果能够反映大多数人玩游戏的驱动力。

随着网络游戏的发展，越来越多的现实社会因素被游戏设计师添加到虚拟的游戏空间，形成了一些以游戏空间为载体的虚拟社会。在这些虚拟社会中，玩家的动机像现实社会中的人际关系一样复杂和多变，同时又没有现实世界中的种种限制和约束，由此产生大量特殊的行为和现象。例如某些玩家迷恋游戏世界中的抽奖机制，这种类似赌徒心理的游戏动机就很难用这4个关键因素来解释。对于玩家动机的理解仍然有大量的工作要做，这需要社会学、心理学、经济学等社会科学领域的专家和计算机科学领域的研究人员共同努力。

1.3.2 游戏玩家分类

MUD（Multi-User Dungeon，多人地牢）是一种文本驱动的虚拟世界，玩家可以在其中互动、探索、战斗和完成任务，是后来的MMORPG（Massively Multiplayer Online Role-Playing Game，大型多人在线角色扮演类游戏）的鼻祖。理查德·巴特尔（Richard Bartle）在1996年通过对MUD中玩家行为的研究，发表了一篇玩家行为分类方法的研究论文，该分类方法能够指导MMORPG类游戏的设计。这篇论文提出了4种玩家类型和他们的行为特征。

● **成就型玩家（Achiever）：** 这类玩家渴望在游戏中达成目标，如积累财富、解决难题或击败敌人。他们追求的是游戏中的成就感。

● **探索型玩家（Explorer）：** 这类玩家热衷于探索游戏的每一个角落，寻找秘密和彩蛋，喜欢发现游戏的机制和特点。

● **社交型玩家（Socializer）：** 这类玩家的乐趣主要来源于与其他玩家的交往。游戏对他们来说只是一个社交平台，他们喜欢与其他玩家建立关系，交换故事和经验。

● **杀手型玩家（Killer）：** 这类玩家喜欢在游戏中展示自己的优势，通过击败其他玩家来得到满足感。

这4种类型的玩家（见图1-2）在MUD或其他多人在线游戏中互相影响的方式是多种多样的。他们之间的相互作用形成了游戏的社交动态，并直接影响到所有玩家对游戏的整体体验。

图1-2 4种主要玩家类型

以下是4类玩家之间相互影响的一些方式。

（1）成就型玩家

● **与探索型玩家：** 成就型玩家可能会依赖探索型玩家找到的信息或隐藏内容，以达到更高的成就或解锁特定的奖励。

● **与社交型玩家：** 成就型玩家可能会与社交型玩家合作，共同完成团队任务或交换资源。

● **与杀手型玩家：** 成就型玩家可能成为杀手型玩家的目标，因为他们在游戏中经常拥有高价值的物品或地位。

（2）探索型玩家

● **与成就型玩家：** 探索型玩家可以提供游戏内的秘密或策略给成就型玩家。

● **与社交型玩家：** 探索型玩家可能会与社交型玩家分享他们的发现，或寻求他们的帮助来解开游戏中的谜题。

- **与杀手型玩家：**探索型玩家可能会尝试避免与杀手型玩家的冲突，或寻找方法对抗他们。

（3）社交型玩家

- **与成就型玩家：**社交型玩家可能会为成就型玩家提供支持，如组队或提供情报。
- **与探索型玩家：**社交型玩家可能会与探索型玩家分享他们的经历，或一起探索新地区。
- **与杀手型玩家：**社交型玩家可能会劝解杀手型玩家减少对其他玩家的攻击，或者与他们进行交涉。

（4）杀手型玩家

- **与成就型玩家：**杀手型玩家可能会攻击成就型玩家以获取他们的资源或地位。
- **与探索型玩家：**杀手型玩家可能会尝试破坏探索型玩家的探险活动。
- **与社交型玩家：**杀手型玩家可能会攻击社交型玩家，以获得游戏中的满足感，但这可能导致他们受到其他玩家的反击。

这4类玩家之间的相互作用增加了游戏的复杂性和深度。当然，每个玩家都可能表现出这4种类型中的多种属性，并根据情境调整自己的行为。游戏开发者和管理员需要平衡不同的玩家类型，以确保游戏环境的健康和有趣。为了实现一个平衡的虚拟世界并满足不同玩家的需求，游戏开发者可以采用以下策略。

（1）针对成就型玩家的策略

设定多种目标：提供多种达成目标的途径，如简单任务、中等难度任务和困难任务，让玩家根据自己的能力和时间来选择。

- **奖励系统：**设定丰富的奖励机制，例如特殊物品、称号、徽章或特殊技能。

（2）针对探索型玩家的策略

- **丰富的世界观：**创建一个有深度和广度的世界，包括隐藏地区、秘密任务和复杂的故事线。
- **互动元素：**允许玩家与游戏环境互动，如解谜、收集物品或与非玩家角色（Non-Player Character，NPC）对话。

（3）针对社交型玩家的策略

- **提供社交工具：**提供聊天频道、团队系统、公会/社团等功能，使玩家能够方便地与他人交流。
- **提供合作内容：**设计需要团队合作才能完成的任务或挑战，鼓励玩家之间进行合作。

（4）针对杀手型玩家的策略

- **增加PvP区域：**设置专门的玩家对战（Player versus Player，PvP）区域，允许玩家自由竞争，但也要确保这些活动不会影响到不希望参与PvP的玩家。
- **完善平衡机制：**监控玩家之间的实力差异，并采取措施（如匹配系统）确保对战是公平的。

巴特尔的文章还指出，不同的虚拟世界可能会吸引不同类型的玩家，而且游戏的玩家组成可能会随着时间变化。作为大型在线游戏的运营者，需要经常调整游戏的设置，以应对这些变化。游戏管理员需要努力维持玩家之间的平衡，以保持游戏社区的健康和活跃度。一个不平衡的虚拟世界，最后的结果通常是某一类玩家驱逐了其他所有类型的玩家。没有各类玩家之间的平衡，这样的虚拟世界最终会走向终结。

1.3.3 心流理论

心流理论（Flow Theory）是由心理学家米哈里·契克森米哈伊（Mihaly Csikszentmihalyi）在20世纪70年代提出的。这个理论描述了当人们完全投入某项活动时，会经历一种"心流"的状态，人们会感到时间飞逝，完全沉浸在活动中，并从中获得巨大的满足感。在契克森米哈伊的早期研究中，他发现艺术家、音乐家和运动员在从事他们的专长时，常常会进入一种特殊的状态，契克森米哈伊将其称之为"心流"。心流体验有以下几个关键特征。

- 完全投入和集中。
- 对时间的感知扭曲，例如觉得时间过得飞快或变慢。
- 自我的消失，即不再意识到自己作为一个观察者。
- 对活动的内在动机，即从活动本身获得的满足感。
- 感受到技能与挑战之间的平衡。

心流的出现需要技能和挑战之间达到一种平衡。如果挑战太难，超过了个体的技能水平，会导致焦虑；反之，如果技能水平高于挑战难度，会导致无聊。心流发生在这两者之间的平衡点，而游戏设计的一个难点就是如何保持玩家的心理状态一直处于这两者之间，同时还需要兼顾不同玩家之间的差异性。

心流理论为游戏设计提供了宝贵的指导。通过理解和利用心流理论，游戏设计师可以创建更有吸引力的游戏。以下是利用心流理论改进游戏设计的一些建议。

- **为游戏制定明确的目标：** 游戏应提供清晰和可以实现的目标，让玩家知道他们需要做什么以及为什么要这么做。
- **为玩家提供清晰的进展指标：** 通过关卡、成就、奖励等方式，让玩家知道他们正在取得进展。
- **提供即时反馈：** 玩家应该能够立即知道他们的行为是否成功。这可以通过视觉、听觉或触觉信号来实现，如得分、音效或动画。
- **匹配玩家技能和游戏中的挑战：** 游戏的难度应与玩家的技能水平相匹配。如果游戏太简单，可能会使玩家感到无聊；如果太难，可能会使玩家感到焦虑。随着玩家技能的提高，游戏难度应逐渐增加。
- **玩家控制感：** 应该使玩家感到他们对游戏的结果有一定的控制力，而不是完全由随机因素决定结果。
- **为玩家消除外部干扰：** 尽量减少游戏加载时间、广告中断或其他可能打断游戏进程的因素。
- **提供自主选择：** 让玩家有选择玩法、策略或角色的自由，这可以增加他们的参与感和控制感。
- **长时间的参与：** 设计长时间的游戏回合或连续的挑战，这有助于玩家进入并保持心流状态。

通过借鉴心流理论的这些建议，游戏设计师可以创建一个更具吸引力、更能带给玩家满足感的游戏，提高玩家的参与度和满意度。

1.4　游戏分析框架简介

　　游戏分析是一种理解和解释游戏设计、体验和文化影响的方法，是游戏设计师经常要做的事。专业的游戏设计师会从更深的层次来分析一款游戏，通过带有批判性的试玩和研究，解构游戏作品的组成部分，理解游戏设计的思路和特色。从另一个角度来讲，游戏分析方法或框架也可以用于游戏设计，将成功的游戏作品解构并添加新的设计元素，可以构建一个新的游戏作品。

　　常见的游戏分析框架有费尔南德斯-巴拉框架、MDA框架，谢尔四元法、分层四元法、富勒顿框架等。下面简单介绍这几个游戏设计领域比较著名的游戏分析框架。注意，游戏分析框架不是游戏框架，而是用于游戏分析和设计的方法论。

1.4.1　费尔南德斯 - 巴拉框架

　　克拉拉·费尔南德斯-巴拉（Clara Fernández-Vara）的《游戏分析导论》（*Introduction to Game Analysis*）一书中提出了一个宏观的游戏分析框架，将游戏分析分为3个主要方向：语境（Context）、游戏概况（Game Overview）和形式元素（Formal Element）。这种分析方法旨在全面理解游戏作为一个复杂系统的各个组成部分及其相互作用，从而揭示游戏如何创造意义、提供娱乐并在更广泛的社会文化环境中发挥作用。

　　● **语境：** 语境分析关注游戏产生和存在的背景，包括类型、开发团队、文化、经济、技术以及与其他媒体的关系等方面。这一分析方向提到游戏不是在"真空"中产生的，它们是在特定的社会历史条件下开发的，并且反映了这些条件的特定方面。例如，经济因素（如市场趋势和资金来源）可以影响游戏的设计决策，技术进步（如图形处理能力的提升）可以扩展游戏的可能性，文化背景（如流行文化、艺术运动和政治氛围）可以影响游戏的主题和叙事。游戏类型（如动作、策略、角色扮演等）决定了游戏的基本框架和玩家可以期望的互动类型。理解游戏的语境有助于分析师评估游戏的创新性、文化意义和受众接受度。它也揭示了游戏如何作为文化产品与社会环境互动，如何反映或挑战现实世界的观念和价值观。

　　● **游戏概况：** 游戏概况分析即对游戏机制的分析，关注游戏的玩家关系、规则、目标、玩法机制、游戏空间设计、故事情节、角色及玩法体验等方面。这一部分的分析旨在捕捉游戏的核心体验和设计意图，理解游戏如何通过其不同的组成部分带给玩家统一而引人入胜的体验。游戏目标设定了玩家在游戏时的目的；玩法机制和挑战构成了游戏的核心互动和难度；故事情节和角色深化了游戏世界，提供了情感连接和投入的机会；玩法体验则创造了独特的氛围和身临其境的体验。

　　● **形式元素：** 形式元素分析着眼于游戏的内部结构，如游戏世界规则、系统、玩法动态、挑战和冲突、玩家互动等。这些元素构成了游戏设计的基础，决定了游戏如何运作和玩家在游戏中的行为方式。规则定义了游戏世界的逻辑和限制；系统描述了游戏内部的运作机制，如难度等级、游戏平衡等；玩法动态涉及玩家如何与游戏系统互动以及游戏状态如何随之变化；挑战和冲突是游戏是否具有吸引力的关键，它们激励玩家学习、适应并克服困难；玩家互动强调了玩家之间以及玩家与系统之间的关系。

　　通过综合这3个分析方向，可以全面评估游戏的设计理念、执行质量和文化意义。这种分析框架不仅适用于游戏学研究人员和学生，也对游戏开发者评估和改进游戏设计非常有用。

1.4.2 MDA 框架

MDA框架由罗宾·汉尼克（Robin Hunicke）、马克·勒布朗（Marc LeBlanc）和罗伯特·祖贝克（Robert Zubek）在他们的论文《MDA：游戏设计和游戏研究的形式化方法》（*MDA:A Formal Approach to Game Design and Game Research*）中介绍，该论文于 2004 年在 AAAI 游戏 AI 挑战研讨会（AAAI Workshop on Challenges in Game AI）上发表。M、D、A分别代表机制（Mechanic）、动态（Dynamic）和审美（Aesthetic）。

- **机制：** 游戏的具体组件，包括规则、程序和基本功能。本质上，机制描述了提供给玩家的各种动作、行为和控制机制。机制在数据和算法（数据和算法可以统称为规则）层面上描述游戏逻辑。

- **动态：** 机制与玩家输入互动时，在游戏过程中出现的模式和行为。例如，玩家之间的竞争，或者他们为了赢而使用的不断演化的游戏策略。

- **审美：** 玩家与游戏互动时，通过体验动态游戏元素所激发的情感反应。例如，游戏通过审美元素的设计，为玩家提供克服挑战、探索发现、幻想、叙事的不同类型的玩家体验。

MDA 框架建议，尽管玩家首先通过审美体验游戏，但游戏设计师通常从机制开始构思游戏，如图1-3所示。因此，理解机制如何导致动态，从而塑造审美，对游戏设计来说是非常有价值的。这种框架在游戏设计行业产生了很大的影响，并且是分析和创建游戏的有用工具。这是业内游戏设计师最熟知的框架，并且对游戏玩家和游戏设计师之间的关系颇有研究。

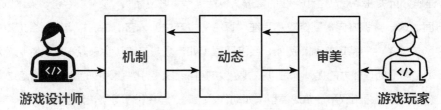

图 1-3 MDA 框架指出游戏设计师和游戏玩家看待游戏的方式正好相反

1.4.3 谢尔四元法和分层四元法

杰西·谢尔（Jesse Schell）在其著作《游戏设计艺术》（*The Art of Game Design:A Book of Lenses*）中提出的谢尔四元法将游戏分为4个内嵌元素：机制、审美、戏剧（Drama）、技术（Technology）。在这本书中，谢尔提出了超过100种设计透镜（视角），每一种都关注游戏设计的不同方面。这些透镜覆盖了游戏设计的广泛领域，从故事讲述、游戏玩法、玩家体验，到技术实现、视觉艺术、音乐和声音设计等。通过回答每个透镜下的问题，设计师可以揭示游戏设计中的潜在问题和机会，从而更有针对性地优化和创新。

- **机制：** 决定游戏的玩法规则和基本流程。

- **审美：** 这涉及游戏的外观和给人的感觉，包括视觉效果、声音和整体的艺术风格。

- **戏剧：** 指与游戏故事和游戏设定相关的设计内容。游戏使用戏剧元素来提高玩家的参与感，提升情感体验。

- **技术：** 这与实现游戏的工具和平台有关，包括软件、硬件和其他技术方面。

杰西·谢尔的这本书中的方法是整体的，强调这些元素之间的相互联系以及从多个透镜查看设计挑战的重要性。这为打造有意义的游戏体验给出了全面的理解和方法。

杰里米·吉布森·邦德（Jeremy Gibson Bond）在游戏设计方面基于谢尔四元法提出分层四元法。杰里米·吉布森·邦德在其著作《游戏设计、原型与开发：基于Unity与C#从构思到实现》（*Introduction to Game Design, Prototyping, and Development: From Concept to Playable Game with Unity and C#*）中，在谢尔的游戏设计元素的基础上进行了进一步建构，并以各种方式进行了扩展。例如，在讨论游戏设计概念时，他将谢尔的透镜和元素框架整合到游戏设计和开发的更广泛的背景中，提供了实际的例子和原型设计方法。他的教学方法以实践为主，经常将理论知识与实践练习结合起来，特别是在游戏原型设计和Unity 游戏引擎教学中。这种理论知识与实践练习结合的教学方法更容易让初学者掌握知识，这也是本书的主要目标之一。

1.4.4 富勒顿框架

特雷西·富勒顿（Tracy Fullerton）在其著作《游戏设计梦工厂》（*Game Design Workshop*）中提出了富勒顿框架，该框架的核心思想是以"玩家为中心的设计"，这意味着在设计过程中始终将玩家的体验放在首位。这种方法要求设计师从玩家的角度思考游戏的设计，理解玩家的需求、期望和反应，然后围绕这些理解来塑造游戏。富勒顿框架专注于游戏分析，帮助游戏设计师改进游戏和打磨创意，通常被当作一个工具，帮助游戏设计师思考游戏设计的不同方面。这个分析框架包括形式（Formal），戏剧（Dramatic）和动态（Dynamic）三大类元素。

- **戏剧元素：** 戏剧元素关注游戏的叙事结构、主题、角色和世界观等方面。这些元素共同构成了游戏的故事背景和情境，为玩家提供了情感投入和身份认同的机会。戏剧元素包括故事设定（即游戏世界的基本情境或情况）、角色（即玩家所扮演或与之互动的角色）、故事（即故事情节和故事弧）、挑战（即玩家在剧情中必须面对的困难）、游戏世界观（即游戏世界的深度设计）等。戏剧元素还包括了故事的发展和角色之间的矛盾，这些是吸引玩家并保持其兴趣的关键因素。通过有效地利用戏剧元素，游戏设计师可以创造出丰富多彩的游戏世界，引发玩家的情感反应，增强游戏的吸引力和沉浸感。

- **形式元素：** 形式元素是游戏的基本构成部分，包括游戏的玩家（即与游戏积极互动的个人或实体）、目标（即玩家希望实现的目标或游戏结束条件）、规程（即玩家在游戏中遵循的规则或步骤）、规则（即对玩家行为施加的约束）、资源（即玩家可以使用、消耗或竞争的物品或资产）、冲突（即玩家在游戏中必须克服的挑战或障碍）、边界（即游戏的物理、时间或概念限制）和结果（即如何结束游戏）等。这些元素定义了游戏的基本框架和玩家在游戏中的行为方式。形式元素还决定了游戏的难度水平和进程，影响玩家的学习曲线和满足感。通过精心设计形式元素，游戏设计师可以创造出既有挑战性又公平的游戏，激励玩家探索、体验和掌握游戏。

- **动态元素：** 动态元素涉及游戏玩法中随时间发展变化的部分，包括系统属性（即游戏中的对象、属性、行为和关系）、系统动态（即游戏对象通过相互作用产生的系统，如战斗系统和经济系统）、玩家互动系统（即当玩家与游戏机制互动时出现的行为特征，如游戏循环和故事弧）、涌现行为（即通过游戏元素互动自主产生的而不是在游戏设计过程中预先规定的行为）等。这些元素是游戏体验中最生动的部分，随着玩家的行动和决策不断演化。动态元素使得每次游戏体验都独一无二，提高了游戏的重玩价值和深度。由于动态元素只能在游戏过程中出现，因此这类元素也是最难在设计过程中就能达到最优的设计内容。

富勒顿框架通过这3类元素的综合考虑，提供了一种全面的方法来分析和设计游戏，确保游戏不仅在机制上合理，而且在故事和动态交互方面富有吸引力。这种框架强调了游戏设计的复杂性和多维度，要求游戏设计师在创造游戏时考虑到玩家体验的各个方面。

事实上，MDA框架、富勒顿框架和谢尔四元法有相似之处，它们都旨在解构和理解游戏设计的各个方面。MDA框架试图展示玩家与游戏设计师看待游戏的不同方式和目的，游戏设计师通过玩家的视角可以更有效地审视自己的作品。谢尔四元法以游戏开发团队的视角看待游戏，它将原游戏基本元素分区：游戏设计师负责机制，美工负责美学，编剧负责剧情，程序员负责技术。富勒顿框架中的形式、戏剧和动态3类元素将游戏设计内容细分为特定组件，帮助游戏设计师分析游戏的各组成部分，分别设计和优化；富勒顿框架还强调了叙事对于玩家体验的重要性。这3个框架都认识到机制（即规则和规程）作为游戏的基础元素的重要性。它们都承认审美或玩家的情感和感官体验的作用。作为许多游戏的关键，故事或戏剧元素也被普遍接受。在 MDA 框架和富勒顿框架中，游戏元素与玩家之间的动态互动都是一个核心主题。总的来说，尽管每个框架都提供了其独特的视角和分类，但它们都为游戏设计师提供了理解、分析和改进游戏设计的工具和透镜。它们之间的相似之处在于都试图涵盖和处理游戏的多面性，涉及游戏的规则、玩家体验、叙事和玩家情感等各个方面。

本书选择富勒顿框架作为游戏策划的指导性框架，并基于这个框架，将游戏设计理论和游戏原型开发结合起来，提出了一个游戏创意与策划工作流程，并通过一个游戏设计实例展示如何将理论与实践联系起来。

练习题

❶ 游戏的定义是什么？

❷ 游戏的4个基本要素是什么？请以一个儿童游戏为例，指出该游戏中的4个基本要素。

❸ 简述4个驱使玩家玩游戏的关键因素。

❹ 探索型玩家在游戏中如何与其他类型的玩家合作？

❺ 在网络游戏中，部分玩家以获得游戏世界中的名望为动机，投入大量的时间和金钱进行炫耀和攀比。这类玩家的游戏动机可以用哪个关键因素来解释？

❻ MDA框架中，游戏设计师与游戏玩家看待游戏的视角有何不同？

❼ 谢尔四元法提出的设计透镜是什么？

❽ 富勒顿框架的3类游戏设计元素是什么？

第 2 章
游戏的分类

游戏可以按照不同标准进行分类,如玩法、题材、地图探索方式、游玩人数、玩家所处视角、画面表现方式等。不同类别的游戏并不互斥,可以相互融合。

- 按游戏玩法可以分为动作、冒险、角色扮演、战略、模拟、休闲六大类,每大类又可细分为几个子类。本章用的就是这种分类标准。
- 按题材可以分为恐怖、仙侠、奇幻、战争等类型。
- 按地图探索方式可以分为开放世界、半开放世界、线性、沙盒等类型。
- 按游玩人数可以分为单人、多人等类型。多人游戏有联机、同屏/分屏等类型。
- 按玩家所处视角可以分为第一人称、第三人称等类型。
- 按画面表现方式可以分为3D、2.5D、2D等类型。2D游戏有卷轴、平台、顶视角等类型。
- 按付费方式可以分为免费、买断、内购、抽卡等类型。
- 按目的可以分为娱乐、严肃、教育等类型。
- 按平台可以分为PC、街机、主机、掌机、手机、VR等类型。

2.1　动作类游戏

动作类游戏（Action Game，ACT）以动作为导向，通常包含战斗、解谜、跳跃等元素，剧情简单，一般有关卡设计，重流畅性和刺激性，比较考验玩家的反应能力和手眼配合能力。动作类游戏可细分为射击游戏、平台游戏、格斗游戏、砍杀游戏、清版动作类游戏。

动作类游戏通常要求玩家具备快速反应能力和较高的操作技巧，因此对那些寻求挑战和刺激的玩家来说很有吸引力，按照巴特尔的分类吸引的就是杀手型或成就型玩家。这类玩家往往乐于投入时间和精力来提升自己的游戏技能，并从中获得成就感。许多动作类游戏都会提供多人在线竞争或合作模式，以吸引那些喜欢与他人互动和竞争的社交型玩家。

2.1.1　射击游戏

射击游戏（Shooting Game，STG）的核心玩法为使用各种武器进行射击，通常以击败敌人、完成任务或实现特定目标为主要游戏目标。知名作品有《反恐精英：全球攻势》（*Counter-Strike:Global Offensive*）、《彩虹六号：围攻》（*Tom Clancy's Rainbow Six Siege*）等。

理论上来说，没有纯粹的射击游戏，因为射击必须要经过一种动作方式来呈现，带有很明显的动作类游戏特点。广义上讲，不论是用枪械还是载具，只要是进行"射击"的游戏都可以称为射击游戏，《愤怒的小鸟》（*Angry Birds*）（见图2-1）也可以归类为射击游戏。射击游戏里玩家往往也可以使用各种近战武器。为了和一般动作类游戏区分开，只有强调利用"射击"才能完成目标的游戏才会被成为射击游戏。

图 2-1　《愤怒的小鸟》游戏截图

《反恐精英：全球攻势》（见图2-2）由维尔福集团（Valve Corporation）和密道娱乐（Hidden Path Entertainment）开发，其提供了多种游戏模式，包括经典的爆破（Bomb Defusal）模式和人质救援（Hostage Rescue）模式，以及死斗（Deathmatch）、军备竞赛（Arms Race）等其他模式，是射击游戏中的经典作品。

图 2-2　《反恐精英：全球攻势》游戏截图

最早拥有射击游戏要素的游戏是《打砖块》（*Breakout*）（见图2-3），由雅达利（Atari）公司发行。游戏由一个弹弹球、屏幕上方的若干层砖块、屏幕下方的移动短板、上方及两侧的墙壁组成。玩家操控屏幕下方的移动短板，让弹弹球通过撞击打掉所有的砖块，即可过关。弹弹球碰到屏幕底边就会消失，所有的弹弹球消失即失败。

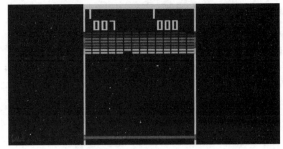

图2-3 《打砖块》游戏截图

如今，大型射击游戏可以拥有庞大的世界观、有血有肉的角色、波澜壮阔的剧情、电影级的画面、多人团队竞技玩法。例如，电子艺界发行的《战地》（*Battlefield*）系列游戏以大型地图、丰富的可驾驶的载具、多人网络对战为卖点，近几年的战地游戏还具有全环境破坏的特性；动视发行的《使命召唤》（*Call of Duty*）系列游戏以优秀的剧情和电影化叙事为卖点，游戏背景丰富多样。

射击游戏按照视角可以分为第一人称射击（First Person Shooter，FPS）游戏和第三人称射击（Third Person Shooter，TPS）游戏。FPS游戏里，玩家可以以第一人称视角进行游戏，感觉就像置身于游戏世界中。TPS游戏里，玩家以角色的第三人称视角观察游戏世界，能够看到角色的整体形象。FPS游戏使玩家更加身临其境，更容易有代入感，由于视野更小，因此注意力需要更加集中，如《辐射4》（*Fallout* 4）。TPS游戏提供更好的视野，方便玩家进行攀爬、跳跃、丛林潜行等操作，如《战争机器5》（*Gears of War* 5）系列。

射击游戏还包括清版射击（Shoot'em Up）游戏、光枪射击（Light Gun）游戏。清版射击游戏采用卷轴地图，需要在移动躲避弹幕的同时消灭大量敌人，如《雷电》（*Raiden*）。光枪射击游戏里玩家视角按预定轨道进行移动，玩家只需要瞄准和射击，这类游戏早期多见于街机，搭配有专门的模型枪，近些年已经出现在VR平台，如《伦敦大劫案》（*The London Heist*）（见图2-4）。

图2-4 《伦敦大劫案》游戏截图

2.1.2 平台游戏

平台游戏（Platform Game）的核心玩法是使用各种方式在悬浮平台上进行移动和穿过各种障碍。游戏环境通常设置有不平坦的地形，为了穿过它们，玩家需要操控角色在这些地形之间进行跳跃或者攀爬。玩家通常可以控制角色跳跃的高度和距离来避免角色落入陷阱或者错失重要道具。知名作品有《超级马力欧兄弟》（Super Mario）、《洞窟物语》（Cave Story）等。

《超级马力欧兄弟》（见图2-5）是任天堂（Nintendo）公司创作的经典平台游戏系列。玩家操控马力欧冒险，跳跃越过障碍，与敌人战斗，拯救公主。自1985年首次亮相以来，《超级马力欧兄弟》成为游戏历史上最受欢迎的系列之一，影响深远。

《洞窟物语》（见图2-6）由天谷大辅（Daisuke Amaya）独立制作。玩家在神秘洞窟中冒险，解救奴隶种族。该游戏以其引人入胜的故事、经典像素风格和出色的音乐而受到玩家赞誉。

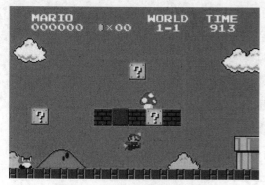 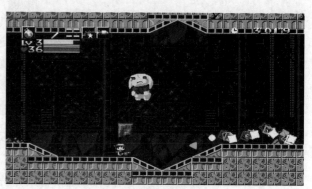

图 2-5 《超级马力欧兄弟》游戏截图　　　　　图 2-6 《洞窟物语》游戏截图

平台游戏最关键的元素就是跳跃。在进入3D时代之前，动作类游戏通常为此类。进入3D时代之后，平台游戏也推出了3D系列，如《超级马力欧3D大陆》。此外，平台游戏也可带有射击、数值成长等其他游戏元素。

平台游戏有一个子类别为"类银河战士恶魔城"（Metroidvania），指玩法类似于《银河战士》（Metroid）系列游戏和部分《恶魔城》（Castlevania）系列游戏。这类游戏中通常有可供玩家探索的大型相连世界地图，但是进入地图某处的特定地点时往往会有门或其他障碍物限制玩家，只有当玩家在游戏中获得特殊道具、工具、武器或能力后才能通过。这些提升还能帮助玩家击败更厉害的敌人并找到捷径和秘密区域，还可以经常回顾已经探索过的地图区域。这类游戏通过这样的设计使故事和关卡整合得更紧密，以精心设计的关卡和角色控制来鼓励玩家探索和实验，使之更投入。类银河战士恶魔城游戏的特点在于它们将探索、动作、解谜和故事叙述融合在一起，提供一种独特且沉浸式的游戏体验。该类知名作品有《空洞骑士》（Hollow Knight）、《暗影火炬》（F.I.S.T.:Forged in Shadow Torch）等。

《空洞骑士》（见图2-7）由樱桃游戏工作室（Team Cherry）开发。玩家探索神秘的地下世界，战胜敌人，解锁技能。该游戏以其美丽的手绘风格、有深度的故事和精湛的设计而备受好评，成为独立游戏的经典之作。

《暗影火炬》（见图2-8）由钛核网络（TiGames）开发。玩家扮演一只持有巨大机械拳套的兔子，在科技幻想的城市中战斗。该游戏以其引人入胜的故事、独特的主人公和华丽的战斗而受到好评。

图 2-7 《空洞骑士》游戏截图

图 2-8 《暗影火炬》游戏截图

2.1.3 格斗游戏

格斗游戏（Fighting Game）需要操纵屏幕上的角色和对手进行1v1近身格斗，因此非常强调平衡性。在格斗游戏中，角色的技能都预先设置，并无装备和等级等影响强度的因素。知名作品有《街头霸王》（*Street Fighter*）系列游戏、《真人快打》（*Mortal Kombat*）系列游戏和《拳皇》（*The King of Fighters*）系列游戏等。这类游戏最早出现在20世纪90年代初期，作为格斗类街机游戏进入市场。但是这些游戏画面暴力血腥，很快引起了家长们的担忧和抗议。这些问题最终促使欧美国家开始建立游戏分级制度。

在格斗游戏中，我方和敌方角色将在某个舞台上进行单个或多个回合的激烈对战。玩家需要熟练掌握各种操作技巧，如防御、反击和连招等。格斗游戏主要设计为一对一、二对二或多对多等同等人数的PvP对抗。玩家对战环境（Player versus Environment,PvE）模式旨在让玩家练习PvP技巧，而并非通过该模式实质性地提升角色强度。《拳皇15》（见图2-9）是SNK开发的格斗游戏，汇聚多个角色参与3v3战斗，以华丽的招式、丰富的角色阵容和竞技氛围著称，是经典《拳皇》系列的最新力作。《真人快打11》（见图2-10）是NetherRealm Studios开发的格斗游戏，汇聚经典角色参与残酷战斗，以其超写实的图形、暴力打击和深度战斗系统广受好评，是《真人快打》系列最新力作。

图 2-9 《拳皇15》游戏截图

图 2-10 《真人快打11》游戏截图

一般来说，动作类游戏内置PvP模式也不会被视为格斗游戏，因其设计为有成长要素以及技术性弱，并不符合格斗游戏的特质。

2.1.4 砍杀游戏

砍杀（Hack and Slash）游戏的核心玩法是持械对抗，通常具有快节奏的游戏体验，需要玩家在混战中保持敏捷和灵活性。面对大量的敌人时，玩家需要巧妙运用战术或技能来对抗。这类游戏的控制通常直观易懂，侧重于连击和特殊攻击的执行。许多砍杀游戏会奖励玩家执行复杂的连击和技能组合。玩家经常使用剑、斧、棍棒等近战武器，以及各种近战技能和特殊攻击。玩家经常面临大量的敌人波次，需要清除这些敌人才能进入下一区域或完成关卡。在一些砍杀游戏中，玩家可以升级他们的角色和武器，解锁新的技能或提升现有技能。该类知名作品有《鬼泣》（Devil May Cry）系列游戏和《无双》系列游戏。

《鬼泣5》（见图2-11）由卡普空（CAPCOM）开发，延续了经典系列。玩家操控多名猎魔人，迎战魔鬼军团。该游戏以其出色的战斗、令人惊艳的画面和激烈的剧情而备受赞誉，是《鬼泣》系列作品的成功续作。

图 2-11 《鬼泣5》游戏截图

2.1.5 清版动作类游戏

清版动作类游戏采用卷轴地图，需要操纵主角和大群敌人战斗，且在每个关卡末尾会有Boss战。知名作品有《怒之铁拳4》（Streets of Rage 4）、《城堡破坏者》（Castle Crashers）。

《怒之铁拳4》（见图2-12）是由 Dotemu、Lizardcube、Guard Crush Games开发的经典格斗游戏。玩家选择各具风格的角色，在3D舞台上展开激烈对战。该游戏以其深厚的战斗系统、丰富的角色阵容和引人入胜的剧情而获得好评。

《城堡破坏者》（见图2-13）由The Behemoth开发。玩家合作或对战以解救公主，战胜敌人。该游戏以其独特的画风、多人合作和搞笑元素而备受玩家喜爱。

清版动作类游戏早年多见于街机，拥有简单清晰的故事线，界面简洁，可以让玩家专心享受流畅的战斗，并且此类游戏一般带有多人模式，可以合作过关。

图 2-12 《怒之铁拳4》游戏截图

图 2-13 《城堡破坏者》游戏截图

2.2 冒险类游戏

冒险类游戏（Adventure Game，AVG）以探索为导向，强调角色形象刻画、故事情节安排和机关结构设计，通常侧重于世界探索、有深度的叙事和与游戏中的NPC互动，而非快节奏的动作或实时战斗，也不重于数值成长。玩家需要通过解谜、探索等方式推进剧情，有时还会加入战斗和竞技元素。冒险类游戏通常需要一个宏大的故事背景来推动游戏的剧情。冒险类游戏强调的是角色的探索、发现和解谜，通常包括一个丰富、复杂的世界观，以及有深度的角色设定和富有想象力的情节设计，这些都需要一个宏大的故事背景来支撑和展现。

冒险类游戏按地图探索方式可以分为开放世界、半开放世界、线性、沙盒等子类型。

- 开放世界通常非常庞大，玩家可以在游戏中自由探索，无须遵循固定的路径。这类游戏通常包含各种任务、活动和地点，提供给玩家较高的自由度，如《塞尔达传说》（*The Legend of Zelda*）系列游戏、《巫师》（*The Witcher*）系列游戏等。

- 半开放世界在某些方面类似于开放世界，但游戏的世界可能相对较小或者在某些区域限制了玩家的自由度，某些任务可能需要按照一定顺序完成，如《辐射》系列游戏、《刺客信条》（*Accassin's Creed*）系列游戏等。

- 线性即按照预定的故事线和关卡进行，玩家沿着一条特定的路径前进，游戏通常具有明确的开始和结束，玩家的可选择性和探索程度相对较低，如《最后生还者》（*The Last of Us*）系列游戏、《神秘海域》（*Uncharted*）系列游戏等。

- 沙盒提供了一个开放的、互动性强的世界，玩家可以自由探索并进行各种活动，通常有较少的故事限制，玩家通常能够影响世界的发展，如《泰拉瑞亚》（*Terraria*）、《方舟：生存进化》（*Ark:Survival Evolved*）等游戏。

按照玩法机制，冒险类游戏还可细分为动作冒险类游戏、解谜冒险类游戏、文字冒险类游戏、互动电影游戏。

2.2.1 动作冒险类游戏

动作冒险类游戏（Action Adventure Game，AAVG）融合了动作类游戏的一些特征，玩家在游戏中既能够进行实时的战斗和动作操作，同时也需要探索游戏世界、解开谜题，完成任务以推动故事的发展。知名作品有《古墓丽影》（*Tomb Raider*）系列游戏、《生化危机》（*Resident Evil*）系列游戏、《侠盗猎车手》（*Grand Theft Auto*）系列游戏等。

《生化危机4》（见图2-14）由卡普空开发。玩家扮演莱昂·斯科特·肯尼迪（Leon Scott Kennedy），对抗异变怪物。该游戏以创新的视角、紧张的氛围和引人入胜的故事而成为《生化危机》系列的经典之作。

《古墓丽影·暗影》（见图2-15）由艺夺蒙特利尔（Eidos-Montréal）工作室开发。玩家扮演女性角色劳拉·克劳馥（Lara Croft），在神秘的文明中冒险，解开谜题，与敌人战斗。该游戏以其引人入胜的故事、精美的场景和刺激的动作而备受好评。

图 2-14 《生化危机4》游戏截图　　　　　　　　　　图 2-15 《古墓丽影·暗影》游戏截图

2.2.2 解谜冒险类游戏

　　解谜冒险类游戏（Puzzle Adventure Game，PAVG）是一种以解谜和探险为主要元素的游戏类型，通常包含复杂的谜题、故事情节和角色互动。玩家在游戏中通常需要收集信息、分析环境、解开谜题，以推动故事发展或解开游戏的核心谜题。知名作品有《机械迷城》（*Machinarium*）、《未上锁的房间》（*The Room*）。

　　《机械迷城》（见图 2-16）由蘑菇社（Amanita Design）开发。玩家操控小机器人，探索独特机械城市，解决谜题，体验精致手绘图形和迷人的音乐。该游戏以其独特风格和创意而备受玩家赞誉。

　　《未上锁的房间》（见图 2-17）是Fireproof Games开发的解谜游戏系列第一部。玩家在神秘盒子中解锁复杂机械和隐秘谜题，揭示深奥故事。该游戏以其引人入胜的谜题设计、出色的图形和氛围而广受好评。

图 2-16 《机械迷城》游戏截图　　　　　　　　　　图 2-17 《未上锁的房间》游戏截图

2.2.3 文字冒险类游戏

　　文字冒险类游戏（Text Adventure Game，TAVG）强调文本描述和玩家选择，玩家通过文本界面与游戏世界进行互动，通过阅读描述文字和输入命令来推动故事情节的发展，影响故事的发展和最终结局。文字冒险类游戏用文字营造氛围，通常依赖于玩家的想象力和决策，可能包含一些解谜元素，玩家需要通过逻辑思考、收集信息和使用物品来解决问题。知名作品有《星之梦》（*planetarian ～ちいさなほしのゆめ～*）、《逆转裁判》（*Ace Attorney*）等。

《星之梦》（见图2-18）是一款由Key社开发的视觉小说游戏，讲述在废弃星际贸易中心的机器人与人类的感人故事。该游戏以深情的剧情、优美的音乐和独特的风格而著称。

《逆转裁判》（见图2-19）是卡普空开发的法庭推理文字冒险类游戏系列。玩家扮演律师成步堂龙一，调查案件，搜索证据，进行法庭辩论。该游戏以其剧情紧凑、角色有魅力和玩法独特而获得好评。

冒险类游戏的鼻祖就是威廉·克罗塞（William Crowther）于1976年制作的文字冒险类游戏——《巨洞冒险》（Colossal Cave）。此游戏由于当时计算机性能问题，只有文字要素。玩家必须阅读画面上的文章，并输入关键字进行游戏。

1978年，罗伊·特鲁布肖（Roy Trubshaw）和理查德·巴特尔（Richard Bartle）在英国埃塞克斯大学开发的《MUD1》是一个纯文字的冒险类游戏，拥有多个相互连接的房间和10条指令，用户登录后可以通过数据库进行人机交互，或通过聊天系统与其他玩家交流。这是第一次在计算机网络上实现的一个持久的虚拟世界，玩家和场景的状态在玩家退出游戏后重新登录时还保留着。《MUD1》被认为是所有大规模多人在线角色扮演类游戏的鼻祖，在游戏历史上有非常重要的地位。

图2-18 《星之梦》游戏截图　　　　　　　　　　　图2-19 《逆转裁判》游戏截图

2.2.4 互动电影游戏

互动电影（Interactive Movie，IM）游戏结合了电影和互动性游戏元素，允许玩家在故事发展中做出选择，这些选择可能会影响情节、角色关系或故事的走向。相当于玩家在一定程度上参与了电影的创作过程，每个人观看同一部互动式电影可能会有不同的体验，增加了个性化和参与感。由于故事有多个分支和结局，因此这类游戏通常具有较高的重玩价值，玩家可以通过不同的选择探索不同的故事线。相比于其他类型的游戏，互动电影游戏通常有较少的传统游戏机制（如战斗或解谜），更多地依赖对话选择和决策。这类游戏常采用高质量的视觉效果和电影式的摄影手法，提供类似于观看电影的体验。具有代表性的互动电影游戏包括《暴雨》（Heavy Rain）、《底特律：化身为人》（Detroit:Become Human）、《超凡双生》（Beyond:Two Souls）、《直到黎明》（Until Dawn）。

《底特律：化身为人》（见图2-20）由量子梦境（Quantic Dream）开发，讲述了3个拟人机器人角色——康纳（Connor）、卡拉（Kara）和马库斯（Markus）的故事，每个角色都有自己独特的视角和故事线。游戏中的决策往往涉及重要的道德和伦理问题，例如人工智能的权利和人类与机器人的关系。

《超凡双生》（见图2-21）也由量子梦境开发。这款游戏以其电影式的叙事、深入的角色塑造和高度的玩家互动性而闻名。游戏讲述了主角乔迪·霍姆斯（Jodie Holmes）的一生，以及她与一个看不见的神秘实体艾登（Aiden）的关系。

图 2-20 《底特律：化身为人》游戏截图

图 2-21 《超凡双生》游戏截图

2.3 角色扮演类游戏

在角色扮演类游戏（Role-Playing Game，RPG）里，玩家扮演一个虚拟的角色，通常有属性、技能和等级。这个角色可以是游戏中预设的主角，也可以是玩家自己创建的角色。广义上来说，所有的游戏都是角色扮演类游戏，因为玩家都在进行"角色扮演"。这里的角色扮演类游戏专指强调角色成长的游戏。玩家可以通过完成任务、战斗、探险等方式提升等级、获得经验值，学习新的技能或强化已有技能，提高属性和能力；也可以通过参与主线故事和丰富的支线任务，推动游戏的进展。以下是角色扮演类游戏的一些主要特点。

• 角色创造和发展：角色扮演类游戏允许玩家自己创建游戏中的角色，并根据游戏中的各种因素不断发展和完善这个角色，例如升级、增加装备、提升技能和属性等。能够对角色的属性和发展路线进行细节控制，是这类游戏与其他类型游戏的主要区别。

• 任务和剧情：角色扮演类游戏通常包含丰富、复杂的剧情和故事情节，玩家需要通过完成各种任务和挑战来推动游戏剧情和角色发展。

• 开放世界和探索：角色扮演类游戏通常提供一个开放的游戏世界，允许玩家在其中自由探索和发现各种任务、地点和角色，以及隐藏的宝藏、秘密和剧情线。

• 战斗和策略：角色扮演类游戏通常包括各种不同类型的战斗和对战，需要玩家进行战略规划和决策制订，也需要玩家具备一定的操作技巧和反应速度。

• 道具和装备：角色扮演类游戏通常提供各种不同类型的道具和装备，包括武器、护甲、魔法物品等，可以用来提升角色属性、技能和能力。

角色扮演类游戏按设计风格可分为日式角色扮演类游戏和美式角色扮演类游戏。

• 日式角色扮演类游戏的艺术风格通常倾向于日式漫画、动画的风格，角色设计可能更加夸张、可爱或者具有幻想元素。叙事上注重有深度的故事，强调角色发展和情感元素。游戏中的角色通常拥有鲜明的个性，故事情节常常充满戏剧性和复杂性。日式角色扮演类游戏大多采用回合制战斗系统，玩家和敌人轮流行动，需要制订战术和策略，这种战斗方式强调计划和团队协作。游戏中提供相对线性的结构，玩家沿着预定的故事线进行游戏，而非自由探索开放世界。角色发展是日式角色扮演类游戏的一个重要元素，玩家通常会投入大量时间培养和了解他们的虚拟队友。

● 美式角色扮演类游戏通常倾向于现实主义的艺术风格，角色设计可能更加注重真实感和细节。通常，美式角色扮演类游戏会提供开放世界的结构，允许玩家在游戏中自由探索，并按照自己的节奏进行冒险；大多采用实时战斗系统，强调玩家的实际操作技能，玩家直接控制角色进行攻击和防御；更注重玩家的自由度，让玩家能够在游戏中做出更多的选择，影响故事发展和结局；更加强调玩家个性化的体验，允许玩家自定义角色外观、技能和装备。

角色扮演类游戏可以细分为PC角色扮演类游戏、动作角色扮演类游戏、类Rogue角色扮演类游戏、地下城角色扮演类游戏、策略角色扮演类游戏、大型多人在线角色扮演类游戏。

2.3.1 PC 角色扮演类游戏

PC角色扮演类游戏（Computer Role-Playing Game，CRPG）将传统桌面角色扮演类游戏（如《龙与地下城》（*Dungeons & Dragons*））的元素转化为PC游戏的形式，特指分支选择和属性加点会极大地影响游戏走向的角色扮演类游戏。知名作品有《神界：原罪》（*Divinity:Original Sin*）、《博德之门》（*Baldur's Gate*）系列、《异域镇魂曲》（*Planescape:Torment*）等。

《神界：原罪》（见图2-22）由拉瑞安工作室（Larian Studios）开发，采用了战略性的回合制战斗系统，玩家必须考虑地形、元素效果和队伍配置来获得战斗优势。该游戏具有新的叙述方式、深刻的角色扮演元素和独特的艺术风格。

图 2-22 《神界：原罪》游戏截图

2.3.2 动作角色扮演类游戏

动作角色扮演类游戏（Action Role-Playing Game，ARPG）同时包含动作类游戏和角色扮演类游戏的元素，注重故事情节和角色发展。知名作品有《最终幻想VII：重制版》（*Final Fantasy VII :Remake*）、《赛博朋克2077》（*Cyberpunk 2077*）等。

《最终幻想VII：重制版》（见图2-23）是史克威尔·艾尼克斯（SQUARE ENIX）开发的经典JRPG（Japanese Role-Playing Game，日式角色扮演游戏）的现代重制，以壮丽的图形、深度的故事、创新战斗系统著称，为经典注入新生命，赢得了玩家和评论家的高度评价。

《赛博朋克2077》（见图2-24）由CD Projekt开发。玩家身临未来都市，扮演佣兵"V"追求改变命运。该游戏因其惊人的图像、复杂的故事和高自由度而备受关注。

图 2-23 《最终幻想VII：重制版》游戏截图　　　　　图 2-24 《赛博朋克2077》游戏截图

2.3.3 类 Rogue 角色扮演类游戏

类Rogue角色扮演类游戏（Roguelike Role-Playing Game）是指采用类似1980年开发的Rogue的玩法的游戏。2008年，柏林第一届Roguelike游戏开发大会上明确了Roguelike类游戏应该包含的要素，如随机环境生成、永久死亡、回合制战斗、资源管理等。由于柏林准则过于苛刻（如用 ASCII 字符平铺进行显示），因此并未得到广泛认同，一些不完全符合柏林准则的类似游戏也被称为Roguelike（或Roguelite）游戏。知名作品有《哈迪斯：杀出地狱》（*Hades:Battle Out of Hell*）、《杀戮尖塔》（*Slay the Spire*）。

《哈迪斯：杀出地狱》（见图2-25）由超级巨人游戏工作室（Supergiant Games）开发，是一款结合了Roguelike和动作角色扮演元素的游戏。该游戏以其高重玩性和每次游戏体验的独特性而备受关注。

《杀戮尖塔》（见图2-26）由Mega Crit Games开发，是一款结合了卡牌游戏和Roguelike元素的电子游戏。其核心机制是围绕构建和优化一副卡牌来进行战斗。玩家在每次游戏中从一个基础的卡组开始，通过战斗、事件和商店购买逐渐增加和升级卡牌。每次游戏开始时，玩家都会经历一个全新的、随机生成的尖塔，遇到不同的敌人、事件和宝箱。这种随机性增加了该游戏的挑战性和重玩价值。

图 2-25 《哈迪斯：杀出地狱》游戏截图　　　　　图 2-26 《杀戮尖塔》游戏截图

2.3.4 地下城角色扮演类游戏

地下城角色扮演类游戏（Dungeon Role-Playing Game，DRPG）强调在地牢环境中进行探险、战斗和发现。游戏的主要场景通常是地牢，玩家需要在其中进行探险，解开谜题，面对各种怪物和敌人。地牢中也会分布各种各样的物品，包括武器、护甲、药水等，这些物品可以用来提升角色的能力或在战斗中使用。知名作品有《世界树的迷宫》（*Etrian Odyssey*）等。

《世界树的迷宫》（见图2-27）由阿特拉斯（Atlus）开发。玩家在迷宫中探险，绘制地图，挑战敌人，可以自定义队伍，选择职业和技能以适应不同的挑战。该游戏以其独特的地图制作和战略性的探险而受到玩家喜爱，是古典而具有挑战性的DRPG之一。

图2-27 《世界树的迷宫》游戏截图

2.3.5 策略角色扮演类游戏

策略角色扮演类游戏（Strategy Role-Playing Game，SRPG）中的战斗基于策略进行，玩家需要合理部署角色、考虑地形和敌人的位置，以制订有效的战术。玩家通常可以控制和发展一支角色队伍，通过完成任务或战斗来获取经验值，提升角色等级，解锁新的技能和能力。知名作品有《火焰之纹章：风花雪月》（*Fire Emblem:Three Houses*）等。

《火焰之纹章：风花雪月》（见图2-28）由Intelligent Systems、任天堂和光荣特库摩（Koei Tecmo）开发。玩家在学院中扮演教师，培养学生，参与冲突。该游戏以其复杂的故事情节、深度战略和精美动画而备受赞誉。

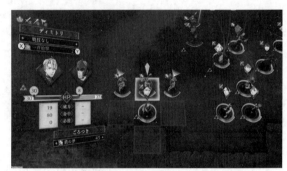

图2-28 《火焰之纹章：风花雪月》游戏截图

2.3.6 大型多人在线角色扮演类游戏

大型多人在线角色扮演类游戏（Massive Multiplayer Online Role-Playing Game，MMORPG）一般包含社交系统、任务系统、经济系统，允许大量玩家同时在线并共处在一个庞大的、虚拟的游戏世界，与其他真实玩家交流、合作、对抗。玩家在游戏中自定义角色的外观、职业、技能等要素，并不断对其进行培养。知名作品有《魔兽世界》（*World of Warcraft*）、《上古卷轴OL》（*The Elder Scrolls Online*）等。

《魔兽世界》（见图2-29）由暴雪娱乐（Blizzard Entertainment）开发。玩家在奇幻世界中冒险，完成任务，组队战斗，与其他玩家互动。该游戏以其庞大的游戏世界、多样性的职业和种族成为最受欢迎的在线游戏之一。

《上古卷轴OL》（见图2-30）由贝塞斯达游戏工作室（Bethesda Game Studios）开发。玩家在泰姆瑞尔大陆自由探索，完成任务，也可与其他玩家组队冒险。该游戏以其庞大的开放世界、深刻的故事和多样的职业体系而备受玩家喜爱。

图 2-29 《魔兽世界》游戏截图

图 2-30 《上古卷轴OL》游戏截图

2.4　战略类游戏

战略类游戏强调思考、计划和决策，玩家需要运用策略来达到游戏的目标。战略类游戏有着极其悠长的历史，目前已知最早的战略类游戏为公元前31世纪古埃及的塞尼特棋（见图2-31），如今繁荣发展的围棋、象棋更是具有十分重要的地位。随着电子游戏时代的开幕，战略类游戏有了更加丰富的内涵。

图 2-31 塞尼特棋

战略类游戏的主要特点是需要玩家进行策略规划、资源管理和决策制定，以便在游戏中取得胜利。与其他类型游戏相比，战略类游戏通常需要玩家考虑更多的因素，例如地形、资源、军队组合、防御和进攻等，以达到最佳效果。以下是战略类游戏的一些主要特点。

● 策略规划：玩家需要在游戏中进行策略制定，规划如何部署资源和军队，以达到最佳的防御和进攻效果。在这个过程中，需要考虑各种因素，例如地形、天气、资源、敌人、技能和技术等。

● 资源管理：玩家需要管理资源，包括金钱、粮食、木材、石料、矿物等，以支持游戏中的建设和生产。在资源管理方面，需要考虑如何利用和分配各种资源，以达到最佳效益。

● 军队组合：玩家需要考虑如何组建最佳的军队，包括选择不同类型的兵种、制定战略和战术，以达到最佳的防御和进攻效果。

● 建设和生产：玩家需要在游戏中进行建设和生产，包括建造城墙、矿场、军营、农田等设施，生产士兵、武器、物资等资源，以提高自己的军事和经济实力。

与其他类型游戏相比，战略类游戏侧重于策略和决策，需要玩家思考更多的因素，而不是单纯考验玩家的反应速度和操作技巧。战略类游戏通常还需要较长的游戏时间，以便玩家可以逐步发展军事和经济实力，从而取得游戏胜利。

战略类游戏可以细分为回合制战略类游戏、回合制战术游戏、即时战略类游戏、即时战术游戏、多人在线竞技游戏、塔防游戏。

2.4.1 回合制战略类游戏

回合制战略类（Turn-Based Strategy，TBS）游戏中的行动是按照回合制进行的，每个玩家在自己的回合内可以执行一系列动作，例如移动单位、攻击敌人、使用技能等，留了足够的时间让玩家进行决策。同时，玩家需要进行资源管理，统筹规划金钱、食物或其他资源，用资源来招募新单位、升级技能或建造设施。此类游戏中，玩家通常需要统治整个国家或星球。知名作品有《文明6》（*Civilization VI*）、《全面战争：三国》（*Total War:Three Kingdoms*）等。

《文明6》（见图2-32）由Firaxis Games开发。玩家领导文明，建设城市，发展科技，参与外交和战争。该游戏以深度战略、复杂的文明发展和引人入胜的游戏体验而广受好评，是《文明》系列的最新力作。

《全面战争：三国》（见图2-33）由Creative Assembly开发，背景设定在我国的三国时代。玩家领导势力，进行战争、外交和管理。该游戏以逼真的战略模式和壮丽的实时战斗而获得好评，成为《全面战争》系列的杰出之作。

图 2-32 《文明6》游戏截图

图 2-33 《全面战争：三国》游戏截图

2.4.2 回合制战术游戏

回合制战术（Turn-Based Tactics，TBT）游戏相比于回合制战略类游戏，将重点放在战术决策上，玩家通常需要处理单个战斗场景或小队的行动，不需要注重资源管理、基地建设等。知名作品有《战争机器：战略版》（*Gears Tactics*）、《三角战略》（*Triangle Strategy*）等。

《战争机器：战略版》（见图2-34）由Splash Damage和The Coalition合作开发，承接《战争机器》系列。玩家领导团队，与怪物作战，以战术方式挑战敌人。该游戏以引人入胜的战斗和精致的图形而备受好评。

《三角战略》（见图2-35）由史克威尔·艾尼克斯和ARTDINK开发。玩家在深厚的叙事中做出决策，影响故事支线。该游戏融合了战略战斗、政治阴谋和独特的艺术风格。

自走棋（Auto Chess）游戏起源于《刀塔2》（*DOTA 2*）的一个社区地图模式，可以看作回合制战术游戏的一种。玩家只需要购买并在棋盘上放置角色棋子，进行前期布局，其战斗是完全自动进行的。玩家通过购买、升级英雄和装备，在棋盘上布置单位进行战斗。该游戏以策略性、多样的英雄和竞技性而备受欢迎。

图 2-34 《战争机器：战略版》游戏截图

图 2-35 《三角战略》游戏截图

2.4.3 即时战略类游戏

即时战略类（Real-Time Strategy，RTS）游戏中的行动是实时进行的，玩家需要在游戏进行的同时进行决策、资源管理和战斗。知名作品有《命令与征服》（*Command & Conquer*）、《帝国时代4》（*Age of Empires IV*）等。

《命令与征服》（见图2-36）是由艺电开发的即时战略类游戏系列。玩家建设基地，招募军队，参与战争。该游戏以创新的战略性、多样化的部队和引人入胜的故事著称。

《帝国时代4》（见图2-37）是由遗迹娱乐（Relic Entertainment）开发的即时战略类游戏，承接《帝国时代》系列。玩家建设文明，参与历史战役，体验战略与文化的融合。该游戏以引人入胜的玩法、复杂的历史再现而备受瞩目。

图 2-36 《命令与征服》游戏截图

图 2-37 《帝国时代4》游戏截图

2.4.4 即时战术游戏

与即时战略类游戏相比，即时战术（Real-Time Tactics，RTT）游戏不包含资源管理和单位生产；与回合制战术游戏相比，即时战术游戏实时进行，因此强调战场设计，玩家需要进行时间和路径规划，利用陷阱、伪装、多角色配合行动找出最小损失通关的办法。即时战术游戏的作品数量偏少，知名作品有《影子战术：将军之刃》（*Shadow Tactics:Blades of the Shogun*）、《盟军敢死队2》（*Commandos 2*）等。

《影子战术：将军之刃》（见图2-38）由Mimimi Games开发。玩家领导一组专业刺客，运用各刺客独特的技能和策略执行刺杀任务。

《盟军敢死队2》（见图2-39）由皮诺工作室（Pyro Studios）开发。玩家指挥小队执行真实战术任务，体验战争的紧张氛围。

图 2-38 《影子战术：将军之刃》游戏截图

图 2-39 《盟军敢死队2》游戏截图

2.4.5 多人在线竞技游戏

多人在线竞技（Multiplayer Online Battle Arena，MOBA）游戏以多人在线对战为主题，通常包含两个对立的团队，每个团队由等量多名玩家控制，在一张地图上进行即时战斗，只有一个团队能够获胜。知名作品有《英雄联盟》（League of Legends）、《刀塔2》等。

《英雄联盟》由拳头游戏（Riot Games）开发（见图2-40），《刀塔2》由维尔福集团开发（见图2-41）。

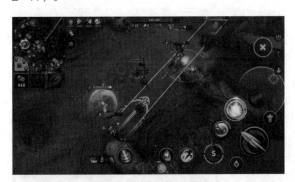

图 2-40 《英雄联盟》游戏截图

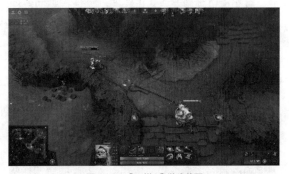

图 2-41 《刀塔2》游戏截图

2.4.6 塔防游戏

塔防（Tower Defense，TD）游戏的核心玩法是通过建造固定的建筑防止敌人通过设定的路径到达目标，建筑有不同属性，并且需要进行资源管理。敌人通常以波次的形式出现，每一波敌人的数量和类型会有所不同。知名作品有《植物大战僵尸》（Plants vs. Zombies）、《保卫萝卜4》等。

《植物大战僵尸》（见图2-42）由宝开游戏（PopCap Games）开发。玩家通过布置植物来抵挡僵尸的入侵。该游戏以其独特的玩法、可爱的设计和成就感强烈的关卡设计而备受好评，成为经典塔防游戏之一。

《保卫萝卜4》（见图2-43）由北京凯罗天下科技有限公司开发。玩家通过布置植物和武器，抵御入侵的怪物。该游戏以其创意塔防设计、多样化的防御策略和有趣的角色而备受好评。

图2-42 《植物大战僵尸》游戏截图

图2-43 《保卫萝卜4》游戏截图

2.5 模拟类游戏

模拟类游戏（Simulation Game）用计算机模拟现实世界中的环境与事件，以此提供给玩家游戏体验。例如模拟赛车竞速的《极限竞速：地平线5》（*Forza Horizon 5*）、模拟飞行的《微软模拟飞行》（*Microsoft Flight Simulator*）、模拟割草的《割草模拟器》（*Lawn Mowing Simulator*）、模拟生活的《模拟人生4》（*The Sims 4*）、模拟体育运动的美国职业篮球联赛2K24（*NBA 2K24*）等。

2.5.1 赛车模拟类游戏

赛车模拟类游戏要求玩家控制高速行驶的各种车辆，通过第一或第三人称视角，完成加速、刹车、转弯、躲避等操作，需要快速的反应和精准的操作技巧。在一些赛车模拟类游戏中，还会包括拼抢、碰撞、炫技等元素，以增加游戏的刺激性和趣味性。因此，赛车模拟类游戏也可以被归类为动作类游戏。

《极限竞速：地平线5》（见图2-44）由游乐场游戏工作室（Playground Games）开发，游戏地点设定在墨西哥。玩家探索美丽的开放世界，参与多样化比赛，体验极致驾驶乐趣。该游戏以其令人惊艳的画面、多样的车辆和引人入胜的竞速体验而备受好评。

图2-44 《极限竞速：地平线5》游戏截图

2.5.2 机械模拟类游戏

机械模拟类游戏通常以精确模拟操控某种运输工具、武器或机械设备为目标。这些游戏通常会尽可能地模拟现实世界中的机械设备和操控方式，并让玩家体验和探索。例如，模拟飞行类游戏可以让玩家操控各种类型的飞机，在虚拟的环境中体验飞行的过程和技术；模拟武器类游戏可以让玩家操控各种类型的武器，在虚拟的战场上体验射击的技术和策略。

机械模拟类游戏通常强调真实性和精准度，需要玩家具备相关机械设备和操作方式的基础知识和技能。同时，这些游戏也可以帮助玩家了解和掌握机械设备的特点和操控技巧，对于某些职业或爱好有一定的参考和帮助作用。

《微软飞行模拟》系列游戏是典型的机械模拟类游戏，于1982年推出。1997年，《微软飞行模拟98》发布，成为当时最先进的机械模拟类游戏之一，之后又相继发布了多个版本，包括《微软飞行模拟2000》《微软飞行模拟2002》《微软飞行模拟X》等。

《微软飞行模拟》系列游戏最大的特点就是其高度真实的模拟飞行体验。游戏中使用了实时天气、真实飞行控制系统和飞机仪表板等元素，以呈现真实的飞行环境。同时，玩家可以自由选择飞行计划、地点和飞机类型，并在游戏中体验从起飞、飞行到降落的整个过程。

除此之外，《微软飞行模拟》系列游戏还提供了多人游戏模式，玩家可以通过网络与其他玩家一起飞行。游戏也支持各种插件和第三方软件，可以扩展游戏的功能和可玩性，例如添加更多的飞机和场景等。因其高度真实的模拟体验，《微软飞行模拟》系列游戏也被广泛应用于飞行培训、航空研究、飞行爱好等方面。

《微软模拟飞行2020》（见图2-45）是微软公司在2020年发布的新版本，提供全球精确的地形和天气模拟。玩家可以驾驶各类飞机，在细致还原的世界中自由飞行。该游戏以其卓越的图形技术和真实感而备受赞誉。

图 2-45 《微软模拟飞行2020》游戏截图

2.5.3 模拟经营类游戏

模拟经营类游戏的主要特点是让玩家扮演某个角色（例如企业家、城市市长等）来经营和管理一个虚拟的企业、城市、生态系统，甚至一个虚拟宇宙。玩家通过制定策略和决策来推动组织的发展和壮大。以下是模拟经营类游戏的一些主要特点。

● 经营和管理：模拟经营类游戏通常需要玩家进行经营和管理，包括财务、资源、市场、员工、设施等方面。

● 策略和决策：模拟经营类游戏需要玩家具备制定策略和决策的能力，以应对各种挑战和问题。玩家需要考虑市场需求、资源利用、投资规划等方面的因素，以确保组织的健康和可持续发展。

● 组织发展：模拟经营类游戏的目标通常是将组织发展和壮大，玩家需要通过不断地投资、扩张、升级等方式，实现组织的业务增长和市场占有率提升。

● 结束条件：模拟经营类游戏通常没有明显的通关条件，玩家几乎可以无限制地玩下去，直到厌倦为止。这也是这类游戏的一个明显特点。

常见的模拟经营类游戏包括《模拟城市》《模拟人生》《铁路帝国》《病毒危机》等，它们都强调玩家的策略和决策制定能力，需要玩家具备经营和管理的基础知识和能力，以便在游戏中取得成功。

《割草模拟器》（见图2-46）由Skyhook Games开发。玩家在精美的环境中扮演割草专业人员，使用逼真的割草设备，精细操作，体验割草的满足感。该游戏以其独特而有趣的玩法而备受欢迎。

《模拟人生4》（见图2-47）由马西斯（Maxis）开发。玩家创造并控制虚构人物，设计他们的家园，发展人物关系，体验丰富多彩的生活。该游戏以其高自由度、无限创意和引人入胜的模拟生活而备受玩家喜爱。

图 2-46 《割草模拟器》游戏截图

图 2-47 《模拟人生4》游戏截图

2.5.4 体育模拟类游戏

体育模拟类游戏的主要特点是模拟各种体育运动的场景和规则，让玩家在虚拟的环境中体验和竞技各种体育项目。以下是体育模拟类游戏的一些主要特点。

• 体育项目：体育模拟类通常涵盖多种不同类型的体育项目，包括足球、篮球、棒球、网球、高尔夫球、拳击等，每种体育项目都有其独特的规则和操作方式。

• 模拟真实运动场景：体育模拟类游戏通常会尽可能地模拟真实的运动场景和规则，包括球场、球员、裁判、比赛流程等，以让玩家获得更真实的体育运动体验。同时为了照顾游戏玩家和提高游戏可玩性，需要对游戏规则进行一定的简化，例如足球游戏关卡的时间可能会比真实的足球比赛的时间短。

• 操作技巧和策略：体育模拟类游戏通常需要玩家具备一定的操作技巧和策略，以便在比赛中获胜。不同的体育项目需要不同的操作技巧和策略，例如在足球比赛中需要掌握传球、射门、防守等技巧，而在高尔夫球比赛中需要掌握挥杆、选择球杆、考虑风向等策略。

• 使用真实运动员作为游戏角色：体育模拟类游戏通常会在每个赛季或周期更新球队和球员数据，以保证游戏的真实性和时效性。玩家也可以通过升级、增加装备和技能来提高自己的球队和球员实力。

通常来说，选择体育模拟类游戏的玩家通常是对某个特定体育项目有兴趣的玩家，或是希望体验一种特定运动项目的玩家。同时，这类游戏也可以吸引那些喜欢挑战自我、通过策略和技能来取得胜利的玩家。

在体育模拟类游戏中使用真人角色，例如梅西、C罗等知名运动员需要获得授权。因为这些运动员或球队拥有自己的肖像权、商标权或版权等，未经授权使用会侵犯他们的合法权益。因此，游戏开发者通常需要与运动员或球队签订授权协议，并支付一定的授权费用，以便在游戏中使用这些运动员或球队的名称、肖像、特征、标志等。授权费用的具体数额会根据运动员或球队的知名度、影响力等因素而有所不同。在不同国家和地区，对肖像权、商标权或版权等的保护程度和法律规定可能不同，因此游戏开发者需要遵守当地的相关法律法规，以避免侵犯他人的知识产权。

NBA 2K24（见图2-48）是由2K Sports开发的篮球模拟类游戏系列作品，提供逼真的NBA体验。玩家可以控制球队进行比赛，也可以建设球队，以及参与多种篮球活动。该游戏以其卓越的图形和真实球场的高还原度而备受玩家喜爱。

图 2-48 *NBA 2K24*游戏截图

2.6 休闲类游戏

休闲类游戏（Casual Game）是一类设计简单、易于上手、不需要太多专业技能或时间的游戏类型，适用于广泛的玩家群体。它的首要目标是提供轻松、愉快的娱乐体验，让玩家在不太紧张或不太有压力的情况下放松心情。它包含解谜、棋牌、音乐、派对、益智等类型。以下是休闲类游戏的一些主要特点。

● 简单易学：休闲类游戏通常拥有简单明了的游戏规则和易于上手的操作方式，不需要太多的技巧和时间，让玩家可以在短时间内轻松上手。这个特点使休闲类游戏成为受众最广的游戏类型。

● 轻松愉快：休闲类游戏通常具有轻松愉快的游戏氛围，通过明快的色彩、灵动的音效、及时的反馈、多样的奖励机制，能够让玩家感受到游戏的乐趣和放松，减轻压力和疲劳。

● 适合短时间娱乐：休闲类游戏通常可以在短时间内完成，这使得它们成了一种快速娱乐和消遣的方式，玩家可以随时随地进行游戏，不需要花费太多的时间和精力。

● 花样繁多：休闲类游戏可以和很多种游戏类型（包括跑酷类、解谜类、消除类、休闲竞技类、模拟经营类等）结合，让玩家有更多的选择和体验。

知名的休闲类游戏有《俄罗斯方块》《祖玛》《猛兽派对》《胡闹厨房2》等。

《猛兽派对》（*Party Animals*）（见图2-49）是由Recreate Games开发的一款基于物理的多人派对游戏。玩家可以选择喜欢的小动物角色，和朋友们一起挑战其他玩家，或者展开激烈的对决。

《胡闹厨房2》（*Overcooked! 2*）（见图2-50）是一款由鬼镇游戏（Ghost Town Games）开发的合作式多人厨艺游戏。玩家进行团队合作，准备食材并烹饪各种美食，同时应对多变的厨房环境。该游戏以其紧张刺激的合作体验、富有创意的关卡设计而备受好评。

图 2-49 《猛兽派对》游戏截图

图 2-50 《胡闹厨房2》游戏截图

休闲类游戏通常会吸引各个年龄段和不同游戏技能水平的玩家,包括那些不经常玩游戏的人。许多休闲类游戏玩家玩游戏是为了放松和消遣,他们倾向于选择那些不需要花费太多时间和精力的游戏。他们通常偏好非竞争性的游戏体验,可能更注重游戏的娱乐性和放松性,而不是挑战性或竞技性。休闲类游戏玩家可能没有固定的游戏时间,他们可能会在碎片时间里游玩,如通勤途中或休息时间。尽管休闲类游戏通常以个人体验为主,但很多玩家也享受带有社交元素的游戏,如与朋友共享游戏成就或在社交网络上进行互动。相比于硬核游戏玩家,休闲类游戏玩家可能对游戏的投入程度较低,他们可能不会深入了解游戏的复杂机制或长时间连续游玩。

2.7　不同类型游戏的市场分布

不同类型的游戏在市场上的分布比例是随时变化的,也受到不同地区、不同年龄段玩家喜好等因素的影响。根据市场研究和数据分析,可以得出以下大致的结论。

射击类、角色扮演类、战略类和体育模拟类游戏在全球范围内非常受欢迎,其中射击类游戏和角色扮演类游戏尤其受不同文化背景的玩家群体欢迎。

在不同的地区,玩家的游戏偏好有所不同。例如,东亚地区的玩家更喜欢角色扮演类和战略类游戏,北美地区的玩家更喜欢射击类游戏和体育模拟类游戏。

模拟类和休闲类游戏在一些细分市场上也有很高的市场份额,例如模拟城市建造类游戏在PC游戏市场上表现良好。

总体来说,不同类型的游戏在市场上的分布比例受诸多因素的影响,包括地区、平台、游戏特性和玩家偏好等。游戏开发者需要根据市场需求和趋势来开发适应市场的游戏,同时也需要关注不同类型游戏在市场上的竞争和机会。

练习题

❶ 为什么说动作类游戏是游戏中最基本的类型之一?请列举一些动作类游戏的代表作品。

❷ 动作类游戏可以和哪些类型的游戏相结合?

❸ 为什么角色扮演类游戏常常被称为"人生模拟器"?请列举一些角色扮演类游戏的代表作品。

❹ 为什么体育模拟类游戏能够吸引很多玩家?请列举一些体育模拟类游戏的代表作品。

❺ 解谜冒险类游戏的设计中,有哪些关键因素?请列举一些解谜冒险类游戏的代表作品。

❻ 休闲类游戏有哪些特点?请列举一些休闲类游戏的代表作品。

❼ 模拟类游戏的主要特点是什么?请列举一些模拟类游戏的代表作品。

❽ 电子竞技通常选用哪种类型的游戏?请列举一些该类型的代表作品。

❾ 请分析开放世界类游戏的核心玩法机制和玩家的驱动力。

❿ 开放世界类游戏和MMORPG的玩家群体各是什么样的?比较这两类玩家的异同。

第 3 章
游戏项目工作流程

在第3章，我们将介绍游戏项目的工作流程，包括游戏创意阶段、游戏策划阶段、游戏开发阶段和游戏发布阶段。像很多软件工程项目一样，游戏项目也经常需要通过迭代设计的方法不断完善，因此每个阶段都可能包括多次的迭代过程。基于富勒顿游戏分析框架，我们在这里提出一个游戏策划工作流程，作为本教材推荐的游戏项目工作流程。

3.1 基本工作流程

完整的游戏项目工作流程是一个多阶段、跨专业的团队工作过程。以下是一个常见的游戏项目的基本工作流程。

（1）游戏概念或创意阶段

- **游戏创意生成：** 团队成员或单独的设计师提出创意或游戏概念。
- **游戏概念文档：** 初步描述游戏的主题、目标、玩家体验等基本信息。
- **游戏可行性研究：** 评估这个创意或游戏概念在技术、财务和市场上的可行性。

（2）游戏策划（又称为预生产）阶段

- **游戏策划文档：** 这是一个详细的设计文档，描述游戏的所有方面，包括玩法机制、故事、角色、关卡设计、用户界面（User Interface,UI）、音效等。
- **游戏原型制作：** 创建一个简化版本的游戏，包含一两个关卡，以验证核心玩法机制和游戏的可玩性。
- **技术路径研究：** 评估和选择适当的游戏引擎、工具和技术。

（3）游戏开发阶段

- **游戏关卡设计：** 设计游戏中的不同关卡或场景。
- **游戏美术制作：** 制作游戏的2D图形、3D模型、动画、UI等。
- **游戏编程：** 编写游戏的代码，包括游戏机制、游戏AI、物理模拟等。
- **游戏音频制作：** 创作背景音乐、效果音和配音。
- **游戏产品的集成与测试：** 整合所有的资源和代码，进行内部测试。
- **游戏产品的Alpha/Beta测试：** 内部/外部的测试，寻找并修复Bug，优化玩家体验。
- **游戏产品的优化和迭代：** 提高游戏的性能和稳定性。
- **市场营销与推广：** 制订和实施市场策略，制作预告片、宣传资料等。

（4）游戏发布阶段

- **游戏最终测试：** 确保没有遗漏的Bug或问题。
- **游戏发行：** 将游戏发布到各个平台或应用商店。
- **后续支持：** 根据玩家的反馈修复问题，发布更新或扩展包。
- **维护和迭代：** 根据玩家的反馈和数据分析，对游戏进行调整和优化，可能会发布新的内容或功能。

每个游戏项目可能会有其特定的需求和步骤，上述工作流程只是一个基本的参考。游戏设计和制作是一个团队合作的过程，需要多个专业的团队成员共同参与。

游戏项目工作流程是通过多次"设计—实现—测试—再设计"的迭代过程完成的。这种迭代过程会贯穿游戏项目的生命周期，是一个结合螺旋模型和游戏原型的迭代开发过程。游戏设计与开发过程的创意阶段、策划阶段和开发阶段都需要经历"设计—实现—测试—再设计"的迭代，如图3-1所示。

在创意阶段、策划阶段和开发阶段，完成不同阶段的设计工作后都需要进行某种程度的系统实现，在创意阶段通常采用纸质原型这类低逼真度原型，在策划阶段则会制作高逼真度的软件原型，而开发阶段则直接制作游戏产品。3个工作阶段的测试方法也不同，在创意阶段，由于原型的逼真度较低，因此采用以创意团队内部人员为主的游戏玩法测评；在策划阶段，通过软件原型可以进行简化的可玩性测试；在开发阶段需要制订详细的测试计划，以在游戏发布之前对产品进行详尽的测试。3个工作阶段都可以包括不止一次的迭代过程，直到设计和开发工作的成果可以用于下个阶段的工作。

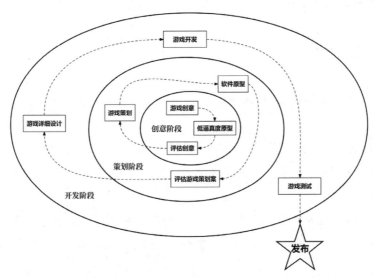

图 3-1 游戏设计与开发过程的创意阶段、策划阶段和开发阶段都需要经历"设计—实现—测试—再设计"的迭代

像很多软件工程项目一样，游戏项目也经常通过迭代设计的方法不断地完善游戏设计工作。对于缺乏经验的游戏策划团队，学会如何通过迭代不断改进游戏设计非常重要。每次迭代设计都包括游戏策划（或改进）—游戏原型实现—游戏测试这3个环节，覆盖上面提到的所有工作内容。如果时间允许，在学习过程中可以完成多次迭代过程。

完成一个完整的游戏设计和制作流程明显超过了本科教学的范畴。在高校的教学过程中，推荐学生完成第一和第二阶段，即游戏概念或创意阶段和游戏策划阶段，在策划阶段完成一次游戏测试，通过分析测试结果进一步改进游戏策划方案。

类似软件工程课程教学过程中的软件项目实习，游戏设计项目也要求完成游戏概念设计文档（类似软件需求分析文档和概要设计文档）、游戏策划文档（类似软件设计文档）、游戏测试文档（类似软件测试文档)和游戏原型系统（类似软件原型系统）。通过完成这些文档的写作和游戏原型系统的制作，学生可以在8到16周的教学周期内掌握游戏创意与设计的基本概念和相关技能。

3.2 游戏创意阶段

3.2.1 游戏创意阶段的工作目标

游戏创意阶段是一个游戏项目的开始阶段，工作的主要目标是构思并形成一个清晰、创新且具有吸引力的游戏概念。这里需要考虑的因素有很多，最重要的几个因素如下。

● **创意的创新性和独特性：** 提出一个新颖的游戏理念，与市场上现有的游戏区分开来。这可能包括独特的故事情节、角色设计、游戏玩法机制或者结合新兴技术的创新应用。

- **对目标受众的吸引力：**确保游戏概念能够吸引并满足目标受众的兴趣和需求。这需要对市场趋势和玩家偏好有深入的了解。

- **故事和世界观的构建：**创建一个引人入胜、丰富多彩的游戏世界和背景故事，为玩家提供深度和沉浸式体验。

- **初步的视觉和艺术方向：**确定游戏的视觉风格和艺术方向，包括角色设计、环境设计和整体美术风格。

- **项目可行性分析：**评估游戏概念的可行性，包括技术实现的可能性、预算限制、时间框架以及市场潜力。

- **统一团队共识和方向：**在创意团队中建立共识，确保所有成员对游戏概念的理解和期望一致。

- **为后续开发阶段打基础：**创意阶段的成果将为后续游戏策划和开发阶段（如详细设计、生产、测试等）奠定基础。

尽管创新性是所有游戏创意团队最重视的目标，但实际的游戏项目往往需要平衡以上多个方面的因素，才能确保游戏项目进入下一个阶段。如果游戏项目需要外部投资或上级管理部门的支持，则需要进一步考虑以下几个因素。

- **团队与专业能力：**介绍开发团队的背景、经验和专业能力，展示他们具有成功实施该项目的能力。

- **市场竞争分析：**分析同类游戏和市场上的竞争对手，解释游戏如何在市场中脱颖而出。

- **预期收益与市场潜力：**提供关于预期收益的初步估计，包括基于市场分析和目标受众的潜在营利能力。

- **开发计划与时间线：**概述游戏从创意到最终发布的整体开发计划和时间线，包括后续各阶段的主要里程碑。

- **预算和资金需求：**提出开发游戏所需的总预算，包括人力、技术、营销和其他相关成本，明确所需的投资额和资金用途。

- **风险评估与应对策略：**分析项目可能面临的风险，包括技术、市场和财务风险，并提供应对这些风险的策略。

- **技术和创意展示：**如果可能，展示一些原型、概念艺术或其他视觉材料，以帮助投资者更直观地理解游戏的视觉风格和技术实现。

- **长期愿景与发展潜力：**展望游戏的长期发展潜力，包括可能的扩展、续作或衍生品。

从投资者的角度来看，以上这些因素中最重要的是团队与专业能力，其他的因素都与这个因素相关。对游戏项目的投资实际上是对团队的投资，主要是因为在游戏开发和运营的过程中，人员的技能、经验、创造力和团队协作能力对项目的成功至关重要。游戏开发需要用到多种专业技能，包括游戏设计、编程、美术设计、音效制作等。投资游戏项目团队实际上是在投资这些技能和知识的集合体，这些是游戏成功的基础。游戏行业竞争激烈，创新和创造性思维是区分一款成功游戏与平庸作品的关键；投资者同时还在投资游戏开发团队的创新能力，这决定了游戏能否吸引玩家。有经验的游戏开发团队更能理解市场趋势，避免落入常见陷阱，能有效利用资源；投资者在投资一个项目之前，会评估团队成员的经验和他们对市场的理解。一个高效协作的团队能够更好地应对游戏开发过程中的挑战，保持项目进度和质量。

3.2.2 游戏创意阶段的工作内容

在游戏创意阶段需要完成的工作内容如下。

（1）市场研究与目标受众分析

首先需要进行深入的市场研究，分析当前游戏市场的趋势、热门的游戏类型、竞争对手的表现以及新兴技术的发展情况。这将帮助游戏创意团队了解市场的需求和潜在的市场缺口。特别是，游戏创意团队将关注与预期游戏类型相似的产品，了解它们的成功要素和不足之处。大多数游戏创意的开始往往来自游戏创意团队成员对某一类或具体某一款游戏的看法。这样的看法往往主观的因素过多，而市场研究可以更客观地揭示市场的规律。以市场研究为基础，游戏创意团队可以确定游戏的目标受众。市场研究包括研究目标受众的年龄段、性别、兴趣爱好以及游戏偏好。如果时间和预算允许，游戏创意团队可以通过在线调查、社交媒体分析和参考行业报告来收集相关数据。这些信息将帮助游戏创意团队在后续的游戏设计中更好地满足目标受众的期望。

（2）故事设定和世界观

在市场研究的基础上，游戏创意团队将开始构思游戏的故事（包括游戏的核心主题、故事背景、设定时代和地点等），目标是创造一个独特而引人入胜的故事和虚拟世界，能够吸引目标受众。接下来，游戏创意团队需要着手构建游戏的世界观（包括游戏环境的设计，如城镇、自然景观、建筑风格等），目标是创造一个既符合故事背景，又具有视觉吸引力的游戏世界。这时游戏创意团队需要进行概念设计图的绘制，同时参考历史资料和文化背景，确保环境设计的真实性和一致性。此外，游戏创意团队还需要考虑环境设计对游戏玩法的影响，确保它们能够有效地支持游戏机制。

（3）角色初步设计

随着故事设定的逐渐明确，游戏创意团队可以开始设计游戏中的关键角色（包括他们的外观特点、性格特征、背景故事等），目标是创造出能够与玩家产生共鸣的角色，并且在游戏的世界观中扮演重要角色；还需要考虑如何通过对角色的设计来体现游戏的主题和故事。

（4）游戏机制的初步想法

虽然具体的游戏规则和机制将在后续阶段进一步设计，但在创意阶段，游戏创意团队需要确定游戏的基本玩法。这包括游戏的类型（如动作类、战略类、角色扮演类等）、主要的游戏机制（如战斗、探索、解谜等）和与玩家的互动方式。游戏创意团队需要组织更多的讨论，让游戏策划师和程序员共同探讨和试验不同的游戏机制。此外，游戏创意团队还需要考虑游戏机制如何与故事和角色设计相结合，创造出协调一致的游戏体验。在游戏创意阶段，游戏创意团队为了验证游戏机制，可以制作游戏的纸质原型，用于验证创意和进行团队交流。

（5）概念原画设计

为了更好地向内部团队和潜在的投资者展示游戏的视觉效果，游戏创意团队需要制作一系列概念原画。这些原画将展示游戏的关键场景、角色和环境，帮助所有相关方更直观地理解游戏的视觉风格和氛围。如果有可能，游戏创意团队可以聘请专业的概念艺术家来完成这项工作，并确保他们的设计既符合游戏创意团队的故事设定，又具有创新性和吸引力。

（6）项目概述和游戏提案编写

编写一个精练的游戏概念设计文档（或游戏提案），包括上述所有要素。这份提案将作为向管理层或投资者展示游戏项目的主要文档。确保提案清晰、有说服力，并充分展示游戏的独特价值和潜在市场吸引力。好的游戏概念设计文档需要用很短的篇幅说明两件事：(1)我们要做一款很好玩的游戏；(2)我们的游戏创意团队有能力把这款很好玩的游戏做出来。概念设计文档帮助可能的游戏发行商或游戏投资者评估被推荐游戏项目是否可行、是否有市场前景以及是否能完成。概念设计文档的目的是把游戏的设计概念卖给投资者，争取获得进一步开发的支持。

3.3　游戏策划阶段

并不存在一个业界公认的游戏策划阶段的工作流程。由于这个阶段的工作大多由游戏项目原创团队中的艺术设计人员完成，因此具有相当大的灵活性和随机性。这个过程可以是游戏工作室内部一个管理严格、涉及多个部门协作的工作流程，也可以是独立游戏团队的几个成员之间通过交流和相互启发共同完成的工作流程。

游戏策划阶段通常需要比游戏创意阶段更多的团队成员。在策划阶段，游戏开始从一个基本概念转变为具体的设计和计划。策划阶段涉及游戏的详细设计，包括游戏规则、故事情节、角色设计、界面设计等。这需要更多的专业人员的参与，如游戏设计师、美术师、程序员、声音设计师等，他们负责将创意转化为具体的游戏元素和功能。策划团队还需要开始考虑如何通过技术实现游戏设计，这可能涉及引擎选择、平台适配、网络架构等问题，需要专门的技术人员来处理。随着团队规模的增加，项目管理和团队协调变得更加重要，这时可能需要增加项目经理或后勤人员来确保工作的高效进行。游戏策划阶段可能还会加入市场分析师和用户体验研究人员，他们可以帮助团队更好地了解目标市场和用户需求，指导游戏设计。游戏策划阶段的工作范围更广，涉及游戏开发的多个方面，因此通常需要更多的团队成员来共同推进项目。

3.3.1　游戏策划阶段的工作目标

游戏策划阶段的主要任务和目标如下。

● **完成详细的游戏策划文档：**游戏策划阶段需要完成若干个文档，这些文档将游戏概念设计文档中的初始想法和概念具体化，为游戏的正式开发提供一个蓝图。这些文档可以包括游戏策划书、美工风格说明书、开发路径规划、技术设计文档、项目计划、测试计划等。这里重点介绍游戏策划书，即一个全面的游戏设计文档，包括游戏世界观、故事、角色、游戏机制、关卡、用户界面、艺术风格、声音等方面的深入细节。这份文档将作为游戏开发的蓝图。

● **完成视觉风格设计：**确定游戏的视觉风格。这包括概念设计、角色设计、环境设计，并决定整体的艺术方向。

● **完成技术规划：**决定技术栈，包括游戏引擎、编程语言和软件工具，这些将用于游戏开发工作。

● **完成关卡和世界设计：**设计游戏关卡和游戏世界。这通常包括创建关卡地图、设计谜题或挑战，以及规划游戏世界的布局。

- **完成游戏机制设计：** 进一步细化和详述游戏机制。这包括游戏规则的制定和游戏规程的设计，并最终确定玩家将如何与游戏世界和元素互动。

- **完成用户界面/用户体验设计：** 设计用户界面和用户体验。这包括布局设计、创建菜单、抬头显示区域（Head-Up Display,HUD），并确保玩家可以轻松地访问所有必要的信息。

- **完成声音和音乐规划：** 规划音频，包括要用到的背景音乐、音效和配音。这一阶段可能涉及制订所需声音和音乐主题的清单。

- **完成软件原型制作：** 开发一个能够独立运行的游戏软件原型。这是一个用于测试游戏机制并体验游戏的初步版本。它有助于在设计工作的早期识别潜在的设计问题和需要改进的设计内容。

- **制订资源和预算规划：** 准备详细的预算和资源计划，包括人员需求、设备、软件许可证和其他开发所需的资源。

- **制订项目时间表和里程碑：** 制订详细的项目时间表和里程碑。这个时间表应该概述游戏开发的所有主要阶段，包含从预生产到发布后支持。

- **制订风险分析和应急计划：** 识别开发过程中可能面临的风险，并准备应对这些风险的计划。

- **向利益相关者演示和争取支持：** 向利益相关者（如出版商、投资者或公司高管）呈现详细计划，争取获得支持、批准和反馈。

3.3.2 基于富勒顿游戏分析框架的游戏策划工作流程

本小节介绍一个基于富勒顿游戏分析框架的游戏策划工作流程。这个工作流程大致分为4个步骤，分别是戏剧元素的详细设计、形式元素的详细设计、动态元素的详细设计以及游戏原型的制作、测试与迭代设计。通过这个游戏策划工作流程，学生可以了解在策划一款游戏时需要完成的工作内容，以及各个部分之间的关系。

（1）戏剧元素的详细设计

戏剧元素在游戏设计中至关重要，为游戏提供故事基础并深刻影响玩家情感。这些元素包括故事设定、游戏世界观、故事情节、角色、核心冲突、故事弧和角色弧。故事设定决定游戏故事发生的时代背景，可以选择过去、现在、未来或虚构的时代；游戏世界观设计定义游戏故事发生的历史、地理和社会结构，通过美术设计和音效设计实现；故事情节描述故事中的冲突发展和解决过程，通过角色对话、视觉叙事、任务设计等方式呈现；游戏中的角色具有自己的背景故事、性格和行为动机，通过角色间的互动推动故事的发展；游戏的核心冲突提供游戏的终极目标，这个终极目标贯穿整个故事并吸引玩家解决冲突，核心冲突的解决需要玩家面对挑战，这些挑战需有一定难度并与故事紧密相关，能够反映出玩家的努力和成长；故事弧和角色弧是重要设计工具，描述角色或情节的发展，其中故事弧包括冲突的建立、发展和解决，而角色弧展现角色内心世界和性格的变化。这些戏剧元素有助于塑造游戏叙事、影响玩家情感。戏剧元素是注重故事和情感体验的游戏设计的关键。

（2）形式元素的详细设计

在完成戏剧元素后，策划团队需要根据戏剧元素完成形式元素的详细设计。玩家目标设计包括设计游戏原型关卡的中期目标和短期目标。这些目标构成任务，主线任务确定故事脉络，支线任务提供额外挑战。游戏规程设计确保事件顺序和因果关系，控制故事节奏，实现事件管理以确保游戏中的剧情按照计划推进。空间因素设计涉及玩家视角、关卡范围和布局。静态游戏关卡设计内容包含游戏故事片段的场景，需要符合游戏世界观和美术风格。游戏交互和界面设计是影响玩家体验的关键因素。交互设计关系到玩家是不是能够按照游戏的玩法机制与游戏世界进行互动，主界面提供玩家体验主要玩法机制的界面元素，辅助界面（如背包系统和关卡管理界面）支持次要游戏机制。游戏规则设计包括设计玩家角色、NPC和游戏世界的行为规则，定义了玩家能力和限制。资源设计定义游戏中的装备、物品、货币等，这些资源受游戏规则限制，玩家需要管理和使用。冲突和挑战设计定义故事中设计的挑战、游戏中的敌人和谜题等游戏元素。

（3）动态元素的详细设计

富勒顿游戏分析框架中提到的第三类游戏元素是动态元素，涉及游戏如何实时响应玩家操作和玩家在交互过程中得到的动态体验。这些元素展示游戏动态的、整体的特性，区别于形式元素静态的、离散的特性。其中，游戏循环是玩家体验的核心，包括决策、动作执行及游戏系统反馈。良好的游戏循环可以维持玩家的参与度和兴趣，帮助玩家建立对游戏玩法的理解。战斗系统的数值设计涵盖角色基础属性（如生命值、体力和速度），计算攻击力、防御力等。武器装备属性及其与角色的相互影响也需要纳入设计工作，以确保游戏的平衡性和趣味性。经济系统的数值设计决定玩家使用的资源的类型以及获取、交易和使用资源的方式。设计良好的经济系统可以为资源管理和交易提供深度和策略性。难度控制设计需调节游戏难度以适应不同玩家的能力，包括敌人强度、任务复杂性调整等。心流体验要求游戏中的挑战与玩家技能相匹配，难度控制就是为了实现这种平衡。涌现现象来自简单的游戏规则和玩家互动，不是设计的直接结果，而是在游戏过程中由各种简单机制和玩家的决策组合产生的复杂而有趣的现象。这些动态元素强调游戏的互动性和适应性，对游戏设计师至关重要，因为会影响玩家体验和参与感。通过调整这些动态元素，游戏设计师可增强游戏的沉浸感、可重玩性和娱乐性。

（4）游戏原型的制作、测试与迭代设计

在游戏策划阶段，制作一个游戏原型会非常有帮助。游戏原型可以帮助团队验证游戏的核心概念和玩法是否有趣和可行。这是一种低成本的测试游戏创意的方法，而不必等到游戏开发进入深入阶段再测试。通过游戏原型，可以较早地从测试用户或团队成员那里收集反馈信息，这有助于指导后续的设计决策和调整。通过对游戏原型进行测试来改进游戏设计是一个迭代的过程，涉及收集和分析玩家反馈信息，然后根据这些反馈信息调整和优化游戏。这里需要先确定游戏原型测试的主要目的，例如验证游戏机制、评估用户界面的可用性、测试游戏性能等，以及确定要测试的游戏特性（如交互界面、关卡设计、故事情节等）。然后根据测试目标设计测试用例和问卷，并招募合适的测试对象进行测试。这个阶段的游戏测试通常是内部测试，可以收集定量数据（如完成任务的时间、错误频率）和定性数据（如测试人员的意见和建议），并使用统计方法分析数据，识别游戏设计中的问题和潜在的改进点。根据反馈信息识别游戏设计中的问题，并寻找改进的机会，如增加新功能、优化现有机制或提升用户界面的友好性。根据分析结果，提出具体的改进方案，设计新的游戏元素或修改现有元素，以解决识别出的问题。游戏原型为团队提供了具体的参考点，远胜于文字和图画，有助于各部门（如设计、艺术、编程）之间的沟通和协调。在原型阶段，可以探索和测试不同的技术解决方案，例如游戏引擎的选择、性能优化的策略等。通过原型测试游戏的关键部分，可以在项目的早期阶段识别并解决潜在的问题，从而降低整个项目的风险。一个功能完整的游戏原型系统对于向投资者展示游戏概

念的可行性和吸引力非常有效，有助于获得必要的支持和资金。

在具体实践过程中，不需要完全严格按照这个工作流程进行游戏策划工作。实际上，由于游戏是一个有机的整体，戏剧元素、形式元素和动态元素在游戏中有紧密的联系并相互作用，并不是完全独立的，因此同时对不同类型的元素进行设计和改进是常见的行为。

本书结合理论知识，提供一个游戏原型系统作为参考。在实际教学过程中，游戏项目团队需要提交一个游戏原型，并在最后的课程汇报环节对全教学班进行展示和说明。游戏原型是评判一个游戏策划工作质量的重要手段。

3.4 游戏开发阶段的工作内容

完成游戏策划之后，游戏项目进入开发阶段，这是游戏开发的主要部分。这个阶段涉及将游戏策划期间制订的开发计划和原型转化为完整的、可玩的游戏。此阶段的主要任务和目标如下。

- **游戏素材制作：** 这涉及制作所有游戏素材，如角色模型、环境元素、动画、纹理和UI组件。这项任务通常由游戏美术总监、游戏原画设计师、游戏3D模型设计师、游戏动画设计师、游戏特效设计师和游戏UI设计师等不同专业艺术设计人员配合完成。

- **音乐和音效制作：** 声音设计师、作曲家和配音人员创作和实现游戏的音频内容，包括音乐、音效和配音。

- **游戏编程：** 程序员根据游戏设计文档中的概述编写游戏机制的代码，包括实现玩家与游戏的互动、游戏规则、游戏逻辑和非玩家角色的行为等内容。对互联网游戏来说，网络编程是游戏编程任务中的一个关键方面，需要完成的任务包括客户端-服务器架构设计与实现、服务器逻辑和游戏规则实现、网络连接管理、数据同步、延迟补偿、游戏大厅和匹配系统、聊天和通信系统、网络安全等。它涉及多个关键组件，需要确保通过互联网进行的游戏玩法流畅、响应快速且安全。

- **关卡设计和实现：** 关卡设计师和开发人员根据之前的设计来创建游戏中的关卡或环境。这个过程包括关卡布局、布置游戏素材，并确保每个关卡与整体游戏设计一致，将各类游戏组件（如游戏素材、音乐、音效、游戏脚本等）整合成一个功能性游戏关卡。

- **游戏优化与适配：** 这包括优化游戏性能，确保它在不同平台和系统上能顺利运行。这可能涉及调整图形管线、简化代码和解决不同平台的性能问题。

- **本地化：** 如果游戏准备面向海外市场，这个阶段可能包括语言翻译和本地化设计，以确保游戏对不同地区的玩家来说是可用的。

- **质量保证：** 质量保证测试人员开始制订测试方案并测试游戏以寻找漏洞、故障和其他问题。他们的反馈对于完善游戏和确保平稳的玩家体验至关重要。

- **Alpha测试：** Alpha测试通常在开发的后期进行，它主要集中在内部测试，以识别漏洞、技术问题和游戏玩法问题为主。在这个阶段，游戏通常尚未完成，一些功能仍在开发中或等待最终完成。Alpha测试通常由内部员工、开发人员或组织内选定的测试人员进行。

- **Beta测试：** Beta测试通常在Alpha测试之后进行，此时的游戏更接近最终发布版本。这个阶段需要召集更广泛的测试受众，可能包括特邀玩家或一组外部测试人员，目的是从真实用户那里获得关于游戏体验的反馈，并识别出剩余的问题，尤其是那些与用户体验、服务器负载能力和现实世界性能有关的问题。Beta版本的游戏比Alpha版本更加完整，尽管可能仍然包含一些漏洞和未完成的元素。

- **市场营销和推广：** 与生产工作并行，营销团队致力于创建和实施市场营销策略，包括创建宣传材料、与媒体互动，甚至可能发布游戏演示或预告片。

- **持续反馈和迭代：** 在整个生产过程中，来自测试人员、利益相关者和潜在玩家的持续反馈对于指导改进和确保游戏符合其既定目标和质量标准至关重要。

游戏制作阶段通常是游戏开发中最耗资源和最耗时的部分，需要各团队成员之间的紧密合作和高水平的项目管理，以保证项目的完成。项目管理核心因素制约关系在项目管理中常被称为"三重约束"或"铁三角"，也适用于游戏项目管理。这个概念表明在任何项目中，都有3个主要的、相互关联的约束因素：范围、时间和成本。这些约束通常被视为三角形的3个角，而质量是中心主题。

- **范围：** 这指的是完成项目需要做的工作，包括完成项目目标所必需的功能、任务和要求。

- **时间：** 这是完成项目的时间要求，包括各个任务的完成时间和项目里程碑。

- **成本：** 这涉及项目的预算分配，包括所有资源，如人员、技术和材料。

项目管理核心因素制约关系的要点是，你不能改变一个角而不影响其他角。例如：如果你增加范围（即增加更多功能或增强现有功能），你将需要更多的时间来完成工作，或者需要更多资源（即成本）来维持相同的进度；如果你减少时间（即加快进度），你可能需要增加成本（即增加更多资源）或减少范围（即削减功能）；如果你减少成本（即削减预算），你可能需要延长时间（即推迟进度）或减少范围（即简化项目）。在游戏开发中，由于游戏的复杂性和创造性，这个原理尤其适用。例如，游戏开发后期增加新功能（即增加范围）可能需要延长时间或增加预算以维持质量。相反，如果发行日期固定且无法调整（即时间约束），团队可能需要增加预算以加快开发速度，或减少游戏范围以满足截止日期。有效地理解和管理这些约束对于游戏项目管理至关重要，可确保在分配的时间和预算内成功完成符合期望质量标准的游戏。

有效地管理游戏项目涉及良好的项目管理实践、清晰的沟通以及对游戏开发方面的独特理解。作为一个游戏项目管理者，需要从对游戏的清晰理解和开发目标开始，设定具体、可衡量、可实现、相关和有时限性的开发计划（包括项目范围、里程碑、截止日期、资源分配和预算等内容），并使用项目管理工具和软件来跟踪进度。在开发过程中，可以考虑使用敏捷开发方法，强调灵活性、迭代开发和定期重新评估。这种方法与游戏开发的不可预测性适配。同时需要确保团队内部的定期和清晰沟通。利用沟通工具并定期召开会议，讨论进展、障碍和更新。游戏项目管理者需要尽早识别潜在风险并制订缓解策略，在整个项目中定期重新评估风险；在游戏开发的众多任务中，根据它们对项目的影响进行任务优先级排序，先专注于核心游戏元素，然后再添加额外功能、支线任务和奖励关卡；需要有效管理资源，包括团队成员、技术和预算，确保团队不过度工作，并且资源分配得当；需要实施强大的QA过程。游戏项目管理者需要定期测试游戏以寻找漏洞和问题，包括不同类型的测试（如Alpha和Beta测试），并严肃考虑这些测试的反馈，根据反馈和不断变化的情况调整计划。在游戏开发的动态环境中，灵活性是关键。有效的游戏项目管理还需要理解游戏创作的创意和技术方面，并在项目的约束条件下协调这些元素。

《赛博朋克2077》曾是最受玩家期待的电子游戏之一，由CD Projekt开发，该公司以受到广泛赞誉的《巫师》系列游戏而被人熟知。2013年，《赛博朋克2077》放出了首支预告片，当即在游戏界引起轰动，有很多玩家都预购了该游戏。最初的游戏发布日期定于2020年4月，后来被多次推迟，引起玩家群体的广泛不满，开发团队甚至收到了死亡威胁。在2020年12月发布时，《赛博朋克2077》依然存在许多技术问题，尤其是在上一代游戏机（如PlayStation 4和Xbox One）上，会出现各种Bug、性能问题和图形渲染问题。《赛博朋克2077》在开发阶段出现的主要项目管理问题如下。

- **过高的期望值：** 在项目范围和技术特性方面野心勃勃，游戏设计过度追求细节和宏大的世界观，这些在设定的时间内难以实现。

- **沟通问题：** 开发团队、管理层和公众之间存在信息差，导致对游戏发布状态的不切实际的期望和承诺破灭，甚至大部分开发人员都不知道游戏发布延迟的消息。

- **时间和资源管理不善：** 尽管多次延期，游戏在发布时仍显得仓促和像半成品，这表明项目范围、开发分配的时间和可用资源之间不协调，因此不得不通过大量加班来赶进度。

- **发布了测试不足的游戏：** 游戏带着众多漏洞发布，表明在某些平台上测试不充分。游戏中的大量Bug是比游戏延期更严重的问题，会使玩家对这款游戏彻底失去信心。

游戏发布的问题导致了玩家和评论家的强烈不满，游戏暂时从PlayStation商店中撤出，并发生了对公司的几起法律诉讼。CD Projekt不得不在发布后投入大量资源进行修补和修复。这个案例是游戏开发中项目管理挑战的经典例子，为整个游戏行业敲响了警钟。尤其是在平衡范围、时间和资源方面，即使是经验丰富和成功的工作室，也可能导致重大问题。《赛博朋克2077》的情况突显了在游戏开发项目中实际规划、有效沟通和严格测试的重要性。

《永远的毁灭公爵》（*Duke Nukem Forever*）游戏项目的开发历史是另一个在游戏行业中项目管理失败的例子。作为成功的《毁灭公爵3D》的后续作品，《永远的毁灭公爵》项目最初于1997年公布，由3D Realms开发。这款游戏的开发历时超过14年，在此期间，游戏经历了多次延期、引擎更换和开发方向的转变。在项目开发过程中，开发团队反复更换游戏引擎，每次更换都基本要重新开始开发过程。同时游戏的范围和功能列表不断扩展，导致游戏反复延期，无法完成。由于技术和游戏发展趋势的变化，项目在多年的开发过程中缺乏清晰和一致的方向。漫长的开发周期导致3D Realms工作室财务紧张，最终导致该工作室关闭。2009年，《永远的毁灭公爵》项目由于资金问题，开发工作被迫中止，3D Realms工作室大幅缩减规模。Gearbox Software工作室最终接手了这个项目，使得《永远的毁灭公爵》在2011年发布。发布时，这款游戏收到了褒贬不一的评论，因其过时的图形和设计而受到批评，这反映了其漫长而支离破碎的开发过程。《永远的毁灭公爵》的故事是关于游戏项目开发管理的一个警示，游戏由于各种问题陷入了持续的开发循环。它告诉了我们在游戏开发过程中，明确的项目方向、严格的范围管理、切实可行的时间表和财务规划的重要性。

3.5 游戏发布阶段的工作内容

在游戏项目的最后阶段，准备交付游戏时，需要完成几个关键步骤以确保成功启动，并过渡到发布后活动。这个阶段至关重要，因为它涉及产品的最终定型，为投入市场做准备，为玩家对游戏的接受和持续支持铺平道路。以下是在这个阶段通常需要完成的任务。

- **完成游戏交付版本：** 从Alpha和Beta测试中收集的反馈信息和数据对游戏的最终打磨至关重要。它们为发布前的最终漏洞修复、游戏玩法调整和改进提供了帮助。基于这些信息，游戏开发团队可以完成游戏的交付版本，确保所有游戏元素（包括游戏资产、代码和文档）都正确地集成并按预期工作。

- **最终测试和质量保证：** 进行彻底的最终测试，确保交付版本的游戏的各个方面都经过打磨，修复了漏洞，并达到期望的质量标准（包括游戏玩法、性能、在不同平台上的兼容性和用户体验都达到期望的标准）。

- **游戏评级和认证：** 游戏企业需要向国家新闻出版广电总局申请游戏版号；如果游戏项目要面向海外市场，则需要获得目标国家发布的游戏评级（如ESRB、PEGI等）和认证。

- **发行准备：** 为发行游戏做准备，包括为下载准备数字版本，必要时制造实体副本，并确保游戏准备好在各个平台和商店的部署。

- **营销和推广：** 随着发布日期的临近，要加强营销工作。这可能包括新闻发布、媒体报道、社交媒体活动、发布预告片，甚至可能有发布活动或促销。

- **社区管理和参与：** 与游戏社区互动，解答任何问题并激发目标受众的兴奋感。提供及时的社区反馈在游戏发布后的一段时间里是非常重要的。

- **发布日准备：** 为发布日准备一个计划，以解决玩家可能遇到的任何即时问题，如服务器过载或测试中未发现的漏洞。

在游戏项目正式发布或上线后，游戏项目团队将转入游戏维护和管理工作，并为游戏项目后继的补丁和更新做准备，工作内容如下。

- **发布后支持和更新：** 计划发布后的即时支持，包括监控游戏问题，必要时发布补丁和更新内容，可能还需要提供额外内容。

- **收集玩家数据和回应反馈：** 游戏发布后收集和分析玩家的反馈信息，识别可改进的游戏设计内容、漏洞或玩家要求的内容更新和扩展。监控游戏的销售、玩家的参与度和接受情况，以衡量游戏是否成功并为未来的决策或项目提供信息。

通过仔细管理这些步骤，游戏开发者可以最大化游戏成功发布的机会，并在长时间内保持玩家参与度和满意度。

练习题

❶ 简述游戏项目工作流程。

❷ 为什么需要为游戏设计故事和角色这类戏剧元素？

❸ 在形式元素里，规程和规则有什么区别？

❹ 什么是游戏中的涌现现象？试着从你玩过的游戏中举个例子说明。

❺ 心流状态和难度控制之间的关系是什么？

❻ 游戏开发常用的软件开发模型有哪些？

❼ 什么是项目管理"铁三角"？这个概念如何指导我们管理游戏项目？

❽ 游戏开发过程的各个阶段，如何通过迭代提高设计和开发的质量？

第 4 章
游戏技术基础知识

在开始讲解游戏创意与设计的相关概念和知识之前，本章将介绍一些游戏技术的基础
知识。对于计算机科学和软件工程专业的本科生，这些知识可以通过选修相关课程获
得。建议学生在具有一定的计算机图形学、高级编程语言和3D数学基础后再学习游戏
设计。对于其他专业的学生，可以利用线上教学资源完成这些基础知识的自学。游戏
引擎作为游戏开发工具，产品迭代的速度很快，对于各个专业的学生，都鼓励利用线
上教学资源进行自学，这样可以及时掌握最新的游戏开发工具。

4.1 准备知识

本节将介绍计算机图形学、高级编程语言与游戏编程、面向对象编程和3D数学的基本概念。

4.1.1 计算机图形学

计算机图形学是计算机科学的一个分支，它研究如何使用计算机技术来创建、处理、存储和显示图像。它涵盖了从简单的2D图形到复杂的3D模型的产生和渲染。计算机图形学的应用范围非常广泛，包括视频游戏、电影、工业设计、虚拟现实等多个领域。

图形管线（Graphics Pipeline）是指在计算机图形学中，从原始的3D数据（包括几何模型、物体表面材质、光照和虚拟相机等）生成最终屏幕图像的整个数据处理过程。图形管线通常分为以下几个阶段。

- 模型输入和转换：将3D模型的数据读入，然后将其坐标转换到一个统一的坐标系统中。
- 光照计算：计算光照对物体表面的影响。
- 裁剪：移除视图外的部分。
- 光栅化：将几何图形转换为像素（或片段）。
- 像素（或片段）处理：应用纹理、执行深度测试、混合等操作。
- 显示：将渲染得到的像素映射到2D屏幕空间。

为了提高计算效率，特别是用于游戏场景的渲染，通常用专用硬件实现图形管线计算。这类硬件就是图形处理单元（Graphics Processing Unit,GPU），是显卡或游戏主机的一个重要组成部分。

图形API（Application Program Interface，应用程序接口）是一组用于创建和管理图形内容的标准程序接口。它们允许开发者与显卡和其他图形硬件进行交互，以渲染图形。常见的图形API包括OpenGL、DirectX、Vulkan和Metal。

游戏引擎是创建视频游戏的核心软件框架，它集成了处理计算机图形学、执行图形管线，以及利用图形API的功能。游戏引擎的作用是简化游戏开发过程，提供一套工具和库，使游戏开发者能够创建视觉效果丰富、交互性强的游戏，而无须从头开始编写所有底层代码。

游戏引擎通常包含一个或多个内置的图形引擎，用于处理3D渲染和动画。它们封装了图形管线的复杂性，提供更易于使用的界面。游戏引擎利用图形API与硬件交互，实现高效的图形渲染。因此，对计算机图形学、图形管线和图形API的了解对于理解和使用游戏引擎至关重要，尤其是在涉及游戏的视觉表现和性能优化的方面。

4.1.2 高级编程语言与游戏编程

高级编程语言是一类与机器代码或计算机架构细节距离较远的编程语言，经典的高级编程语言包括BASIC、PASCAI、FORTRAN、C、C++、C#、JAVA和PYTHON。它们易于阅读、书写和理解，从而让程序员更加专注于解决具体问题，而不是处理底层硬件和内存管理的复杂性。

高级编程语言提供高级的抽象，让程序员可以用更接近自然语言的方式编写代码。相比于低级编程语言，高级编程语言的语法更接近人类日常语言，易于学习和理解。许多高级编程语言可以在多种操作系统和硬件平台上运行，提高了代码的可移植性。高级编程语言通常有丰富的库和框架，可以加速开发过程，实现复杂的功能。大多数高级编程语言提供了垃圾收集或自动内存管理功能，减轻了程序员的负担。

游戏编程是一个多样化的领域，可以使用多种编程语言来满足不同类型游戏和平台的需求。几种常用于游戏编程的语言如下。

● C++：C++是游戏开发中最常用的编程语言之一，尤其在AAA级游戏和大型游戏引擎（如虚幻引擎）中。它提供了高性能、精细的内存控制和系统级编程能力，适合需要高性能和复杂图形的游戏。在游戏引擎出现之前，C++是家用主机和PC平台上游戏开发的主流语言。但是C++的学习难度较大，需要有比较完整的计算机编程教育背景才能很好地掌握。

● Java：Java在一些平台和移动游戏开发中很受欢迎，特别是在Android设备上。它的跨平台能力和相对简单的学习曲线使它成为初学者和独立开发者的热门选择。

● Python：Python用于游戏原型开发和小型游戏项目。其简单的语法和丰富的库使得快速开发和迭代成为可能。Python也经常用于游戏开发中的脚本编写和工具开发。

● JavaScript/HTML5：用于开发基于网页的游戏。使用HTML5和JavaScript可以创建交互式网页游戏，而无须使用额外的插件或软件。

● Lua：Lua是一种轻量级的脚本语言，常用于嵌入游戏中为游戏对象和事件编写脚本。其简洁性、灵活性和易于集成到大型游戏引擎等优点使其在游戏开发中深受欢迎。

● Swift：Swift用于iOS和macOS游戏的开发。它因高性能和现代语言特性而受到苹果平台开发者的青睐。

● Kotlin：Kotlin是一种现代的编程语言，与Java兼容，可用于Android游戏开发。

不同的游戏开发语言有其各自的优势和适用场景。选择哪种编程语言通常取决于项目需求、目标平台、团队的技能和偏好以及开发周期等。本书使用的高级编程语言为C#（读作C Sharp）。这是一种现代的、面向对象的高级编程语言，由微软公司开发，主要用于.NET框架。C#的设计深受C++和Java的影响，但提供了更简洁的语法和更强大的功能。C#的特点如下。

● 面向对象：C# 是一种面向对象的语言，强调数据和操作数据的函数的封装。

● 类型安全：C# 是一种强类型语言，意味着在编译时就能检查和强制调整数据类型的正确性。

● 跨平台：通过.NET Core，C# 现在支持跨平台开发，可以在Windows、Linux和macOS上运行。

● 丰富的库：C# 拥有庞大的.NET库，涵盖从Web开发到数据科学的各种功能。

● 语言集成查询：C# 提供了语言集成查询（Language Integrated Query,LINQ），这是一种强大的查询语言集成。

● 异步编程支持：C# 支持异步编程模型，使开发异步和非阻塞应用更加简单。

● 内存管理：通过公共语言运行库（Common Language Runtime,CLR），C# 提供自动的内存管理和垃圾收集。

C# 特别适用于开发桌面应用程序、Web应用程序、游戏（特别是使用Unity游戏引擎）以及企业级系统。其强大的功能集、相对简单的学习曲线和广泛的应用场景使其成为当今最受欢迎的编程语言之一。

4.1.3 面向对象编程

面向对象编程是一种编程范式，它使用"对象"来表示数据和操作数据的方法。对象可以看作数据（属性）和可以对这些数据进行操作的函数（方法）的集合。面向对象编程基于以下几个核心概念。

● 封装（Encapsulation）：封装意味着将数据（属性）和操作这些数据的代码（方法）捆绑在一起。这有助于防止外部代码直接访问对象的内部表示。

● 继承（Inheritance）：继承允许一个类（称为子类）继承另一个类（称为父类）的属性和方法。这有助于代码复用和扩展。

● 多态（Polymorphism）：多态是指同一个接口或方法可以被不同的对象以不同的方式实现，从而允许不同类型的对象被统一处理。

● 抽象（Abstraction）：抽象是指能够创建简化的模型，该模型只包含对特定上下文重要的信息。它允许开发者专注于关键的功能，而不必考虑不相关的细节。

在游戏开发中，面向对象编程的应用尤为重要。游戏常常需要模拟现实世界中的实体，如角色、道具和环境。面向对象编程允许开发者创建这些实体的清晰模型，每个模型包含其属性和行为。游戏开发中经常需要创建许多相似的对象，通过继承和组合，可以有效地复用代码，减少重复劳动。面向对象编程的模块化和封装特性使得游戏代码更容易维护和修改。多态性允许同一操作应用于不同类型的对象，提供灵活的控制机制，例如在游戏中处理不同类型的角色或物体。面向对象编程提供了创建清晰的类和对象层次结构的能力，这有助于组织复杂的游戏系统。面向对象编程的模块化特性有助于团队成员分工合作，因为不同的人可以独立地工作在不同的类和对象上。

面向对象编程在游戏开发中的应用提供了结构化、模块化和灵活性，这对管理复杂的游戏逻辑和动态环境至关重要。

4.1.4 3D 数学

学习3D数学对于游戏编程尤为重要，尤其是对于涉及3D空间和图形的游戏开发。以下是3D数学在游戏编程中的作用。

● 3D图形渲染：在游戏中进行3D图形渲染需要对几何体、坐标系统、视图变换、投影等有深入的理解，这些都是3D数学的基本组成部分。了解向量、矩阵、四元数等数学概念对于处理3D图形中的物体变换（如平移、旋转、缩放）至关重要。

● 物理模拟：大多数游戏包含一定程度的物理模拟（如碰撞检测、刚体动力学、粒子系统），这些都需要用到3D数学的知识。了解向量运算、碰撞几何和物理定律是创建具有真实感的物理互动的基础。

● 动画：在游戏中创建流畅且真实的动画（如角色运动、物体变形）需要3D数学的支持。了解插值技术、骨骼动画和逆向运动学是制作复杂动画的关键。

● 相机控制：3D数学对于理解和实现游戏中的相机控制（包括相机的定位、旋转和视角变换）至关重要。理解视图转换和投影是实现不同相机效果（如第一人称、第三人称视角）的基础。

● 光照和着色：3D图形中的光照效果、阴影和材质着色都涉及复杂的数学计算。了解光线追踪、光照模型（如Phong模型）和着色算法有助于创造逼真的视觉效果。

• AI 和路径寻找：游戏AI的许多方面（如视觉感知、路径规划）都需要空间和几何计算。3D数学在实现复杂的AI行为和路径寻找算法中发挥着关键作用。

3D数学为游戏编程提供了理解和实现游戏世界内复杂互动和视觉效果的基础。对那些希望在游戏开发领域尤其是涉及3D图形和物理的领域深入发展的开发者来说，3D数学知识是不可或缺的。

4.2 初识游戏引擎

游戏引擎是游戏设计过程中的主要工具，本节介绍游戏引擎的基本概念和本书使用的Unity游戏引擎的基础知识和框架。

4.2.1 游戏引擎的基本概念

游戏引擎包含不同游戏平台上不同类型的游戏都具有的控制游戏部分功能的代码，同时也是游戏开发者设计和制作游戏产品的工具。这部分代码实现了游戏的通用功能，包括场景管理、物理模拟、动画、图像渲染、网络连接、声音、人工智能等。一款游戏的实现，本质就是调用这部分代码将游戏中的所有元素集成在一起，按照游戏设定使它们同步、有序地工作。既然这部分代码承担着相同的控制功能，达成相同的效果，那么我们就可以把这段代码进行封装，开发成软件开发工具包（Software Development Kit,SDK）或集成开发环境（Integrated Development Environment,IDE），就像将批量生产的引擎安装在不同的汽车上。从这个角度来讲，游戏内容和这些基本软件功能可以分开开发。

随着游戏引擎技术的发展，现代游戏引擎提供了友好的人机界面，将复杂的游戏功能进一步封装成模块，同时引入脚本编程和图形化编程技术，形成一个集成开发环境，允许在没有掌握高级编程语言和复杂算法的情况下设计和制作游戏。这样的软件工具缩短了游戏开发周期，提高了工作效率，使非计算机专业的游戏设计师能够制作和发布自己的游戏，也使一个人数较少的游戏设计团队能够制作传统意义上需要大型专业游戏工作室才能完成的游戏作品。

一个游戏引擎是复杂的软件功能模块集合，它提供了一套系统来支持游戏的开发和运行。游戏引擎通常包含以下功能模块。

• 渲染引擎：包括用于创建和管理3D图形的3D渲染管线和用于处理2D图像（如精灵和平面背景）的2D渲染管线。

• 物理引擎：包括检测并响应游戏世界中的物体相互碰撞的碰撞检测模块、模拟物体的实际物理运动的刚体动力学模块和模拟布料、绳索等柔软物体的行为的弹性动力学模块等。

• 音频引擎：负责播放音效和音乐，负责模拟声音在游戏环境中的生成与传播。

• 动画系统：包括处理角色和对象运动的骨骼动画模块，2D和3D的铰链动画等，还可以实现在不同动画之间平滑过渡。

• 游戏AI 模块：包括NPC寻找从一个点到另一个点的路径的寻路算法、NPC的行为决策和状态管理的决策算法等；有些类型的游戏需要独特的算法支持，如棋牌类游戏需要用到博弈类算法。

• 网络模块：包括处理客户端和服务器之间的数据传输的网络协议处理模块、支持多玩家在线交互和同步的多人联机模块；有的游戏引擎还会提供简单的网络服务功能模块。

- 用户界面系统：包括创建和管理游戏中的用户界面的交互式编辑工具和界面组件。

- 输入处理模块：管理键盘、鼠标和游戏手柄等游戏外设，处理玩家输入。

- 脚本引擎：允许使用高级脚本语言（如C#、Lua、Python等编程语言）来编写游戏逻辑。

- 资源管理模块：加载、转换和卸载游戏资源，管理游戏中的资源（如纹理、3D模型、动画和声音等）。

- 内存和存储管理模块：负责优化资源的内存使用和持久化存储。

- 发布管理模块：针对不同类型的游戏平台，适配和发布游戏的功能模块。

- 开发工具链：包括游戏编辑器和工具，用于资产创建、场景构建和游戏测试的集成开发环境，管理游戏项目的不同版本的版本控制模块，用于交易游戏资源的资源商店等。

这些模块协同工作，为游戏提供必要的技术支持，使得游戏设计师和开发者可以专注于创造游戏内容，而不必从零开始构建所有底层系统。游戏引擎的选择取决于项目的需求、预算、目标平台和开发团队的技能。

一个典型的游戏开发流程大致分为4个阶段：游戏策划和设计、游戏素材制作（如3D建模、动画制作、贴图绘制、音效制作等）、游戏开发、游戏发布和测试。游戏素材制作可以采用各种3D建模软件、动画制作软件、图像编辑软件等，这些软件的可替代性相对较强。但进入实现环节，需要将分开构建的各类游戏素材进行集成，包括图像、音效、动画、光照、材质以及物理效果等，构建一个动态的虚拟世界。这就要求游戏制作工具能够实现游戏要素之间的完美互动，发布出来的游戏产品能够在不同的游戏硬件平台上运行，充分利用不同硬件平台的中央处理器（Central Processing Unit,CPU）和GPU的处理能力，运行流畅并且很少出现Bug，这些要求对软件的性能、可用性和安全性要求相对较高，因此单独开发游戏引擎的难度与成本极高。具备极高的灵活性、上手便捷、通用能力与兼容能力较强的游戏引擎受到中小游戏开发团队的欢迎，而除了早期成长起来的超大游戏公司还在自研游戏引擎之外，多数游戏公司选择基于现有成熟的游戏引擎进行改进和开发。例如，米哈游公司对Unity游戏引擎的图形管线进行了以下改造，以提升游戏《原神》的画面表现。

- 渲染流程定制化：米哈游公司对Unity的整套渲染流程进行了全面的定制化处理，包括渲染管线、材质系统、特效表现和后处理流程，这些改造围绕最终的风格化卡通视觉风格完全重写。

- 阴影处理：为实现高质量的角色阴影，米哈游公司开发了一种方法来为角色指定特定光源，并在渲染时判断当前光源是否为角色的主光源。这样的处理方式能够在多光源环境下灵活地处理角色自身阴影和默认阴影。

- 高清晰渲染管线的应用：通过使用高清晰渲染管线（High Definition Render Pipeline,HDRP），米哈游公司能够在游戏场景中使用大量实时光源。此外，米哈游公司利用混合延迟和前向渲染技术，增加了渲染的灵活性。得益于Tile & cluster lighting技术，即使是需要使用前向渲染的物体，也可以高效地利用大量实时光进行渲染。在HDRP下，屏幕空间反射处理（Screen Space Reflection,SSR）和屏幕空间环境光遮蔽（Screen-Space Ambient Occlusion,SSAO）等屏幕空间后处理效果可以同时正确地应用于延迟和前向渲染管线上，相比于Unity游戏引擎默认的渲染管线，这些效果对前向渲染更为友好。

《原神》主机版的团队在基于Unity游戏引擎的定制开发基础上，还为PlayStation 5（PS5）的特定功能开发了游戏的图形库并定制了文件加载系统。这些改造使得《原神》在稳定性、画面精度、表现力等方面得到了显著提升。

比较常见的游戏引擎包括Unity、虚幻引擎、Cocos Creator、Godot等。目前，Unity游戏引擎和虚幻引擎占据了游戏开发工具市场的大部分份额，其中Unity游戏引擎被更广泛地用于移动游戏的开发，而虚幻引擎被更多用于AAA级游戏的制作。但是制作AAA级游戏的专业工作室，更多会选择自己开发或定制游戏引擎。国外《游戏开发者》（*Game Developer*）杂志的调查报告曾指出，Unity游戏引擎是应用最广泛的游戏引擎，有超过50%的游戏开发者使用。

本书选用Unity游戏引擎制作游戏原型系统。主要原因是Unity公司作为该引擎的开发商提供了比较完整的教学资料，入门相对容易，便于学生自学。同时，这个游戏引擎的游戏编程的方式对具有高级编程语言基础的学生比较友好。但是本课程的内容并不依赖于游戏引擎，原型系统的实现完全可以在其他的游戏引擎上完成。学习本书的学生可以自主选择游戏引擎来完成原型系统的搭建。

4.2.2 Unity 游戏引擎

在学习应用Unity游戏引擎的过程中，经常会遇到很多术语，这里把这些术语做了梳理，说明它们的功能及其之间的关系，如图4-1所示。

游戏中会有多种类型的场景，有的展示游戏主题，有的推进游戏进程，还有的提供游戏结果。游戏的主题、进程和结果分成的这些环节叫作游戏流程，游戏流程中的每个场景可视为一个游戏关卡或游戏过场段落。Unity游戏引擎制作的**游戏场景（Scene）**就是一种以关卡或过场段落为单位来开发游戏的结构，是构成一款游戏产品的基本单元。本书的游戏原型实现部分将制作两个游戏场景（或游戏关卡）来呈现设计思路。

Unity游戏引擎的游戏场景中包含的所有元素称为**游戏对象（GameObject）**。游戏对象是构成游戏场景的基本单元，可以是3D场景中一个可见的游戏元素，如建筑、角色、植被等；可以是2D游戏界面上的界面元素，如按钮和滚动条等；也可以是不可见的游戏元素，如音乐播放器和流程控制脚本等。同时，一个游戏对象又可以看作一个容器，容器中可以承载多个不同的组件。

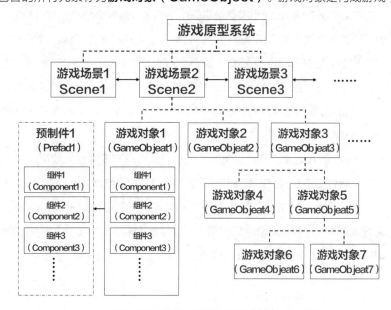

图 4-1 Unity游戏引擎开发中常见术语及它们之间的关系

组件（Component）定义了一个游戏对象在某个方面的属性或行为。例如，一个游戏角色（可以看作一个游戏对象）需要包括一个变换（Transform）组件（用来确定角色目前的位置与姿态）、一个材质（Material）组件（用来定义角色的材质外观）、一个动画（Animation）组件（用来定义角色的动画）等。这些组件各有功用，组合在一起定义了一个游戏对象的所有属性和行为。因此一个重要的游戏对象（例如角色扮演类游戏的玩家角色）可能包含几十个不同的组件。很多游戏引擎提供的通用游戏功能，都是以组件的形式提供的，例如物理模拟的各种常见功能，包括碰撞检测、布料运动和关节运动等，可以被添加到任意一个游戏对象上，赋予该游戏对象相应的物理属性。同时，为游戏开发编写的游戏脚本，也是以组件的形式附加到游戏对象上，成为游戏逻辑的一部分。

　　以上3个重要概念（即游戏场景、游戏对象、组件）构成了一个游戏的3个层次。将这3个层次整合在一起，形成游戏场景中游戏对象和玩家之间的互动。

　　游戏资源（Asset）指构建游戏项目时所使用的文件。常见的游戏资源有3D模型、图片、音乐、字体等。这些常见的游戏资源可以通过其他专业软件进行创作，或从网络上下载。将获取的资源文件导入游戏引擎后，便可以作为游戏资源在开发过程中使用。

　　只有将作为设计图的"资源"和作为工具的"组件"以及使用工具的"游戏对象"三者搭配在一起工作，才能将动态的模型呈现在画面中；游戏场景越宏大，其中的对象就越多。由于很多游戏对象（例如非玩家角色或建筑）在一个游戏场景中可能会出现多个，因此Unity游戏引擎提供了**预制件（Prefab）**系统，可以把一个游戏对象的所有组件、参数和子对象都制作成一个可以复用的数字资产，即预制件。一个预制件相当于一个游戏对象的模板。这样游戏开发者可以很方便地添加一个或多个完全一样的游戏对象到场景里。

　　然而，这些术语又不仅如此，应用时要注意以下几点。

　　（1）场景和游戏对象的关系：所有的游戏对象都会存在于某个场景中，可以把场景看作一个用于容纳游戏对象的箱子。

　　（2）对象和组件的关系：组件是附加在游戏对象上的各种"功能"，只有附加了组件，对象才能实现相应的功能。Unity游戏引擎要求每一个空的游戏对象必须有名称、标签（Tag）、层级（Layer）以及变换组件。变换组件是非常重要的组件，它定义了游戏对象在游戏世界或游戏场景中必不可少的位置、旋转以及缩放信息。与变换组件相关的概念是"层次化"（Parenting），可以在Unity编辑器中启用层次概念，从而使两个游戏对象形成父子关系，若对成为父亲的物体进行变换，这个变换也将作用于它的子物体。除此之外，Unity游戏引擎还备有一些可选组件，例如碰撞盒、刚体等物理组件以及事件系统组件、脚本组件等。一个游戏对象可以附加多个组件。

　　（3）游戏对象和游戏对象的关系：游戏对象有多种，大致可以分成显性的游戏对象和隐性的游戏对象两种。显性的游戏对象指直接出现在游戏画面中的游戏对象，例如玩家角色和敌人角色、场景模型、游戏特效、UI面板等；隐性的游戏对象是指没有直接显示在画面中的物体，例如摄像机和灯光。有一种特殊的隐性的游戏对象——管理对象，如根据关卡等级数据来生成敌方角色，将决定哪种敌人将在何时、何处出现，类似"指挥官"的角色，这样的游戏对象通常会挂载对应的脚本组件。

4.3 Unity 编辑器概述

Unity编辑器界面如图4-2所示。Unity编辑器主要由菜单栏、工具栏以及相关的窗口等内容组成。功能强大、界面友好，其优点如下。

- 可视化的编辑器界面，直观性强。Unity编辑器让游戏开发者不再仅仅是面对源代码，而是实时可视的编辑对象，让开发游戏更简单、更直观。

- 多平台一致性的操作界面，适应性强。一方面，Unity编辑器支持Windows和Mac OS，在这两个系统下拥有一致的操作界面，视觉艺术家、游戏设计师和游戏开发者可以不局限于平台协同工作。另一方面，Unity游戏引擎的工程可以部署到多个平台，包括主流移动平台、桌面端、网页版、虚拟现实平台等。

- 灵活性和定制功能。Unity游戏引擎通过脚本不仅可以得到所需的效果，还可以进行界面定制（包括添加功能菜单等），实现对引擎的扩展。

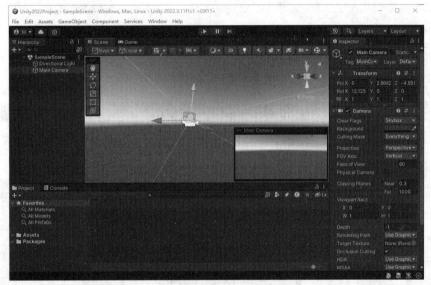

图 4-2 Unity编辑器界面

4.3.1 菜单栏

Unity编辑器的最上方是菜单栏，包括7个菜单：File（文件）、Edit（编辑）、Assets（资源）、GameObject（游戏对象）、Component（组件）、Window（窗口）和Help（帮助），如图4-3所示。

图 4-3 Unity编辑器的菜单栏

每一个菜单项都包含了大量功能，可以在使用过程中不断学习这些功能。初次接触Unity编辑器时，最重要的是学会使用Edit菜单中的Undo（快捷键为Ctrl+Z）与Redo（快捷键为Ctrl+Y）功能，随时撤销与重做所做的更改，并学会使用File菜单中的Save（快捷键为Ctrl+S）功能及时保存游戏项目。下面介绍其中可能常用的功能。

- File->Build Settings：如果想将自己的游戏项目作为可执行文件打包发布在某个平台上，使用此功能进行设置，并将游戏打包发布。

- Edit->Project Settings：对游戏项目的各项设置，包括对渲染质量的设置、物理模拟的设置等。

- Edit->Preferences：使用此功能可对Unity编辑器进行自定义，在External Tools子菜单中可以选择Unity使用的外部脚本编辑器。

- Window：从此菜单可以打开Unity编辑器内更多功能的窗口，包括Rendering、Animation、Analysis等。

- Help：此菜单中的Unity Manual包含了完整的对Unity编辑器的介绍，Scripting Reference包含了详细的Unity游戏引擎提供的脚本API，并附有示例代码。

4.3.2 工具栏

Unity编辑器的工具栏位于菜单栏的下方，如图4-4所示，主要由一系列图标组成，它提供了常用功能的快捷访问方式。工具栏的左侧为账户设置部分。中间3个按钮提供了编辑器的核心功能，分别对应运行游戏、暂停游戏以及游戏的逐帧运行，逐帧运行可以用于观察游戏运行时的细节。右侧包含可撤销操作的记录、编辑器全局搜索、层级显示控制以及编辑器布局等功能。

图 4-4 Unity编辑器的工具栏

在默认布局下，Unity编辑器启用了构建游戏场景的5个核心窗口，分别为Scene窗口、Hierarchy窗口、Game窗口、Project窗口和Inspector窗口，此外，Console窗口用于输出代码中的调试信息，如图4-5所示。接下来对5个核心窗口逐一进行介绍。

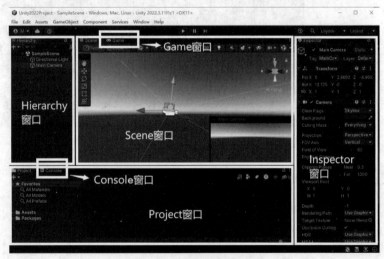

图 4-5 Unity编辑器的窗口区域划分

4.3.3 Scene 窗口

Scene窗口用于编辑游戏场景，是创建游戏的主要场所。在Scene窗口中可以对游戏对象进行选取、编辑等，这是Unity编辑器最重要的操作，熟悉操作的快捷方式可以提高开发游戏的效率。

利用鼠标操作，快捷方便。对应关系如下（在2D游戏与3D游戏下可能有细微差异）：单击鼠标左键——选中对象，滚动鼠标滚轮——缩放场景，按住鼠标右键并拖动鼠标——旋转场景，按住鼠标滚轮并拖动鼠标——移动场景，按住鼠标右键+ 按W/S/A/D/Q/E键——前/后/左/右/上/下平移场景，按住Shift键可以加速移动。

Scene窗口中悬浮于场景左侧的工具栏提供了基本的操作工具，可以按Q、W、E、R、T、Y键进行切换，其对应功能如下。

- View Tool：移动场景视角，在制作2D游戏或者游戏UI时最常用。
- Move Tool：平移场景中选中的物体。
- Rotate Tool：旋转场景中选中的物体。
- Scale Tool：缩放场景中选中的物体。
- Rect Tool：以矩形框的形式缩放场景中选中的物体，在制作2D游戏或者游戏UI时最常用。
- Transform Tool：同时包含了平移、旋转、缩放的功能。

Scene窗口上方菜单栏中的按钮则提供了进阶功能，包括切换参考坐标系、选择查看场景的渲染模式、控制光照和声音的开关等。值得注意的是，这些操作只会影响开发过程中的场景视图，对构建的游戏并无影响。

场景变形器位于Scene窗口右上角，它表示场景摄像机当前的角度，可用于快速切换摄像机的朝向以及正交、透视渲染。

4.3.4 Hierarchy 窗口

Hierarchy窗口涵盖了当前游戏中的所有游戏对象，也提供了一种快捷方式将具有共性的游戏对象组织在一起，即为对象建立父子关系。Hierarchy窗口包含了游戏场景中物体间的层次结构，并可以在该窗口中展开或折叠它们的层次结构。

Scene窗口与Hierarchy窗口是同步的，即在Scene窗口中添加的游戏对象，将同步在Hierarchy窗口显示；在Hierarchy窗口中选择并删除某游戏对象时，也将在当前游戏场景中删除。Hierarchy窗口具有更精准的编辑功能，对于重叠或遮挡的游戏对象，需要在其中进行操作。

在Hierarchy窗口中单击鼠标右键，在弹出的快捷菜单中可以选择要在场景中创建的物体，如3D物体、粒子特效、灯光等。通过创建空物体可以像使用文件夹一样分类管理场景中大量的物体。在选中场景中的物体时按F键或在Hierarchy窗口双击该物体可以快速在Scene窗口中聚焦该物体，方便在游戏场景中进行定位和观察。

在创建的新场景中，包含了一个用于渲染游戏画面的主相机（Main Camera）和一个用于照明的光源（Directional Light）。

4.3.5 Game 窗口

Game窗口用于显示实际的游戏画面，该窗口实时显示了当前主相机（默认情况下即场景中的Main Camera）视角下的游戏场景。

在Game窗口中，可以设置窗口的分辨率（默认为Free Aspect）、是否全屏运行游戏、显示或隐藏游戏运行时的状态参数（Stats）等。调整分辨率可以观察游戏在不同屏幕尺寸下渲染画面是否正确，调整运行状态参数能够更好地分析游戏性能。

4.3.6 Project 窗口

Project窗口主要用于管理项目中所有可用的资源文件，并存放于游戏项目的Assets文件夹中。

在游戏项目中加入新的资源的方法：将其直接拖曳到Project窗口的资源列表里；或者在Unity编辑器的菜单栏Assets选项下或在Project窗口中单击鼠标右键选择Import New Asset子菜单中的命令进行添加。

在Unity编辑器中创建游戏资源的方法：在菜单栏中选择 Assets->Create 子菜单中的命令；或者在Project窗口中单击鼠标右键，选择Create 子菜单中的命令。

使用鼠标右键单击Project窗口中的任一资源，选择Show in Explorer，这样就可以在系统文件夹中找到该资源。需要注意，尽量不要在系统文件夹中直接移动资源文件。

4.3.7 Inspector 窗口

Inspector窗口用于显示当前选中的任何对象的具体信息。通过Inspector窗口，用户可以修改场景中游戏对象的具体属性信息，包括名称、层级、组件等。编写游戏脚本后，脚本也能够通过该窗口作为组件挂载在游戏物体上，并以此改变游戏世界的运行逻辑。

当选中场景中的物体时，单击Inspector窗口下方的Add Component按钮可以为该物体添加Unity组件或编写的游戏脚本，游戏脚本也可以通过拖动至Hierarchy窗口中的游戏物体上或者该游戏物体的Inspector窗口中进行添加。

4.4　Unity 脚本开发

交互性是游戏最重要的特征。在Unity游戏引擎中，游戏交互通过脚本来实现。脚本可以理解为附加在游戏对象上的用于定义游戏对象行为的指令代码。游戏脚本与组件的用法相同，必须绑定在特定的游戏对象上才能开始它的生命周期。通过脚本，游戏开发者可以控制每一个游戏对象的创建、销毁以及对象在各种情况下的行为，进而实现预期的交互效果。

4.4.1 Unity 游戏引擎的脚本语言

Unity游戏引擎本身采用C++进行开发，但原生的游戏脚本开发使用了C#。虽然在早期，Unity游戏引擎曾同时支持Boo、UnityScript（Unity游戏引擎中的JavaScript）、C#3种编程语言以降低开发门槛，但C#更受游戏开发者的青睐，前两者在Unity游戏引擎不断发展的过程中均已被弃用。

Unity游戏引擎支持Visual Studio、Visual Studio Code、JetBrains Rider这3种IDE，其中Visual Studio为Windows和macOS上的默认IDE，在安装Unity编辑器时被作为可选项推荐安装。

在Unity编辑器的菜单栏中选择Edit->Preferences->External Tools->External Script Editor，可以指定Unity游戏引擎使用的外部脚本编辑器。在Project窗口中单击鼠标右键，选择Create->C# Script并命名，双击打开创建的代码文件便可以开始编写脚本。

4.4.2 常用函数

如果创建并打开了一个脚本，可以看到脚本里已经生成了一些内容，其中包含了两个Unity游戏引擎的核心函数：Start()及Update()。这涉及游戏的两个核心概念。脚本的类继承自MonoBehaviour类，当MonoBehaviour类启用时，会每一帧都调用Update()函数，而在首次调用Update()函数前启用脚本会调用Start()函数。

对初学者来说可能有些复杂，一个简单的理解是当游戏开始运行时，Start()函数会被调用，而在游戏运行时，Update()函数会一直被重复调用。这种理解只在特定条件下是正确的，但能帮助初学者快速开始尝试进行游戏开发，而不是在过多的细节上消磨兴趣。当然，也可以在Start()或Update()函数中写入如Debug.Log("Hello Unity")的代码，添加至场景物体上并运行游戏，通过Console窗口来观察两个函数是如何被Unity游戏引擎调用的。下面对Unity游戏引擎中的一些常用函数进行介绍，让读者了解代码如何影响游戏的运行。

（1）基本函数

MonoBehaviour.Awake()：当一个脚本实例被载入就会调用Awake()函数，该函数可用于在游戏开始前初始化任何变量或游戏状态，在脚本实例的整个生命周期中仅被调用一次。无论该脚本文件是否被激活，Awake()函数都会被调用。

MonoBehaviour.OnEnable()：当一个脚本组件被激活时，会在初始时调用一次OnEnable()函数。该函数在Awake()函数之后、Start()函数之前调用。

MonoBehaviour.Start()：当一个脚本组件被激活时，会在Update()函数被调用之前仅调用一次Start()函数。当场景中所有游戏对象的Awake()函数都被调用之后，才会调用Start()函数。

MonoBehaviour.Update()：当一个脚本组件被激活时，每一帧都会调用Update()函数。使用Time.deltaTime可以获得自上次调用Update()函数后经过的时长。

MonoBehaviour.FixedUpdate()：当一个脚本组件被激活时，每一帧（固定帧率）都会调用FixedUpdate()函数。因此在处理物理逻辑时，需要将相应的代码放在FixedUpdate()函数中。

MonoBehaviour.LateUpdate()：当一个脚本组件被激活时，每一帧都会调用LateUpdate()函数。该函数在所有的Update()函数之后调用。这一特性非常实用。例如，需要先在Update()函数中实现游戏对象的位移，再在LateUpdate()函数中执行相机的跟随。

MonoBehaviour.OnGUI()：当一个脚本组件被激活时，每一帧会调用若干次OnGUI()函数。该函数用于渲染和处理GUI元素及事件。

MonoBehaviour.OnDisable()：当一个脚本组件被激活时，会在游戏对象被销毁时调用一次OnDisable()函数。该函数可用于实现任何清除功能。

需要注意的是，在Unity编辑器中，每一个继承自MonoBehaviour类的脚本前都会有一个复选框，勾选复选框可以激活脚本文件。如果脚本文件中未包含上述函数，Unity编辑器中将不会显示该脚本组件的复选框。

（2）定时器函数

Public Void Invoke(string methodName, float time)：在指定时长time秒后，调用名为

methodName的自定义函数。

public bool IsInvoking(string methodName)：判断名为methodName的函数是否还未被调用。若指定函数未被调用，则返回值为true；否则返回值为false。

public void InvokeRepeating(string methodName, float time, float repeatRate)：在指定时长time秒后，每隔repeatRate秒调用一次名为methodName的自定义函数。

public void CancelInvoke()：取消这个脚本中所有采用Invoke()方法调用的函数。

（3）协程函数

Unity游戏引擎中的协程可以控制代码在特定的时间执行。主要用途有以下两种。

● 延时指定时长后执行所需的代码。

● 等待某个操作完成之后再执行所需的代码。

每一帧都会处理脚本中的协程，执行顺序位于Update()函数之后、LateUpdate()函数之前。遇到yield return语句会挂起，直到条件满足才会执行之后的代码。

public Coroutine StartCoroutine(IEnumerator routine)：开启一个名为routine的协程。

public void StopAllCoroutines()：结束该脚本中开启的所有协程。

public void StopCoroutine(string methodName)：结束该脚本中开启的名为methodName的协程。需要注意，在使用该方法结束协程时，要结束的协程在开始时必须使用methodName字符串形参。

（4）常用的消息函数

MonoBehaviour.OnCollisionEnter(Collision)：当碰撞器/刚体开始接触到另一个碰撞器/刚体时调用该函数。

MonoBehaviour.OnCollisionExit(Collision)：当碰撞器/刚体停止触发另一个碰撞器/刚体时调用该函数。

MonoBehaviour.OnCollisionStay(Collision)：当碰撞器/刚体开始接触到另一个碰撞器/刚体时，每一帧都调用该函数。

MonoBehaviour.OnDrawGizmos()：该函数每一帧都调用，用于实现所有的gizmos（可视化的调试设置）绘制。

MonoBehaviour.OnTriggerEnter(Collider)：当碰撞器接触到触发器时调用一次该函数。

MonoBehaviour.OnTriggerExit(Collider)：当碰撞器离开触发器时调用一次该函数。

MonoBehaviour.OnTriggerStay(Collider)：当碰撞器与触发器存在接触时，每一帧都会调用该函数。

需要注意，只有当其中一个碰撞器添加了刚体组件时，上述触发事件才会发生。

4.4.3 Unity 游戏引擎官方文档

Unity游戏引擎官方文档分为Unity手册（Unity Manual）和脚本参考书（Scripting Reference）。通过阅读Unity游戏引擎官方文档，能够了解Unity游戏引擎各部分功能以及查找Unity游戏引擎提供的脚本函数及其介绍。

（1）Unity手册

Unity手册介绍了如何使用Unity编辑器，并提供了各部分功能特性的官方介绍供用户参考，如图4-6所示。Unity手册可以通过在Unity编辑器的菜单栏中选择Help->Unity Manual来快速打开，也可以单击组件右上角的"？"标识打开对应组件的介绍。

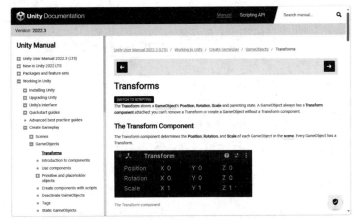

图4-6 在Unity手册中查看Transform组件的介绍

（2）脚本参考书

脚本参考书包含了Unity游戏引擎提供的脚本API的详细信息，同样可以通过在Unity编辑器的菜单栏中选择Help->Scripting Reference来快速打开。在编写脚本代码时，可以参考此部分查看Unity游戏引擎脚本中提供的类、属性及方法。

这里需要注意，组件是构成游戏对象的一部分。在Unity游戏引擎中，无论是引擎提供的组件（如Transform、Mesh Renderer、Box Collider等），还是自己编写代码并挂载在物体上的组件，在代码层面都属于编程中的"类"，并继承自Component类，组件中包含的属性即类的属性。因此，在代码中访问某个物体上挂载的Unity组件，本质上可以看成是访问某个类的一个实例。

以上只是对游戏编程相关知识的一个简介。选择使用Unity游戏引擎进行游戏原型制作的读者，尤其是负责编程的读者，建议在进入原型系统制作工作之前，至少用40个小时对相关内容进行学习，按照Unity游戏引擎的官方教程完成基础的学习。

练习题

❶ 什么是强类型编程语言？为什么说C#是强类型编程语言？

❷ 请简述面向对象编程的概念。

❸ 四元数是什么？

❹ 如果已知一个相机朝向的单位矢量，如何判断一个已知法线方向（由另一个单位矢量定义）平面是否朝向这个相机？

❺ Unity游戏引擎中定义的游戏对象，与面向对象编程范式里的对象有什么关系？

❻ 如何使用Unity编辑器的输入管理（Input Manager）工具来配置不同类型游戏外设的输入？

❼ 一个角色要在Unity游戏中实现自主寻径，需要使用哪个组件？

❽ 请列举3种不同的碰撞器（Collider），并解释它们的不同点。

❾ 在Unity编辑器的一个游戏场景里，把一个游戏角色放在一个平面上，如何确保游戏角色不会穿过平面掉下去？

第5章
利用Unity游戏引擎实现游戏原型

上一章介绍了游戏技术的基础知识，并重点介绍了Unity游戏引擎。这一章将基于
Unity游戏引擎开发一个简单的范例游戏，用来展示制作一个简单游戏原型所需的步骤
和相关功能。建议游戏设计团队中的成员都完成一个类似的小游戏制作项目，作为游
戏设计项目的准备工作之一。在此基础上，游戏设计团队中的程序员需要再投入至少
20小时的时间，对游戏引擎的功能和编程有较深入的了解，这是降低游戏项目技术风
险的必要工作。

5.1 一个简单的游戏

这里通过制作一个简单的案例来介绍Unity游戏引擎的基本使用方法，帮助读者加深对Unity游戏引擎的理解，并了解如何探索和学习Unity游戏引擎。

本章的目标是制作一个简单的3D赛车游戏，玩法上类似于一款由科乐美（KONAMI）推出的老游戏《公路战士》（*Road Fighter*），如图5-1所示。游戏的基本玩法为操纵一辆汽车在道路上前进，并左右躲避路上的其他车辆，最后在规定时间内到达终点。

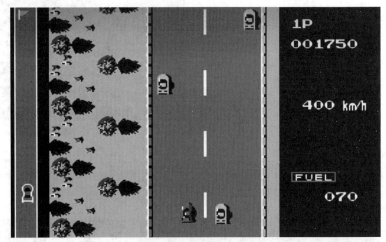

图5-1《公路战士》游戏截图

5.2 构建静态场景

5.2.1 准备工作

由于要制作的是一个3D赛车游戏，因此在Unity编辑器里新建一个3D项目。但在开始制作游戏前，还需要一些用于搭建游戏场景的模型资源。Unity资源商店（Unity Asset Store）网页如图5-2所示，其中提供了大量付费、免费的游戏资源，以及辅助开发插件等，可以通过在Unity编辑器的菜单栏中选择Window->Asset Store来打开此网页，也可以直接访问Unity资源商店的官网。

图5-2 Unity Asset Store网页

为了得到汽车的模型资源，在Unity资源商店中搜索关键字Car，这里选择Low Poly Car Vehicle Pack资源包。单击"添加至我的资源"将其加入自己Unity账号的资源中，添加后再单击"在Unity中打开"找到该资源包（或者返回Unity编辑器，在菜单栏中选择Window->Package Manager打开Package

Manager窗口，在左上角切换至My Assets），在右侧单击Re-Download按钮并随后全部导入项目，如图5-3所示。

图 5-3 在Package Manager窗口中导入资源包

导入完成后，在Project窗口中的Assets文件夹中可以看到导入的资源包文件，并在其Models文件夹中找到需要的汽车模型，如图5-4所示。

图 5-4 汽车模型资源

5.2.2 场景搭建

有了模型资源，便可以搭建场景了。首先需要一条公路，或者说一个让车辆行驶的地面，这里用Unity编辑器中内置的平面代替。在Hierarchy窗口中使用鼠标右键单击空白区域，并选择3D Object->Plane来创建一个平面游戏对象，当作游戏中汽车行驶的地面。使用Scene窗口中的Scale Tool拉伸该平面的蓝色轴，搭建出向前延伸的道路。按住鼠标右键并按W/S/A/D/Q/E键移动场景相机，观察创建的物体，如图5-5所示。

搭建好地面后，可以通过拖曳的方式将Project窗口中的汽车模型添加到场景中，并使用Scene窗口中的Move Tool将汽车大致放置在地面上。也可以用同样的方式在道路前方添加一些其他汽车妨碍玩家，如图5-6所示。

图 5-5 在场景中创建道路并调整角度进行观察

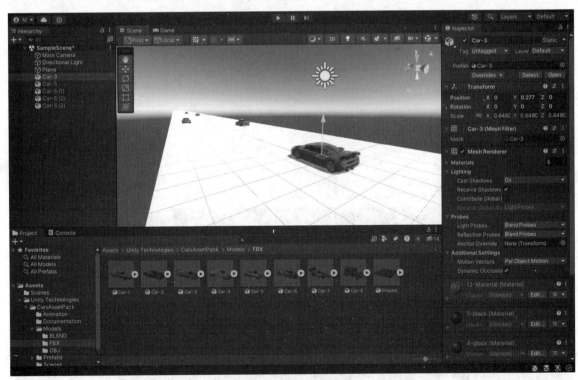

图 5-6 使用汽车模型资源搭建场景

5.3 角色控制

5.3.1 物体组件

场景简单搭建完成后，接下来需要编写代码来控制游戏的运行。这里将通过键盘控制汽车在场景中移动，但在此之前，需要先了解物体的位置是如何被定义的。

场景中的物体由其组件构成，组件决定物体的属性和行为，位置也不例外。每个物体都有一个Transform组件来定义其在场景中的位置、旋转角度及缩放。选中场景中的任意物体，在Inspector窗口的最上方便能看到它，如图5-7所示，这里可以通过单击组件右上角的❓图标在Unity手册中查看该组件的详细介绍。

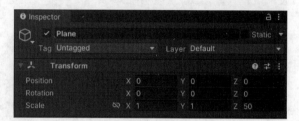

图 5-7 平面的Transform组件

基本的Transform组件包括Position、Rotation、Scale这3个属性，修改Position的值会移动物体的位置，在Scene窗口中使用Move Tool移动物体也会使该属性发生变化。因此如果想控制汽车移动，需要做的就是在代码中修改汽车Transform组件的Position属性。

在了解了需要做什么后，接下来就是学习该怎么做了。就像之前提到的，脚本参考书包含了Unity游戏引擎提供的脚本API的详细信息。在Unity编辑器的菜单栏中选择Help->Scripting Reference打开脚本参考书，在页面内搜索Transform，可以看到里面详细列举并解释了通过代码能够访问的属性和方法，如图5-8所示。善用搜索引擎能更快地找到实用的解决方案。

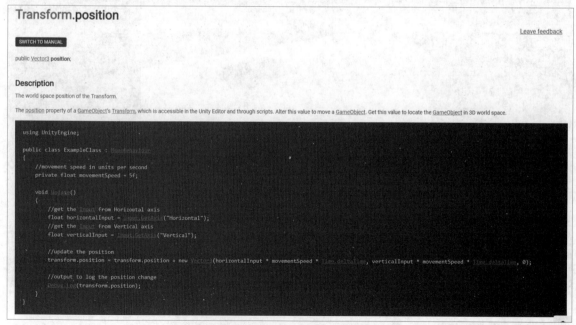

图 5-8 脚本参考书中对Transform.position的介绍

5.3.2 脚本控制

控制汽车移动的最基本的需求：当玩家按住W键时，玩家的汽车会向前行驶，当W键弹起时，汽车停止前进。

在Project窗口的空白处单击鼠标右键，并选择Create->C# Script来创建一个脚本，命名为MoveController，如图5-9所示。

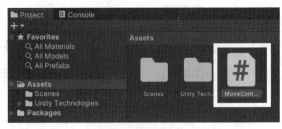

图 5-9 创建脚本文件

双击打开脚本文件，里面已经有了Start()与Update()两个函数，这在上一章介绍过。Update()函数可以简单理解为在游戏运行时每一帧都会被调用，这里需要在Update()函数里实现汽车行驶的功能。Update()函数每次被调用时，检测W键是否被按下，如果被按下就将物体向前移动一段距离，否则不作任何变化。只需要以下代码就可以做到这一点。

```
void Update()
{
    if (Input.GetKey(KeyCode.W))
    {
        transform.position += transform.forward;
    }
}
```

使用Input.GetKey()方法获取键盘上的某一按键是否处于按下的状态，使用transform.position访问并修改物体的位置，transform.forward代表物体在以自身为原点的局部坐标系下向前方向的单位向量。保存代码，回到Unity编辑器，要使用这段代码控制玩家的汽车，需要将这段代码作为组件挂载到对应物体上。在场景中选中玩家的汽车，将这段代码拖动到Inspector窗口以添加该组件，如图5-10所示；或者在Inspector窗口最下方单击Add Component按钮并找到上面创建的代码进行添加。

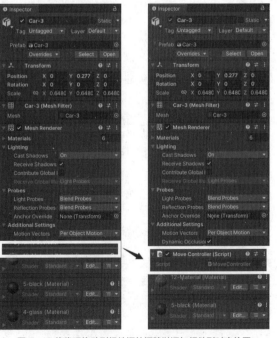

图 5-10 将代码拖动到组件间的间隙以添加组件到对应位置

单击Unity编辑器工具栏中的Play按钮，使用Game窗口来观察游戏的运行情况。现在按W键，可以看到汽车已经可以向前行驶了，但相机却没有跟随汽车一起前进，如图5-11所示。

图 5-11 运行时的画面，已经控制汽车向前行驶了一段距离

如果运行游戏后看不到汽车和地面，是因为在之前没有调整在游戏中进行渲染的相机。停止运行游戏（如果没有停止运行，在场景中所做的更改不会被保存），在Hierarchy窗口中选中Main Camera或者在场景中找到相机图标并单击选中，在Scene窗口右下角可以看到预览画面，这也是实际游戏运行时玩家看到的画面。

同样可以使用代码来控制相机的移动，事实上，在一个好的游戏中，对相机的控制需要大量代码来实现。但这里选择使用一个更加简单但有效的方法：将相机作为玩家汽车的子物体。当父物体（也就是汽车）移动时，作为子物体的相机也会跟着移动。在Hierarchy窗口中拖曳Main Camera至玩家汽车的物体Car-3上，使相机作为汽车的子物体跟随汽车运动，如图5-12所示。

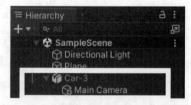

图 5-12 将相机作为汽车的子物体

再次选中相机，在Scene窗口中使用Move Tool和Rotate Tool调整相机，通过预览画面或者Game窗口观察当前游戏画面，将相机移动到合适的位置。大致调整位置和角度后再次运行游戏，相机就会在一个合适的角度跟随汽车前进，如图5-13所示。

图 5-13 调整相机角度并跟随汽车移动

为了能够躲避其他车辆，采用类似的方式控制汽车左右移动，并添加速度变量来调整汽车的移动速度。

注意，因为Update()函数是每一帧调用，所以当前汽车的移动速度还会受帧数影响。如果上述的移动代码描述为每次运行时向前移动1m，那么60帧的玩家就会体验到60m/s的车速，而240帧的玩家车速将达到240m/s。如果这不是游戏设计的一部分，那么使用Time.deltaTime可以避免这一点，它描述了从上一帧到当前帧的时间间隔，通过脚本参考书可以查看对这一参数的详细介绍。到这里就完成了对汽车简单的脚本控制。完整的代码如下。

```
public class MoveController : MonoBehaviour
{
    public float forwardSpeed = 30.0f;
    public float sideSpeed = 10.0f;

    void Update()
    {
        if (Input.GetKey(KeyCode.W))
            transform.position += transform.forward * forwardSpeed * Time.deltaTime;
        if (Input.GetKey(KeyCode.A))
            transform.position -= transform.right * sideSpeed * Time.deltaTime;
        if (Input.GetKey(KeyCode.D))
            transform.position += transform.right * sideSpeed * Time.deltaTime;
    }
}
```

注意观察，上述代码中定义了两个公有的速度变量，而在Inspector窗口中，代码组件中同样多出了对应的两项属性，可以对其进行调整。回想之前对Transform组件里的属性的操作，可以对这些组件的本质有更清晰的认识。

5.4 游戏 AI 的实现

5.4.1 AI 控制

完成了玩家对汽车的操控后，下面来实现AI汽车的逻辑。AI控制与玩家控制不同的是，AI不需要针对玩家的输入来做出行为和决策。本小节要实现的功能：AI汽车始终保持向前行驶，并每隔一段时间随机变道。同样是新建脚本并在其中实现需要的功能，这里先给出代码，再进行解释。

```
public class AIController : MonoBehaviour
{
    public float forwardSpeed = 20.0f;
    public float sideSpeed = 5.0f;

    private float changeInterval;
    private float changeTimer;

    private float targetLane;

    private void Start()
    {
        changeInterval = Random.Range(5.0f, 10.0f);
        targetLane = transform.position.x;
    }

    private void Update()
    {
        transform.position += transform.forward * forwardSpeed * Time.deltaTime;
        transform.position = Vector3.MoveTowards(transform.position, new Vector3(targetLane, transform.
                        position.y, transform.position.z), sideSpeed * Time.deltaTime);
        changeTimer += Time.deltaTime;
        if (changeTimer > changeInterval)
        {
            targetLane = Random.Range(-4.0f, 4.0f);
            changeTimer = 0;
        }
    }
}
```

每隔一段时间执行某一行为是游戏开发中常见的逻辑，有多种实现方式，包括使用InvokeRepeating()、IEnumerator等，这里使用了两个变量changeInterval和changeTimer来简单控制每隔一段时间进行变道。在Start()函数里使用Random.Range()方法来在游戏开始时随机初始化时间间隔，在Update()函数里对changeTimer变量累加时间进行计时。

因为在本场景中，汽车左右方向对应了Transform中的*x*轴，因此这里使用targetLane这一变量控制汽车的*x*轴来进行变道，并使用Vector3.MoveTowards()方法将汽车以一定速度移动到指定位置。

完成代码后，将代码挂载到场景中妨碍玩家的汽车上，完成汽车的AI控制。

5.4.2 Prefab 的使用

本案例的游戏场景中存在多辆AI控制的汽车，它们可以被看作同一类物体，我们希望对它们进行同步修改。比如在上述挂载AI控制脚本到汽车的过程中，需要手动挂载脚本到每一辆汽车上。如果能够将所有的AI汽车作为一类物体进行编辑，就只需要挂载一次脚本在该类物体上，所有场景中的该类物体都会同时添加脚本，从而避免烦琐的操作和可能产生的遗漏或错误，这就是Prefab的基本功能。

在场景中删除多余的AI汽车，只留下其中一辆已经挂载脚本的汽车。在Hierarchy窗口中选中该汽车，拖动至Project窗口的Assets文件夹中，Prefab便制作完成了（这里其实创建了一个Prefab Variant，但可以忽略这一细节，这并不影响学习Prefab），如图5-14所示。

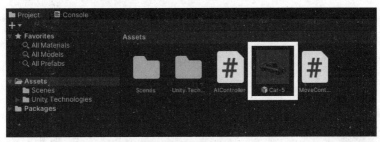

图 5-14 AI汽车的Prefab

与此前将汽车拖入场景中的过程对应，这里将Prefab拖入场景中，在道路上放置许多用于阻碍玩家的AI汽车。此时，选中Project窗口中的Prefab（或者双击Prefab，可以更详细地进行预览编辑），在Inspector窗口中修改挂载脚本的速度属性，场景中所有的AI汽车便可以同步这一更改。

除此之外，也可以单独修改场景中Prefab实例物体的属性来覆盖Prefab文件原本的属性。被修改的属性会加粗显示，并有蓝色标识，使用鼠标右键单击该属性也会有额外的可操作项。例如单独修改场景中某一AI汽车的Forward Speed属性，可以看到修改后的属性与其他属性有不同的显示方式，如图5-15所示。

图 5-15 修改属性后的标识

到这里，Unity游戏引擎的基本使用方法和运行逻辑已经介绍完毕，制作的赛车游戏也能用来玩儿了，即便可能还有很多问题（例如汽车间没有碰撞事件，而是会相互穿过）。想要实现一个更加完整的游戏，可以使用更多的模型资源搭建完整的场景、使用Collider等组件完成汽车间的碰撞、创建UI类物体拼接游戏菜单界面、使用Animator组件为场景中的物体添加动画、添加更多脚本逻辑来定义获胜条件等。

可以说，掌握游戏引擎的使用方法并不困难，学习开发游戏的过程也是了解游戏引擎各项功能并将它们组合在一起使用的过程。把握游戏引擎的基本结构，在实际开发中不断尝试，需要时再进一步学习具体功能，从而在创作中逐渐熟练使用游戏引擎。

练习题

❶ 为本章完成的游戏原型中的玩家控制的汽车配置一个第一视角相机，并允许通过键盘在第一视角和第三视角之间切换。

❷ 为本章完成的游戏原型中的玩家控制的汽车设置一个跳跃功能，允许玩家通过键盘控制汽车的一次跳跃。

❸ 为本章完成的游戏原型中的玩家控制的汽车添加一个车灯，允许玩家通过键盘控制车灯的开关。

❹ 为本章完成的游戏原型中的所有汽车配置碰撞器，并实现车辆碰撞的物理模拟。

❺ 为本章完成的游戏原型添加背景音乐。

❻ 将本章完成的游戏原型发布到Android平台，在智能手机上试玩。思考一下，如何在智能手机平台上实现游戏控制？

第二部分
游戏创意与策划

第二部分将以《亚瑟王传奇：王国的命运》游戏项目为例，介绍从游戏创意的产生，到完成游戏各类元素的详细设计的整个过程。在这个阶段，要求学生完成游戏创意和游戏策划工作，并完成游戏概念设计文档和游戏策划文档。游戏原型系统的制作和测试将在第三部分介绍。

第 6 章
游戏创意阶段

游戏创意阶段是游戏设计工作的第一个阶段。在这个阶段，需要组建一个游戏项目团队，并寻找游戏创意的灵感。一个游戏设计团队可以提出很多个创意灵感，可以把这些灵感一一写成创意草案，并基于这些草案进行讨论和可行性分析。选择一些创意草案进行进一步的细化，最后可以得到一个完整且可行的游戏创意。游戏创意阶段的工作成果是一个游戏概念设计文档，有时还包括游戏原画或故事板。

6.1 组建游戏项目团队

在游戏创意阶段，通常不需要很多游戏设计师参与。几名成员的项目团队就足以完成这个阶段的任务。游戏项目团队最好包括游戏策划、游戏编程和游戏美工3个方面的专业人员。

在游戏创意阶段，游戏项目团队一般不会获得比较多的外部支持，包括资金和人员投入。毕竟一个创意本身并不一定能成为一个游戏产品。在比较正规的游戏工作室，这个阶段是游戏项目立项阶段，得到公司领导或者投资者的认可是这个阶段工作的主要目标。

在实际教学工作中，推荐将3—5名学生组建成一个小组完成游戏设计作业，并要求学生按照游戏策划、游戏美工和游戏编程等角色进行任务分工。

在高校教学过程中，最好能够组成包括艺术设计专业、计算机科学/软件工程专业和商科专业的学生的游戏项目团队。然而，由于专业划分和教学管理的问题，大多数高校很难将多个不同学科的学生组织在一起进行教学，这时需要引导单一专业的学生组队完成设计作业。所以，对作业的要求将根据各个专业的特点有所不同。

根据不同专业的特点，可以对游戏创意团队中的某些角色调整其工作内容和要求。例如艺术设计专业的学生游戏创意团队，对于担任游戏程序员角色的学生不要求一定要有高级编程语言编程能力，而是鼓励使用游戏引擎提供的模块化/蓝图化编程工具；对于计算机科学/软件工程专业学生级组建的学生游戏创意团队，鼓励通过自学或者使用AICG工具完成部分艺术设计任务，同时允许使用现成的游戏美工资源，而不要求团队中担任游戏美工角色的学生一定有角色造型设计、三维建模和动画制作的能力。

在完成游戏项目团队组建后，需要对游戏项目团队提出以下项目管理的要求。

- **在项目初期，游戏项目团队需要选出项目组长，明确每个成员的项目分工，向指导教师提交团队分工说明。**
- **游戏项目团队需要制订项目计划，设定完成游戏项目各部分工作的时间节点。**
- **游戏项目团队每周召开设计工作会议，讨论游戏设计的工作进展和任务分工，撰写会议记录。**
- **在项目期间，游戏项目团队需要完成游戏概念设计文档、游戏策划文档、游戏测试文档等文档和一个游戏原型系统。**
- **在项目验收阶段，游戏项目团队需要制作用于项目汇报的PPT，准备游戏原型系统的演示，向教学班所有同学汇报游戏设计的工作成果。**

更加详细的项目管理内容可以参考软件工程的项目管理要求和文档要求。

6.2 寻找创意灵感

人的想象都是基于现实因素的，人无法想象自己从未见过的东西。这个限制决定了游戏的创意必然是基于某些现实生活中的元素的，人类的大脑善于将记忆中没有关联的部分组合在一起，形成一些虚构的概念和意象。因此，在游戏设计过程中，大多数好的创意是将一些不相关的创意元素通过巧妙的方式组合在一起。

游戏创意者需要有丰富的经历和大量的阅读/观赏经验。游戏创意的想法不一定来自与游戏有关的内容，也可能来自与游戏完全无关的方面。有创意的电影、电视剧、戏剧、音乐和文学作品通常能够为游戏的创意提供素材，与朋友或者陌生人的交流能够给游戏设计带来灵感。因此，在灵感枯竭时，阅读、交流、试玩游戏、看戏剧表演都是激发灵感的方法。

游戏的设计往往从一个创意开始。这个创意的来源多种多样，可以是游戏的任何一个元素。

- **文学作品：**游戏产业经常借鉴来自文学作品的灵感，这些文学作品可以是古典名著（如《三国演义》或《神曲》），也可以是热门的网络小说（如《诛仙》（见图6-1）或《星辰变》）等。游戏的创意不必拘泥于原著的内容和风格，有时游戏创意团队只需要在文学作品里找到一个可改编为游戏的情节或者一个背景设定，就可以在此基础上重新设计一个游戏故事。

- **人物角色：**一个有趣、特点鲜明的人物角色可以成为一个游戏创意的核心。游戏的主要角色通常是由玩家控制的角色，所以这个角色必须是玩家发自内心认同和喜爱的角色。在现实生活或文学作品中可以找到这样的人物或者角色，以他/她为核心来构建整个游戏。《黄金眼》是以著名的《007》系列电影为基础改编的游戏，邦德这个角色就是游戏创意的核心。赵云是三国时期的猛将，以这个人物为核心设计的角色扮演类游戏《三国赵云传》（见图6-2）为赵云添加了魔法等游戏元素。尽管该游戏中的赵云形象与史实和《三国演义》中的赵云已经差别很大，依然可以吸引大量的游戏玩家。

图 6-1 《诛仙》游戏截图

图 6-2 《三国赵云传》游戏截图

- **场景设定：**当游戏的其他元素与已有的同类型游戏一致时，仅仅改变一下场景设定有时就能使玩家获得新奇的体验。例如，在《刺客信条》（见图6-3）系列游戏中，《刺客信条1》的场景设定发生在欧洲中世纪时代，故事地点主要在中东地区；《刺客信条2》的场景设定是在意大利的文艺复兴时代；而《刺客信条3》的场景设定是18世纪的北美殖民地……这一系列游戏的主要玩法机制变化并不大，但是不同的场景设定可以给玩家新鲜感。因此，将一个比较成熟的玩法机制置于一个新的游戏设定下，有时会有不错的效果。

- **游戏美术或音乐风格：**确立游戏的美术或者音乐风格是游戏艺术设计最早要解决的问题。在游戏类型确定后，采用一种该游戏类型不常用的美术或音乐风格可以给玩家带来独特的游戏体验。例如，《无主之地》（Borderlands）（见图6-4）在3D即时战略类游戏中使用了近似美国漫画卡通风格的渲染，使游戏呈现出一个粗犷、叛逆的外星世界；《原神》则使用日漫卡通风格实现了一个开放世界冒险类游戏，吸引了大量日漫爱好者。

图6-3 《刺客信条》游戏截图

图6-4 《无主之地》游戏截图

- **世界观：** 构思一个完整的游戏世界需要很大的工作量，充满想象力的游戏设计师可以想象出一个地理、人文、宗教、自然规律与现实世界完全不同的游戏世界，玩家会对这样一个世界充满好奇和渴望。这个世界可以是像《魔兽世界》或《质量效应》（*Mass Effect*）（见图6-5）那样宏大的魔法或科幻世界，也可以是像《黑色洛城》（*L.A.Noire*）中展示的在20世纪40年代的洛杉矶地下世界。

图6-5 《质量效应》游戏截图

- **新游戏技术：** 游戏技术的进步永远是推进游戏创意的动力之一。3D渲染技术的进步带来了3D游戏世界，虚拟现实头盔将3D游戏的视角扩展到360°，Wii的交互手柄和健身环为玩家提供了新的交互界面。一种新的游戏技术出现后，总会促使游戏设计师重新审视已有的游戏，思考在新的技术平台上如何创造新的游戏玩法，为玩家提供更好的体验。游戏《碎片》（*Fragments*）运行在微软Hololens混合现实眼镜上，将玩家所在物理空间的实景和游戏内容融合，呈现出混合现实的游戏场景，将犯罪现场和办案工作环境搬到玩家的客厅里，如图6-6所示。

图6-6 《碎片》游戏场景

对于一个游戏产品，创意的步子可以迈得很大，也可以只进行局部创新。有时游戏创意团队产生的想法是全新的、从未被人尝试过的游戏创意。全新的想法当然很好，但同时也是未被游戏市场证实过的和未经过玩家考验的想法。从一个全新的概念出发开发一款游戏的风险要明显高于局部创新，也更不容易获得投资者的支持。更常见的创意是建立在已有工作基础之上的，基于一种成熟的游戏类型，然后在某些游戏元素上进行创新。在已有工作之上的改进风险更小，而且更容易被投资者接受。

6.3 创意方法

下面介绍几种经典的创意工作方法，包括游戏分析、头脑风暴和纸质原型。

6.3.1 游戏分析

作为一个游戏设计的初学者，分析一款成功的游戏可以学会从游戏设计师的角度而不是玩家的角度来理解游戏的结构和设计思路。通过分析现有游戏，可以提炼出游戏设计的关键元素，并利用这些元素产生新的游戏创意。因此推荐学生将分析一些经典游戏作为创意工作的开始。

本书使用富勒顿游戏分析框架来分析目标游戏。这个框架将游戏分解为形式元素、戏剧元素和动态元素，然后进一步分解为十几个元素。通过这种方法，可以从多个角度理解并分析游戏设计的各个方面。例如，当分析一款特定的角色扮演游戏时，可以从形式元素出发，识别其游戏规则体系，然后通过戏剧元素探索其故事叙述和角色发展，最后通过动态元素观察玩家在游戏世界中的行为及其与游戏系统的互动。这种综合性分析有助于更深层次地理解游戏的设计意图和玩家体验。

下面使用富勒顿游戏分析框架来分析两个经典游戏——《塞尔达传说：旷野之息》和《俄罗斯方块》（见表6-1）。《塞尔达传说：旷野之息》是开放世界冒险游戏，受到了玩家和评论家的广泛赞誉，被认为是历史上最好的几款游戏之一；《俄罗斯方块》是一款经典休闲类游戏。可以说这两款游戏的游戏类型、核心玩法机制、游戏深度和广度、游戏情感体验截然不同，然而当用同一个游戏分析框架，把两款游戏拆分为不同类型的元素时，可以发现它们的设计存在某些共通之处。同时，大型AAA级游戏与休闲类简单游戏相比，都存在类似的形式元素，但是戏剧元素和动态元素则差异很大。

表 6-1 使用富勒顿游戏分析框架分析对比游戏《塞尔达传说：旷野之息》和《俄罗斯方块》

游戏	《塞尔达传说：旷野之息》	《俄罗斯方块》
形式元素		
目标	玩家的主要长期目标是击败加农并拯救塞尔达公主和整个海拉尔。游戏也鼓励玩家探索和完成海量的支线任务，因此具有非常多的中期和短期目标	玩家的目标是尽可能地消除行，防止方块堆积至屏幕顶端，因此只有短期目标。 如果有对战设计，则目标是比对手坚持更久
冲突	冲突来自游戏的长期目标、环境挑战（如地形障碍和极端天气）、敌人（从小的波克布林到大的守护者），以及资源管理（保持武器和食物的供应）	冲突来自方块持续下落的时间压力、随机性以及空间限制，玩家需要快速做出决策，以免方块堆积。 如果有对战设计，则冲突来自对手的竞争

游戏	《塞尔达传说：旷野之息》	《俄罗斯方块》
形式元素		
规则	游戏提供了非常广泛的规则设定，因此有非常高的灵活性。玩家被允许通过多种方式移动、转换视角、与物品和NPC进行复杂的交互。NPC之间也可以进行复杂的交互，包括战斗或合作。特别突出的是游戏世界中几乎所有对象都遵循相同的物理规则，如气候影响（寒冷会伤害无保暖装备的林克），以及动态环境交互（可以砍树、生火、搭桥等）。游戏的战斗系统也遵循特定的规则，如武器耐久度和敌人行为模式。设计理念就是"可以尝试任何事"，因此玩家可以在游戏中进行大量的探索和实验，享受几乎没有限制的自由	几种形状的方块从屏幕顶端落下，玩家需要在方块落至底部前，旋转和移动它们，使它们拼成无空隙的行。无空隙的行可以消除掉方块。 如果有对战设计，则消除掉的行数会添加给对手
界面	主游戏界面展示了玩家的生命值、耐力、当前所选技能等；除了主游戏界面之外，还提供了物品界面，用于浏览和使用所持有的物品；提供了任务界面，用于浏览需要完成的任务等	游戏界面相当简洁，中心是游戏区域，方块在其中下落。得分、已消除的行数和即将下落的方块通常在旁边显示。 如果有对战设计，则同时显示对手的状态
戏剧元素		
世界	海拉尔是一个广阔且生动的开放世界，具有丰富的生态系统、各种各样的地形和深刻的文化背景	没有设定在具体的"世界"中，它是抽象的，焦点放在形状和空间组合上
戏剧	通过世界建构、人物背景和主线任务，营造了一个戏剧性的叙事，特别是与林克和塞尔达的过去相关的揭秘元素	戏剧性较少，因为它是一个纯粹的休闲类游戏，没有角色和传统意义上的叙事
角色	林克是游戏的主角，与各种NPC和反派都有互动。这些角色具有深度，并通过他们自己的故事和性格丰富了游戏世界	玩家不扮演任何角色，而是直接与游戏机制互动
挑战	挑战包括解谜、战斗、探索和资源管理。游戏有多种解决问题的方法，鼓励玩家使用创造性思维完成挑战	挑战在于如何安排落下的方块以清除行并得分，同时避免游戏区域被填满。但是这里的挑战没有戏剧元素
动态元素		
游戏循环	游戏的核心循环之一是"探索—发现—奖励"。玩家被鼓励探索广阔的世界，这不仅是为了完成任务，还是为了发现隐藏的秘密、资源、武器和难题。这种探索给玩家带来了持续的新奇感和好奇心的满足。 游戏还结合了解谜和战斗元素，提供了"挑战—行动—奖励"的核心循环。每个谜题和战斗都需要玩家利用环境和他们的技能来找到解决方案，提供了不断的智力和操作上的挑战	游戏提供了标准的"挑战—行动—奖励"的核心循环。游戏中不断有不同形状的方块从屏幕顶部下落，提供了挑战；玩家需要在方块落至底部前，通过移动和旋转这些方块，使它们在底部堆叠得尽可能紧凑；当一行被完全填满时，该行会消失，玩家获得分数，进而获得奖励。难度增加：随着游戏的进行，方块下落的速度会逐渐加快，增加游戏的难度
战斗系统	游戏中的敌人具有不同的行为模式和攻击方式，要求玩家采取不同的战略来应对。一些敌人可能会调整战术，例如在受到重创时变得更加凶猛。游戏提供了各种各样的武器，每种武器都有其独特的属性和战斗风格，如剑、弓和矛等。武器具有耐久度，会随着使用而损坏，迫使玩家不断寻找新的武器。游戏的战斗系统充分利用了环境和物理机制。玩家可以利用周围的环境进行战斗，例如推倒巨石碾压敌人，使用环境中的元素进行隐蔽，或利用天气条件（如雷雨）对付敌人。击败敌人后，敌人会掉落各种物品，如武器、食物或材料，这些物品对游戏进程和角色的提升至关重要	没有战斗系统

游戏	《塞尔达传说：旷野之息》	《俄罗斯方块》
动态元素		
经济系统	游戏内部有物品和货币交换系统。游戏中的主要货币是鲁比（Rupees），玩家可以通过各种方式获得，例如找到隐藏的鲁比、出售物品或完成特定任务。玩家可以在游戏的各个商店和旅行商人那里用鲁比购买物品，包括装备、食物、材料和箭矢。不同地点的商店可能会出售不同的物品，鼓励玩家探索更多地区。游戏世界中散布着各种可收集的物品，如食材、怪物材料、矿石等，玩家可以收集这些物品并出售换取鲁比。某些物品在特定情况下会有更高的价值，例如特定的烹饪食物或稀有的材料	尽管《俄罗斯方块》没有传统意义上的货币经济系统，但它有一种"资源经济"，即空间和方块形状。玩家必须高效地使用这两种资源来优化得分和游戏持续时间
涌现性	通过其开放世界、物理系统和动态事件实现了大量的涌现行为，由游戏的复杂系统和机制自然产生。特别是与动态环境的互动，例如点燃草木产生上升气流用来滑翔；还有物品的特殊使用方法，例如将盾牌用于滑雪	当方块形成完整的一行后开始消除，有时会引发连续的消除现象
随机性与策略	游戏中的天气系统相对随机，包括晴天、雨天、雷暴等。天气的变化可以影响游戏的环境，例如雨天时爬山更困难，雷暴时穿戴金属装备会吸引闪电。游戏中发现的某些武器和装备可能会带有随机生成的特性，例如额外的耐久度或攻击力加成	方块的下落是随机的，这要求玩家发展策略以应对不可预测性，同时也带来了游戏的重玩价值

很多游戏创意来源于一款或一类成功的游戏，希望对这个目标游戏进行改进或添加新的游戏元素，以优化玩家的体验。这时游戏创意团队可以首先用游戏分析方法对这些目标游戏进行分析，更清楚地理解这些目标游戏的设计思路，也为游戏创意提供了基础。基于分析，想象可以如何扩展或修改这个游戏，例如考虑改变游戏机制、增加新的特性或者整合其他游戏的元素来创造新的体验。反思如何在保持游戏有趣的同时，使它有别于原游戏。然后，利用分析的结果和识别出的创新点来构思一个新的游戏概念。

通过这个分析过程，可以从经典的游戏作品中学习，并将这些知识应用到自己的游戏创意中。

6.3.2 头脑风暴

头脑风暴是游戏创意的常见方法，游戏创意团队通过相互交流和启发，最终获得一个大家都认可的创意。在头脑风暴会议过程中，必须要有专门的人员负责记录和整理大家的发言。由于想法的变化很快，好的想法有时会来不及被记录下来，大家就开始讨论下一个想法。所以，一个好的会议组织者需要能够引导和组织这种会议，将成果及时记录下来，并防止话题过度延伸。头脑风暴会议中尽管鼓励所有参与者自由发挥，但有效的组织和管理依然是必要的。

关于头脑风暴会议的组织，有以下几个需要注意的问题。

- **准备工作：**需要在会议之前，通知所有的参与者这个头脑风暴会议的主题，并提醒他们做好准备工作。
- **人数限制：**超过10个人的会议就很难达成一致和控制议程，因此参加的人数最好不要超过10人。
- **抛砖引玉：**完美的创意往往是从一个不完美的创意开始的，头脑风暴的作用就是集中多个人的思维能力将一个不完美的创意逐步完善。因此，无论创意的好坏，首先要有人提出一个创意，作为大家工作的开端。因此可以在开始的10分钟内，要求参与者不管创意的好坏，将所有的创意先提出来，用一个简单的词或者句子来表示，然后排列在黑板或白板上。这个阶段不允许展开讨论，只是提创意。

- **禁止批评与评论：** 不要对自己不接受的游戏创意提出批评的意见，有趣的创意有时粗看起来往往是荒诞不经的，但是经过裁剪、修改和组合就可能成为一个成功的创意。因此，在头脑风暴过程中应该禁止参与者对他人的创意进行直接的批评。

- **包容不同的创意：** 在游戏创意过程中，即使大多数人都主张不采用某些创意，也不在会议过程中将这些创意排除在外，头脑风暴的成果不是一个全体参与者一致同意的成果，而是创意过程中得到的所有成果。这种安排是为了避免在会议中将好的创意在很早的时候就排除掉。

- **准备涂写和展示的工具：** 通常在会议过程中准备一块或者多块黑板或白板是必要的，由于游戏中有大量的图形化概念，因此发言者可以借助展示工具来表达自己的想法。与此同时，其他的参与者也可以方便地看到涂写的内容。大量不成熟的想法可以先写下来，如果没有把一个好点子记录下来是非常可惜的。实际上大量的语言交流内容都会很快被新的信息覆盖，所以把想法写下来或者画下来是非常重要的实践技巧。

- **给学生主持和参与的机会：** 对于高校教学过程中的头脑风暴会议的组织，应该尽量让学生主持会议，并可以安排创意小组的成员轮流承担会议的主持和记录工作。教师应该多多鼓励比较内向、不喜欢发言的学生，并将学生在会议中的发言作为成绩的一部分。教师在游戏创意团队的头脑风暴会议中应该尽量不参与和影响学生的创意过程。如果教师的存在会影响头脑风暴的质量，教师则不必全程参与讨论。

- **会议纪律：** 头脑风暴会议有时会出现失控和跑题的情况。对于缺乏这类工作经验的参与者，教师需要在会前明确几条纪律，包括不允许私下交流、发言需要控制时间等。

- **使用思维管理软件工具：** 记录头脑风暴的成果需要使用一些软件工具，例如MindManager或XMind。使用这些工具可以编辑思维导图、图形化创意思维的关系和扩展。高校教学过程中的头脑风暴会议，可以把思维导图作为头脑风暴的作业。

- **头脑风暴需要有成果：** 头脑风暴会议结束后，需要游戏创意团队将会议中的讨论整理成会议记录，在创意的最后提出若干方案作为备选。在最后阶段，游戏创意团队的成员需要开会，根据既定的原则，包括创新性、可行性、工作量等标准进行筛选，通过比较和讨论，确定最优的游戏创意方案。

正确地使用头脑风暴会议，可以让学生学会如何在团队环境下对复杂的创意问题和工程问题进行思考和表达。创意的结果是所有人的工作成果，是集体智慧的结晶，通常比一个人的想法更加完整和优秀。

6.3.3　纸质原型

纸质原型是一种低成本、快速的创意方法，用于早期测试和验证游戏设计的概念。这种方法对迭代和优化设计思路尤为有效。以下是使用纸质原型进行游戏设计的基本步骤。

（1）确定设计目标

明确你希望从原型测试中获得的信息，例如玩家的决策、核心机制的有效性等。

（2）准备制作材料

- **游戏场景板：** 可以是纸张、纸板或绘制的画面。
- **游戏对象：** 可以使用纸牌、硬币、棋子等代表游戏中的物体或角色。
- **记录工具：** 如笔、纸张，用于记录规则、玩家行动和得分。
- **设计游戏规则：** 初步编写游戏规则，并随着测试进行调整。

（3）纸质原型测试

- **自我测试：** 先自己玩，尝试是否可以运作，并对规则进行初步验证。
- **小组测试：** 让团队成员或朋友进行游戏，观察他们的行为和决策。
- **观察与记录：** 观察玩家的互动和决策，并记录任何造成困惑的规则或玩家的反馈。
- **迭代设计：** 根据观察和反馈，对规则或元素进行调整，重复测试，直到得到满意的结果。
- **撰写文档：** 记录最终的规则、元素和设计决策，对测试中的反馈、观察和迭代进行整理。

一旦纸质原型达到让你满意的状态，就可以开始考虑制作数字版的原型进行更高级的测试和迭代。使用纸质原型的优势在于它可以快速、廉价地测试游戏机制，而不需要在初步设计阶段就进行复杂的编程或图形制作。此外，它鼓励设计师进行快速迭代，因为修改纸质元素比修改代码或图形要容易得多。

纸质原型存在一些限制，使其不适用于对游戏创意进行进一步测试。这些限制包括缺乏即时反馈、没有操作手感、不能呈现界面控制的动态变化等。同时，游戏是一个交互性很强的媒体产品，因此纸质原型只能获得有限的验证结果。

6.4 《亚瑟王传奇：王国的命运》游戏创意草案

本书的范例游戏设计项目的创意来源于英国传奇故事——亚瑟王传奇。尽管亚瑟王这个人物是否真实存在过还有争议，但这并不妨碍在过去的一千年里不同的诗人和作家为他撰写诗歌或传奇故事。目前最有名的与亚瑟王有关的作品是英国作家托马斯·马洛礼（Thomas Malory）的奇幻小说《亚瑟王之死》（*Le Morted'Arthur*），封面如图6-7所示。该作品最初由威廉·卡克斯顿（William Caxton）于1485年出版，许多近代的亚瑟王传奇作家都把马洛礼的《亚瑟王之死》当作首要的参考资料。该作品的中译本由陈才宇教授翻译，游戏故事人物的姓名以这本书中的译名为准。这是一个以古代传说中的人物亚瑟为中心的中世纪传奇故事，为这款游戏的创意设计提供了灵感。亚瑟王以及故事中出现的很多角色为游戏角色设计提供了丰富的人物背景故事和角色关系。

以亚瑟王的故事作为背景的游戏有不少，例如卡普空在1991年推出的《圆桌骑士》（*Knights of the Round*），Neocore Games在2009年推出的战略类游戏《亚瑟王》（*King Arthur*）和2022年推出的角色扮演类游戏《亚瑟王：骑士传说》（*King Arthur: Knight's Tale*），史克威尔艾尼克斯创作的《百万亚瑟王》（*Million Arthur*）系列游戏，日本文字冒险游戏《命运/停驻之夜》（*Fate/Stay Night*）。亚瑟王还在很多款游戏中被用于命名英雄角色或卡牌。在这些游戏中，亚瑟王被设计成各种各样的角色，每款游戏的设计师从不同的角度和背景来塑造有个性的游戏角色。

亚瑟王传奇的故事中，亚瑟在登上王位之前的经历在《亚瑟王之死》这本书中只有很少的篇幅，但是非常适用于构建角色扮演类游戏中主角的故事框架。本书的范例游戏设计项目以这部分故事为蓝本，设计一款角色扮演类游戏。

以下是节选自《亚瑟王之死》第一章"大魔法师梅林的预言"的一段文字，用作游戏创意的灵感来源。

图6-7 《亚瑟王之死》中译本

不久，梅林来见国王："尤瑟王，你得履行你的誓言了。"

国王说："一切听凭你的安排吧。"

梅林说："我认识的艾克特爵士是位真诚可靠的人，他在英格兰和威尔士多地都拥有产业，而且他很敬重你，你不妨求他抚养你的孩子。此外，孩子一旦生下来，先不要洗礼，你让人从后门抱出交给我。"

王后终于生产，国王命令两位骑士和侍女抱走裹在织金褓袄中的婴儿，嘱咐说："你们把孩子抱出王宫后门，碰见一个乞丐就交给他。"

就这样，孩子转到梅林手里，他则把孩子交给艾克特爵士。艾克特爵士请来教士给孩子洗礼，为他取名亚瑟。

两年后，尤瑟王生了一场大病。在此期间，敌人纷纷来犯，战事不止。梅林对他说："尤瑟王，你不该继续躺在床上了，即使坐马拉轿车，也得上战场。只有你亲临战场，才能威吓敌军，夺取胜利。"

国王听从梅林的建议坐进马拉轿车上战场迎敌。在圣阿尔邦斯境内，他们遭遇了来自北方的大批敌军。在尤瑟王的指挥下，尤尔费斯爵士和勃拉斯提斯爵士背水一战，各领重装骑兵，率先与之接战，北方军队逐渐崩解，纷纷后退。

尤瑟王的军队最终击退敌军，班师回到伦敦。但尤瑟王的病越来越严重，三天三夜不能开口说话。大臣都很忧虑，决定请梅林拿个主意。

梅林说："上帝自有旨意，请诸位大臣明日齐来参见国王，我会让他开口说话的。"

第二天上午，所有大臣都随梅林来到国王面前。梅林提高音量，庄重地问："陛下，在你百年以后，你是否愿意让你的儿子继承一切，成为全英格兰的国王？"

尤瑟转过身来，大家清楚地听见他说："愿上帝保佑他，我祝福他可以正大光明、令人钦佩地取得王位，不要依赖我的庇佑。"说完，他便魂归天国。

尤瑟死后，王国长时间处于危机之中，每个有权有势的领主都想扩展自己的势力，许多人还想篡夺王位。梅林去见了坎特伯雷大主教，建议他召集王国内所有的骑士贵族，于圣诞节这天齐聚伦敦，违者将受到上帝的惩罚。选圣诞节是因为耶稣诞生在那一天，届时他会出于怜悯显示奇迹，表明谁将成为这个王国的国王。

主教采纳了梅林的建议，派人通知各地的骑士贵族，让他们于圣诞前到伦敦来。接到通知后，许多人便开始焚香沐浴，告解罪孽，希望上帝能接受他们的祷告。

圣诞当天，各阶层的贵族们来到伦敦最大的教堂做祷告。当晨祷和第一台弥撒结束以后，人们忽然发现，教堂的庭院中正对着祭坛的地方巍然矗立着一块方形巨石，很像是大理石。巨石中央，立着一块铁砧，约有一英尺高，上面插着一把剑身出鞘的宝剑。剑身刻着两行金字：拔剑离石者，即生而为英格兰命定之王。

众人见此都十分惊奇，立即禀报主教。主教说："我命令你们待在教堂里继续祈祷，在大弥撒做完以前，任何人不得碰这把宝剑。"

所有弥撒结束以后，大家都去围观那块方形巨石和宝剑。他们看过铭文，有的便跃跃欲试，想就此当上国王，但始终没人能撼动宝剑。

主教说："能拔出这把宝剑的人还没有出现，但上帝一定会让他露面的。我提议先选定十位德高望重的骑士看守好这把宝剑。"大家照此而行，奔走相告。不管是谁，只要想拔出那把宝剑，都可以前去试试。

这段文字介绍了亚瑟王的身世来历，以及即将面临的主要矛盾，包括继承王位、获得骑士们的支持、平息由于长期无主导致的国家危机、迎战国家的敌人等。对以上故事内容进行少量的修改，例如将尤瑟王的去世改为亚瑟出生18年以后，可以得到一个新的故事设定和游戏世界定义，同时也为主要角色的设计提供了背景故事支撑。进一步阅读这本书可以发现故事中的很多角色非常适合作为游戏角色的原型，例如魔法师梅林、艾克特爵士、凯爵士、荒野巴林、鲍德温爵士等。这些故事角色将被用到本项目新创作的游戏故事内。

下面是基于这段文字完成的一个游戏创意文档。

游戏名称：《亚瑟王传奇：王国的命运》。

游戏类型：传统角色扮演游戏。

背景故事与设定

在一个深受魔法和神话影响的中世纪幻想世界中，加利亚王国面临着空前的危机。自从英勇的尤瑟王去世后，王国失去了他的指引，各地的领主纷纷自立为王，国家分崩离析。

玩家扮演的角色是年轻的亚瑟，他被养父艾克特爵士在乡村抚养长大。亚瑟对自己的出身一无所知，直到某天，梅林——一位神秘而强大的魔法师，出现在他的生活中，揭示了他的真实身份和命运。

梅林告诉亚瑟，他是尤瑟王和王后的嫡子，唯有他能拔出插在坎特伯雷大教堂广场的神秘剑，那把剑是决定加利亚王国下一位国王的唯一标志。但要达到这个目的，亚瑟必须先找到并团结加利亚王国各地的忠诚骑士，打败邪恶的领主，证明他的勇气和智慧，拯救王国摇摇欲坠的命运。

游戏特点

（1）角色发展：亚瑟开始只是一个普通的农家少年，随着游戏的进行，他会学习战斗技能、领导能力和魔法知识；玩家通过选择完成的任务和发展路径，可以塑造亚瑟的形象和能力，并决定亚瑟与其他角色之间的关系。

（2）任务与探索：玩家将接受各种主线任务和旁支任务，包括搜寻人物或物品、解救/保护/护送重要人物、组织和参与战役等。这些任务将引领他们穿越危险的森林、神秘的地下城和战火纷飞的战场。

（3）故事发展：亚瑟需要在完成任务的过程中，争取到多个盟友，获得他们的支持，盟友包括骑士、魔法师和其他NPC，他们各自具有独特的技能和背景故事。"拔出石中剑"需要国王的血脉，而统治一个王国需要更多的盟友。

（4）挑战的多样性：亚瑟的对手包括各种野兽、魔兽、士兵、骑士、魔法师等；同时挑战还包括解谜元素，需要通过解谜发觉事件真相并推进剧情发展。

（5）战斗系统：标准的"剑与魔法"的战斗形式，由于亚瑟的发展方向主要是骑士，因此更偏重战斗技能和领导能力，魔法为辅助手段。

（6）决策与影响：游戏中的决策将影响剧情发展、角色关系和王国的未来。

游戏结局：取决于玩家在整个游戏过程中的选择和成就。游戏提供多种结局，非玩家角色会有不同的立场和结果。亚瑟最终能否成为一位伟大的国王，取决于玩家如何引导他通过每一个挑战。通过《亚瑟王传奇：王国的命运》，玩家将体验一场充满魔法、冒险和权力斗争的史诗旅程。

以上为一个游戏创意的范例，在实际学习过程中，不需要为学生设定任何限制，包括游戏类型、游戏主要玩法机制、对原著故事的改编程度等。

以下为一个由ChatGPT4生成的游戏创意草案，输入上文中节选自《亚瑟王之死》第一章"大魔法师梅林的预言"的那一段文字，输出为一个新的游戏创意，游戏设计师可以将游戏类型指定为开放世界角色扮演游戏。

游戏名称:《王国的命运: 亚瑟的崛起》。

游戏类型: 开放世界角色扮演游戏。

背景故事

游戏设定在尤瑟王去世后, 王国陷入混乱和权力斗争的动荡时期。玩家扮演的是年轻的亚瑟, 他在不知情的情况下被命运选中, 必须探索、学习和成长, 最终找到并拔出传说中的剑, 成为加利亚王国的新国王。

主要特点

(1) 开放世界探索: 玩家可以自由探索一个庞大且详细的中世纪风格世界, 包括城镇、村庄、森林、山脉和地下城。

(2) 角色成长与发展: 随着游戏进展, 玩家角色将学习新技能、战斗技巧, 并逐渐成熟, 以应对更大的挑战。

(3) 多线故事与任务: 游戏提供主线任务 (寻找和拔出剑的旅程) 和多个支线任务 (帮助NPC、解决各地问题), 玩家的选择会影响游戏的走向和结局。

(4) 互动与决策: 玩家的选择和决策将影响他们与游戏世界的关系, 包括与NPC的关系和对王国的影响。

(5) 战斗系统: 与各种敌人和怪物进行战斗, 可以使用剑、弓箭和魔法。战斗既考验技巧也考验战略。

(6) 谜题与挑战: 游戏中包含多个谜题和挑战, 玩家需要利用智慧和资源解决它们, 以推动故事发展。

(7) 角色交互和故事发展: 玩家与各种角色互动, 每个角色都有自己的故事和目标。这些互动将塑造游戏的世界观和故事。

目标: 玩家的最终目标是通过一系列考验和冒险, 证明自己是真正的国王, 拔出传说中的剑, 统一王国, 结束混乱。

游戏结局: 游戏提供多种结局, 取决于玩家的选择、成就和在游戏中建立的关系。这个游戏将提供一次沉浸式的中世纪冒险体验, 结合传统的角色扮演元素和丰富的故事讲述, 让玩家体验成为一国之君的旅程。

在明确了游戏创意以后, 需要将游戏的创意细化为游戏的概念设计。在这个阶段, 工作的主要目标是做若干个重要的决定, 明确最重要的几个游戏元素和艺术风格, 并探索项目的可行性。最后, 设计团队需要完成一份精练的概念设计文档或一份更详细的项目建议书。

在概念设计阶段需要确定游戏的核心玩法机制, 包括以下几个方面。

• 目标玩家: 谁是这款游戏的目标玩家群体?

• 故事: 这个游戏是否需要背景故事? 如果需要, 故事梗概是什么? 在游戏中如何推进故事情节?

• 游戏设定: 游戏世界是什么样的? 有什么特殊的规则?

• 主要挑战: 什么是玩家需要在游戏中克服的主要困难和面对的主要挑战? 例如击败对手、生存、收集物品、解开谜题等。

- 规则：玩家在游戏里能做什么？例如场景漫游、射击、拾取物品和与NPC交流等。 玩家在游戏里不能做什么？例如绕过障碍、攻击战友等。如何判定玩家是否胜利？

- 目标：玩家需要完成的长期、中期和短期目标有哪些？

- 范围和长度：游戏包括多少个关卡？平均需要多长时间才能通关？需要多少工作量才能制作完成？

这个阶段需要回答几个重要的问题：为什么玩家会选择这款游戏？这款游戏将会给玩家带来怎样的体验？游戏的可玩性是游戏项目成功的根本，所以想象出来的游戏一定要是非常有吸引力的。

在概念设计阶段估计项目的开发预算是非常困难的。只有非常有经验的游戏开发者才能在这个阶段就对开发预算有比较精确的估计。但是，对于游戏的投资者，他们最关心的问题之一就是开发预算。一种方法是参照类似游戏的预算进行估计，这样尽管不精确，但是提供一个类似游戏的开发预算可以让投资者有比较和评估的基准。

在概念设计阶段，游戏发行商或者潜在投资者的目标、需要和关注点也需要认真考虑。需要考虑的因素包括：游戏发行商的发行策略（即开发和运营大量低成本移动游戏还是几个大型MMORPG）、游戏发行商的风险承受力、游戏发行商的时间限制、知识产权授权状况和问题、游戏发行商偏好的游戏平台和技术、游戏发行商期望的游戏类型（如全新、续集、改版、改编）等。

游戏审批问题和分级问题在游戏概念设计阶段就需要考虑。我国目前没有游戏分级制度，由于游戏产品的特有属性和社会影响，是否用分级制度代替目前的审批制度还没有定论。对于目标市场包括海外市场的游戏产品，在创意策划阶段就需要开始确定游戏的分级。西方的游戏分级制度源于电影和电视产品的分级制度，通过专门的游戏分级委员会来执行。通过将游戏按照不同年龄段的玩家进行分级，实现对未成年人的保护。该部分内容将在后面的章节进行专门介绍。

下面继续游戏创意过程，从《亚瑟王之死》的故事出发，按照前面的要求细化这个创意。

游戏创意的细化——"亚瑟王传奇"

游戏类型和目标玩家：首先确定游戏类型为开放世界角色扮演游戏，目标玩家为对西式传奇冒险故事和开放世界角色扮演游戏感兴趣的玩家群体。这是游戏设计项目需要作的第一个重要决定，以后很多设计选项都基于这个决定。

故事：需要对《亚瑟王之死》的原故事进行一定程度的节选和改编，以与游戏类型匹配。本设计工作将选取原故事中亚瑟王登基之前的部分。主要人物皆来自此书，但是部分人物角色在故事里的作用需要作一定的修改，例如尤菲斯被设定为对手，但是梅林依然会扮演导师的角色。故事的结构也需要按照角色扮演类游戏进行修改，这里将参考"英雄的旅程"故事结构。

游戏设定：《亚瑟王之死》的原故事已经具有一定的神话色彩，因此游戏设定基本保留原故事设定，为西方国家的王国时代，并存在魔法元素，符合开放世界角色扮演游戏中传统的"剑与魔法"的设定。

主要挑战：亚瑟在登基之前，首先需要挑战众多的骑士，以赢得骑士的效忠。同时按照书里的描述，挑战还来自国内的盗贼、领主和国外的侵略军。最后，按照角色扮演类游戏的传统故事结构，还需要安排一个终极挑战，通常来自一个原来的同盟、师长或者战友。

规则：玩家在游戏中采用第三人称视角，具备观察，移动、捡拾物品等能力；在与其他NPC交互方面，具备交谈、战斗等能力；通过其他游戏界面，可以实现装备配置、背包管理、物品打造、物品交易等操作。除此之外，玩家应该能够通过管理界面对游戏进行适当的配置。

玩家的目标：玩家的长期目标是获得骑士们的支持，拯救加利亚王国，成为下一任国王。这个长期目标将贯穿整个游戏故事，成为故事发展的主要动力。作为角色扮演类游戏，玩家角色的发展也是玩家的主要目标之一，玩家角色亚瑟将从一个山村青年，通过一系列的艰苦努力和艰难的选择，成长为一个真正的王者。

范围和长度：游戏的地理范围将覆盖整个王国，玩家角色亚瑟将通过一个个任务走遍王国内的各个角落。按照传统的角色扮演类游戏，游戏应该由大约20个关卡组成，每个关卡需要的通关时间应该在30分钟到1个小时，取决于玩家是否愿意完成所有的主线和支线任务。

6.5 项目可行性

游戏项目投资者很关心的一个问题就是风险。游戏项目的风险可以来自不同的方面。技术风险是第一个需要考虑的问题。新的游戏平台、新的游戏引擎、新的游戏界面都可能使开发工作量剧增，导致开发预算大幅超标。管理风险也是游戏项目失败的主要原因，大型游戏项目的开发需要复杂的统筹规划、生产组织、内部管理、技术保障、项目研发和商务支持。将游戏开发外包会使项目管理更加困难。游戏开发团队的主要资源是核心管理人员和核心技术人员。保持较为稳定的优秀核心人员团队，降低人力资源风险是游戏开发项目取得成功的关键因素之一。在概念设计阶段，对项目风险有一个初步的认识很重要。但是在概念设计阶段提出太多风险会吓走游戏投资者。

6.5.1 技术可行性

评估一个游戏项目的技术可行性是确保项目能够成功开发和上市的关键步骤。这个过程包括一系列的评估，以确定是否有足够的技术资源和能力来实现游戏设计的目标。

一个因技术风险导致迟迟无法结束开发阶段的著名例子是《星际公民》（*Star Citizen*）。《星际公民》是一个备受期待的太空模拟和冒险游戏，由克里斯·罗伯茨（Chris Roberts）和他的公司Cloud Imperium Games开发。最初计划使用Crytek开发的游戏引擎CryEngine进行开发。然而，由于各种技术和合同上的争议，Cloud Imperium Games决定从CryEngine转向使用亚马逊的Lumberyard游戏引擎。这场技术转换导致《星际公民》的开发进程受到了影响，尽管项目本身并未被取消，但它的开发进度大大延迟，且处于开发状态多年，这导致了社区对游戏最终是否会完成以及是否能够达到最初承诺的预期效果的广泛猜测。此案例突出了技术依赖可能给大型游戏项目带来的风险。这些风险不仅可能导致开发延误，而且可能引发成本增加和法律纠纷，从而对项目的未来产生严重影响。

另一个因技术风险而产生问题的著名例子是2012年的《暗黑破坏神3》（*Diablo III*）初期在线服务问题"Diablo 3 Error 37"。它是由暴雪娱乐开发并发布的一款动作角色扮演类游戏，游戏发布初期遇到了严重的技术问题，尤其是与其在线服务有关的问题。游戏发布当天，大量玩家试图登录游戏，导致服务器超载，很多玩家经历了著名的"Error 37"问题。这个错误代码表示服务器繁忙，玩家无法登录。这个问题部分源于暴雪对于玩家登录游戏需求的预测不足，未能准备充足的服务器资源来应对大规模的同时在线用户。尽管《暗黑破坏神3》最终在销量上取得了巨大成功，在当时成为了史上销售最快的PC游戏，但其发布之初的技术问题对暴雪娱乐的声誉造成了短期内的损害，并给玩家留下了深刻的负面印象。这个例子显示了即使是大型游戏工作室也可能低估技术需求，特别是在网络基础设施和大规模多用户在线服务方面。

以下是评估游戏项目技术可行性的基本步骤。

● 技术需求分析：详细梳理游戏设计文档，以确定所需的技术功能和系统。这可能包括图形渲染、物理引擎、AI、网络通信、用户界面和音频处理等方面的需求。

● 资源评估：根据技术需求分析，评估当前技术资源是否满足需要。这包括硬件（如服务器和开发者工作站）、软件（如开发工具和中间件）以及可用的开发技能和知识。

● 团队能力评估：评估现有团队成员的技能和经验是否符合项目需求。如果需要特定技术的专家（如AI专家或网络工程师），就要考虑是否需要招聘新员工或外包。

● 技术难题和风险评估：识别任何可能的技术难题或风险，以及它们可能对项目进度和预算的影响。这可能涉及新技术的研发或现有技术的适应性问题。

● 预算和时间线估计：根据技术需求和资源评估，估计这些资源所需的预算和时间。这包括开发、测试、迭代和部署的整个周期。

● 技术路线图：创建一个技术实现的路线图，明确每个技术目标的优先级，以及各个阶段的里程碑和交付物。

● 原型开发：对关键技术组件进行原型开发，这有助于验证技术假设，并对整体技术方案进行实际测试。

● 合规性和标准：确保技术解决方案符合行业标准和法规要求，特别是在数据保护、网络安全和用户隐私方面。

● 第三方技术和合作伙伴：评估并选择合适的第三方技术供应商和合作伙伴，这可能包括游戏引擎、中间件供应商或云服务提供商。

评估游戏项目的技术可行性需要多学科团队的紧密合作，包括游戏设计师、程序员、项目经理和测试人员等。综合考虑以上方面，可以确保游戏项目在技术层面的成功实施。

6.5.2 商业可行性

评估一个游戏项目的商业可行性涉及对市场、财务、营销和运营等多个方面的分析，目的是确定项目是否有可能实现预期的商业目标。

一个因商业风险而受挫的著名案例是2016年发布的《无人深空》（*No Man's Sky*）初期版本。这款由Hello Games工作室开发的游戏在发布前夕承诺了一系列雄心勃勃的特性，包括几乎无限的可探索宇宙、动态生成的生态系统、复杂的多玩家互动等。然而，当游戏最终上市时，玩家发现许多承诺的特性要么没有实现，要么并不符合预期。这导致玩家社区中出现了强烈的负面反响，甚至有玩家要求退款。游戏的销售情况和声誉都受到了重大打击，Hello Games和游戏的创始人肖恩·默里（Sean Murray）面临了大量批评，被指责进行了夸大宣传。《无人深空》发行初期的失败在很大程度上是错误的商业决策和市场宣传策略导致的。游戏的宣传建立在玩家对游戏可能性的高期望上，而实际游戏体验未能满足这些期望，从而导致玩家信任的丧失。

值得注意的是，尽管初期受挫，Hello Games工作室并没有放弃《无人深空》，而是通过持续的更新和改进，逐步增加了新的内容和特性，修复了游戏的许多问题，并且努力重获玩家的信任。几年之后，游戏得到了显著的改进和扩展，也赢得了许多最初失望玩家的认可。这个案例展示了即使因商业风险受挫，通过持续的努力和改进，仍然有可能挽回局面。

《星际公民》项目通过Kickstarter众筹平台发起，迅速成为众筹史上最成功的项目之一。截至2023年4月，游戏尚未正式完全发布，但已经有部分模块和内容对玩家开放。从众筹的角度来看，《星际公民》极为成功，筹集到的资金远超最初目标，展示了玩家社区对项目的极大支持和兴趣。游戏已经通过飞船销售和其他筹资活动持续产生收入，这表明有一部分玩家愿意为游戏的开发和扩展内容付费。从开发进度的角度看，项目已经多次推迟发布日期，使得一些观察者和玩家对其能否交付最初承诺的全部内容持怀疑态度。虽然游戏还没有完全发布，但已经有可玩的模块，这些模块收到了玩家褒贬不一的评价。有些玩家对当前的游戏进度和质量感到满意，而有些玩家感到失望。游戏开发阶段的延长和透明度的问题引起了媒体的质疑和批评，影响了游戏的公众形象。《星际公民》在商业上能否成功还取决于其是否能在未来完成，并满足玩家的期待。

以下是评估游戏项目商业可行性的关键步骤。

● 市场研究：分析目标市场的大小、增长趋势和玩家偏好；识别竞争对手和市场上的类似游戏，了解它们成功或失败的原因；评估目标玩家群体的购买力和付费意愿。

● 游戏商业模式：确定游戏的商业模式，如游戏内购买、付费下载、订阅模式或广告支持模式，分析不同商业模式的收入潜力和可行性。

● 成本预算：估计开发、运营和市场营销的全生命周期成本，包括固定成本（如设备、软件许可等）和变动成本（如员工工资、外包服务费等）。

● 收入预测：基于市场研究和游戏商业模式，预测游戏可能产生的收入；收入预测需要考虑不同收入来源，如游戏内购买、扩展包、下载费用等。

● 投资回报分析：计算投资回报率（Return on Investment,ROI）和盈亏平衡点；分析各种收入和成本情景，评估项目的财务健康状况。创建财务模型，包括现金流量预测、利润表和资产负债表。使用不同的市场和营销假设来测试预测的稳健性。

● 市场营销策略：制订市场营销和玩家获取策略，包括市场营销预算和预期效果；计划如何通过社交媒体合作、广告以及公关活动推广游戏。

● 风险评估：识别可能影响项目成功的商业风险，包括技术、市场和运营风险；为每个风险制订缓解措施。

● 法律风险和合规性：评估任何可能影响游戏获得发行许可的法律风险和合规性问题，包括知识产权保护、防沉迷措施、数据隐私法规以及特定市场的入口标准。

● 运营计划：规划游戏的运营和支持策略，包括客户服务、内容更新和社区管理。

综合考虑以上各点，可以得到游戏项目的商业可行性评估。这个评估有助于决策者判断项目是否值得投资，并在实施过程中作为一个关键的参考。商业可行性评估还应该是一个持续的过程，需要随着市场和项目情况的变化而定期更新。

6.5.3 游戏创意的知识产权

在开发基于现有故事或概念的游戏时，确实需要关注一些知识产权（Intellectual Property,IP）方面的问题。对于像《亚瑟王传奇：王国的命运》这样的游戏创意，以下是一些重要的知识产权考虑因素。

如果游戏基于现有的文学作品、电影或其他媒体，则需要确认这些作品的版权状态。许多经典故事，如亚瑟王传说，由于年代久远已经进入公共领域，因此不受版权保护。但是，基于这些故事的现代改编（如电影、电视剧或图书中的特定版本）可能仍然受版权保护。还需要检查游戏名称或任何显著特征是否已被注册为商标。即使故事本身是公共领域的，但特定的名称或短语（如某些电影标题）可能已被作为商标注册。

贝塞斯达游戏工作室曾经因为Mojang工作室的游戏《卷轴》（*Scrolls*）的名称与其《上古卷轴》（*The Elder Scrolls*）系列游戏名称相似，而对Mojang工作室提起法律诉讼。双方最终和解，Mojang工作室保留了"Scrolls"名称的使用权，但同意不将其用于任何游戏的续作。开发《糖果传奇》（*Candy Crush Saga*）的休闲社交游戏公司King.com曾试图注册Candy这个词作为商标。这引起了广泛的争议和其他开发者的抵制，因为Candy是一个常见词汇，如果注册成功，可能会对许多游戏造成影响。King.com后来放弃了对这个词的商标注册。

游戏中的原创内容（如特定的角色设计、剧情、游戏机制和视觉艺术风格）属于创作者的知识产权，包括游戏代码、图像、音乐和叙述元素。如果游戏是对现有作品的改编或基于原作的派生作品，可能需要得到原作者或版权持有者的许可。如果游戏开发涉及多方（如编剧、艺术家、音乐家等）合作，则需要明确每个贡献者对其创作内容的权利。这通常通过合同或其他法律协议来进行。游戏中应包含必要的版权声明和归属，尤其在使用受版权保护的素材（如音乐或其他艺术作品）时。Rockstar Games工作室的《侠盗猎车手》系列游戏因其真实感和文化描写而出名，但也因此被多人提起诉讼，包括名人的肖像权问题以及特定歌曲的版权问题。演员林赛·罗韩（Lindsay Lohan）曾对Rockstar Games工作室提起诉讼，声称《侠盗猎车手V》中的一个角色是在未经授权的情况下根据她的形象创造的。不过，法院最终判决Rockstar Games工作室并未侵犯罗韩的肖像权。

除了公众人物形象之外，在游戏中使用艺术作品也需要考虑知识产权问题。*NBA 2K*系列游戏中使用了一些文身艺术家的作品，而没有得到这些艺术家的明确许可，导致被这些艺术家提起诉讼。

在游戏开发的早期阶段，咨询知识产权律师有助于识别和处理潜在的版权问题，确保游戏开发遵循相关法律规定。对于基于已有故事或概念的游戏创意，必须仔细考虑和处理知识产权方面的问题，以确保遵守版权法，并保护自己的原创内容不被侵权。

6.6 《亚瑟王传奇：王国的命运》游戏概念设计文档

在教学工作中，要求学生组成的游戏创意团队将游戏概念设计文档的正文部分限制在5页A4纸以内。撰写一个更长的设计文档实际上更容易。对项目投资者来说，游戏概念设计文档需要能够在很短的时间内读完，因为在这个阶段，投资者不会用大量的时间研究设计细节，更关注游戏核心玩法机制和项目可行性。因此，训练学生用简短精练的语言表达创意是非常必要的。以下是一个游戏概念设计文档的提纲。

一、项目核心概念

在这一节，用一段艺术化的描写说明被推荐游戏是什么类型的游戏和它的独特卖点。

例如："让我们回到古罗马时代的竞技场，聆听回响在大竞技场上空的欢呼和喝彩，来自世界各地的武士走进比武场地，面对凶猛的对手或残忍的野兽，注定只有两种结局——胜利或死亡……"这段文字描述的是一款格斗类游戏的核心概念，它的独特卖点是以古罗马竞技场为游戏背景，让玩家体验那个时代的角斗士面对的挑战。

二、游戏故事梗概

这一节需要说明被推荐游戏的故事结构、主要角色、主要角色遇到的主要问题、主要角色的对手（即游戏中的反派）、玩家最后如何取得胜利。这个部分在游戏策划文档中将会被扩写成一个完整的故事梗概，并包括更详细的角色设计内容。

三、游戏类型和目标游戏平台

这一节描述被推荐游戏的类型。这是一款什么类型的游戏？被推荐游戏是否遵循或打破这种类型游戏的常规设计？解释被推荐游戏与这种类型游戏常规设计的所有不同点。

还需要说明被推荐游戏的目标游戏平台，并解释选择原因。介绍目标游戏平台对游戏运行的硬件要求、操作系统要求和其他软件要求。随着游戏开发费用的上升，越来越多的游戏采取跨平台开发。在多个游戏平台上发布同一款游戏可以摊平费用，并增加成功的机会。

四、玩家描述和玩家动机

这一节需要说明：被推荐游戏的目标玩家群体是什么样的人？目标玩家群体可以用人口统计学的数据来描述。什么因素吸引这些玩家一直玩下去？被推荐游戏的目标是什么？你期望这款游戏能为玩家创造何种体验？你期望这款游戏能使玩家产生何种情绪？这款游戏是否能给玩家刺激、紧张、悬疑、挑战、幽默、思乡、悲哀、恐惧或快乐的感觉？当玩家通关这款游戏后会留下什么样的回忆？被推荐游戏如何达成这些目标？

五、游戏的挑战和规则

这一节需要用简练的语言介绍游戏的核心玩法机制：玩家需要克服何种挑战？如何克服？玩家是否有多种方法赢得胜利？玩家如何影响游戏世界？玩家如何学会游戏规则？如果是多人游戏，有多少玩家可以参加？他们之间是什么关系？（竞争或合作关系？）

六、竞争分析

这一节通常需要包括一些游戏市场统计数据，描述这个类型游戏的销售情况，分析被推荐游戏会在现在和将来面对的潜在竞争：与被推荐游戏同一类型的游戏有哪些？同一类型的游戏的销售情况如何？为什么被推荐游戏将会比这些游戏卖得好？在游戏发布时，市场竞争情况会是什么样的？被推荐游戏如何成功？为什么这款游戏将会获得宝贵的销售渠道？在游戏发布时，有没有潜在的新游戏和新技术会导致被推荐游戏迅速被淘汰？

七、项目开发初步计划（时间进度表和成员基本分工）

在这一节提供一个简单的时间进度表和成员分工。在教学过程中，这个时间进度表需要和课程的进度保持一致，根据结课时间确定最终项目验收的时间节点。

同时在这一节介绍项目小组的成员。如果是真实游戏项目，在这一节需要给出主要设计人员的工作简历，特别是设计人员参加过的游戏项目和在这些项目中担任的角色。很多项目投资者倾向于投资团队而不是项目，因为有经验的游戏设计团队可以保证游戏的创意质量和市场前景。曾经设计和开发过一款热门游戏的设计团队会更容易得到项目投资者的认可。如果是教学过程中的实训项目，只需要列出学生的姓名和其在项目中担任的角色。

八、项目风险评估

作为一个推荐项目的文档，需要向投资者（或授课教师）描述在项目过程中可能遇到的问题，例如使用新技术可能出现技术风险、游戏项目团队不能达成一致可能导致的管理风险等。实际游戏项目面临的风险更多，包括财务风险和政策风险等。

九、其他需要考虑的因素

以上是游戏概念设计文档的推荐提纲。在教学过程中，不需要硬性规定学生必须按照这个提纲编写文档，鼓励学生在设计过程中按照自己的思路组织设计内容，交流设计思想。

下面以《亚瑟王传奇：王国的命运》项目为例，提供一个游戏概念设计文档的范例。

《亚瑟王传奇：王国的命运》游戏概念设计文档

一、项目核心概念

"老国王尤瑟的私生子是老国王的唯一子嗣。在魔法师梅林的要求下，尤瑟答应孩子出生后便交给他培养，取名亚瑟，在山村里学习剑术，以打猎为生。除了魔法师梅林和骑士尤菲斯之外，没有人知道亚瑟的真实身份。尤瑟将自己的圣剑插入石中，宣布能拔出石中圣剑者将成为新一任的国王。但是几年后尤瑟的意外去世使王国陷入混乱的局面，因为无人可以拔出石中圣剑成为国王，王国的内忧外患一起爆发。骑士们提出通过比武选出国王，许多声名显赫的骑士都纷纷赶往王城参加比武。在这个决定王国命运的时刻，魔法师梅林及骑士尤菲斯分头离开了王城，赶往亚瑟所在的山村，他们都相信只有拥有国王血脉的人可以拔出圣剑，结束混乱局面。但是尤菲斯的计划和梅林不同，他自己想当国王……"

《亚瑟王传奇：王国的命运》是经典角色扮演类游戏，在遵循传统角色扮演类游戏的玩法设计的同时，游戏的主线任务基于一个情节曲折的、颠覆原故事构思的故事，同时提供较高的游戏自由度和丰富的支线任务，为玩家带来难忘的游戏体验。图6-8所示为魔法师梅林将婴儿亚瑟带走的场景。

图6-8 小说《少年亚瑟王》（*Boy's King Arthur*）中的插图

二、游戏故事梗概

（1）故事框架

年轻的亚瑟是老国王尤瑟的私生子。他在魔法师梅林的安排下隐姓埋名地在山村长大。尤瑟将自己的圣剑插入石中，宣布能拔出石中圣剑者将成为新一任的国王。尤瑟的意外去世结束了亚瑟的平静生活。因为无人可以拔出圣剑成为国王，王国陷入混乱的局面，外有强敌入侵，内有盗匪横行，而群龙无首的骑士们则忙于组织比武选出国王。亚瑟需要历经艰险，披荆斩棘，才能登上王位并拯救王国。在这个过程中，他可以获得魔法师梅林的帮助，但是他不但要向骑士们证明自己的能力，获得他们的效忠，还需要挑战各种各样的敌人。最终亚瑟通过自己的努力，外拒强敌，内服人心，完成一系列艰难的任务，赢得了大多数骑士的效忠，击败了多个强大的敌人，成为了真正的王者。

（2）故事的玩家角色

年轻的亚瑟是一位在山村长大的少年，他正直勇敢，武艺高强，在打猎的生涯中磨炼了剑术和射术。他的身世之谜直到老国王去世后才解开，在魔法师梅林的帮助下，他离开了平静的山村生活，开始了一段艰难的旅程。

（3）玩家角色遇到的主要问题

在游戏的开始阶段，亚瑟需要快速提升自己的实力，摆脱尤菲斯的追杀。

用不同的策略战胜各种敌人，争取骑士们的支持；亚瑟是否能够获得足够的骑士支持，会决定游戏的最终结局。

夺回属于自己的王位，勇敢地直面内忧外患，拯救处于分裂中的王国。

（4）游戏的主要反派角色

骑士尤菲斯：游戏故事前期的反派角色，试图阻止亚瑟回到王城继承王位，为此不惜率军袭击亚瑟；被亚瑟和梅林的徒弟魔法师摩根勒菲联手击败。

骑士艾克隆：游戏故事后期的反派角色，是最强大的骑士，在被亚瑟击败以后变成亡灵，最后被众人合力杀死。

魔法师摩根勒菲：游戏故事最后的反派角色，她既是梅林的徒弟，又是骑士艾克隆的情人，艾克隆被杀死后，摩根勒菲的立场由支持亚瑟转变为反对亚瑟，是亚瑟需要战胜的最后的敌人。

（5）玩家最后胜利的条件

在游戏进行到最后阶段时，年轻的亚瑟需要获得多数骑士的拥戴，击败强大的魔法师摩根勒菲，拔出石中圣剑，成为新一任的国王，才能获得最后的胜利。

三、游戏类型和目标游戏平台

（1）游戏的类型和目标游戏平台

游戏的类型为经典角色扮演类游戏，目标游戏平台为PC或家用游戏主机平台。

（2）与同类游戏相比的亮点

此游戏基于一个传奇故事，并进行了适当的改编，以更符合现代玩家的预期。同时，此游戏提高了玩家的自由度，通过提供丰富的支线任务、有挑战性的Boss战和隐藏剧情，增加玩家的探索乐趣。

四、玩家描述和玩家动机

（1）游戏的目标人群

13岁及以上喜欢角色扮演或动作冒险的玩家人群。

ESRB分级制度：T级（Teen，青少年），适合13岁及以上玩家。

（2）吸引玩家一直玩下去的因素

非线性的故事情节：亚瑟王的故事为人熟知，此游戏会对原故事进行部分改编，熟悉原故事的玩家会期待新的故事情节。游戏采用非线性故事结果，根据玩家的选择和王国中骑士对玩家角色的立场，设计多个不同的故事结局，提高游戏的重玩价值。

有挑战性的Boss战：类似魂系的游戏设计，此游戏包含难度较高的Boss战，巧妙的技能设计使得玩家在游戏初期很难击杀Boss，而主角只有有限的动作（如轻击、重击、格挡、闪避等）。经过努力之后，玩家将能够击杀Boss。这是一个以弱胜强的过程，艰难而痛苦。但是击杀Boss后获得的心理满足感很强烈，可以满足喜欢挑战的玩家群体的需求。

支线任务和隐藏情节：由于游戏故事包含大量原故事中存在的人物和设定，因此玩家在此游戏中可以探索丰富的支线任务和隐藏情节，探索类玩家可以获得对游戏世界深入探索的乐趣。

五、游戏的挑战和规则

（1）玩家需要克服的挑战及方法

击败敌人的方法：玩家通过观察和试探，制订应对不同类型敌人的策略，尽快提升自身实力以应对不断升级的挑战；确定自己的升级路线和需要尽快提高的技能属性；需要学习与盟友联合作战的方法，并处理与盟友的关系。

解谜的方法：玩家根据剧情NPC的提示获取线索，通过调查和逻辑推理找到解决谜题的方法。除了标准的谜题之外，对于游戏故事的发展方向，玩家可以通过在游戏中和其他NPC互动来施加影响。因此处理与其他NPC之间的关系，确定故事发展方向也是对玩家的挑战。

挑战Boss的方法：与不同类型的Boss战斗会有不同的战术，因此击败普通敌人获得的经验不能用于Boss战。玩家需要学会观察Boss的战术变化，充分利用拥有的技能和物品找到战胜Boss的正确战术。

（2）玩家如何学会游戏规则

在游戏开始时提供新手指引，引导玩家完成各个方向的移动、捡拾物品、使用物品、使用武器以及射击等操作。

通过与NPC的交流了解游戏规则。

玩家在游戏中可以点击任务菜单查看当前任务。

六、竞争分析

（1）同类游戏市场分析

经典RPG市场近年来有显著增长。这一市场在2022年达到了约202亿美元的收入，较2021年有所下降，但仍高于2019年前的水平。其中，手机RPG在市场上占据重要地位，尤其在亚洲地区更加流行，其中39%的手机游戏收入来自RPG。此外，一些热门二次元游戏，如《原神》在2022年产生了约40亿美元的收入。MMORPG也表现出色，部分得益于跨平台游戏功能的兴起。总的来说，角色扮演游戏市场仍然是一个活跃且不断发展的领域。其他具有代表性的作品包括《上古卷轴》系列游戏、《黑暗之魂》（*Dark Souls*）系列游戏、《巫师》系列游戏等。

（2）目标游戏与同类游戏相比的优势

有深度的故事情节：游戏提供多层次的剧情和背景故事，包含丰富的历史、文化和政治元素，吸引玩家深入理解游戏世界的规则。

战斗系统：包括回合制、实时战斗或者实时战略的混合，充满挑战，需要玩家进行策略规划和技能组合，以应对不同的敌人和情况。

复杂的NPC和团队管理：与多个具有深度背景故事的NPC交互，他们可能成为队友，每个队友都有自己的技能和故事线。

多选择与多结局：玩家的选择会影响游戏世界和故事发展，可能导致不同的游戏结局，增加游戏的重玩价值。

七、项目开发初步计划（时间进度表和成员基本分工）

（1）时间进度表

第1、2周：组建游戏项目团队，学习使用Unity游戏引擎，完成前期创意设计，收集素材等。

第3周：完成游戏戏剧元素设计。

第4周：开始形式元素的设计，并开始搭建游戏原型的场景。

第5周：完善形式元素的设计，并继续游戏原型的开发。

第6周：完成形式元素的设计和第一版游戏原型的开发。

第7周：完成动态元素的设计，并利用设计成果改进游戏原型。

第8周：完成游戏测试，在测试结果分析的基础上对游戏进行修改和完善；准备课程答辩。

（2）成员分工

学生A：主策划、程序员。

学生B：美术、程序员。

学生C：美术、程序员。

学生D：程序员。

八、项目风险评估

（1）游戏创意阶段的风险

小组成员的游戏创意阶段目标不统一，不能通过沟通达成一致。

游戏创意内容中的技术可行性难以评估。

（2）设计阶段的风险

设计想法过于复杂，组内成员对设计方案意见不统一，导致功能无法实现。

软件工程管理经验不足，组内交流不及时，导致游戏进度与预想进度有偏差。

开发人员不熟悉软件工具和开发环境，有些设计无法实现或按时实现。

练习题：游戏分析报告

按照富勒顿游戏分析框架，选择一款游戏，完成一个游戏分析报告。要求选择具有背景故事的游戏类型，如冒险类或角色扮演类游戏，且玩法具有一定的深度。不建议选择休闲类游戏作为游戏分析对象。

一个游戏分析报告的推荐提纲如下。

（1）游戏概况

内容包括游戏的名称、类型、运行平台、制作团队和发行平台、发行时间、目标玩家群体等。

（2）戏剧元素分析

内容包括游戏世界观设定、游戏故事梗概、游戏主要角色（玩家角色和重要非玩家角色）、玩家角色面临的挑战等。

（3）形式元素分析

内容包括玩家目标、游戏规程、游戏规则、关卡空间元素、游戏资源、游戏交互控制、游戏界面、主要冲突与挑战等。

（4）动态元素分析

内容包括游戏循环、游戏难度控制机制、游戏经济系统、游戏战斗系统、涌现性游戏机制等。

（5）总结

概括以上内容，与类似的游戏对比，总结目标游戏的成功与不成功的设计元素。

课程设计要求

从这一章开始，学生需要按照规定步骤完成课程设计，以一个游戏设计项目为核心，以下是课程设计基本要求。

● 要求设计一款角色扮演或动作冒险类3D游戏，按照本书提供的背景故事或者自己撰写的背景故事展开，游戏玩法机制要求与背景故事有明显关系。

● 要求组建设计团队，提交团队人员名单和分工说明；要求每个设计团队每周召开设计工作会议，讨论游戏设计的进展和任务分工。

● 要求每个设计团队完成游戏概念设计文档、游戏策划书两个设计文档和一个游戏测试文档；其中游戏策划书分为3个部分完成。

● 游戏场景和游戏角色的素材尽量在本书提供的素材中选取，并在游戏策划书中说明使用了哪个素材包；如果要使用其他来源的素材包，需要在最终提交时提供该素材包的文件；如果选择自制游戏素材，需要在游戏策划书中说明制作了哪个素材，并单独提交该素材的文件。

● 设计的目标游戏需要有一定的创意，可以借鉴其他游戏的元素，但不能照抄。

● 要求项目工作量适中可控，游戏策划和原型系统可以在课程学习期间完成。

● 完成一个游戏纸质原型（选做）。

● 要求完成一个游戏软件原型，游戏原型的开发平台为Unity3D游戏引擎和Visual Studio软件；游戏原型必须有单人模式，可以发布到PC平台，可以直接运行。

课程设计作业1：游戏概念设计文档

完成游戏概念设计文档，正文不能超过5页A4纸，最小5号字。文档的提纲参考6.6节，游戏项目团队可以按照具体情况修改和取舍。

第 7 章
游戏策划阶段之戏剧元素的详细设计

19世纪70年代，一个"龙与地下城"的故事就为网络游戏《MUD1》构建了一个虚拟的游戏世界。尽管那个时代的游戏没有栩栩如生的3D场景、神态各异的游戏角色和精心设计的交互界面，只有非常初级的文字界面，但仅以文本形式讲述的有趣的故事，就足以吸引数以万计的玩家沉浸在这个由魔法和神话构成的世界里。从那时起，精彩的故事成为很多游戏的灵感来源，伴随着一代又一代的玩家度过快乐的时光。

游戏角色指游戏中出现的各种人物或拟人的动物、机械、妖魔等，被分为玩家角色（Player Character，PC）和非玩家角色。玩家角色是在视频游戏中由玩家控制的角色，有时又称为玩家化身（Avatar），通常是游戏情节的主角。非玩家角色由游戏程序控制。

传统的游戏创意设计过程往往是从游戏故事和角色的创意设计开始的。本章介绍游戏故事和角色的设计原则和方法。游戏角色设计往往指游戏角色外形美术设计和动作设计等方面的工作。完整的游戏角色设计应该还包括游戏角色的背景故事、行为特征、行为规则等多个方面的设计，最终的目标是赋予游戏角色令玩家印象深刻的性格、符合角色性格的行为和强烈的角色认同感。

7.1 游戏是否需要背景故事

为什么需要为游戏设计一个故事？故事对于一款游戏的玩家体验到底有什么样的影响？游戏是否能够用于讲述一个情节复杂的故事？人们对于这些问题存在着不同的见解。

实际上，这些问题的答案并不是那么简单。可以回想一下你玩过的有较复杂故事情节的游戏，通常是冒险类或角色扮演类游戏。在记忆里，有些游戏的游戏故事的情节模糊，甚至没有多少情节能够回忆起来；有些游戏的情节却令人印象深刻。可以回忆一下很久之前看过的电影和读过的文学作品的细节，往往在很长时间之后，我们依然能够记住很多重要的、令人印象深刻的情节。这种区别似乎暗示着，在游戏里故事的作用和在电影、文学作品里不一样。

有些专家认为游戏故事可以帮助玩家在大脑里想象出一个虚拟的游戏世界。第1章提到过，游戏的一个重要元素是虚构。在游戏画面相对简单和抽象时，为玩家介绍一个故事背景有助于玩家进入适当的心境。在街机游戏的时代，故事帮助玩家将简单的线条和色块想象成怪兽、动物、飞船和导弹。《塞尔达传说》中的

主要角色只有几百个像素大小，如图7-1所示。在那个时代，游戏的故事只是在显示屏上显示的一行行文字，甚至印刷在随游戏出售的手册里。这些故事在丰富的想象力的帮助下，让玩家将复杂的情感和形象与这些简单的线条和色块构建联系。故事的另一个作用是强化游戏的可玩性，过场动画和脚本剧情可以帮助玩家理解游戏中需要面对和解决的问题，尽快地进入角色。了解游戏中的故事和人物会使玩家更加投入游戏世界，仿佛玩家就是这个世界中的一份子，身临其境地参与到游戏的活动中，给玩家更多的感动与共鸣。

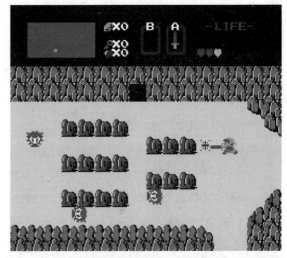

图7-1 运行在任天堂NES家用游戏机上的动作冒险类游戏《塞尔达传说》

在第一人称视角射击类游戏的发展历史上，《半条命》（*Half Life*）（见图7-2）具有非常重要的地位，因为这款游戏在纯粹以射击作为主要游戏内容的传统FPS游戏中加入了故事剧情。在这款游戏发布之前，传统FPS游戏（例如《毁灭战士》只在游戏的开始介绍一个故事背景，后面的关卡基本不涉及剧情发展。在《半条命》的开发过程中，开发商Valve Software的加布·纽维尔（Gabe Newell）受斯蒂芬·金（Stephen King）的作品《迷雾》（*The Mist*）启发，为《半条命》的游戏背景故事进行了故事设定，请科幻小说作家马克·莱德劳（Marc Laidlaw）为游戏编写了剧本，并投入大量的人力将游戏故事剧情和游戏核心玩法机制融合，创造了历史上最成功的FPS游戏之一。

图7-2《半条命》是第一款剧情类FPS游戏

对于冒险类和角色扮演类游戏，背景故事是游戏的核心要素。玩家通过这些故事，了解到自己在游戏中的行为是有意义的。玩家之所以要去挑战强大的敌人和解决烧脑的谜题，是为了完成游戏故事中的使命。而完成了挑战后的成就感在游戏故事背景的衬托下格外令人满足。这些游戏需要构建一个庞大的虚拟世界，这个世界越是内容丰富、充满各种有趣的细节，玩家就越愿意在游戏世界里度过更长的时间。

但是不是所有的游戏都需要故事作为背景。休闲类游戏的受众的数量远远超过了冒险类和角色扮演类游戏的玩家数量。这些游戏往往只需要简单的背景故事或者完全不需要背景故事。例如，在《植物大战僵尸》里，玩家的花园为什么会出现这么多的僵尸？在《愤怒的小鸟》里，小鸟们和肥猪们的恩怨从何而来？对于这些游戏的玩家来讲，这些问题根本不重要。对于休闲类游戏的玩家，在5到10分钟的休闲时间内，不需要对游戏倾注过多的情感，游戏的玩法机制、色彩鲜明的画面和清晰的反馈往往比背景故事更重要。

交互式叙事（Interactive Storytelling）是游戏技术发展的另一个方向，目标是解决在游戏中讲复杂故事的问题。理想的交互式叙事类游戏里，玩家可以和游戏中的角色进行各种交互，通过自己在游戏中的行为影响故事的发展，并最终决定故事的结局。做出不同选择的玩家得到的游戏结局是不同的，玩家仿佛活在这个游戏世界里。互动电影游戏包括量子梦境工作室制作的《暴雨》《底特律：化身为人》《超凡双生》等游戏都是这类技术的实践。

比较悲观的观点认为，游戏并不适合像电影和文学作品一样讲述一个情节曲折的完整故事。伊恩·博格斯特（Ian Bogost）指出这个目标非常难以实现。目前的游戏技术还远远做不到这一点，相关的技术发展还处于实验阶段。

常见的游戏故事讲述方式是环境叙事（Environmental Storytelling），让玩家通过游戏中的活动，从游戏的环境中发现并拼凑出来一个预先写好的故事。常见的冒险类和角色扮演类游戏一般都是采用这个方法，游戏的故事是固定的，故事的结果不会因玩家的行为产生变化。游戏通过角色对话、脚本动画、玩法机制和过场动画等将这个故事的情节以一个个片段的形式介绍给玩家，在玩家的大脑里逐渐拼凑出一个完整的故事。《最后的生还者》（见图7-3）就是这样一款游戏。《最后的生还者》是索尼旗下顽皮狗（Naughty Dog）工作室发布的一款末日生存冒险类游戏，玩家和主角乔尔（Joel）一起，经历了与小女孩艾莉（Ellie）从初识时的陌生，到相熟时的信赖，再到游戏的结局时两人拥有宛如父女一般浓厚的感情的全过程。游戏中有大量的过场动画和对话，用于描绘末日环境中角色的绝望处境和艰难的选择，引起了玩家的情感共鸣。通过大量的铺垫，玩家会逐渐接受自己就是游戏中的乔尔，对艾莉产生强烈的保护欲望，在游戏的结尾做出最终的选择。该款游戏的设计非常成功，获得了极高的评价和大量的奖项，重新定义了在游戏中讲故事的水平上限。

图 7-3 游戏《最后的生还者》中的场景

在游戏中讲述一个情节复杂的故事，容易在试图展开故事时牺牲游戏的交互性或者故事的流畅性。游戏行业长期以来对于游戏故事和游戏交互性的关系存在争议，争议的点在于游戏的故事和交互性是否存在矛盾。当游戏有情节复杂的故事时，有大量的故事情节需要在游戏中解释，需要在游戏中插入大量的过场动画或脚本动画，这种设计既可能打断玩家的沉浸感，又限制了玩家的交互性和自由度。如果游戏设计师希望增加玩家的交互性和自由度，就不得不减少对游戏流程的控制和对故事情节的讲述，并给予玩家更多的自由来掌控游戏故事的发展。但是如果这样设计，故事的连续性和一致性就很难保障，玩家不一定会按照故事的预定发展方向进行游戏活动，没有连续性和一致性的故事感染力会不尽如人意。就像一个正在讲故事的人，频频被一个听故事的人打断，故事就很难讲好。有一些游戏设计专家认为游戏的故事和交互性之间不存在矛盾。如果能够将故事情节和游戏的玩法机制流畅地融合在一起，就能够在保证游戏交互性的同时，流畅地讲述一个情节曲折的故事。

因此，如何将故事情节和游戏的玩法机制流畅地融合，就成为游戏设计的一个非常关键的问题。

7.2 如何写游戏故事

如何写好一个故事是一个相当宏大的题目。对没有经历过专业写作培训的学生而言，写故事是一种新奇的体验。对于计划进入游戏产业的学生，学习一些写故事的基本技能有助于在未来的工作中更好地参与游戏设计工作。本节介绍撰写游戏故事的一些基本的概念和技巧。

7.2.1 世界观设定

世界观是指用来讲故事的整个游戏世界，包括故事发生的时间、气候、人文、宗教、音乐、社会和其他元素（如情绪和氛围）等。所有这些元素结合在一起，定义了游戏中的世界。现代游戏技术的发展，使游戏世界观设定可以很容易地突破时间、空间和物理规则的限制。因此游戏设计师可以尽情发挥自己的想象力。

为游戏设想一个好的世界观需要精巧的创意。"What-If"世界观设定方法就是给现实世界添加一个有趣的、虚构的概念，例如架空历史、魔法、灾难、科幻等。其他所有事物应该围绕这个虚构概念展开设计。在这个概念之外，每件事物应该尽可能与现实世界一致，没有自相矛盾的地方。这种方法不仅为创造一个独特和吸引人的游戏世界提供了基础，而且由于它与现实世界有一定的联系，玩家往往更容易与之产生共鸣。

"What-If"世界观设定方法首先需要选择一个现实世界的时代、地点或文化作为基础，可以是现代城市、历史时期、特定国家或文化等。然后在这个现实基础上，引入一个或多个超现实或虚构的元素。这些元素可以是魔法、超能力、先进科技、神话生物、未知文明等。将这些虚构元素融入现实世界的框架中，并考虑它们如何影响社会、政治、经济和文化。最后平衡现实与虚构元素，确保它们共同构建一个连贯且引人入胜的世界观。基于这些虚构元素，构建游戏的主要冲突和故事线。考虑这些虚构元素如何影响角色、社会和环境，以及它们将如何推动故事的发展。即使是虚构的元素，也需要有一套内在逻辑和规则。这有助于增强游戏世界的真实感，并为玩家提供一个可信的游戏体验。

《抵抗：灭绝人类》（*Resistance:Fall of Man*）（见图7-4）是一个第一人称视角射击游戏，该游戏的世界观设定是在20世纪上半叶，虚构的敌人是一种神秘的合成怪兽奇美拉（Chimera）。玩家所扮演的尼森海尔·（Nathan Hale）使用先进的武器与奇美拉作战。除了这种怪兽之外，这个世界的其他元素都基本保持和那个时代的现实世界的一致，包括国家、文化、建筑、服装和武器等方面。这种游戏世界观设定给了玩家一种新的视角，合成怪兽奇美拉的出现使历史上对立的国家不得不联合起来对抗新的威胁，历史则被重写。

更加复杂的世界观设定方法是设想一个完全虚构的世界，这个世界有着自己独特的地理、种族、外交、魔法和科技等方面的细节，而且这些细节会被用于设计游戏的玩法机制。《魔兽世界》（见图7-5）的世界观设定是一个完全虚拟的艾泽拉斯星球，这个世界包括4块大陆：东部王国大陆、卡利姆多大陆、北方的诺森德大陆、南方的潘达利亚大陆。卡利姆多大陆和东部王国大陆中间是无尽之海，无尽之海中间是一个大漩涡。在这个世界上存在着光与影、生与死、秩序与混乱的力量，以及火、风、土、水四大元素，生存着兽人和人类等多个种族……

图 7-4 《抵抗：灭绝人类》的游戏设定

图 7-5 《魔兽世界》的游戏世界观设定是一个完全虚构的世界

7.2.2 核心冲突

故事的核心要素包括故事中的矛盾和冲突，没有冲突就没有故事的戏剧性。以冲突作为游戏的主线，则玩家在游戏过程中做的所有努力就有了背景和理由。玩家通过从头至尾地参与解决这个冲突，可以体会到心情的跌宕起伏和酸甜苦辣。越能够激发玩家的情感共鸣，玩家对游戏故事的印象会越深刻。

冲突从何而来呢？一般常见的冲突可以发生在主要角色与其他角色、环境、命运和社会之间。例如《仙剑奇侠传1》游戏故事的核心冲突是赵灵儿的身世之谜，赵灵儿的身份和命运带来的冲突推进了剧情的发展，主要角色李逍遥的大部分经历是围绕着这个冲突展开的。为了解开这个谜，李逍遥和赵灵儿在江湖中经历了许多磨难。而在游戏结尾处，赵灵儿在与反面角色拜月教主的战斗中与拜月教主同归于尽，李逍遥的悲痛玩家感同身受。这款影响了一代人的游戏在游戏设计上非常成功，动人的故事功不可没。

更深层次的冲突则发生在心理层面（即玩家的人生观、价值观和道德底线）。优秀的游戏设计能够挖掘深层次的冲突，对玩家产生强烈的情感冲击。当游戏设计师给予玩家选择权，使玩家可以根据自己的判断对游戏故事的走向进行控制，游戏的结局就可能对玩家的情感产生更深层次的冲击。

确定了游戏中的主要冲突和玩家在冲突中的角色，可以用几句话概括游戏的主要剧情，需要包括玩家在游戏中面对的主要挑战和最后的结果。这个主要剧情可以确定整个故事的基调。例如《生化危机1》的主要剧情是："在一个普通的美国小城浣熊市的郊区，发生了一系列诡异谋杀案。谋杀案的被害者有被人啃食的迹象。浣熊市警察局的特警部队被分派了调查这些诡异谋杀案的任务。特警部队被分为A队和B队。B队首先被派遣到发案现场，但是很快就断了联系。A队在这种情况下被派遣去调查B队的消失，他们需要生存下来，并发现事件的真相。"

7.2.3 三幕式故事结构

虽然每个游戏故事都各有不同，但是存在传统的故事结构或有效的故事模板。游戏文学里应用最普遍的两个故事结构是三幕式结构和"英雄的旅程"结构。

三幕式故事结构普遍被好莱坞电影剧本作家采用，并随后被游戏行业广泛采用。在很多动作片或西部片里都能看到三幕式故事结构的影子。这个结构的核心分为3个部分：惊喜（Surprise）、悬念（Suspense）和满足（Satisfaction），所以又称为3S结构。

三幕式故事结构的惊喜部分为了吸引玩家的注意力，有时从最开始就将玩家置于故事的冲突之内，背景剧情则放在稍后的部分来介绍。《神秘海域2：纵横四海》（*Uncharted 2:Among Thieves*）游戏第一关的开始（见图7-6），玩家控制的主要角色慢慢醒来，发现自己坐在悬挂在雪山悬崖外的一节火车车厢内，而这节车厢正在缓缓地滑下悬崖……在这个时刻玩家不清楚主要角色经历了什么，但是情节的紧迫性促使玩家马上集中注意力解决面对的问题——如何使主要角色尽快脱离险地。

三幕式故事结构的悬念部分介绍玩家为了解决第一幕中出现的问题，需要克服的一系列障碍。玩家必须克服这些障碍才能使游戏达到成功的结局。如果需要更多的背景故事和背景信息，在这一幕可以继续介绍。在故事的这个部分需要为玩家提供更多的障碍。玩家在克服每个障碍后，又要克服一个新的更困难的障碍，才能实现故事的长期目标。设计合理的障碍需要游戏中的英雄（也就是玩家）处理某种内在的冲突和挑战。要克服这些障碍，玩家需要某种形式的成长。游戏操作在智力与控制层面上挑战一个玩家，而游戏故事中带来的冲突能在情绪和心理层面上挑战玩家。传统的故事结构中，这些障碍被线性地展开。大多数电影或者电视作品都使用线性的故事结构。在游戏中，故事结构可以是非线性的，可以包括无关的故事线、附加的冒险任务等，还可以存在多条路径到达游戏的结局。这些元素能提供非线性的故事结构，为玩家提供自由度和多种体验。

三幕式故事结构的满足部分一般为玩家最终解决了第一幕中引入的主要矛盾，玩家达成这款游戏的长期目的。常见的设计是玩家在结局部分挑战游戏中的终极反派，这个反派同时是整个故事中障碍的来源。玩家战胜终极反派后，在心理上可以得到释放和满足，例如《仙剑奇侠传1》的最后一战，如图7-7所示。正如非线性故事结构在游戏的展开部分可以提供多条路径，在结局部分同样也能给玩家提供多个结局。每个结局应该根据玩家在游戏过程中的行为特征、策略或决定来设计，玩家采取不同的策略应该得到不同的游戏结局。根据玩家在游戏中的表现，这些结局代表不同程度的成功和失败。

图 7-6 游戏《神秘海域2：纵横四海》故事的开始：主要角色身处险镜

图 7-7 游戏《仙剑奇侠传1》的最后一战截屏

7.2.4 "英雄的旅程"故事结构

"英雄的旅程"故事结构常用于撰写神话、科幻和冒险等题材的长篇小说或剧本，如图 7-8所示。这个故事结构的一个特点是跨文化和跨媒体类型。不同时代、不同文化背景的文学作家不约而同地使用这个故事结构进行创作，从我国古代的文学经典《西游记》到西方经典魔幻题材小说《指环王》和《霍比特人》，从科幻电影《星球大战》到反乌托邦小说《饥饿游戏》，都可以看到这个故事结构的影子。"英雄的旅程"故事结构包括以下12个阶段。

（1）家园：介绍英雄（主要角色），以及他或她在冒险开始之前的日常生活环境。这个生活环境应该是一个平静的、安全的，甚至平淡乏味的环境，通常是一个偏远的小村庄或者小城镇。

（2）召唤：英雄收到一个召唤，要求离开其日常生活环境开始冒险，完成一个任务探索或一段旅程。这个召唤引导他们走向另一个与当前世界相关的世界，但是那个世界是陌生、未知和危险的。

（3）拒绝：英雄感到对未知的恐惧，并试图远离冒险。所以英雄开始必然拒绝参与冒险，不想离开舒适和安全的正常世界。这时，可以用一个辅助角色的语言或行为烘托冒险的不确定性和危险性。英雄对召唤的犹豫和怀疑的态度，为未来的冲突埋下伏笔。

（4）导师：英雄遇到了一位有经验的导师，通常是一位值得尊敬的长者和专家。他会提供给英雄所需要的训练、装备或建议，有助于英雄完成冒险任务。导师还会提供给英雄与召唤相关的更多的信息和忠告，例如英雄的隐藏身世或命运，成为英雄参加冒险的勇气来源。导师不会在旅途中一直陪伴英雄，但是会在旅程中不时出现，提供指引。

（5）启程：根据在上个阶段获得的信息，英雄做出最后的决定，决心离开正常的世界，进入危险的未知世界。英雄在这个阶段会经历一番思想斗争。

（6）挑战：英雄在进入危险的世界后，迎接各种挑战，在过程中认识到谁是敌人，并结交到真正的朋友。

（7）深入：在经历了一系列的挑战和困难之后，英雄逐渐接近矛盾的核心，通常是敌人的巢穴，准备面对最严峻的挑战。

（8）生死：英雄进入危险世界的核心地带，面对死亡的威胁或最大的恐惧。英雄在这个阶段会濒临死亡，但是又会死里逃生。玩家这时已经被英雄的命运深深地吸引住，当英雄濒临死亡，玩家会非常难过；当英雄死里逃生，玩家会大大地松一口气。

（9）奖励：在战胜了死亡的恐惧以后，英雄赢得了奖励，这种奖励可以有多种形态，包括武器、财富、地位、能力、爱情乃至世界和平。有时在这个阶段，英雄还会与其他角色和解，建立更好的关系。

（10）归程：英雄完成了冒险，企图和朋友们离开危险世界，带着奖励走上回家的路。有时这个阶段会有逃亡的场景，场面惊险万分。

（11）复活：正当大家都以为故事结束时，危机再次出现。危机可能来自相同的敌人，或一种不同形式的敌人，或者是被揭示出的隐藏敌人。这个环节是阴谋暴露的环节，通常有意想不到的事情发生。而这个敌人有时会比前面危机环节遇到的敌人更强大，更不可战胜。英雄再次受到严峻的考验，经历死亡和重生的时刻得到升华。通过英雄的行动，最初的冲突问题最终得到解决。

（12）新生：英雄返回旅程开始的正常的世界或继续旅行，并带回来财富、经验、知识、拯救世界的力量等。英雄在经历了一番磨难后也得到新生。

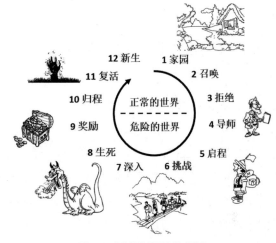

图7-8 "英雄的旅程"故事结构

"英雄的旅程"故事结构可以写成长篇的文学作品，也可以作为电影或游戏作品的故事骨架。由于这个故事的结构是圆环形的，所以故事可以写成一个开放式的结局，或者可以在一个系列的作品里重复多个"英雄的旅程"。

在文学作品里，《霍比特人》（*The Hobbit*）和《指环王》（*The Lord of the Rings*）是两个完整的"英雄的旅程"，其中《霍比特人》的结局连接着《指环王》的开始。《霍比特人》讲述了比尔博·巴金斯（Bilbo Baggins）的冒险故事，他从一个舒适的家中被召唤出来，经历了一系列的挑战和考验，最终返回家乡，带回了宝藏和经验。《指环王》则是更加宏大的故事，其中的主角佛罗多·巴金斯（Frodo Baggins）是比尔博的侄子，继承了比尔博的使命，开始了自己的英雄之旅。整个故事围绕着毁灭魔戒的任务展开，佛罗多经历了更加艰难的挑战。

《星球大战》原初三部曲（第4、5、6集）讲述了卢克·天行者（Luke Skywalker）的英雄之旅，从一个简单的农场男孩变成了绝地武士。他的旅程充满了各种考验，包括面对达斯·维德（Darth Vader）的真相，最终帮助推翻帝国。《星球大战》前传三部曲（第1、2、3集）描述了安纳金·天行者（Anakin Skywalker）的故事，他最初是预言中的"救世主"，但最终因为各种因素走向了黑暗面，成为了恶名昭著的达斯·维德。《星球大战》续集三部曲（第7、8、9集）主要围绕着女性蕾伊（Rey）的成长故事展开，她从一个废墟星球上的孤儿成长为强大的绝地武士，继承前两部曲的使命，对抗第一秩序，依然是一个完整的"英雄的旅程"。

游戏故事也广泛采用这个故事模板。《荒野大镖客救赎》（*Red Dead Redemption*）系列游戏中的主角经历了典型的英雄之旅，从一个罪犯开始，通过一系列的事件和冒险，最终寻求救赎并改变了自己的命运。

《最后的生还者》讲述了乔尔和艾莉两个角色的故事，他们在末日世界中共同经历了重重困难，最终形成了深厚的如父女般的关系。

尽管"英雄的旅程"是一种成熟而有效的故事结构，但如果每个故事都严格遵循这个结构，必然会使撰写的故事缺乏新鲜感。因此，在这些环节中添加一些变化和新意非常必要。有能力的作家能够在这个故事结构上添加大量的细节和变化，增加、删除或者重新排列这些步骤。他们依然在创作着新的冒险故事，玩家或观众依然被这些故事深深吸引，全然不觉这些故事用的是一样的故事结构。

7.2.5 线性还是非线性故事流程

在前面介绍的故事结构中，三幕式故事结构中间的悬念部分通常会占据游戏中的大部分关卡，"英雄的旅程"故事结构的第5、6、7阶段也会占据游戏中的大部分关卡。尽管这些故事的中间部分内容不是关键环节，但是需要占据玩家的大部分游戏时间，玩家被要求经历一次又一次的挑战。对于角色扮演类游戏，这个部分的故事就是常说的"打怪升级"部分，玩家扮演的角色通过战斗，获得奖励并经历成长。对于冒险类游戏，玩家扮演的角色需要按照各种指示和线索，完成一个个任务。

如何在故事的中间部分展开故事，给玩家多少自由度，是游戏设计师需要重点考虑的因素。作为交互式媒体，游戏和玩家的互动使游戏中的故事叙述者无法对故事流程完全控制。实际上，玩家可以是一个合作的故事叙述者，或者是唯一故事叙述者。当游戏允许玩家负责推进故事发展的方向时，玩家会很感兴趣。

当游戏基本不让玩家控制故事流程时，游戏采用线性的故事流程，特点是故事在时间和空间上直线前进。采用这种故事流程的一个优点是线性的故事往往讲述得完整和流畅，调动情绪的力量更强；另一个优点是线性的故事与非线性的故事相比需要较少的制作内容，游戏的故事逻辑会比较简单，较少出现由于时空不连续而导致的漏洞。但是线性的故事降低了玩家的自由度，而自由度在游戏中非常重要。

当游戏允许玩家控制故事流程时，游戏可以采用非线性的故事流程。一种非线性故事流程的实现方式是故事分支结构，如图7-9所示。在游戏故事发展的关键点（图中以圆圈表示），玩家的行动决定故事情节的发展方向。虽然这个概念简单，但是实现起来成本较高，因为每个分支路径需要单独制作一些不同的游戏内容，而每个重要决定都需要一个分支点。显然制作如此多的游戏内容是不现实的。非线性的故事流程的另一个缺点是玩家需要多次玩游戏才能见到所有的内容。因此，尽管这种故事流程更接近理想的交互式叙事形式，但是在实际游戏设计过程中，由于成本较高，因此几乎没有这种设计。

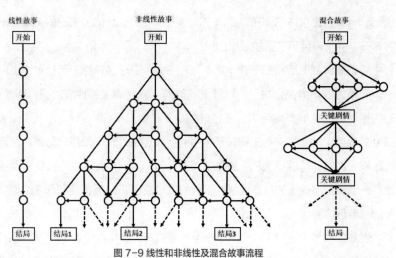

图 7-9 线性和非线性及混合故事流程

一种平衡线性和非线性故事流程的方法是用一系列关键剧情连接一些开放的场景。在每个开放场景内，可以安排多条可能的故事路径，但是这些故事路径最后都会发展到下一个关键剧情。这些关键剧情是游戏故事中不能绕过的部分，玩家必须要达到这些剧情的要求才能继续游戏故事的发展。这样的设计可以让玩家有自由去选择面对的挑战，获得不同的游戏体验。同时，这样的"线性—非线性—线性"设计使游戏比较容易控制流程。

以《魔兽争霸Ⅲ：混乱之治》（*Warcraft Ⅲ:Reign of Chaos*）（见图 7-10）的人族战役的第一章"斯坦博立德保卫战"为例，玩家控制的角色从地图的左上角进入游戏场景，这时本关卡的主任务的地点"斯坦博立德小镇"被直接显示在小地图上，位置是地图的右上角。玩家沿着小地图黄色的路线行进则可以直接完成主任务。玩家控制的主要角色沿着场景中的路线前进，在地图的左下角接到第一个支线任务。玩家可以选择完成该支线任务，需要行进到地图的中下位置，从狼人的手里解救被劫走的小孩；也可以选择忽

略这个任务，继续向右上角前进。在地图的中央位置，玩家会接到第二个支线任务。如果选择接受任务，则需要行进到地图的右下角，帮助村民夺回账本；如果选择不接受任务，则可以继续向右上角行进。最后，玩家率领士兵进入小镇，挑战本关卡的Boss——兽人奴隶主。这是一个典型的混合故事流程的关卡，玩家要过关必须完成主任务，支线任务不是通关的必要条件，在场景中玩家有漫游和选择支线任务的自由。

图 7-10 《魔兽争霸Ⅲ：混乱之治》的人族战役——"斯坦博立德保卫战"

《底特律：化身为人》提供了一种多故事线和多结局的故事流程。这款游戏提供了极高的叙事自由度，玩家所作的每一个选择都会影响故事的走向和结局。这个故事流程可以被视为线性和非线性元素结合的网状故事流程。游戏讲述了3个主要角色——康纳、卡拉和马库斯的故事。每个主角的故事线都有一个基本的线性框架，意味着故事有一个开始、展开和结局。但是，这个框架中包含了许多可以分叉的点，这些分叉点由玩家的决策产生。在这个基本框架内，故事根据玩家的选择展开多种可能的分支，这些分支可以导致截然不同的情节发展和结局。由于这些分支多样且相互交织，因此整个故事流程呈现出类似网状的复杂性。不同的选择可以导致故事在不同的路径上前进，甚至可以交叉或影响其他故事线。这种故事流程意味着游戏不止一个结局。相反，根据玩家的不同选择，可能存在多个不同的结局。不同的结局会促使玩家思考什么样的选择会产生什么样的后果。和传统的"线性—非线性—线性"结构相比，这种网状故事流程的非线性更显著，故事中有更少的不能绕过的部分。近几年，越来越多的大型游戏开始采用这种故事流程或故事结构来构建丰富的游戏体验。

7.2.6 故事弧和角色弧

故事弧用于描述在文学作品、电影、电视剧、游戏等叙事媒介中角色或情节发展的结构。一个故事弧包含了从故事开始到结束的一系列连续的事件和变化，通常涉及冲突的建立、发展和解决，类似一个缩小的五幕式故事结构。故事弧的主要组成部分通常如下。

（1）铺垫：故事的开始部分，用于介绍背景信息，包括角色、环境、故事背景。

（2）冲突升级：事件开始发展，冲突逐渐明显。这一部分是角色试图解决问题的过程，通常是故事的主体。

（3）事件高潮：故事的转折点，冲突和紧张感达到最高点。这通常是故事中最激动人心的部分。

（4）冲突缓解：高潮后事件向解决方向发展，冲突开始缓解。

（5）结局：故事的结尾，冲突得到解决，故事线得到圆满或不圆满的结局。

在游戏中，故事弧可以帮助创造引人入胜的叙事体验，指导玩家通过游戏的各个阶段。故事弧可以用来架构整个游戏故事，也可以用来架构其中的一个部分（如一个关卡或者关卡中的一个具体任务）。例如，《最后的生还者》是一个以故事驱动的游戏，包括完整的故事弧和角色弧。《最后的生还者》的故事弧的几个阶段如下。

（1）铺垫：游戏开始时，通过一系列令人震惊的事件设定了故事背景，包括病毒暴发和社会崩溃。

（2）冲突升级：主角乔尔遇到了艾莉，一个对他来说意义重大的少女，乔尔接受了护送艾莉穿越美国的任务。这一部分充满了各种挑战和冲突，包括与感染者的遭遇和与其他幸存者的冲突。

（3）事件高潮：故事的高潮发生在乔尔决定救出艾莉，而不是让她在被用于制造疫苗的过程中牺牲时。这个决定是整个游戏的转折点，揭示了乔尔的内心冲突和对艾莉的感情。

（4）冲突缓解和结局：在成功救出艾莉后，二人继续生存下去，但游戏以开放式结局结束，给玩家留下了想象的空间。

在这个大故事弧的冲突升级阶段，实际上包含多个小的故事弧。这些小故事弧共同构成了整个游戏的复杂叙事结构。这些小故事弧同样涉及冲突的建立、发展和解决，不仅推动了主要情节的发展，而且深化了角色的描绘，增强了游戏的情感深度和丰富性。以下是《最后的生还者》中的一些小故事弧。

● 波士顿隔离区：游戏的早期阶段，乔尔和艾莉在波士顿的隔离区展开他们的旅程。这里的故事弧涉及乔尔与走私伙伴特斯的关系，以及他们为了逃离军方的追捕而进行的一系列行动。

● 在比尔的小镇的遭遇：在比尔的小镇上，乔尔和艾莉遇到了孤僻的幸存者比尔。这一部分的故事弧展现了比尔的背景故事，以及他与乔尔之间的复杂关系。

● 与亨利和山姆的相遇：当乔尔和艾莉遇到亨利和山姆兄弟俩时，又展开了一个关于信任和牺牲的小故事弧。这一段故事深刻地探讨了在末日世界中生存的挑战性和人性的复杂。

● 大学校园的探索：在寻找抵抗组织"萤火虫"的过程中，乔尔和艾莉来到了一个废弃的大学校园。这里的故事弧不仅是寻找希望的过程，也是两人关系深化的关键。

每个小故事弧都以自己独特的方式贡献于整个游戏的叙事，同时也揭示了角色的多个面，增强了玩家对角色的理解和共情。通过这些交织的小故事弧，游戏成功地创造了一个丰富、动人且引人入胜的世界。

故事弧不仅涉及主线故事的发展，也可能包括角色发展的弧线，即角色随着故事发展而经历的个人成长或变化。角色弧指的是在故事发展过程中，一个角色内心世界、性格、信念或行为的变化和发展。角色弧是叙事中最关键的元素之一，因为它不仅能展现角色的深度和复杂性，还能增强故事的情感冲击力。

角色弧可以是正向的、反向的或平稳的。正向角色弧中角色经历变化，通常向好的方向发展，如克服内在的恐惧、学会更好地理解世界或自我成长，例如一个懦弱的角色变得勇敢。反向角色弧中角色经历消极的变化，可能因为失败、挫折或环境的影响而变得更糟。例如，《了不起的盖茨比》中的盖茨比，他的梦想和执着最终导致了悲剧。平稳角色弧中角色本质上没有太大的变化，但他们的行动和选择可能会对故事和其他角色产生重大影响。这种角色通常用于强调某种理念或主题。

角色弧能够帮助观众或读者与角色建立情感联系，使角色更加真实和令人信服。角色的变化往往是故事前进的关键动力。在游戏设计中，角色弧尤为重要，特别是在故事驱动型的游戏中。游戏设计师通过剧情设置、决策点和角色间的互动来塑造角色弧。例如，在《巫师3：狂猎》（*The Witcher3: Wild Hunt*）中，主角杰洛特（Geralt）的性格和关系在游戏进程中不断发展，他的选择影响了游戏的结局。通过这种方式，角色弧不仅丰富了游戏的叙事层面，也增强了玩家的沉浸感和情感体验。在角色驱动的游戏中，一个角色可能从懦弱不定成长为勇敢领袖，这个变化过程就构成了一个完整的角色弧。

《最后的生还者》中乔尔的角色弧描绘了乔尔从一个麻木、冷漠的幸存者逐渐变成了一个愿意为保护艾莉牺牲一切的父亲般的人物。他的内心世界和动机在游戏中得到了深刻的探索和展示，特别是在他决定救艾莉的那一刻。艾莉的角色弧则展示了艾莉从一个需要保护的少女逐渐成长为一个独立、坚强的角色。她的经历和对世界的理解随着游戏的进展而发展，尤其是在了解外部世界和人性的复杂后。

《最后的生还者》是一个优秀的例子，展示了如何通过强大的故事弧和角色弧来创造深刻、情感丰富的游戏体验。游戏的叙事和角色发展不仅推动了故事的进程，而且深刻地影响了玩家，使其成为一款备受赞誉的游戏。

7.3 《亚瑟王传奇：王国的命运》游戏故事设计

7.3.1 使用文本生成工具 ChatGPT 创作游戏故事和剧本

内容生成工具在最近几年已经有了很大的进步，对游戏产业的影响逐渐凸显。这里介绍几类AIGC工具，用于在游戏创意和策划阶段提高工作效率，提高设计质量。

AI内容生成工具中目前最成熟的是智能文本生成工具，又称大型语言模型，被用于各种文本生成任务。语言文字作为人类交流和文化思想的重要载体，其智能化是人工智能成熟的重要标志。智能文本生成，即自然语言生成或机器写作，致力于根据各种输入数据（如报表数据、视觉信息、意义表示、文本素材等）自动产生高质量的自然语言文本。这些文本包括但不限于标题、摘要、新闻、故事、诗歌、评论和广告等。智能生成的文本应具备良好的可读性，同时内容需准确、可靠。由于语言表达的多样性，对于同一输入，特别是在开放式文本生成任务（如文本复述、故事生成等）中，可能会产生数以百计的不同输出结果。因此，智能文本生成工具可以用于故事创作和游戏剧本写作。智能文本生成工具目前能够完成的游戏创意阶段任务如下。

- 辅助创意：智能文本生成工具可以帮助生成故事情节、角色设定或故事背景，为游戏设计师提供灵感。例如，智能文本生成工具可以提供基于某些关键词或主题的情节建议。

- 结构性建议：基于某些已有的故事结构或叙事模型，AI可以提供故事的结构性建议，帮助设计师确保故事的连贯性和完整性。

- 语言和风格：智能文本生成工具可以在特定的语言风格下或基于某些参考材料来生成或修改文本。例如，智能文本生成工具可以模仿某种文学风格或调整语言以适应特定的受众。

- 快速原型：在故事创意阶段，智能文本生成工具可以根据提示词快速生成多种版本的故事原型，帮助游戏设计师选择和细化最有潜力的方向。

尽管智能文本生成工具能够生成内容，但它缺乏真正的创造力和情感深度。它的输出内容很大程度上基于其训练数据，可能缺乏独特性和真实感。因此，完全依赖AI工具来创建整个故事剧本可能不是一个好主意。这些生成的故事内容需要人工审核和修正以确保其质量和适应性。游戏设计师和编剧应该与智能文本生成工具紧密合作，利用其优势的同时弥补其不足。以下是一些可以用于编写游戏故事剧本的AI工具。

- 写作猫：一个中文的文本生成工具，可以帮助用户生成多种类型的文本内容。该工具可以根据用户提供的主题或关键字生成草稿或大纲，并且根据用户的意见进一步对生成内容进行修改。

- OpenAI的GPT系列：OpenAI的GPT-3.5和GPT-4是目前最知名的文本生成模型。它们可以根据给定的提示生成连续、有逻辑的文本。用户可以提供关于游戏世界、角色或情节的描述，然后要求模型生成相应的故事或对话。

- AI Dungeon：这是一个基于GPT模型的互动式故事游戏，可以为编写游戏剧本提供灵感和思路。据其官方文档描述，它是世界上第一款真正意义上纯 AI 生成的文字冒险游戏。AI Dungeon 2使用了 GPT-2（训练参数多达 15亿）这款文本生成模型作为游戏的核心；而得益于 GPT-2 模型的强悍，AI Dungeon 2将拥有强大的创造力。

- Plot Generator：这是一个在线工具，专门用于创作故事情节和角色。它可以帮助用户生成故事大纲和角色描述。用户可以选择不同的故事类型，如浪漫、神秘、科幻等，然后输入一些基本信息，如角色名字、地点等，Plot Generator 将自动生成一个故事情节。这个工具还可以帮助用户创建角色，包括其名称、性格特征、背景故事等，用户可以根据需要对生成的内容进行定制。

以下是一个ChatGPT创作的故事大纲。

输入ChatGPT的提示词

我想制作一款名为《亚瑟王传奇：王国的命运》的游戏，请你根据亚瑟王的传说按照"英雄的旅程"故事结构的12个阶段为该游戏创作故事大纲。

ChatGPT答

当然可以！以下是基于"英雄的旅程"故事结构的12个阶段的故事大纲，适用于你的游戏《亚瑟王传奇：王国的命运》。

1. 家园

游戏开始于亚瑟的普通生活，他可能是一个普通的年轻人，未来的国王在普通的村庄中长大。他并不知道自己的命运即将发生翻天覆地的改变。

2. 召唤

亚瑟接到某种神秘的召唤，可能是一位老者、一个神祇或某个神秘的事件。他被告知他注定要成为一位伟大的国王，他的旅程即将开始。

3. 拒绝

亚瑟一开始可能对自己的使命感到疑虑，担心自己的能力或责任。他可能试图逃避这一命运，但最终他无法抵挡内在的呼唤。

4. 导师

在他的旅程中，亚瑟遇到一位导师，可能是梅林或者一位经验丰富的骑士。导师为他提供指导、力量和智慧，启发他去追寻自己的命运。

5. 启程

亚瑟决定接受命运，踏上冒险之旅。他离开家园，进入陌生而危险的领域，象征着他生命中的变革和挑战的开始。

6. 挑战

亚瑟在旅途中遇到各种考验，结交盟友，同时也会面临敌人。他的品格和技能在这一阶段得到锻炼和提升。

7. 深入

亚瑟开始接近目标，可能是一座神秘的洞穴或城堡，象征着他的最终目标。他必须准备好面对最大的挑战。

8. 生死

亚瑟面临生死考验，可能是一场决斗，一次考验他品格的事件，或者是一个危机，他必须克服才能继续前进。

9. 奖励

亚瑟成功地通过了考验，取得了宝贵的奖励，可能是一把神剑、一个忠诚的骑士团或一种神秘的力量，使他更强大。

10. 归程

亚瑟准备登上王位，但他知道他的旅程还没有结束。他必须面对回归家园的挑战，并为最终的决战做好准备。

11. 复活

亚瑟在最终决战中面临最大的考验，他的生命落入低谷，但通过勇气、智慧和盟友的帮助，他得以复活。

12. 新生

亚瑟已经不再是那个普通的年轻人。他带着学到的智慧、力量和经验，成为一位伟大的国王，为王国带来和平与繁荣。

通过与ChatGPT对话，游戏设计师可以对这个故事大纲提出修改意见，例如"在第6个环节，提供几个具体的盟友角色和敌人角色"。ChatGPT可以与游戏设计师一起逐步完善这个故事大纲。最后游戏设计师可以进一步润色完成故事大纲的撰写。

在故事大纲的基础上，ChatGPT还可以创作游戏剧本。以下是一个ChatGPT创作的游戏剧本范例。

输入ChatGPT的提示词

请你为第一阶段创作完整的剧本，作为游戏的第一个关卡。

ChatGPT答

当然，下面是游戏的第一个关卡剧本，对应"英雄的旅程"故事结构中的第一阶段——普通世界。

场景1：普通的村庄

画面：开放的村庄，居民正在忙碌，亚瑟正与朋友们一起度过平静的一天。

亚瑟：（与朋友交谈）今天的天气真好，不是吗？

朋友1：是啊，真是宜人的一天。你听说了吗？有人在山上发现了一把古老的剑。

亚瑟：哦？听起来很有趣。我们何不去看看呢？

玩家获得任务：前往山上寻找古老的剑。

场景2：山上的探险

画面：亚瑟与朋友们爬上陡峭的山坡，发现一个古老的洞穴。

亚瑟：这就是传说中的剑之所在吗？

朋友2：看起来是的，但这个洞穴看起来有些阴森。

亚瑟: 我们进去看看吧。

在洞穴中, 玩家需要完成解谜和挑战看护宝物的敌人。最终, 他们发现了一把神秘的剑。

场景3: 返回村庄

画面: 亚瑟带着新发现的剑回到村庄, 居民们惊讶地看着他。

村民: 这是从哪里弄来的?

亚瑟: 在山上的洞穴里发现的, 感觉很特别。

村长: (走上前) 这可能是传说中的那把剑, 亚瑟, 你可能是我们一直在等的人。

在这个关卡中, 玩家体验了亚瑟的普通生活, 发现了一个神秘的使命, 即寻找传说中的剑。这一阶段旨在建立亚瑟的角色, 并引导玩家进入游戏的主要情节。剧本中的对话和任务帮助玩家了解游戏的核心目标, 并激发他们对故事发展的好奇心。

这些用AIGC工具生成的故事内容往往不够理想, 需要游戏设计团队进一步审核和修正以确保其质量和适应性。游戏设计师和编剧应该与智能文本生成工具紧密合作, 通常需要经过多轮的对话才能获得比较满意的效果, 利用其优势的同时弥补其不足。最后的故事和剧本, 需要游戏设计师最终定稿, 并仔细检查其中的谬误。

7.3.2 《亚瑟王传奇: 王国的命运》的游戏世界观设定

以下为《亚瑟王传奇: 王国的命运》的游戏世界观设定, 选择了一个完全虚构的世界, 同时人名和地名参考了《亚瑟王之死》中的人名和地名。

(1) 世界观

《亚瑟王传奇: 王国的命运》设定在一个广阔而多样的中世纪幻想世界, 融合了历史和神话。这个世界是由多个不同的国家和文化组成的大陆, 每个地区都有其独特的风土人情、政治结构和神话故事。其中一个王国称为加利亚, 是故事的舞台。

(2) 加利亚王国主要地区

● 坎特伯雷平原: 广袤肥沃的平原, 是加利亚的心脏地带, 农业发达, 拥有王城卡美洛。

● 艾文河谷: 一片被密林覆盖的神秘地区, 传说中是精灵和其他神秘生物的家园, 河谷中隐藏着古老的废墟和未解之谜。

● 诺斯玛尔高地: 一片崎岖的山区, 居住着勇猛的战士和矿工, 高地中有众多的矿洞, 是加利亚的主要金属供应地。

● 德拉科森林：一个危险而神秘的地方，传说中充满了魔法和野兽，森林深处隐藏着古老的魔法学院，是知识和魔法的源泉。

● 莫尔幽暗沼泽：一个阴森恐怖的地区，被迷雾和腐败的魔法笼罩，沼泽中散布着被遗忘的神庙和危险的生物。

● 雷文诺克海岸：加利亚的边际，面朝大海，是海盗和探险家的根据地，海岸散布着许多小渔村和隐秘的海湾。

卡美洛是加利亚心脏地带坎特伯雷平原的中心城市，是一个融合了壮丽建筑和深厚历史的典型中世纪城市。它不仅是坎特伯雷大教堂的所在地，也是加利亚王国的政治、文化和宗教中心。卡美洛被高大坚固的城墙环绕，城墙上雕刻着历史上英雄的壮丽故事。城市内有蜿蜒的鹅卵石街道，两旁是各式各样的店铺、住宅。城市的中心是壮观的王宫和坎特伯雷大教堂，显示着加利亚的权力和信仰。王宫是一座充满壮丽和权力象征的建筑。宫殿内部装潢豪华，有宽敞的大厅、王族的居住区和秘密议会室。坎特伯雷大教堂是加利亚宗教生活的心脏，是众多朝圣者的目的地。教堂内部装饰着精美的彩窗和雕塑，墙壁上画有宗教故事。市场是商品交易和文化交流的繁华地带，各种手工艺品、食物和珍贵物品应有尽有。城市定期举行节日庆典和市场日，居民和游客可以享受各种表演和美食。

卡美洛是加利亚的政治中心，各地的领主和贵族常来此参加重要会议和仪式；也是外交活动的重要场所，经常有来自远方国家的使节访问。卡美洛不仅是加利亚的政治和宗教中心，也是艺术、学术和手工艺的重镇。城市中有许多艺术家、学者和工匠，他们的作品在整个王国都享有盛誉。卡美洛的居民以开放和包容著称，他们欢迎各地的旅人和商人。

（3）社会与文化

加利亚的社会结构是典型的封建制度，由各个地区的领主、贵族和教会领袖组成。每个地区都有自己独特的传统、节日和信仰，这些多样性为游戏提供了丰富的探索和互动背景。魔法在这个世界中是真实存在的，虽然被普通民众畏惧，但在某些文化中被高度尊重。

（4）政治与冲突

尤瑟王去世后，加利亚陷入了混乱，各地领主纷纷争夺权力。游戏中，玩家将见证并参与到这些政治斗争中，选择支持或反抗不同的势力。

（5）角色与故事

在《亚瑟王传奇：王国的命运》中，卡美洛不仅是玩家冒险的重要地点，也是许多关键故事事件发生的地点。玩家可以在这里接受任务，结识重要的NPC，学习新技能，以及揭露与亚瑟命运紧密相连的秘密。

7.3.3《亚瑟王传奇：王国的命运》故事梗概

根据已经完成的背景故事设定和游戏世界观设定，按照"英雄的旅程"故事结构的12个阶段编写如下故事梗概。

《亚瑟王传奇：王国的命运》故事梗概

（1）家园：亚瑟出生后被梅林交由艾克特抚养，在村子学习剑术，以打猎为生。

加利亚王国的老国王尤瑟在魔法师梅林的帮助下与依格琳度过了一个夜晚，依格琳因此怀孕。但尤瑟答应梅林，孩子出生后便交给他。

孩子出生后被梅林交由隐居山村的骑士艾克特抚养，除了梅林及骑士尤菲斯之外，没有人知道孩子的真实身份。梅林给孩子取名亚瑟，在山村里和艾克特学习剑术，以打猎为生，生活了18年。

艾克特已经把亚瑟训练成一个有经验的猎手并不时让他完成一些任务，例如吩咐亚瑟去山里打两头野兽。亚瑟带上武器后前去山林里打猎，杀死了几头野兽，并将打来的兽肉交给了艾克特。艾克特称赞了亚瑟的剑术和射术，认为亚瑟迟早有一天会成为像他儿子凯那样伟大的骑士。

（2）召唤：没有人能拔出圣剑，骑士们决定通过比武选择国王。

根据艾克特的提醒，亚瑟注意到村子里似乎贴了新的告示，几个村民正在那里议论纷纷。

亚瑟来到告示前，告示里说国王去世了，没有继承人，王国的骑士们决定通过比武选择新一任的国王。

亚瑟得知，国王曾听从国师梅林的建议将自己的圣剑插入石中，能拔出圣剑者便会得到国王的认可，成为新一任的国王。但因为一直没有人能拔出圣剑，国王却意外去世，王国陷入混乱。如今决定通过比武选出国王，许多声名显赫的骑士都赶往王城参加比武。

（3）拒绝：亚瑟觉得自己身为猎人并没有成为国王的能力和资格。

亚瑟正准备离开，一位魔法师拦住亚瑟，怂恿他参加比武。

亚瑟虽然从小就练就了令人称赞的剑术，但觉得自己身为农民并没有成为国王的能力和资格。亚瑟拒绝了魔法师的邀请，回到家中。

（4）信息：亚瑟得知自己的身世。

这时一个村庄的一名农民慌慌张张地跑来，并大喊有强盗入侵。

亚瑟连忙拿起武器赶到现场，魔法师也跟随其后，已经有几位村民被杀死。亚瑟上前与来犯的强盗搏斗，魔法师在一旁帮助。

击退敌人后，魔法师告诉亚瑟强盗实际上是士兵，是骑士尤菲斯派来杀死他的，自己是曾辅佐尤瑟国王的魔法师梅林，而亚瑟是国王的亲生儿子和唯一的继承人。尤菲斯是想为自己夺得王位清除隐患。梅林希望亚瑟能够参加比武夺得王位。

（5）启程：亚瑟同意参加比武并离开村子。

亚瑟同意前往王城参加比武。梅林告诉亚瑟到王城卡美洛找他，并嘱咐提防尤菲斯，不要随意泄露自己的真实身份后就离开了。在与艾克特告别后，亚瑟前往卡美洛。

来到卡美洛，亚瑟因为不知道梅林的住所只能四处打听。亚瑟向一名商人打听，商人告诉亚瑟如果能买点东西他就愿意告诉亚瑟去哪找到梅林。但亚瑟身上并没有多少钱，只好答应去野外帮忙收集一些材料换取情报。

亚瑟在野外收集完材料后交给商人，商人却告诉亚瑟自己并没有听过梅林这个名字，但也许去酒馆能打听到消息。亚瑟无可奈何，只能去酒馆打听。

亚瑟向酒馆老板询问梅林，酒馆老板知道梅林却不知道住所。但他告诉亚瑟，主教一定会对此有所了解。

亚瑟根据酒馆老板的指示找到了主教，但主教看到亚瑟一身农民打扮，要求亚瑟出示信物证明自己确实是受梅林邀请的。亚瑟在教堂前拔出了石中圣剑，但是主教和其他骑士并不认可，大家都愤愤不平，认为一个出身低贱的猎人不配统治王国，大家还是坚持要通过比武来定国王的归属。亚瑟只好把剑归还原处。

主教赶走了亚瑟，亚瑟在教堂外正好碰见梅林。亚瑟来到梅林住处，梅林向亚瑟介绍了跟随在自己身边的徒弟摩根勒菲，让亚瑟去寻找7位骑士，并在比武开始之前得到他们的支持，今后他们将追随亚瑟，为亚瑟提供必要的帮助。于是，亚瑟踏上了寻找7位骑士的旅途。

（6）挑战：亚瑟击败尤菲斯。

第一位需要找到的骑士是在艾文河谷森林中驻扎的帕林诺。

亚瑟前往艾文河谷森林寻找帕林诺，却在路上遇见了追杀自己的尤菲斯。亚瑟在战斗中逐渐陷入困境，路过的巴林（同时也是城中的铁匠）帮助其脱困，避开了尤菲斯的追击。为了提升自己，亚瑟遵照巴林的建议前往地牢，那里埋藏了大量宝藏。在地牢门口，又遇到了受梅林委托前来调查地牢情况的摩根勒菲，亚瑟得知了地牢最近的异常。探索完地牢后，摩根勒菲答应帮助亚瑟解决追杀他的尤菲斯。亚瑟回到之前的位置，尤菲斯仍在附近寻找亚瑟的下落。在摩根勒菲的帮助下，亚瑟击败了尤菲斯，两人告别。

（7）深入：亚瑟得到骑士们的效忠。

亚瑟在艾文河谷森林经过一番探索，终于找到了帕林诺。帕林诺要求与亚瑟进行比武，在与全副武装的帕林诺的比试中，年轻的亚瑟毫不逊色。帕林诺认可了亚瑟的实力并将自己曾经的盔甲赠与了亚瑟。

第二位是鲍德温爵士，亚瑟来到鲍德温爵士的领地（即诺斯玛尔高地）时刚好遇见一群寇贼在领地内作乱，亚瑟帮助鲍德温爵士击退了寇贼。亚瑟与鲍德温抓住了一名寇贼，一同杀到寇贼的营地，才得知这群寇贼是由这片领地的领主暗中支持的，所抢夺来的财物都要按比例上交给领主，正因如此，这群寇贼才装备精良，敢于明目张胆地作乱。这位领主武力过人，手下也有一些精锐的士兵，让鲍德温十分伤脑筋。亚瑟主动提出自己前去给这位领主一些教训。亚瑟找到领主并打败了他，劝诫他管好自己的手下。领主再也不敢让自己的手下去鲍德温的领地内骚扰了，亚瑟因此得到了鲍德温爵士的认可。

第三位是凯爵士，也是亚瑟的义兄。亚瑟在酒馆打听凯爵士的下落，只得知前段时间一位高傲的骑士认为以打铁经商为生的穷骑士巴林不配称为骑士，觉得他侮辱了骑士的名声而对他进行殴打，凯爵士出手救了巴林，并把那位骑士教训了一番。亚瑟找到巴林，巴林也不知凯爵士的去向。亚瑟只好回到德拉科森林中梅林的住所寻求梅林的帮助。梅林此时不在，只有摩根勒菲在进行一些研究，摩根勒菲通过魔法帮助亚瑟找到了凯爵士的位置。亚瑟找到凯爵士，得知那天被凯爵士教训的高傲骑士正带着其他两位骑士追杀凯爵士。凯爵士因为没有携带帮手无法同时应付3位骑士，而且凯爵士在战斗中已经负了伤，只好一边躲避一边寻求帮助。亚瑟找到追杀凯爵士的3位骑士，一人便将其全部打败。亚瑟的成长让凯爵士十分惊叹，因此得到了凯爵士的认可与支持。

第四位是卡美洛城内的波拉斯提斯爵士。亚瑟找到波拉斯提斯，得知他正为寻找合适的人护送自己的妻子回到家乡莫尔幽暗沼泽看望父母而烦恼。亚瑟提出帮助波拉斯提斯护送他的妻子回家，波拉斯提斯早已听闻亚瑟的一些名声，十分感激。亚瑟护送波拉斯提斯的妻子一路跨过河流山丘，杀死了袭击的强盗和魔兽，最终安全到达了波拉斯提斯妻子的家乡莫尔幽暗沼泽。亚瑟返回告知波拉斯提斯他的妻子已经安全抵达。波拉斯提斯也收到了妻子的来信，并愿意今后为亚瑟提供帮助。

第五位是凯姆里德的罗德格伦斯王，亚瑟到来时，罗德格伦斯王正与北威尔士的利恩斯王交战。罗德格伦斯王将一些士兵交由亚瑟指挥，在夜间袭击了利恩斯王的部队。此后在亚瑟的帮助下，罗格伦斯王击败了利恩斯王，战斗中亚瑟的英勇表现得到了罗德格伦斯王的认可。

第六位是雷文诺克海岸的班王。亚瑟经过长途跋涉找到班王时，他正与克劳德斯王争夺城堡。亚瑟在城堡前向克劳德斯王的骑士发起一对一的决斗，克劳德斯王派来的数名精锐骑士都被亚瑟一一斩杀，最终没有人敢应战。班王的部队士气大增，最终攻下了城堡。亚瑟得到了班王的认可并拒绝了封赏，回到卡美洛。

而第七位骑士，梅林告诉亚瑟，在比武场上会见到他。

（8）生死：发怒的艾克隆变为亡灵想要杀死亚瑟。

亚瑟和梅林来到比武场，帕林诺虽对王位没有兴趣，但对谁将要成为国王却有些兴趣，因此也来到了比武场。

比武开始，一名叫作艾克隆的骑士在比武场上战无不胜，而他对自己的对手也毫不留情，杀死了许多前来挑战的骑士。场下虽然有人觉得他缺少骑士风度，但毕竟没有违反规则，也没有人能够上前击败他。

在许久都没有人敢于上前挑战后，亚瑟上场与艾克隆展开决斗。两人打得有来有回，但亚瑟凭借精湛的剑术数次将艾克隆击退，赢得台下一片喝彩。亚瑟最终将艾克隆打倒在地。但倒地不起的艾克隆并没有服输，发怒的他被黑色雾气包围，变成了亡灵，朝周围发起攻击，并想要杀死亚瑟。围观的众人见事情不妙赶忙逃跑，梅林和帕林诺则上前来帮助亚瑟对付变成亡灵的艾克隆。

在梅林和帕林诺的帮助下，亚瑟杀死了发狂的艾克隆。虽然比武没能继续进行，亚瑟的实力却得到了众人的认可。

（9）奖励：亚瑟得到了骑士们的支持。

亚瑟得到了所有骑士的支持，同时亚瑟的武艺和威望也得到了所有骑士的认可，骑士们认为不需要比武了。但是他们还是要确认亚瑟能够拔出石中剑。亚瑟在教堂前，再次拔出了石中圣剑，这次他获得了主教和所有骑士的认可。

主教同意为亚瑟举行国王的加冕典礼，但是他说现在需要举办典礼的教堂出现了问题，地牢的封印被破坏。亚瑟需要在加冕典礼前解决这个隐患。

（10）归程：摩根勒菲希望亚瑟去地牢调查封印。

此时摩根勒菲找到亚瑟与梅林，告诉他们自己已经调查到地牢的封印确实已经损坏，艾克隆很可能是从那里得到的力量，需要尽快再次封印。而自己一个人的力量仅够自保，希望能够得到伟大的骑士亚瑟的帮助。

亚瑟答应前往，梅林则提醒亚瑟自己隐约感觉到地牢里可能会发生一场危机，但自己正忙于处理王国的事，乱无法抽身，吩咐亚瑟及摩根勒菲在出发前做好充足准备。亚瑟带上石中圣剑，摩根勒菲做好准备后再次前往地牢。来到地牢深处，摩根勒菲认为亚瑟应当亲自封印地牢，这是一个伟大的功绩，而自己愿意将其让给亚瑟。

（11）复活：亚瑟独自面对背叛的摩根勒菲。

亚瑟来到破损的封印前，而摩根勒菲则帮助亚瑟清理周围的骷髅士兵。在亚瑟正专心封印之时，摩根勒菲突然对亚瑟发起了偷袭。亚瑟凭借敏锐的直觉躲开了袭击，并质问摩根勒菲。

摩根勒菲对亚瑟能够躲开自己的偷袭十分意外，化身为更加强大的亡灵继续向亚瑟发起进攻。亚瑟一边清理骷髅一边应对摩根勒菲的攻击。同时也从摩根勒菲口中得知她在调查地牢破损的封印时发现其中具有强大的亡灵力量，受到力量的诱惑她用魔法将其中的力量取出了一部分，交给了自己的情人艾克隆，希望能帮助他夺得王位。本以为王位万无一失，自己将成为王后，但拥有亡灵力量的艾克隆却被亚瑟杀死，摩根勒菲因此决定除掉亚瑟。

在一场艰苦的战斗之后，亚瑟凭借石中圣剑的力量，终于击败摩根勒菲，并封印了地牢。

（12）新生：亚瑟回到王城卡美洛拔出圣剑，成为新国王。

亚瑟完成了主教的任务后，梅林在教堂里召集了所有有名的贵族骑士。梅林告诉众人，亚瑟在比武中展现的实力大家有目共睹，亚瑟实为尤瑟国王的儿子，如今他已经得到了众多伟大骑士的支持，并拔出石中剑成为新的国王。

亚瑟手中的圣剑发出了耀眼的光芒。梅林继续说如果有人质疑，可以向亚瑟发起比武，击败手持圣剑的亚瑟。最终没有人敢上前挑战，亚瑟成为了新的国王。亚瑟将石中圣剑呈在主教面前的祭坛上，主教亲自册封亚瑟为国王，并举行了加冕典礼。

7.4　在游戏中讲故事

随着游戏故事情节的发展，游戏展开一系列的事件或情境。游戏故事可以根据玩家的选择，线性地或非线性地向前发展。将游戏的戏剧元素、形式元素、动态元素完美地融合，可以有效地激发玩家情感，使玩家得到难以忘却的体验。

在游戏中讲故事可以通过角色的行动或者旁白（文字、语音或视频）实现，具体的实现方法包括过场动画、脚本事件、台词和玩法机制。

7.4.1 过场动画

过场动画是在游戏过程中加入的一段独立的短视频。在播放这个短视频的过程中，玩家不能控制游戏。制作过场动画有多种方法，包括实景拍摄和制作2D/3D计算机动画。

过场动画在游戏里可以起到多种重要作用，包括发展游戏角色、介绍游戏背景故事、推进故事情节、确定下个关卡的任务等。由于可以使用专业的影视制作技术，游戏中过场动画的图像质量可以非常高。2006年之前，由于家用游戏机和个人计算机的GPU的能力还不足以实现高质量实时渲染，聘请专业的影视/动画制作团队成为制作高质量过场动画的普遍做法。部分游戏公司甚至建立了专门的动画工作室，为本公司的游戏制作高质量的动画。1997年，Square公司就为其著名游戏作品《最终幻想》系列专门建立了一个动画工作室。该工作室为《最终幻想Ⅶ：圣子降临》制作的过场动画成为游戏史上的经典，如图7-11所示。

图 7-11 《最终幻想Ⅶ：圣子降临》的过场动画截图

但是，过场动画对游戏的交互性有一定的影响。在播放过场动画时，玩家对游戏失去控制，有可能失去沉浸感。由于过场动画画面和游戏内画面采用的是不同的渲染技术（离线渲染和在线渲染），因此图像的分辨率、色调、光照、贴图都有明显的差异，使用实景拍摄的过场动画的图像质量差异更明显。这种差异对玩家的沉浸感有负面的影响。在《命令与征服：红色警戒》中（见图7-12），使用实拍方式制作的过场动画在故事叙述方面的表现力较强，但是游戏画面的风格和过场动画明显不一致，不利于维持玩家的沉浸感。

（a）过场动画截屏　　　　　　　　　　　　　　　　　（b）游戏画面

图 7-12 《命令与征服：红色警戒》用实拍方式制作的过场动画与游戏画面明显风格不一致

随着图形硬件的改进和3D内容技术的发展，直接利用游戏引擎实现过场动画成为效果更好的选择。

7.4.2 脚本事件

脚本事件或脚本动画是在游戏中通过执行脚本自动运行的剧情动画。游戏脚本可以控制相机移动、角色动作、角色对话等游戏元素。这种脚本事件被广泛地用来在游戏中推进剧情。剧情可以是游戏角色之间的一段简短的对话，可以是通过旁白叙述的一段故事，也可以是一个场面宏大的战斗场景。

使用脚本事件的优点在于游戏的流畅性和沉浸感好。尽管玩家在脚本事件中失去对游戏的控制，但是由于脚本事件是在游戏引擎上运行的，玩家从游戏内可以直接进入脚本事件，图像质量和视角也没有任何变化和间断。在第一视角射击游戏《使命召唤》系列里，脚本动画被广泛地用于推进剧情。图7-13所示是《使命召唤11：高级战争》的剧情动画，玩家失去对游戏的控制，脚本接管第一视角的相机运动，并运行剧情动画，玩家以第一视角观看部队在战前的情况介绍和战争动员，代入感很强。脚本事件运行完毕后，游戏提示玩家重新开始控制游戏，将控制权交还。因此，使用脚本事件的游戏给玩家的沉浸感比使用过场动画的游戏更好。

图 7-13 游戏《使命召唤11：高级战争》的剧情动画

随着3D动画制作技术的进步，制作动画和制作脚本事件可以使用相同的工具和素材，工作量也相近。利用显卡实现的实时渲染图像质量也越来越接近离线渲染得到的动画图像质量。

7.4.3 台词

不管是在游戏里，还是在电影、电视剧、戏剧里，台词都是推进故事的主要方式。台词可以起到揭示角色特点、揭示角色情感、讲述背景故事、推进故事情节、揭示冲突、建立角色之间的关系等作用。在游戏里，台词可以分为叙述、独白和对话3种形式。

● 叙述：一个非玩家角色（通常是专门讲故事的角色）对玩家控制的主要角色或者另一个非玩家角色叙述游戏的故事片段，以介绍剧情。某些角色扮演类游戏会专门安排这样一个角色，通常以长者或智者的形象出现。这些角色的任务是提供背景故事和推进剧情，或者提供对某个事件的客观公正的评论。

● 独白：一款游戏中某个角色的对自己的叙述，用于展示这个角色的心理、情绪、精神状态，或揭示这个角色的内心想法。

● 对话：游戏中的两个或多个角色之间的对话，可以用于实现以上各种目的。

对于台词的创作，游戏设计师需要注意几个问题：第一，角色不能谈论游戏故事本身，根据经典的"第四面墙"理论，角色谈论故事本身会打破故事的沉浸感；第二，角色不应该重复玩家已经了解的剧情；第三，一个角色的台词应该与其所处的环境、心情和身份一致；第四，一段台词应该有明显的意义，可以推进剧情或烘托气氛；最后，台词越简练越好，而且避免在一段对话内出现过长的句子，玩家对于冗长的对话通常缺乏耐心，较长的剧情可以在多段不同的对话中介绍。游戏《辐射4》开场动画中的经典台词"War, war never changes"（战争从未改变），如图7-14所示，表达了《辐射》系列游戏的世界观，即战争的本质是一样的，都会带来毁灭和苦难。

图 7-14 《辐射4》的经典台词

7.4.4 玩法机制

如果能够通过游戏的玩法机制来讲故事，则可以把游戏的交互性和故事性完美地融合在一起。这就需要在编写游戏剧本时，为游戏故事与玩法机制的融合做一些准备。

由于玩法机制本身主要是由玩家在游戏中的行为定义的，所以故事中主要角色的行为往往由玩家的行为来表现。因此，在编写游戏故事时，强化对玩家动作的描写，可以丰富玩法机制。例如，在动作冒险类游戏里，玩家可以做的动作很多，包括行走、奔跑、跳跃、瞄准、射击、拾取物品、交换物品、送出物品、打开背包、更换武器、打开地图等。这些游戏中经常使用的动作，如果能作为推进剧情的关键，则玩家的交互行为和游戏的剧情就可以同步进行。

例如，《古墓丽影9》游戏的第一章"逃离洞穴"的剧情（见图7-15）如下。

刚从风暴中逃生的劳拉（玩家角色），从昏迷中苏醒，她发现自己来到一个不知名的小岛上，寂静和虚无笼罩着她，忽然听见沉重的拖拽声，就像有什么重物被拖过湿漉漉的土地，拖拽声中还夹杂着断断续续的呻吟。除此之外，就只有水滴的声音。她完全清醒过来的时候，天已经黑了，无尽的黑暗包围着她，但暗夜的寂静被绳子和树枝摩擦的声音打破。

劳拉再次醒来，四处打量，发现噩梦不但没有结束，还更加恐怖。自己已经被包裹在一个帆布袋中，高高倒吊在树枝上，只剩头部还暴露在外。急促喘息着的劳拉试图让自己平静下来，这时看到身边还倒吊着一个包裹得严严实实的人体——"俘虏"，而那个人已经断了气。

被捆得结结实实的劳拉开始拼命挣扎，她唯一的念头就是"我不能就这样死去！"。剧烈的摆动中她撞到了身边的布袋，那个布袋晃动了起来，然后碰到燃烧的蜡烛燃烧起来，火烧断了绳子，接着那个布袋掉落下来。这提醒了劳拉一种几乎是自杀的脱困方法。劳拉仔细打量了一下这个洞穴，看到了旁边正在燃烧的蜡烛，想到也许能荡到蜡烛的旁边，把吊着自己的绳索烧断。手脚被困，也没有其他的出路了，只能奋起一挣。随着摆动的幅度越来越大，绳子终于被点燃了，劳拉也被火焰吞没！耐心等待绳子被烧断的几秒感觉异常漫长。"啪"，绳子断了。劳拉直直地摔在地上，地上向上竖起的长铁钉毫不留情地刺穿了劳拉的腰部。劳拉忍着剧痛，用超人的意志将它拔出。劳拉慢慢地站起来，遍体鳞伤，不由感到一阵晕眩……

这段剧情里，玩家可以参与的行动包括听背景声音、观察环境、摇摆身体、拔出铁钉。从游戏编程的角度，这些角色动作有些可以在玩家的交互控制里直接实现，例如玩家角色的"观察环境"行为可以通过控制玩家第三人称视角的相机实现；有些可以通过脚本实现，例如玩家角色的"摇摆身体"行为可以提示玩家按左、右键来实现。当玩家的行动推进了剧情的发展，玩家对故事的参与感会明显增强。

通过玩家互动推进游戏故事剧情这种设计在《古墓丽影9》里被广泛地应用，这种设计在不影响游戏的交互性、流畅性的同时，讲述了一个勾人心弦的故事。

利用玩法机制推进剧情只是在游戏里讲故事的一种技术，综合运用上面提到的过场动画、脚本事件等讲故事手法，仔细平衡交互性和故事性，是制作给玩家带来高质量体验的游戏的必经之路。

《古墓丽影》的开发团队邀请了英国优秀的游戏编剧雷安娜·普拉切特（Rhianna Pratchett）为游戏《古墓丽影9》撰写故事剧情。雷安娜·普拉切特出生于写作世家，担任过《波斯王子》

图 7-15 《古墓丽影9》第一章 "逃离洞穴" 的剧情

（*Prince of Persia*）、《镜之边缘》（*Mirror's Edge*）、《霸王》（*Overlord*）等游戏的编剧，并曾获得英国电影和电视艺术学院奖中的"故事和角色奖"的最佳提名，以及大不列颠作家工会授予的"最佳游戏剧本奖"。最后完成的游戏剧本接近90页，然后被进一步改写为一幕幕游戏场景，包括场景描述、角色对话、环境叙事和场景分割等内容。该游戏故事情节跌宕起伏，场面宏大，非常有感染力，重新塑造了劳拉这个已经为人熟知的游戏角色，将这个经典游戏系列的水平又提升了一大截，对《古墓丽影9》的成功贡献颇大。故事里的主角劳拉更加年轻和缺乏经验，也更加可信和更加贴近真实的女性角色，而不是无所不能的女战神。

如果过多地照顾玩法机制，则对游戏故事的创作可能会产生负面的影响。有时游戏故事编剧不得不放弃一些讲故事的方法来降低游戏的开发难度和工作量。另外，游戏故事往往不能像电影故事一样使用一些常见的技巧，例如大段的人物对话、角色面部表情特写、快速地切换视角和场景等，这些会使游戏缺乏交互性和可玩性。游戏故事与其他媒体作品的剧本创作的区别就在于玩家在游戏中的行为应该是游戏的一部分。

7.5 玩家角色设计

7.5.1 玩家角色设计原则

玩家角色是游戏故事的主要角色，在游戏中作为主要情节的参与者，推动故事向前发展，直到故事结束。游戏设计中存在两种不同的角色设定方式：一种是提供一个没有任何特色的"空白画布"角色，玩家通过游戏逐渐塑造此角色；另一种是直接提供一个个性鲜明、能力出众的成品角色。每种方式都有其独特的吸引力和目的。

"空白画布"角色的例子有《上古卷轴 Ⅴ：天际》（*The Elder Scrolls V:Skyrim*）中的玩家角色，玩家在游戏的开始可以选择角色的种族、外观和起始技能，随着游戏的进行，玩家的选择和行动将决定角色的发展方向和专长。还有在《模拟人生》系列游戏中，玩家可以从头开始创建角色，包括角色的外观、性格特征和生活目标，游戏的核心是通过玩家的决策和互动来塑造角色的生活经历和性格发展。

初始设定个性鲜明、能力出众的成品角色的例子有《巫师3：狂猎》中的玩家角色杰洛特，杰洛特作为一名经验丰富的巫师，拥有一系列预先定义的技能和能力，这些都与他的背景故事紧密相连。在《最后的生还者》中，玩家主要操控角色乔尔——一个在末日世界中艰难生存的硬汉，乔尔的性格、技能和过往经历都已经被设定好，玩家通过游戏体验他的故事。

这两种设计方法各有优势：无特色起始角色允许玩家更深层次地投入和定制自己的游戏体验，在经过长时间投入以后，玩家自然会对这个亲手塑造、投入巨大的角色有很强的认同感。经典RPG中通常会提供这样的玩家角色。而初始设定个性鲜明、能力出众的成品角色则能够讲述更加紧凑和引人入胜的故事。动作冒险类游戏通常喜欢设计这类玩家角色，可以直接让玩家进入游戏中的冒险旅程，角色的以往经历和个人能力可以直接影响故事的发展。

玩家角色的设计需要遵循以下原则。

• 玩家代入感和认同感：玩家角色首先是玩家希望扮演的角色，他们或者勇敢无畏，或者无所不能，或者肩负使命，能够满足玩家的某种类型心理需求。玩家角色的设计应当让玩家能够轻松地代入角色，无论是通过自定义外观、选择技能树，还是通过决策影响角色的发展和故事走向。

• 玩家角色可信：玩家角色的行为应当可信，在游戏中按照设计的人物性格行动，与背景故事中的人物设定吻合，行为有逻辑。

• 清晰且有特色的角色定位：玩家角色应该有明确的定位和特点，如勇士、法师、盗贼等，每种类型应有其独特的游戏风格和策略。即使为玩家提供了大量选择，依然需要在角色设定中保留角色的一些特色，例如提供角色特有的某种技能或赋予角色某种无法修改的弱点。

• 角色自定义：游戏设计师应提供足够的玩家角色自定义选项，如性别、种族、发型、服装等，以及更深层次的个性化选择，如技能、能力和专业。

• 角色成长与发展：角色应当有明晰的成长路径，玩家可以通过升级、获取装备和学习新技能来体验角色的成长和进步。这种成长是"空白画布"角色发展的必经之路。成品角色同样也可以有类似发展，随着游戏进程不断升级，提升能力，更新装备，改变外观等。角色还需要在情感维度上有发展，例如在游戏故事发展过程中体验不断变化的情感，并根据剧情改变角色的个性和心理状态。

- 情感联结和故事性：角色的背景故事和性格特征应当引人入胜，促使玩家产生情感联结。角色的选择和经历应当与游戏的整体叙事紧密相连。

- 互动性和反馈：角色应对玩家的操作有直观的反馈，包括动作、表情和语言等，以增强玩家的沉浸感。

- 符合游戏世界观：角色的设计应当符合游戏的世界观和风格，无论是外观还是能力设定。

7.5.2 玩家角色的背景故事设计

在游戏故事框架确定以后，游戏设计师需要基于这个故事框架，为游戏的玩家角色设计背景故事，有时这项工作还需要包括若干重要的非玩家角色。这些角色背景故事并不是发生在游戏中的，有时需要描述游戏角色的童年经历，有时需要描述游戏角色所处的环境，并解释游戏角色为什么具有现在的行为特征。游戏角色背景故事使其在游戏中的行为更加合理、可信。背景故事的内容包括以下几点。

- 玩家角色出生在哪里？

- 玩家角色童年时代的家庭生活是什么样的？父母是什么样的人？

- 玩家角色接受过何种教育或训练？有何专长？

- 玩家角色目前在哪里生活？

- 玩家角色从事的职业是什么？经济状况如何？

- 玩家角色的兴趣爱好是什么？

- ……

通过描述这些细节，游戏设计师从无到有虚构出一个血肉丰满的角色。例如，游戏《生化奇兵》（BioShock）系列的世界是一个真实并且互相关联的整体，每个角色都有着鲜活的个性和独特的身世。《生化奇兵》系列游戏中的一个重要角色是名为爱莲诺·兰姆（Eleanor Lamb）的小姑娘，爱莲诺是索菲亚·兰姆（Sofia Lamb）的女儿（见图7-16），索菲亚曾经是"Little Sister"（小姐妹）（游戏中的一个特殊团体）中的一员。大约在1958年新年夜暴乱（一个虚构历史事件）发生10年后，爱莲诺接触了主要角色德尔塔实验体（玩家角色），参与了《生化奇兵2》游戏中的故事。爱莲诺在10年后依然记得德尔塔实验体，并知道他一直在寻找她。在游戏中，她会留给他礼物和在墙上给他留言。在《生化奇兵2》中，她的行为由德尔塔实验体对"小姐妹"和其他非玩家角色的态度决定。爱莲诺·兰姆的背景故事可以追溯到游戏故事发生之前很久，背景故事如下。

游戏故事发生在一个架空的水下城市极乐城(Rapture)，由安德鲁·雷恩（Andrew Ryan）创建，以个人主义作为信条，并具有发达的生物技术。爱莲诺由她的母亲索菲亚·兰姆在极乐城抚养大，但索菲亚不让她和极乐城的其他孩子接触。索菲亚不满雷恩的思想，建立组织准备对抗雷恩，并灌输给爱莲诺利他主义的思想。爱莲诺在小的时候非常聪明，自学了如何拆解和组装电子设备。她经常不服从母亲的管教，破解母亲的安全系统，偷跑出去和其他孩子玩。

爱莲诺七岁时，索菲亚被雷恩逮捕，并被押解到波尔赛弗涅（Persephone）。爱莲诺被寄养在索菲亚的一个病人兼追随者格蕾丝·霍洛韦（Grace Holloway）家中。但是爱莲诺很快发现索菲亚组织中一个重要人物斯坦

利·普尔（Stanley Poole）是雷恩的间谍，斯坦利偷偷搜集她母亲的情报，并大肆浪费使她母亲索菲亚的组织破产。爱莲诺质问了斯坦利并威胁要告诉她母亲斯坦利做的坏事，斯坦利因害怕被报复而绑架了爱莲诺，并把她交给了并不知情的吉尔伯特·亚历山大（Gilbert Alexander）医生。

亚历山大医生对爱莲诺的真实身份一无所知，把她通过基因改造变成了一个特殊生物体"小姐妹"，并把她和一名专门伴随保护"小姐妹"的德尔塔实验体组成一个小组。接着，索菲亚从监狱中逃脱，并试图找回她的女儿。在一伙修补者（Splicer）的帮助下，索菲亚成功地找到了爱莲诺，并用一组控制口令命令伴随爱莲诺的德尔塔实验体开枪自杀。索菲亚带着爱莲诺回到波尔赛弗涅。从那时起，爱莲诺不时怀念德尔塔实验体。

以上内容在并不是游戏故事的主线，但是解释了游戏中角色的背景、性格、技能等特征，为其在游戏中的行为提供了合理性。

图 7-16 爱莲诺和她母亲的肖像

7.5.3 玩家角色的塑造方法

在创作玩家角色时，如何平衡游戏故事性和交互性是一个需要考虑的问题。有一种观点认为玩家角色的设计其实不重要，甚至不认为玩家角色是一个真实的游戏角色。玩家在游戏过程中，往往重视所控制的玩家角色接着应该做什么，而不是玩家角色按照剧情应该做什么。当玩家对游戏角色控制的自由度较大时，玩家角色本身很难充分地展示其个性和行为特点，可以看作玩家的化身。另一种观点认为玩家角色的设计非常重要。由于玩家在游戏世界里不可能有绝对的自由，因此通过在某些方面限制玩家的行动同样可以塑造玩家的个性和特点。同时，需要玩家对玩家角色有认同感和信任感。如果能够通过精心设计和引导，使玩家理解主要角色的个性并据此选择自己的行为，则玩家角色依然可以拥有令人难忘的个性和特点。

玩家角色很难用传统的方法塑造。传统文学理论认为塑造角色有3种方法：角色向其他角色介绍自己；一个角色介绍另一个角色；角色通过其行为，定义和描述角色的特点。显然，这些方法都可以很容易地用于非玩家角色的塑造。但是当玩家控制玩家角色时，玩家在游戏中采取的行动也定义了玩家角色是什么样子。玩家在游戏中的行为是无法预测的，这时游戏无法让玩家按照剧本来演。为了解决这个问题，在游戏设计过程中，通过精心设计玩家角色的预定义功能、目标、行为和外观等属性，可以限制和引导玩家按照一定的规则来控制玩家角色，主动地承担塑造玩家角色的任务。

在游戏设计过程中，限制和引导玩家角色行为的方法如下。

（1）设计玩家角色的目标

设定目标是在游戏中限制玩家角色自由的一种方法，如果玩家角色想在游戏中继续前进，就必须达到游戏设定的目标。目标是展示角色性格的一个非常有力的工具。目标可以直接在游戏里通知玩家，例如给出目标列表，这时玩家将控制玩家角色去实现目标。另外，目标可以不那么直接地给出，例如在《寂静岭3》中，背景故事和游戏设定暗示了玩家的目标。明确地设定目标有助于塑造玩家角色的性格。例如摧毁一座城市这类目标，暗示这个玩家角色实际上强大到摧毁城市的地步，而且他也不在乎整个城市是否会变成废墟。反之，玩家角色的设定也会影响到目标的合理性，以及玩家如何解决问题。如果在游戏里不明确地设定目标，则玩家的角色设计需要使目标看起来自然合理。如果目标（无论是给定的还是隐含的）和玩家对玩家角色的认知是不一致的，就会影响玩家对整个游戏的理解。

在游戏《古堡迷踪》（ICO）中，玩家角色ICO的目标是和一个叫作尤达（Yorda）的小女孩想方设法离开一个处处是机关陷阱的城堡。如果尤达被捕获，则游戏结束。为了通关，在游戏中ICO必须好好照顾尤达。没有尤达，ICO就打不开魔法门，所以他需要一直带着尤达，否则就逃不出去。在角色动画中，尤达害怕阴影但不害怕ICO，也从侧面强化了ICO的形象和性格。这两个方面都使玩家相信ICO是一个有爱心、能够照顾人的角色。

对于《神偷Ⅱ》（Thief Ⅱ）中的玩家角色加勒特（Garrett），游戏中设定的目标是一些非常专业的盗窃任务，同时也展示出这个角色还保留着对其他人的关心和对生命的尊重等品质。这个游戏里的目标是通过剧情的发展，将玩家角色加勒特塑造成一个侠盗的形象，最终阻止恶人的邪恶计划。另一个方面，游戏的不同难度的任务允许加勒特杀死敌人的数量是不同的。在通关时，中等难度的任务允许加勒特比高等难度的任务杀死更多的敌人。允许杀死的敌人越少，难度就越高。专家（最高）难度的任务则要求"不杀任何人"。这样的任务难度设定可以将玩家角色塑造成一个侠盗的形象，而不是一个冷血的杀手。

（2）设计玩家角色的行为特征

设计玩家角色的行为是构建玩家角色的另一种方式。通过定义玩家角色和游戏世界的交互规则，可以定义玩家角色的行为特征。游戏《绿巨人》（Hulk）中有两个玩家角色，布鲁斯·班纳（Bruce Banner）和他变身后的绿巨人，他们具有完全不同的行为特征。绿巨人角色能够破坏游戏世界中几乎所有的物品。玩家在扮演绿巨人角色的时候，游戏允许的玩家行为包括漫游、与敌人作战、拿起物品当作武器挥舞和破坏物品。当绿巨人转换回布鲁斯后，游戏允许的玩家行为是不一样的。布鲁斯可以潜行，还可以使用和操纵（但不能破坏）游戏世界中的各种物体。游戏通过允许或不允许的玩家行为设计，以及布鲁斯和绿巨人的不同的面部表情和动作，勾勒出两种完全不同类型的玩家角色和他们的个性。塑造了两个不同的玩家角色或一个玩家角色的不同方面。

对于《神偷Ⅱ》中的玩家角色加勒特，也是通过定义该玩家角色能或不能做某些动作，以及是否擅长完成某些动作来塑造的。加勒特不能自由地与其他角色进行对话，不过他可以倾听其他角色的交谈或自言自语。他的特殊能力（包括潜行、攀爬和开锁）也暗示了他的职业是盗贼。加勒特还能用弓、剑或棍棒打倒守卫。加勒特并不擅长用剑，因此用剑和守卫进行搏斗通常不是通关的办法。然而，如果玩家能设法使加勒特偷偷潜行到守卫身边，就可以轻易地打倒守卫。加勒特的长处和短处定义了玩家角色的个性。通过观察他的技巧，玩家可以看出加勒特不喜欢用蛮力，更喜欢用"诡计"来解决问题。例如，他可以悄悄地躲过几个守卫，但如果玩家试图打倒这几个守卫，加勒特可能会死。

（3）设计预定义功能

预定义功能是指游戏设计师通过脚本和动画数据控制的玩家角色的行为，可以采取的形式如下。

• 过场动画：静态的、预先设计的电影式剪辑，播放动画时玩家会失去对游戏的控制权。

• 对话：玩家对对话的过程有一定的控制权，但玩家角色的台词是预先设定好的。

• 角色动画：玩家角色的动作举止和面部表情的风格。

例如，游戏《神偷II》在每个任务的开始都有过场动画，由主要角色加勒特用个人的方式将完成这个任务的理由解释一遍，并介绍任务的细节和背景。这些过场动画展示了加勒特玩世不恭的个性，展示给玩家这个角色的思想、态度和观点。在这里，过场动画被用来构建玩家角色的本质，手法与电影或文学类似。这种塑造人物的方式被广泛用于任务制的游戏，包括动作冒险类游戏和角色扮演类游戏等。

在格斗类游戏中，由于缺乏故事来展示玩家角色的个性，玩家角色的服装和动作风格则被用来彰显玩家角色个性。例如《街头霸王》中，玩家可以选择不同的玩家角色，每个玩家角色都有一些标志性的动作或姿态来彰显其个性。在《死或生》（Dead or Alive）中，醉拳风格的玩家角色布莱德王（Brad Wong）甚至会在格斗中放松地躺倒在地，动作极有特色。

非玩家角色通过预定义功能同样可以塑造玩家角色。例如非玩家角色可以在游戏中谈论或评价玩家角色。或者在非玩家角色与玩家角色互动时，他们的语言、动作、姿态、表情都可以间接地塑造玩家角色。

（4）玩家角色的艺术设计

角色的艺术设计定义玩家角色的所有可见属性，是塑造玩家角色的重要工作。角色的外观和特征非常有助于展示角色的个性。游戏《绿巨人》中，布鲁斯·班纳和他变身后的绿巨人有完全不同的外观特征。玩家角色的艺术设计对于游戏的成功非常重要，因为它将直接影响玩家对游戏的体验和认同感。以下是一些玩家角色的艺术设计原则。

• 与游戏主题和风格协调。玩家角色的艺术设计应该与游戏的主题和风格协调一致。例如，在一个科幻游戏中，玩家角色的艺术设计就应该与未来主题协调一致。

• 强调角色的特点和性格。玩家角色的艺术设计应该强调其独特的特点和性格，这将有助于增强玩家对玩家角色的认同感。

• 使用简洁和清晰的形状和颜色。玩家角色的艺术设计应该尽可能简洁和清晰，使玩家能够轻松地辨认玩家角色，而不会造成视觉混乱。

• 提供多样化的个性化选项。为了让玩家能够更好地与玩家角色产生共鸣，游戏设计师应该为玩家提供丰富的个性化选项，如不同的服装、装备、肤色、发型等，同时为玩家角色的未来发展提供支持。

• 具有充分的动作表现力。玩家角色的艺术设计应该具有充分的动作表现力，能够传达出玩家角色的动作和情感。例如在战斗中展现出角色的力量和技能。

● 具有高品质的材质和纹理。玩家角色的艺术设计应该具有高品质的材质和纹理，以增强玩家角色的真实感和细节。

● 与游戏世界和其他角色协调。玩家角色的艺术设计应该与游戏世界和其他角色协调，使玩家能够更好地融入游戏世界，增强游戏的真实感和沉浸感。

总的来说，玩家角色的艺术设计应该与游戏主题和风格协调一致，强调玩家角色的特点和性格，具有充分的动作表现力，并提供多样化、个性化的选项。遵循这些设计原则，游戏设计师可以创造出令玩家难以忘怀的玩家角色。

7.6 《亚瑟王传奇：王国的命运》玩家角色设计——青年亚瑟

下面以亚瑟为例，也可以选用以上方法来实现玩家角色的塑造，可以提供的选项如下。

● 为亚瑟制定长期、中期和短期的目标：将登上王位作为亚瑟的终极目标，游戏提供给玩家的暗示是亚瑟有能力成为最终的王者；在游戏的不同阶段，通过制定不同难度的目标来引导亚瑟的发展方向，例如护送任务通常代表着玩家角色的目标具有正义感和合法性。

● 规定亚瑟的行为特征：例如不允许亚瑟在城市或乡村环境下攻击其他角色，可以进一步确立人物的性格和观念；在"剑与魔法"的设定中，禁止或限制亚瑟学习和使用魔法，有助于亚瑟向英雄类角色发展。

● 使用过场动画和对话：过场动画可以用于介绍亚瑟的经历和成长环境，对话可以解释亚瑟的性格特点。

● 外观形象设计：提供3种不同类型的外观形象，代表亚瑟的成长过程（即猎人、骑士和王者3个阶段）。本书已经为游戏项目选定了游戏素材，其中有不同形象的低分辨率游戏角色模型。因此可以直接在这些模型中挑选形象比较接近的角色模型。

7.6.1 青年亚瑟的背景故事和行为特征

以下为根据游戏故事设定和剧本，为玩家角色（青年亚瑟）编写的背景故事。

加利亚王国有一个名叫梅林的魔法师，他安排了一位名叫尤瑟的强大国王与一位公爵的妻子（名叫依格琳）密会。梅林与尤瑟约定，当他们的孩子出生时，将把孩子交给梅林。所有这些都发生了，出生的孩子取名为亚瑟。亚瑟被交给了另一位领主——艾克特爵士和他自己的儿子凯一起抚养。（以上为原故事，后面为改编部分。）

艾克特爵士隐居在一个山里的小村庄中，村民以打猎和耕种为生，民风淳朴。亚瑟在这种环境中长大，性格坚毅，心地善良，与村民们关系亲密。艾克特爵士作为村长，对亚瑟一直非常爱护，并悉心教授他武艺。经过山里生活的磨炼和名师指导，亚瑟从小武艺过人。

老国王尤瑟将自己的圣剑插入石中，宣布能拔出石中圣剑者将成为新一任国王。国王的意外去世结束了亚瑟的平静生活。因为无人可以拔出圣剑成为国王，所以王国陷入混乱的局面。

下面为青年亚瑟设计一些合理和有吸引力的行为特征，这些特征不仅塑造了他的性格，也为游戏的故事发展和玩家的决策提供了基础。

青年亚瑟的行为特征如下。

● 与村民友好交谈：亚瑟在与村民互动时展现出真诚和友善的态度。游戏中可以通过对话选项表现这一特点，玩家可以选择温和鼓励性的言辞来与村民交流。

● 尊敬艾克特村长：对艾克特村长，亚瑟表现出深深的尊敬和服从，这在他们的对话和互动中体现出来。游戏中的剧情可以设计艾克特给予亚瑟指导和建议，而亚瑟则表现出对其建议的重视。

● 不在山村里手持武器：在村庄内，亚瑟遵循不携带武器的原则，显示了他对村庄平和环境的尊重。这可以通过限制玩家在特定区域使用武器来实现。

● 愿意与其他村民分享收获：亚瑟乐于分享自己的收获和成就，体现了他的大方和社区精神。游戏可以设置相关的任务，例如帮助村民解决问题或分享资源。

● 在面对野兽和强盗时勇敢沉着：面对危险（如野兽或强盗）时，亚瑟表现出勇气和冷静。这可以在游戏的战斗场景中体现，亚瑟能够在压力下保持冷静，有效地应对威胁。

● 对梅林的提议开始时抗拒，最后还是勇敢地面对挑战：在游戏的早期阶段，亚瑟对梅林的提议表示犹豫和抗拒，但随着故事的发展，他逐渐接受命运，勇敢地面对挑战。这可以通过早期的对话和决策来展现，玩家可以感受到亚瑟性格的成长和转变。

通过这些行为特征，青年亚瑟的角色将会显得丰满而真实，同时为玩家提供了丰富的互动方式和情感投入的机会。

角色关系图是一种角色设计工具，用于表示故事、剧本、电影、电视剧或游戏中不同角色之间的关系。这种图形通常展示了角色之间的动态，包括友情、亲情、爱情、敌对、合作等各种形式的互动和联系。电视剧如《权力的游戏》或系列电影如《哈利·波特》中，角色众多且关系错综复杂，使用角色关系图可以帮助观众跟踪和理解不同角色间的关系。

在游戏设计中，尤其是RPG的设计过程中，角色关系图可以帮助游戏设计师平衡不同角色间的互动，创造丰富的游戏体验。对编剧和设计师而言，角色关系图是一个重要的创作工具，有助于构建和维持一致的故事线。角色之间的关系是推动故事发展的重要因素，关系图可以帮助创作者设计情节和冲突。角色关系图的组成如下。

● 节点：每个节点代表一个角色。

● 连接线：线条表示角色之间的关系。线条的不同类型（如直线、虚线、带箭头的线）可以表示不同的关系（如亲密、疏远、单向或双向）。

● 标签或说明：有时会在线条旁添加简短的文字说明，描述关系的具体性质。

制作《亚瑟王传奇：王国的命运》的角色关系图，明确青年亚瑟和各个角色之间的关系，并为故事情节的发展提供背景，如图7-17所示。

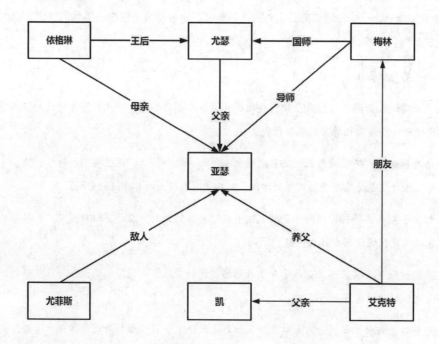

图 7-17 《亚瑟王传奇：王国的命运》的角色关系图

7.6.2 用图像生成工具生成玩家角色原画

AI在图像生成领域取得了显著的进展，尤其是利用深度学习模型，如生成对抗网络（Generative Adversarial Networks,GANs）进行图像创作。GANs是一种可以生成高分辨率、逼真的图像的深度学习模型。以下是一些使用AI生成图像内容、有助于游戏设计原画制作的工具。

• 文心一格：由百度开发的AI图像生成工具，可以用于绘制原画或者提供灵感。

• 通义万相：基于阿里云自研的Composer组合生成框架的AI绘画创作大模型，提供一系列的图像生成能力。支持根据用户输入的文字内容，生成符合语义的不同风格的图像，或者根据用户输入的图像，生成不同用途的图像结果。通过知识重组与可变维度扩散模型，加速收敛并增强最终生成图像的效果。

• Adobe Firefly：提供了多种AI编辑功能，可以帮助设计师更快速、更有效地工作。Firefly提供的功能包括文本生成图像、对已有图像的元素进行增加或删除，以及生成带有艺术效果的文字。

• Deep Dream Generator：这个工具可以通过深度学习网络来生成高质量的图像。这些生成的图像可能为游戏设计提供原画灵感。该工具还可以对用户上传的图像进行修改。

• RunwayML：这是一个易于使用的工具，集成了各种AI模型，包括文本生成图像模型、文本生成视频模型，以及图像生成视频模型。设计师可以使用它快速实验和创建内容。

• Promethean AI： 这是一个专门为游戏开发者整理游戏资源（模型、贴图、动画等），自动将游戏资源分类的工具。用户能从大量游戏资源中轻松找到符合其用一段自然语言描述的游戏资源。该工具适合辅助游戏开发者搭建场景。

虽然这些工具和技术为游戏原画提供了强大的支持，但它们仍然只是工具，真正的艺术创造仍然需要人类的直觉、情感和创意。

2023 世界人工智能大会期间，阿里云宣布推出通义大模型家族新成员通义万相。据介绍，这是一款进化中的 AI 绘画模型，支持文生图等功能。通过向通义万相输入提示词，创作亚瑟4个人生阶段的Low Poly风格原画，如图7-18所示。本书介绍的原型系统将使用Low Poly风格作为艺术风格。

（a）普通村民阶段角色原画生成提示词：Low Poly风格，一名穿着简朴的中世纪不列颠青年村民，上身穿蓝色长袖，外面套深褐色马甲，系皮制黑色腰带，下身穿七分裤和咖啡色布鞋

（b）村庄战士阶段角色原画生成提示词：Low Poly风格，一名身穿简易臂甲和胸甲的中世纪不列颠青年村民

（c）高级骑士阶段角色原画生成提示词：Low Poly风格，一名身穿覆盖率极高的华丽铠甲的中世纪不列颠骑士，手持宝剑，身披披风

（d）国王阶段角色原画生成提示词：Low Poly风格，一名穿华丽服装、头戴王冠的中世纪不列颠王，双手交叉于胸前，目光威严

图 7-18 通义万相生成的亚瑟各阶段的Low Poly风格原画

7.7　非玩家角色的设计

非玩家角色是游戏中不由玩家直接控制的角色，通常由游戏程序控制。它们可以作为任务发布者、商贩、敌人或其他角色，对游戏的发展产生很大的影响。

7.7.1　非玩家角色设计原则

以下是一些非玩家角色设计的原则。

• 有生命和个性：一个好的NPC应该有自己的个性、情感和生命，而不仅仅是一个程序化的角色，对于重要的NPC，需要为他们单独设计背景故事和人物形象。NPC应该有一些自己的目标和动机，这些目标和动机应该与游戏世界有联系，能够与玩家产生共鸣。

• 与玩家互动：NPC需要有一些可以与玩家互动的行为，如交谈、交易、发布任务等。

• 与游戏世界和故事情节有联系：一个好的NPC应该与游戏世界有联系，例如在某些地点出现、与特定任务相关联等。NPC应该与游戏的故事情节有联系，例如在某些关键情节中起到重要的作用，或者是某些角色的亲属或朋友。

• 表现自然：NPC应该表现自然，例如不应该出现过多的重复对话和行为，不应该在不同的地点同时出现等。

• 与游戏机制协调：NPC应该与游戏机制协调，不应该对游戏的平衡性和玩家的游戏体验产生负面影响。

《使命召唤》系列游戏中的非玩家角色设计非常成功，这些角色有着丰富的个性和特点，并且能够对游戏的故事情节和玩家的游戏体验产生深远的影响。这些角色的成功设计为游戏增加了更多的内容和体验。普莱斯上尉（Captain John Price）是《使命召唤》系列游戏中的一个经典角色，他在多个版本中都出现过。普莱斯上尉是一个擅长狙击和近战的士兵，他以精湛的战术、技巧和机智的台词赢得了玩家的喜爱。谢菲尔德中将（LtG. Shepherd）是《使命召唤6：现代战争2》中的一个反派角色，间接挑起了第三次世界大战并击杀了多名正面角色。他的特点是非常冷酷、残忍和阴险，是一个非常有挑战性的敌人。伊姆兰·扎卡耶夫（Imran Zakhaev）是《使命召唤4：现代战争》中的一个反派角色，是一个恐怖分子。他的特点是非常冷酷、残忍和阴险，是一个非常有挑战性的敌人。

在《塞尔达传说》系列游戏中，塞尔达公主通常被视为主角林克的重要伙伴和支持角色。虽然她不是一个由玩家直接控制的角色，但她在剧情中占据了重要的位置。在《塞尔达传说：旷野之息》中，林克与塞尔达公主在过去的故事占据了游戏剧情的主要内容，这些回忆片段使得塞尔达公主的角色塑造丰富而立体。

7.7.2　非玩家角色在游戏中的作用

非玩家角色在游戏中扮演着多种多样的角色，下面是一些典型例子。

（1）反派：反派是英雄的对立面，是故事中的终极邪恶的角色，是大多数冲突的来源。通常反派负责给英雄找麻烦和制造挑战。有时真正的反派角色始终隐藏，直到故事的高潮才出现，这能提高故事的紧张程度。以下是一些反派角色。

● 加农（Ganon）：《塞尔达传说》系列游戏中一个具有强大魔法的恶棍，以不断试图夺取力量、智慧和勇气的三角神力而闻名，如图7-19所示。

● 萨菲罗斯（Sephiroth）：游戏《最终幻想Ⅶ》中的一个反派角色，以其独特的银发和长剑，以及复杂的背景故事和强大的力量而闻名。

● 库巴（Bowser）：《超级马力欧兄弟》系列游戏中的一个强壮且经常绑架公主的龙龟，是马力欧的主要敌人。

● GLaDOS（Genetic Lifeform and Disk Operating System，基因生命体与磁盘操作系统）：《传送门》系列游戏中的一台机智且阴险的人工智能机器，以其讽刺的幽默和难以预测的行为著称。

图 7-19《塞尔达传说：旷野之息》中的反派NPC加农

（2）导师：游戏中的导师角色通常有智慧且经验丰富，为玩家角色提供指导和训练，有时还承担着传授重要知识和技能的任务。导师通常是一个较年长的"顾问"角色，从经验中得到智慧，并传授给英雄。导师通常站在英雄这一边，但是有时他们可能有意地将英雄领入错误的方向。以下是一些导师角色。

● 欧比旺·克诺比（Obi-Wan Kenobi）：《星球大战》系列游戏中的导师角色，以其智慧和力量，指导年轻的绝地武士。

● 帕图纳克斯（Paarthurnax）：游戏《上古卷轴 Ⅴ：天际》中的一条龙，为玩家提供重要的知识和技能，帮助他们在游戏中前进，如图7-20所示。

● 迪卡·凯恩（Deckard Cain）：《暗黑破坏神》系列游戏中的导师角色，提供知识和背景信息，帮助玩家了解游戏的世界，并帮助玩家鉴定物品。

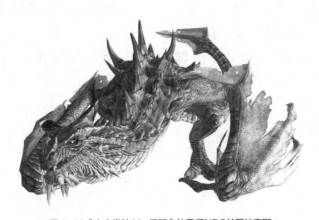

图 7-20《上古卷轴 Ⅴ：天际》的导师NPC帕图纳克斯

（3）盟友：游戏中的盟友角色通常具有忠诚、乐于助人的特点，有时甚至是游戏故事的关键角色。这些角色在游戏中扮演着重要的辅助角色，他们不仅能在战斗中为玩家提供帮助，还能在故事和情感方面为游戏增色。以下是一些盟友角色。

● 艾莉：游戏《最后的生还者》中的被保护对象，但她逐渐成为一个重要的支持角色，对故事产生深远影响，如图7-21所示。

● 伊丽莎白（Elizabeth）：游戏《生化奇兵：无限》中的盟友角色，不仅在战斗中给玩家提供帮助，还对游戏的剧情有重要贡献。

● 巴雷特·华莱士（Barret Wallace）：游戏《最终幻想Ⅶ》中主角的盟友，他提供火力支持并参与重要的故事情节。

图 7-21《最后的生还者》中的盟友NPC艾莉

（4）守卫：游戏中的守卫角色通常负责保护特定区域或重要角色，特点包括忠诚、坚定，有时也可能是玩家的障碍。这些守卫角色通常在游戏中扮演保护者，对于维持游戏世界的秩序和真实性至关重要。守卫角色可能没有像其他类型的角色那样在游戏里面有很明显的地位。以下是一些守卫角色。

● 游戏《上古卷轴Ⅴ：天际》的城市守卫：这些NPC负责维持城市的秩序，防止犯罪，是玩家在城市环境中常见的角色。

● 游戏《巫师3：狂猎》中的守卫：守卫通常保护城市或重要建筑，防止非法入侵。

● 游戏《荒野大镖客2》的警察：他们会识别犯罪行为并攻击犯罪的玩家。

（5）搞笑的丑角：游戏中的搞笑丑角通常具有幽默、不可预测等特点，经常以轻松或滑稽的方式来缓解游戏的紧张氛围。这些角色在游戏中扮演着重要的角色，不仅为玩家提供休闲和娱乐，还增加了故事的多样性和丰富性。以下是一些搞笑的丑角角色。

● 小吵闹（Claptrap）：《无主之地》系列游戏中的一个机器人，以其滑稽和夸张的性格著称，经常在游戏中提供幽默的解释和评论，如图7-22所示。

● 维克多·沙利文（Victor Sullivan）：《神秘海域》系列游戏中的角色，不完全是传统意义上的丑角，但他以幽默的言辞和父亲般的态度为游戏带来轻松的氛围。

● 尼尔·华兹医生（Dr. Neil Watts）：游戏《去月球》中的玩家可操纵角色之一，以其幽默而玩世不恭的性格为玩家所喜爱。

图7-22 《无主之地》的丑角NPC小吵闹

（6）商人：游戏中的商人角色通常会提供必要的物品或服务、经常出现在玩家需要的时候，有时还会提供游戏中的信息或提示。以下是一些商人角色。

- 生化危机系列中的神秘商人（The Merchant）：其身世神秘，为玩家提供武器和升级装备。
- 游戏《巫师3：狂猎》中的商人和铁匠：提供装备、物品交换和修理服务。
- 《塞尔达传说》系列游戏中的各类商人：提供各种冒险必需品，如箭矢和药水。

除了上面提到的角色类型之外，游戏中的NPC还可以扮演以下重要角色。

- 任务发布者：提供任务或挑战给玩家，常常是推动游戏故事发展的关键角色。有时导师或者先知的角色也承担这类任务。
- 信息提供者：提供游戏世界或即将发生事件的关键信息。有时导师或者先知的角色也承担这类任务。
- 辅助角色：在故事中扮演辅助主角的角色，为故事情节增添深度。
- 治疗者：在游戏中为玩家提供治疗服务或恢复物品。

7.8 《亚瑟王传奇：王国的命运》非玩家角色设计

7.8.1 村长艾克特的角色设计

艾克特这个角色在小说原作中不是一个很重要的角色，在整个游戏故事中也只在开始阶段出现。但是他在故事的开始阶段很重要，也是亚瑟背景故事中的重要部分，因此需要为艾克特这个角色设计一个背景故事。

以下是艾克特的背景故事。

艾克特是深受村民爱戴的村长，其背后的故事充满了传奇色彩。在来到这个安静的山村隐居之前，艾克特曾是王国的一位杰出的骑士，勇猛善战，深得国王尤瑟的信任。他曾在多次战役中表现出色，获得了无数荣誉和赞誉。然而，在一次对抗邻国的重要战役中，艾克特不幸受伤，经过很长时间才康复，回家后发现他深爱的妻子已经病逝。从那以后，艾克特开始渴望一种平静和简单的生活，于是选择了离开王城，隐居到这个遥远的山村中。在这个小村庄里，艾克特重新找到了内心的平静。他用自己的智慧和经验帮助村民们解决问题，很快就赢得了村民们的尊敬和爱戴，自然而然地成为了村长。艾克特的儿子凯，从小就表现出与众不同的勇气和智慧。艾克特知道凯不适合过隐居的生活，于是将他送到王城，让他成为一名骑士，希望他能在那里找到自己的使命和价值。凯很快就展现出了杰出的才能，成为了一名受人尊敬的骑士。至于亚瑟，他是艾克特在村里抚养的另一个孩子。虽然亚瑟并非他的亲生儿子，但艾克特对他的爱护和关怀丝毫不亚于对凯的。在艾克特的悉心教导下，亚瑟成长为了一个勇敢、正直的青年。艾克特常常教导亚瑟关于正义、勇气和智慧的道理，希望他能成为一个有益于世界的人。艾克特的生活虽然平静，但他的心里始终保留着对过去的记忆。他对凯和亚瑟抱有深深的期望，希望他们能成为改变王国命运的关键人物。在亚瑟被卷入王位继承的旋涡中时，艾克特意识到，那个他一直在等待的时刻终于到来了。

以下是艾克特的外貌特征。

艾克特是一位年过半百的中年男性，岁月在他的脸上刻下了深深的痕迹。他保持着过去作为骑士的健硕身材，尽管年岁已高，但依然显得强壮而挺拔。他的面庞深刻且慈祥，眼中闪烁着智慧的光芒。长年的户外劳作使他的皮肤显得粗糙而黝黑。他的头发和胡须略显花白，但仍然保持着整洁，显示出他对自己外表的注重。艾克特通常穿着简单朴素的村民服饰，不再像过去那样身着华丽的骑士装束，更显得接地气和亲切。

以下是艾克特的行为特征。

艾克特对村庄和村民有着深厚的责任感，总是将他们的安全和生存放在首位，并将这种理念也灌输给了亚瑟。独处时，他会眼神迷离地回忆过去的战场荣耀和失去的亲人，显示出他内心的复杂和深刻。对于亚瑟和凯这两个他深爱的孩子，他总是表现出深沉的父爱和关怀。他会经常提到已经离开村庄的凯，并为他感到自豪。因为有过从军的经历，因此艾克特的警惕性很高，会对山村周边的变化比较敏感。在真正的危机面前，有过战争经历的艾克特不会慌乱，能够正确判断形势并果断做出决策。

这些特征共同塑造了艾克特这个角色，使他既有过去的英雄气概，又有现在平和智慧的村长形象，深受村民们的敬重和爱戴。根据这个外貌特征设计，在通义万相中输入提示词"Low Poly风格人物全身像。一位中世纪中年男性村长，身材中等，头发和胡须略显花白，面庞慈祥。身穿蓝色长袖长裤和无袖纽扣背心。"生成的艾克特角色原画如图7-23所示。

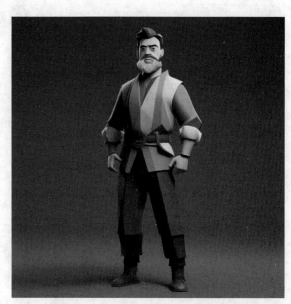

图7-23 通义万相生成的艾克特的Low Poly风格原画

7.8.2 魔法师梅林的角色设计

梅林这个角色在小说原作中就非常重要，是游戏中另一个重要的NPC，他在故事中揭开亚瑟的身世之谜，说服亚瑟离开山村去王城，必要时还帮助亚瑟抵抗外来的威胁。因此需要为这个角色添加详细的背景故事。

以下是梅林的背景故事。

梅林是一个拥有神秘而强大力量的魔法师，是王国中的重要人物。梅林年轻时是一个具有非凡天赋的学者和魔法师。他在古老的魔法学院中学习，很快就展现出了超乎寻常的魔法能力和对古老知识的深刻理解。他对魔法的研究涉及天体、自然力量以及预言。梅林在年轻的时候就在王宫中服务，成为国王尤瑟的顾问和朋友。他用自己的智慧和魔法帮助尤瑟维持王国的和平与繁荣。他的预言能力和策略思维使他在国王心目中占据了非常重要的位置。梅林在亚瑟出生时就预见了他的重要性。在亚瑟出生后，为了保护他免受敌人的伤害，梅林将他秘密地送到了遥远的山村，并交给了艾克特抚养。梅林一直在幕后观察亚瑟的成长，等待合适的时机让亚瑟了解自己的身世，并承担起他作为未来国王的责任。梅林是一个睿智且世故的人，他对人类的弱点和欲望有着深刻的理解，但他始终坚持着自己的道德准则。他的魔法强大，包括控制元素力量、施展保护咒语和进行预言等。尽管拥有巨大的力量，梅林却从不滥用他的魔法，总是在关键时刻出手，帮助正义的一方。梅林和艾克特在《亚瑟王传奇：王国的命运》中的关系可以被描述为一种深厚的友谊和互相尊重的合作关系。两人都是国王尤瑟的忠诚朋友和顾问，在亚瑟的故事中扮演着至关重要的角色，拥有一个共同的目标，那就是保护年轻的亚瑟，并确保他能够安全成长，最终回归王城，继承王位。在这个过程中，他们各自在不同的领域发挥着重要作用——梅林提供智慧和魔法支持，而艾克特提供一个安全的成长环境和父爱。梅林选择将亚瑟交给艾克特抚养，这表明他对艾克特有着极大的信任和尊重。他相信艾克特能够为亚瑟提供一个稳定、充满爱的家庭环境，这对亚瑟的成长至关重要。

以下是梅林的外貌特征。

梅林通常被描绘为一位年迈的男性，但由于他的魔法，他的实际年龄难以准确判断。他拥有深邃、明亮的眼睛，这双眼睛仿佛能看穿人心，透露出他无比的智慧。他的脸上布满了岁月的痕迹，但却散发出一种超凡脱俗的气质。他的头发和胡须通常是银白色的，长而杂乱，给人一种古怪但睿智的感觉。身材略显消瘦，但背脊挺直，显示出一种不屈的精神。常穿着传统的长袍，可能是深色系，上面缀满了神秘的符号和图案，体现出他的魔法师身份。

以下是梅林的行为特征。

梅林言行之间透露出深邃的智慧，常常以富有哲理的言辞来指导亚瑟和他人。他的行为常常难以预测，给人一种神秘且不可知的感觉，这与他的魔法师身份相符。梅林对未来有着惊人的洞察力，他的预言通常暗含深远的意义。面对危机时，梅林总是能保持冷静和理性，不轻易被情绪所左右。对于亚瑟和其他人，梅林不仅是一个指导者，也是一位智慧的教师，总是鼓励他们寻找内心的力量和真理。

综合以上特征，梅林是一个充满智慧、神秘而又富有同情心的角色，他在故事中扮演着至关重要的角色，不仅是一个魔法师，更是一个引导者和智者。根据这个外貌特征设计，在通义万相中输入提示词"Low Poly风格人物全身像。一位中世纪年迈男性，身材矮小，白色胡须，面庞苍老。头戴红色尖头帽子，身穿红色魔法师长袍。"得到的角色原画如图7-24所示。

图 7-24 通义万相生成的梅林的Low Poly风格原画

课程设计作业2：游戏策划书的第一部分

游戏项目团队要完成游戏策划书的第一部分——游戏戏剧元素的详细设计，内容包括以下部分。

● 故事梗概：一份比较详细的游戏故事梗概，按照三幕式或"英雄的旅程"故事结构写作。

● 玩家角色设计：玩家角色背景故事、外观设计和行为特征设计。

● NPC设计：列举主要的NPC（有对话、参与剧情的NPC），描述这些NPC的外观（从素材包选取人物模型并截图），主要功能（如提供信息、发布任务、商品交易、战斗等），在故事中的角色（导师、商人、敌人、盟友、路人等）；选择两个重要的NPC，撰写背景故事。

● 使用AIGC工具为玩家角色和重要的非玩家角色制作角色原画，介绍使用的AIGC工具并提交生成角色原画的提示词。

● 画出主要角色关系图。

第 8 章
游戏策划阶段之形式元素的详细设计

《游戏设计梦工厂》一书中介绍了多种形式元素，这些形式元素用于支撑每个游戏的基本结构，包括玩家目标、游戏规程、游戏规则、空间因素、游戏资源、冲突和结果等。本章没有完全按照该书中提到的形式元素进行设计，但是本书所介绍的形式元素都遵循相同的原则，反映游戏设计过程中的"静态"游戏元素。

本章将介绍游戏形式元素的详细设计以及形式元素设计的一些基本规则。在本书的第三部分，将以一个游戏原型关卡的设计内容为范例，展示各种类型的形式元素如何逐步合成一个可以运行的游戏原型关卡。

8.1 《亚瑟王传奇：王国的命运》游戏原型的玩家目标

玩家试图实现的目标是什么？目标为玩家提供了目的，并经常驱使玩家不断提高参与度和认同感。在考虑如何设定玩家的目标时，需要根据概念设计文档中的玩家画像。任何一款游戏，都有预先设定好的目标玩家画像和玩家动机。在设计游戏目标时需要记住，这些目标的设定都是为了不断满足目标玩家的一种或几种动机，只有这样游戏才能驱使玩家不断地随着游戏剧情发展追求实现一个又一个目标。

特雷西·富勒顿在《游戏设计梦工厂》一书中介绍了玩家目标的很多种选择，包括掠夺、追逐、竞速、排列、救援、逃脱、建设、探索、解题等。这些不同类型的玩家目标可以帮助丰富游戏设计的多样性。在角色扮演类游戏中，可以选择几乎以上所有类型的玩家目标，设计出多种多样的任务。

根据游戏故事梗概，青年亚瑟的长期目标是获得骑士们的支持，拯救加利亚王国，成为下一任国王。这个长期目标将贯穿整个游戏故事，成为故事发展的主要动力。

中期目标则可以作为游戏关卡或者故事情节某个阶段的目标，例如"亚瑟同意离开山村并参加比武"就被设定为原型系统关卡的目标，也是玩家角色通过在这个关卡完成一系列任务最终达成的目标。

短期目标则是玩家在游戏中需要面对的一个又一个任务，这些任务大多需要玩家马上处理。每个任务需要的时间不多，这样玩家可以不断通过完成任务获得成就感。

为了保证玩家在游戏过程中能够记住自己的长期、中期和短期目标，大多数游戏会提供一个任务管理功能或系统，方便玩家随时检查自己的进度，并对完成任务需要的时间和工作量有一个大致的了解。这种设计有助于减少玩家的疑虑，并让玩家坚信按照目前设定的道路前进，最后一定能够达成长期目标。

角色的发展也是游戏目标的一部分。长期目标对应一个大的故事弧与之紧密相关的角色弧，中期目标包括一个小的故事弧和对应的角色弧。完成每个中期目标，角色都应该经历某种成长。角色的成长可以反映到不同的方面，包括技能、外形、情感和心理等。

作为原型系统，关卡还具有训练的功能，需要提供一定的玩家技能指导，帮助玩家在最短时间内熟悉游戏的主要玩法机制和常用操作。因此完成训练任务也是玩家的目标。

8.1.1 玩家任务设计

上一章已经完成了《亚瑟王传奇：王国的命运》的故事梗概和重要角色的设计。故事梗概确定了游戏故事的主要线索、冲突和主题，角色设计定义重要角色的性格特点、背景故事和在游戏中的作用。这将成为剧本的基础和指导。下面选择《亚瑟王传奇：王国的命运》的故事梗概中的前五部分剧情作为游戏原型系统关卡的故事。

（1）家园：亚瑟出生后被梅林交由艾克特抚养，在村子里学习剑术，以打猎为生。

（2）召唤：没有人能拔出圣剑，贵族决定通过比武选择国王。

（3）拒绝：亚瑟觉得自己身为猎人并没有成为国王的能力和资格。

（4）信息：亚瑟得知自己的身世。

（5）启程：亚瑟同意参加比武并离开村子。

下面需要根据几个故事剧情，撰写关卡的剧本，每个关卡都应该推动故事向前发展，并具有自己的故事弧。按照传统的故事弧来规划这个游戏原型关卡剧情的整体结构。在此之前需要完成玩家任务设计和游戏规程设计，即设计一系列的重要事件（任务），作为游戏故事发展的主线。

游戏的原型关卡需要一个游戏中期目标，作为整个关卡的目标。按照剧情，"亚瑟同意参加比武并离开村子"应该作为游戏原型关卡结束的条件。

玩家在原型系统关卡内的主要任务组成了一系列的短期目标。作为经典的RPG，玩家的主线任务一般都是线性设计，即严格按照时间顺序发生，不能改变事件发生的次序。按照故事剧情我们设定以下主线任务。

- 艾克特村长的打猎任务。

- 去村庄的布告栏看告示。

- 遇到梅林，拒绝参加比武的邀请。

- 报告艾克特村长强盗即将来袭的消息。

- 武装村民，准备应战。

- 击败入侵者。

- 离开山村。

为了增加非线性故事情节和奖励机制，这款游戏还添加了以下两个支线任务。

- 调查藏宝山洞。

- 调查猎人营地。

这些支线任务不影响关卡的结束条件。以上的任务设计已经包括多种类型的玩家目标，如掠夺、救援、逃脱、探索和解题等。

8.1.2 教学关卡和训练任务

游戏原型的一个重要目标是向潜在投资者和目标玩家群体展示核心的玩法机制，因此游戏原型的关卡有很多教学关卡的特征，需要大量的引导信息，给这类关卡的设计带来了不少挑战。

教学关卡首先需要关注新手玩家的学习能力和学习曲线，按照"记忆最少"的设计原则，逐步引入游戏的基本机制和控制，避免一开始就用过多的知识"压倒"玩家。最糟糕的教学方法是给一个冗长的玩家操作手册，很少有玩家会有耐心读完，玩家大多会在新游戏开始时跃跃欲试，通过尝试游戏中的操作来学习游戏技能，而不是读手册。因此首先需要把所有在这个关卡中需要玩家学习的技能总结一下。

在《亚瑟王传奇：王国的命运》的游戏原型中，需要新手玩家学习的技能如下。

- 观察与移动。

- 与NPC交谈。

- 获得任务信息。

- 捡拾物品。

- 装备配置。

- 使用背包。

- 战斗。

- 交易物品。

这些技能需要分多次提供给玩家学习。同时，在学习过程中尽量用互动式教学，让玩家通过实际操作来学习，而不是仅仅通过文字说明或视频演示。对玩家的操作提供及时的反馈，帮助他们理解正确和错误的操作。这就意味着需要在游戏任务中加入多个不同的训练任务，穿插在游戏的主线任务之间。尽可能使训练关卡的设计融入游戏的整体环境和故事，避免显得突兀。在教学过程中，利用游戏的情境和背景来增加学习的相关性和吸引力。在训练过程中，通过奖励或游戏内激励来鼓励玩家学习和实践。提供的指导和提示应简洁明了，避免信息过载，应强调游戏最重要的几个操作或概念。对于有经验的玩家，需要提供跳过训练任务的选项。

8.1.3 角色发展任务

在游戏设计中，通过关卡来发展角色的角色弧是一种有效的叙事技巧。角色弧指的是角色在故事中的发展和变化，包括他们的性格、信念、能力或关系的变化。以下是在游戏关卡中通过角色弧来发展角色的几种方法。

- 设计具有意义的关卡任务：设计每个关卡的环境和主题以反映和加强角色的内心旅程；设计任务和目标以推进角色的故事线，使玩家在完成游戏目标的同时经历角色的成长。

- 利用对话和剧情：提供影响角色发展的对话选择，让玩家参与角色的决策过程；或者使用剧情过场动画或脚本动画在关卡的关键时刻展示角色的情感和心理变化。

- 逐渐展示角色背景：在不同关卡逐渐揭示角色的背景故事和动机，增加角色深度。这里可以利用环境细节和发现物（如日记、信件）来揭示角色的过去和秘密。

- 角色能力和成长：设计角色技能和能力的成长与角色的情感和心理成长相对应。设计难度逐渐增加的挑战，反映角色的成长和适应能力。

- 与其他角色的互动：通过角色与其他角色（包括NPC和敌人）的互动来揭示和发展角色的个性和设计影响角色关系的重要决策点。

- 角色内心冲突：提供道德抉择，体现角色的信念和价值观；或设计反映角色内心冲突的情景和任务。

通过这些方法，游戏关卡不仅仅是玩家克服挑战的场景，同时也成了角色故事和心理变化的舞台。这样的设计使得玩家游戏体验更加丰富和多层次，增强玩家对角色和故事的投入程度。

在《亚瑟王传奇：王国的命运》的游戏原型中，需要完成的玩家角色发展任务如下。

- 从平民到王子的身份认同转变：通过与梅林和艾克特的对话，玩家角色经历自我身份认同的转变，与蒙面武士的战斗从另一方面促进了身份认同变化。

- 从猎户到骑士的实力水平转变：通过完成艾克特的任务与选择"独自击败强盗"，玩家角色开始体验到战斗能力的提升，并逐渐接受角色有骑士的实力。

- 从助手到领导者的领导力水平的转变：通过武装村民和选择"联合村民击败强盗"，玩家角色认识到领导力也是能力的一部分，学会通过团队合作来面对艰难挑战。

通过完成《亚瑟王传奇：王国的命运》游戏原型关卡，玩家角色完成了技能、属性、经验、身份认同和领导力等多个方面的发展。

8.2 《亚瑟王传奇：王国的命运》游戏原型的规程

游戏规程设计基于游戏故事和玩家任务，确定游戏从开始到结束的主要事件顺序，按照线性或非线性的方式展开剧情，平衡预设的故事线和玩家的自主选择权，并确定叙事的节奏。

8.2.1 主要事件的顺序

由于在游戏原型关卡中需要推进的故事情节比较多，因此关卡采用传统的线性叙事结构，将主线任务按照在故事中发生的次序一一发布。同时，为了提高游戏原型关卡的自由度，设置了两个支线任务，玩家可以在指定的时间之内完成。训练任务穿插在主线任务之间，总是安排在玩家需要某项技能之前，以提供对应的技能培训。玩家可以选择跳过训练任务。

游戏原型关卡中的事件顺序如表8-1所示。

表 8-1《亚瑟王传奇：王国的命运》游戏原型的事件顺序

主要事件	训练任务	支线任务
	学习观察与移动操作、与NPC交谈、获得任务信息	
见艾克特村长		

主要事件	训练任务	支线任务
接受艾克特村长的打猎任务		调查藏宝山洞、调查猎人营地
	学习捡拾物品、装备配置、使用背包	
	学习战斗	
完成打猎任务		
将打猎成果交给艾克特村长		
去村庄的布告栏看告示		
去和魔法师梅林交谈		
报告艾克特村长强盗即将来袭的消息		
武装村民，准备应战		
（独自或联合村民）击败入侵者		
去铁匠那里交易战利品		
	学习交易物品	
与村长艾克特告别		
离开山村		

在关键任务"（独自或联合村民）击败入侵者"开始之前，游戏原型通过弹出对话框要求玩家选择"独自击败入侵者"或"联合村民击败入侵者"。这里要求玩家做一个困难的选择，"独自击败入侵者"的选项显然更容易失败，但是"联合村民击败入侵者"的选项有可能会损失村民。这样关卡就提供了一个非线性的叙事环节，允许玩家通过不同选择来体验不同的剧情。

游戏规程设计必须考虑如何通过事件和任务推动故事的发展，同时控制故事的节奏，确保玩家既不感到枯燥，也不感到压力过大。为此需要在游戏中设计关键的高潮和转折点，合理分布这些关键事件，确保故事的连贯性和逻辑性。

按照游戏原型关卡的事件顺序表，为玩家设计几个剧情的高潮，包括以下内容。

● 打猎任务。

● 调查藏宝山洞。

● 调查猎人营地。

● 击败入侵者。

其中"击败入侵者"是整个关卡的剧情高潮。如果玩家选择不完成两个支线任务，则只有前后两个剧情高潮部分。这些剧情高潮部分之间是节奏舒缓的对话情节。在"击败入侵者"这个剧情之前添加一个倒计时，作为最后高潮的一个铺垫，用于增加玩家的心理压力。同样，"调查猎人营地"的剧情也起到了增加悬念和玩家心理压力的作用。

8.2.2 胜利／失败条件

每个游戏都有某种结束方式。结果决定了胜者和败者，或指示了游戏目标的成功或不成功。除了关卡本身的通过条件之外，还需要为每个任务设定必要的胜利和失败的条件。胜利条件可以有不同的形态，如下。

- 完成目标：设定明确的目标，如到达特定地点、收集特定数量的物品、救援NPC或击败特定的敌人。
- 限时完成：在特定时间内完成任务，适用于竞速或计时挑战。
- 得分或评级：达到一定的分数或评级，适用于技能挑战和竞技类游戏。
- 解谜成功：解开所有谜题或完成一系列任务，适用于解谜游戏。
- 资源管理：成功管理资源达到游戏目标，如在策略或模拟游戏中建立和维护一个成功的城市或基地。

同理，失败条件也可以是多种多样的，如下。

- 生命值耗尽：玩家生命值归零或角色死亡。
- 时间耗尽：未能在规定时间内完成任务。
- 资源耗尽：资源（如金钱、弹药、能量）耗尽。
- 任务失败：未能完成关键任务，如保护目标被摧毁或敌人逃脱。

下面定义《亚瑟王传奇：王国的命运》游戏原型的任务胜利和失败条件，如表8-2所示。

表 8-2 《亚瑟王传奇：王国的命运》游戏原型的任务胜利和失败条件

任务编号	主要事件	胜利条件	失败条件
1	学习观察与移动操作、与NPC交谈、获得任务信息	按照指导信息完成任务，允许玩家跳过训练任务	无
2	见艾克特村长	到达艾克特村长的位置，开始对话	无
3	接受艾克特村长的打猎任务	结束对话	无
4	学习捡拾物品、装备配置、使用背包	按照指导信息完成任务，允许玩家跳过训练任务	无
5	学习战斗	按照指导信息完成任务，允许玩家跳过训练任务	无
6	完成打猎任务	收集到足够的食物	没有收集到足够的食物
7	将打猎成果交给艾克特村长	到达艾克特村长位置，开始对话	无
8	去村庄的布告栏看告示	到达布告栏位置，查看告示	无
9	去和魔法师梅林交谈	到达魔法师位置，开始对话	无
10	报告艾克特村长强盗即将来袭的消息	到达艾克特村长位置，开始对话	无
11	武装村民，准备应战	拥有足够的武器	没有足够的武器
12	（独自或联合村民）击败入侵者	击败大部入侵者且村民战死人数没有达到上限	被入侵者击败或村民战死人数达到上限
13	去铁匠那里交易战利品	到达铁匠位置，开始对话	无

任务编号	主要事件	胜利条件	失败条件
14	学习交易物品	按照指导信息完成任务，允许玩家跳过训练任务	无
15	与村长艾克特告别	到达艾克特村长的位置，开始对话	无
16	离开山村		无
支线任务		**胜利条件**	**失败条件**
17	调查藏宝山洞	解谜成功，进入藏宝山洞，收集武器	没有进入藏宝山洞
18	调查猎人营地	到达猎人营地位置，开始与蒙面武士的对话	没有到达猎人营地位置或没有与蒙面武士对话

以上任务胜利和失败条件的明确定义，有利于游戏策划师和游戏程序员无歧义沟通。游戏程序员可以根据以上定义，开始编写代码，实现事件管理功能。

在定义的所有失败条件中，"没有收集到足够的食物"这个条件会对玩家的属性增强有少量的影响，具体数值设计在下一章的动态元素设计中完成。其他几个失败条件对关键任务"（独自或联合村民）击败入侵者"的结果都有影响：缺乏武器会导致村民在与入侵者战斗时战死人数超过上限，导致任务失败。

这里支线任务"调查藏宝山洞"的完成同样会影响关键任务"（独自或联合村民）击败入侵者"的结果。完成该支线任务可以获得武器，所以玩家可以武装更多的村民。支线任务"调查猎人营地"对其他的任务没有影响，只提供一个非线性故事线，并有利于烘托关键任务的紧张气氛。

除了明确定义胜利和失败的条件之外，还需要为玩家角色设计不同的通关方式。有的玩家希望尽快通关（成就型玩家），有的玩家喜欢更多的战斗（杀手型玩家），有的玩家喜欢探索和解谜（探索型玩家），因此设计不同的通关方式可以满足不同类型玩家的需求。

这里我们设计主要事件和支线任务，并在关键任务之前为玩家提供两种选择（独自击败入侵者或联合村民击败入侵者），至少提供了以下3种不同的通关方式。

● 玩家完成支线任务"调查藏宝山洞"，收集材料，打造武器，武装村民，大概率顺利完成关键任务"联合村民击败入侵者"。

● 玩家没有完成支线任务"调查藏宝山洞"，收集材料，打造武器，武装村民，中等概率完成关键任务"联合村民击败入侵者"，但是村民可能损失惨重。

● 玩家没有完成支线任务"调查藏宝山洞"，收集材料，打造武器，小概率完成关键任务"独自击败入侵者"，村民没有损失。

按照"照顾新手玩家"的原则，还可以提供第四种通关方式：当玩家第二次尝试"独自击败入侵者"并被击败时，梅林会使用魔法击败入侵者，帮助玩家角色完成关键任务。这种通关方式用于奖励更有勇气独自面对挑战的玩家，是一种标准的难度控制方法，可避免出现新手玩家反复尝试但不能通关的情况。难度控制的相关内容将在下一章介绍。

8.2.3《亚瑟王传奇：王国的命运》游戏原型剧本——命运的起点

（1）关卡名称——命运的起点

（2）主要角色列表

- ●青年亚瑟。

- ●村长艾克特。

- ●魔法师梅林。

（3）重要事件列表

- ●艾克特村长的打猎任务。

- ●去村庄的布告栏看告示。

- ●遇到梅林，拒绝参加比武的邀请。

- ●报告艾克特村长强盗即将来袭的消息。

- ●击败入侵者。

- ●离开山村。

（4）剧本正文

第1幕 缘起

2D界面

（展示图片，播放古老悠扬的背景音乐1，以文字形式显示背景故事）

老国王尤瑟与依格琳有了一个私生子，这是老国王唯一的子嗣。魔法师梅林在这个孩子出生之前，对老国王尤瑟说："等到这个孩子出生，请陛下把他交给我来抚养。这是为了陛下的荣誉，也是为了这个孩子的未来。"尽管非常不舍，老国王尤瑟还是答应了魔法师梅林的请求，婴儿出生后便交给他。

梅林给孩子取名亚瑟，将这个婴儿交给以前是一名骑士的艾克特抚养，希望他隐姓埋名，能够有平安的一生。艾克特曾经武艺高强，拥有荣耀的历史，现在由于伤病，在一个山村隐居。除了梅林及骑士尤菲斯，没有人知道孩子的真实身份。孩子长大后跟艾克特学习剑术，以打猎为生，过着平静的生活。故事便从这里开始……

（转换到3D场景）

第2幕 清晨

（脚本动画，播放节奏轻快的背景音乐2）

清晨的山村，阳光温和地照耀着村庄的每个角落。鸟儿在枝头欢唱，村民们开始了新的一天。亚瑟走在通往中心广场的小路上。

村民：早安，亚瑟！今天的狩猎收获如何？

亚瑟：早安，杰克。今天运气不错，捕到了几只兔子和一只鹿。

村民：亚瑟，你总是能带回最好的猎物。你的剑术和射术是在哪里学的？

亚瑟：这全得感谢艾克特先生，他教了我所有的技艺。

村民：亚瑟，你真是我们村子的骄傲。每次看到你打回来的猎物，都会想起凯，他现在已经是骑士了。

亚瑟：谢谢你，我只是尽我所能帮助村庄而已。

村民：对了，亚瑟，你父亲艾克特先生找你，似乎有些重要的事情要跟你说。

亚瑟：是吗？我马上去找他。谢谢你告诉我，杰克。

村民：去吧，亚瑟，希望一切都好。

亚瑟向村民点头致谢，然后快步朝艾克特的住所走去。

场景转换：镜头跟随亚瑟，移向艾克特的住所，预示着故事的进展和即将揭晓的重要信息。

（任务窗口：去见艾克特村长）

第3幕 村长

游戏开始，由玩家控制。

（艾克特的头顶显示一个角色标志，指示他的当前位置）

（弹出提示界面，提示玩家用键盘控制角色运动，按E键开始对话）

场景：亚瑟抵达艾克特的住所，这是一间由粗糙石块和木头构成的坚固小屋。艾克特站在门前，看起来陷入了沉思。

亚瑟：艾克特先生，我听说您在找我？

艾克特：亚瑟，来得正好，我有事和你商量。

艾克特：（叹息）这个冬天特别严酷，村里的食物储备不足，有些家庭已经开始缺粮。

亚瑟：这确实是个问题，我们需要更多的食物来帮助他们。

艾克特：（点头）是的。我想让你去山里打猎，尽可能多带些大型猎物回来。你的武艺足以应对山里的挑战。

亚瑟：我明白了，我会尽我所能。我不会让村民们失望的。

艾克特：铁匠为你打造了新剑。他说你的力量又有了进步，需要一把更适合你的武器。（鼓励地拍拍亚瑟的肩膀）去吧，亚瑟，村子的未来就靠你了。要小心，山里的野兽非常危险。

亚瑟：我会小心的。

亚瑟离开了艾克特的住所，去找村里的铁匠。

（任务窗口：去打猎）

铁剑的上方显示一个武器物品的标志，指示位置在铁匠铺附近。亚瑟走到铁剑附近时，弹出提示界面，提示玩家按E键捡起物品。

（玩家捡起物品，弹出背包界面，提示玩家用鼠标为角色装备武器）

亚瑟：（捡起剑，感慨地）这真是一把好剑，我会好好使用它。感谢铁匠的辛勤工作。

铁匠：我能打的最好的武器就是这样了。几年前我在山里找矿，发现了一个山洞，在那个山洞附近捡到过一把非常锋利的断剑，材料也很特殊，应该不是山里面出产的。我们做不出那样的材料，也没有那么精湛的工艺。你有空可以去看看能不能找到更好的武器。

（任务窗口：支线任务，探索藏宝山洞，提示出村的方向）

场景转换：镜头随着亚瑟渐行渐远的背影移动，逐渐聚焦在郁郁葱葱的山林，预示着新的挑战即将开始。

第4幕 森林

玩家控制亚瑟按照村里的路线离开山村，路上的村民都向亚瑟打招呼，他们都喜欢这个勇敢正直的年轻猎人。

场景：郁郁葱葱的山林入口，阳光透过树梢斑驳地照在地面上。亚瑟刚刚踏入森林，遇到了一个正在整理猎物的猎人。

亚瑟：嗨，朋友，今天的狩猎收获如何？

猎人：哦，年轻的猎人，今天运气还不错。但是我要提醒你，山里的野猪最近非常暴躁。

亚瑟：野猪？我以前也遇到过，但没感觉它们特别危险。

猎人：是的，但最近情况不同，它们变得更加凶猛和大胆，可能是因为食物短缺。只要你小心一点，应该不会有事。昨天我还碰到一只黑色的野猪，以前从来没有见过，非常凶！

亚瑟：谢谢你的提醒，我会小心的。

猎人：还有，我在山林入口附近发现了一些可疑的猎人在露营。他们看起来都很强壮，还有盔甲和剑。对这样一个偏僻的山村来说，这种现象很不正常。

亚瑟：真的吗？你知道他们是谁吗？

猎人：不知道，我没敢靠近。但我感觉他们不像普通的猎人，普通的猎人不会穿盔甲。

亚瑟：这确实很奇怪。我会小心的，如果我发现了什么，我会告诉艾克特先生。

猎人：好的，你也小心。山林不再像以前那么安全了。

亚瑟向猎人道别，深深地吸了口气，然后继续踏入茂密的森林。他充满了警觉，同时对那些可疑人物也产生了好奇。

（任务窗口：支线任务，调查猎人营地）

场景转换：镜头随着亚瑟的步伐深入森林，周围的环境变得越来越幽暗，预示着即将面临的未知挑战和可能的危险。亚瑟进入树林，铁剑出现在手上，播放快节奏激昂的背景音乐3。

第5幕 打猎

玩家控制亚瑟进入树林。

（弹出提示界面，解释如何战斗）

梅林躲在树林里偷看亚瑟打猎，亚瑟没有发现他。

亚瑟完成打猎任务。

（任务窗口：回到艾克特面前复命，提交打猎获得的兽肉）

亚瑟进入山村，收起铁剑，播放背景音乐2。

玩家可以选择支线任务"调查猎人营地"，在营地附近会碰到一个蒙面武士，不允许亚瑟去营地，也不回答问题。

亚瑟：我是村里的猎户，请问你们是什么人？从哪里来的？

蒙面武士：我们是猎人，回你的村子里去，不要探头探脑的。

亚瑟可以挑战武士，但是不能击败他。其他的蒙面武士在远处观看，不会参与比试。蒙面武士的背后有一个高大的骑士身影，但是隐藏在黑暗中。

亚瑟离开时，蒙面武士看着他离开的背影。

蒙面武士：这个傻小子不知道是谁，我们的人还没有到齐，等都到齐了，让你们知道厉害。

玩家可以选择支线任务"探索藏宝山洞"，沿着森林中的路标一路找到藏宝山洞，需要破解谜题才能进入藏宝山洞，获得一批武器。

第6幕 猎物

场景：黄昏时分，亚瑟满载而归，带回了一只大野猪和其他猎物，他来到艾克特的住所。

亚瑟：艾克特先生，我回来了。我带回了野猪和一些其他猎物。

艾克特：哦，亚瑟！这真是太好了。你的狩猎成果会让我们的冬天过得更加舒适。

亚瑟：我很高兴能帮到大家。

艾克特：你的剑术和射术已经非常出色，我为你感到骄傲。你和我的儿子凯很像，他小时候也是这样，现在已经是一个伟大的骑士了。我相信，你将来也会像凯一样成为一名出色的骑士。

亚瑟：谢谢您，艾克特先生。我会努力的。树林里来了一些自称猎户的人，他们是很强的武士。

艾克特：你在山里碰到的那些陌生人，我非常担心。这个村子一直很平静，很少有外人会来这里，外来的陌生人可能会带来麻烦。

亚瑟：我明白。我会保持警惕的。

艾克特：今天村里来了一个信使，张贴了一份新的布告。你或许应该去看看，可能是关于王国的重要消息。

亚瑟：新的布告？我现在就去看看。

（任务窗口：去村口看告示）

亚瑟向村中心的布告栏走去。

场景转换：镜头跟随亚瑟穿过村庄。布告栏前聚集着一些村民，都在围观新的布告。亚瑟缓缓靠近，准备揭开这份布告背后的秘密。

第7幕 告示

亚瑟走到了村庄中央，一面墙上贴着新的布告，村民们在围观，议论纷纷。

场景：亚瑟步入村庄中央，阳光洒在教堂的尖顶上，显得庄严而神圣。村庄的布告栏旁聚集着许多村民，他们正在热烈讨论着刚刚张贴的布告。

亚瑟：（走向人群，好奇地望向布告栏）发生了什么事？

村民1：（指着布告栏）刚刚有个信使刚张贴了一份布告，说的是国王的死讯，还有比武选国王的消息。

亚瑟：（凝视着布告）国王去世了？

信使：（站在布告旁边，提高声音）是的，国王去世了，没有留下继承人。现在，骑士们都前往首都参加比武，争夺王位。

村民2：村庄附近没有骑士保护了。最近盗匪四起，没人主持正义，我们该怎么办呢？

亚瑟：我会保护这个村庄。我们不能让盗匪危害我们的家园。

村民3：亚瑟！你真是我们的英雄。

村民4：是啊，今天的猎物太及时了！这个冬天大家不会挨饿了。如果你需要帮助，我们都会来帮你的。

亚瑟眺望着远方，心中既有对村庄安全的担忧，也有对即将到来的冒险的期待。他决定在这个动荡的时代保护自己的家园。

（任务窗口：去问站在旁边的魔法师梅林）

播放有神秘氛围的背景音乐4。

场景：村庄中央的布告栏。亚瑟正准备离开时，人群中走出一个打扮奇异的老人，引起了村民们的好奇和窃窃私语。

老人：我是梅林，一个魔法师。我来这里是为了拜访我的老朋友艾克特。

亚瑟：（好奇地上前）梅林先生，您说的是真的吗？您真的是魔法师？我们从未见过魔法师！

梅林：我是。我有一些重要的事情要告诉大家，关于我们的国王尤瑟和他的圣剑。

亚瑟：圣剑？是关于石中剑的故事吗？

梅林：没错。国王尤瑟生前将他的圣剑插入王城教堂前的一块大石中，宣布谁能拔出这把剑，就是王国的合法继承人。但自从国王突然去世，至今没有人能够拔出石中圣剑。因此，王国长期无主，动荡不安，纷争四起，盗贼横行。邻国的威尔士人、爱尔兰人，甚至海峡对面的法国人都在觊觎我们的土地。没有国王，骑士们也不去扫荡盗贼，抵抗侵略。他们每天只是在争执不休。

亚瑟：这真是糟糕的消息！

梅林：现在，王国里最强大的骑士们决定用比武的方式来确定新的国王。比武大会即将在王城举办，任何人都可以参加。亚瑟，我听大家都称赞你武艺很好，我认为你的武艺足以赢得这场比武。

亚瑟：（吃惊，迟疑）我？但是我只是一个普通的猎人……

梅林：你是一位勇敢和有才华的年轻人。我相信，你有能力赢得比武，甚至可能成为新的国王。

亚瑟：梅林先生，我很感激您的邀请，但我必须拒绝。我喜欢在这个村庄的平静生活，我也舍不得离开艾克特先生和我的朋友们。

梅林：我尊重你的选择，亚瑟。一个人的生活选择是非常个人的事情。但在此之前，我还有一个不太好的消息需要告诉你。

亚瑟：什么消息？

梅林：我来这里的路上，听说有一群强盗正在计划抢夺你们村子。他们可能很快就会来到这里。

亚瑟：强盗？这可不是好消息。我们必须立刻通知艾克特先生和其他村民，准备应对。

梅林：是的，你们必须尽快做好准备。这些强盗可能不会手下留情。

亚瑟急忙转身，朝艾克特的住所走去，心中充满了紧张和焦虑。他知道这将是一场艰难的挑战，但他决心保护村庄和村民们的安全。

梅林静静地站在那里，目送亚瑟离去。他的眼中闪烁着一种深邃的光芒，似乎在思考着更深远的事情。

（任务窗口：去通知艾克特关于强盗的消息）

场景转换：镜头跟随亚瑟急匆匆的脚步，穿过村庄，传递出一种紧迫的氛围。在这个临危受命的时刻，亚瑟将不得不挺身而出，成为村庄的守护者。

（脚本动画开始：亚瑟离开村口，梅林看着亚瑟离开的背影）

梅林：亚瑟，你已经长这么大了，你才是唯一拥有老国王血脉的人。你有资格成为新的国王，也必须成为新的国王。来的可不是普通的强盗，是有些人不想让你顺顺利利地继承王位……

（脚本动画结束）

第8幕 迎战

场景：亚瑟急切地走向艾克特的住所。

亚瑟：艾克特先生，我有紧急的事情要告诉您！

艾克特：亚瑟，怎么了？你看起来很着急。

亚瑟：（急切地）梅林先生来到了我们村庄，他带来了一个坏消息。有一群强盗打算来抢夺我们村子。

艾克特：梅林？他来了？在哪里？这的确是个坏消息。我马上去见他。你需要赶快准备武器，保护村民。

亚瑟：我明白了，我会尽快行动。

（任务窗口：武装4个村民。屏幕显示一个强盗到达的倒计时）

亚瑟需要将在藏宝山洞中找到的武器放在村庄的武器架上。

（如果亚瑟没有完成支线任务获得武器，则直接跳到倒计时为0处，开始下一个剧情）

第9幕 强盗

（屏幕显示一个强盗到达的倒计时，剩余时间为0）

村民：亚瑟！亚瑟！强盗已经进村了，他们在杀人放火！

亚瑟：什么？已经来了？

村民：是的，赶快救人！你必须快点来帮助我们！

亚瑟望向村口，看到村口的农舍已经被点燃，远远传来兵器碰撞和人呐喊的声音。

（任务窗口：去村口抵抗强盗，击败入侵者）

村民：亚瑟，你召集其他村民一起打强盗；你的朋友们都很勇敢，但是不是每个人都有武器，他们可能会赤手空拳面对强盗，很可能会被杀。

亚瑟：但如果我不召集村民，我就得独自对抗一群强盗。那样的话，我可能会……

村民：我们知道你是勇士，亚瑟。你也是我们这个村庄的希望，无论怎样我们都会支持你。

亚瑟：无论如何，我不能让村子陷入危险。我必须采取行动！

亚瑟内心挣扎。他知道无论做出什么决定，都将对村庄产生深远的影响。他深知作为保护者的责任，必须做出最佳选择。

（弹出一个窗口，给出两个选项："独自击败强盗"和"联合村民击败强盗"，播放背景音乐3）

A. 选择"独自击败强盗"：独自挑战强盗，击败入侵者。

场景：铁匠铺外，夜色笼罩着整个村庄。亚瑟紧握着新打造的剑，决定独自挑战强盗。

亚瑟：我不能让村民冒险，我必须自己去对付他们。

亚瑟快速地穿过村庄，眼前的景象令他心痛不已。村民死伤，家园被破坏，火焰在夜空中跳跃。路遇一名受伤的村民甲。

亚瑟：你受伤了？伤在哪里？强盗在哪里？

村民甲：在村口，他们进来就杀人放火，叫着要杀光这个村子里的人。这些人不像强盗，穿得很整齐，像是军队。快去！不要管我……

亚瑟：我要让他们付出代价！

亚瑟怒气冲冲地冲向强盗，发现他们穿着军队的制式盔甲，显然不是普通的强盗。

B. 选择"联合村民击败强盗"：武装村民，一起挑战强盗。

场景：亚瑟准备召集村民一起抵抗强盗。

亚瑟：我们必须发动所有的力量，保护我们的家园。

亚瑟召集村民，村民手持亚瑟给的武器或自己的武器。

场景转换： 亚瑟和武装的村民一起走出村庄，面对即将到来的战斗。路上，他们看到了被强盗袭击留下的痕迹和伤亡的村民，激发了他们的愤怒。

（战斗结果有两个：亚瑟击败所有对手；亚瑟被击败，血量降到0，躺倒。如果亚瑟被击败，可以重新进行挑战；亚瑟击败所有对手或再次被击败时，进入后续剧情）

（脚本动画开始）

魔法师梅林和村长艾克特出现在村口，梅林用魔法将剩余的士兵击败，地上留下兵器和治疗包。部分士兵逃出村子，消失在山里。

（脚本动画结束，播放背景音乐4）

（任务窗口：与梅林和艾克特交谈）

第10幕 真相

场景： 村庄废墟中，亚瑟、梅林和艾克特站在一起，村庄的废墟和受伤的村民构成了背景。

亚瑟：这些强盗太残忍了，他们杀害了我们的朋友，焚烧了我们的家园。幸亏有您在，梅林先生，您的魔法太强大了！太感谢您了！

梅林：孩子，你受伤了吗？我们及时赶到还是好的。

亚瑟：（检查自己的伤口）我还撑得住。这些强盗为什么这么强大？我们的村子也并没有什么值得他们来抢夺的。

梅林：亚瑟，这些所谓的强盗其实是伪装的。看看这些兵器，这都是正规骑士团才能配备的。普通的强盗是不会有这样的武艺和装备的。

亚瑟：骑士团？

梅林：没错，他们是骑士尤菲斯的手下，专业的士兵。他们来这里的目的是杀死你，为了掩盖真相，他们选择屠杀整个村庄。

亚瑟：杀我？但为什么？

梅林：孩子，是时候告诉你真相了。你是国王尤瑟的私生子，是唯一合法的王位继承人。为了保护你，我们一直没有告诉你你的真实身份。尤菲斯一直在暗中谋划夺取王位，你的存在对他来说是一个巨大的威胁。我听说他派出了他的手下秘密向你的山村赶来，我就知道他要袭击你，于是我马上赶来。

亚瑟：这……这太难以相信了！艾克特先生，这是真的吗？

艾克特：虽然我也是刚知道这个消息，但我相信梅林。他是尤瑟国王最亲密的朋友，一个正直的人。现在，你在这里已经不再安全，你必须离开这里。

亚瑟：离开？不，我不能离开我的朋友。

梅林：亚瑟，你必须去王城。只有在那里，你才能证明你的真正身份，夺回属于你的王位。只有这样，这个村庄、我们的王国，还有你，才会真正安全。现在，我必须去追踪尤菲斯的手下。你准备好，尽快出发吧！

艾克特：亚瑟，快去收集地上的武器和医疗包。这些都是你的，可以在旅途中为你提供帮助。把多余的武器拿给铁匠，他会给你一些钱作为旅费。完成这些再来找我。

场景收尾：亚瑟开始收集武器和医疗包，准备踏上未知的旅程。太阳逐渐升起，照亮了被破坏的村庄。亚瑟的心情复杂，既有对未来的不确定，也有对真相的震惊，但他知道，他必须踏上这条路，找回属于自己的命运。

（梅林和艾克特离开。任务窗口：捡拾武器和医疗包，使用医疗包恢复血量，到铁匠那里出售武器）

第11幕 告别

（亚瑟捡拾物品，来到铁匠那里，提示按E键进入交易界面；弹出交易窗口，弹出提示界面；完成交易后，退出交易窗口。任务窗口：找到艾克特）

场景：清晨的村庄，阳光透过叶隙，照在安静的小径上。亚瑟刚和铁匠完成交易。

亚瑟：谢谢你，铁匠。这些钱可以路上用。

铁匠点头，目送亚瑟离开。

场景转换：亚瑟缓缓走过村庄，村民们一个个走上前来，纷纷祝亚瑟一路平安。亚瑟来到艾克特的住所，和艾克特告别。

艾克特：亚瑟，我的孩子，当我第一次抱起你时，就知道你注定会有不凡的命运。我一直把你当作我的亲生儿子养育，看着你从一个调皮的孩子成长为如今这样勇敢的青年，我的心中既感到骄傲，又充满了不舍。

亚瑟：艾克特先生，您给了我一个家，教会了我勇气和正直。我永远不会忘记您对我的恩情。

艾克特：我知道，你现在必须去追寻你的命运。但无论你走到哪里，记住，这个村庄永远是你的家。

艾克特：还有，一定要找到我的儿子凯骑士。他在王城中有着一席之地，是个勇敢和智慧的骑士。他会成为你在王城的可靠盟友，帮助你面对即将到来的挑战。

亚瑟：我会找到凯骑士。我会记住您的话，艾克特先生。我一定会回来的，带着胜利的消息。

艾克特：我相信你，亚瑟。你的勇气和决心将引领你走向伟大的命运。但要小心，路途上充满了未知和危险。记住，永远保持谦逊和智慧，就像你在这个村庄里学到的一样。出村的路上可能会有尤菲斯的手下，你可以从一条隐秘的小路出村，这条小路只有我们村民知道，就在墓地的后面，你一定能找到的。

（任务窗口：找到隐秘小路入口）

场景收尾：亚瑟背上行囊，踏上了前往王城的道路。他回头望了一眼那个养育了他的村庄，心中充满了感激和决心。晨曦中，亚瑟的身影渐渐远去，他的旅程刚刚开始，前方等待着他的是未知的挑战和冒险。在这个重要的时刻，亚瑟心中更加清楚，他的命运将会改变整个王国的未来。

（本关卡结束，显示通关界面）

8.3 《亚瑟王传奇：王国的命运》游戏原型的关卡空间设计

游戏关卡的空间设计定义游戏的范围和空间结构、关卡的边界、导航路标、障碍等与空间有关的游戏元素。

8.3.1 关卡空间布局

《亚瑟王传奇：王国的命运》游戏原型关卡的剧本和主要事件的设计已经完成，因此需要首先确保关卡空间设计与故事发展相协调，提供相关的情境和环境。在剧本中我们已经提到有山村、打猎的山林、猎人营地、藏宝山洞、离开山村的秘密小路等地点。可以根据以上的信息构建一个关卡内主要地点的逻辑关系图，如图8-1所示，其中山村占据场景的核心位置。

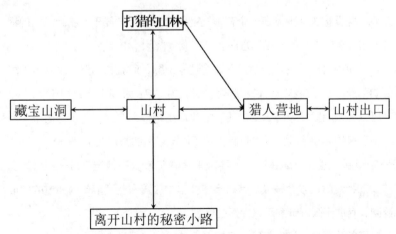

图 8-1《亚瑟王传奇：王国的命运》游戏原型重要地点逻辑关系

类似地，作为关卡中心位置的山村，需要放置村民的住宅、铁匠铺、有告示栏的小广场，还需要为与入侵的强盗的战斗提供一个相对比较宽敞的场地。可以设计一个山村内部主要地点的逻辑关系图。根据这个设计，向通义万相输入提示词"Low Poly风格风景画。蜿蜒的碎石路穿过村庄中央，周围是几间木屋和稀疏的绿色树木。"生成的山村的场景设计原画如图8-2所示。

图8-2 通义万相生成的山村的Low Poly风格场景设计原画

其次，需要按照游戏类型和风格来确定关卡的布局。经典RPG会强调玩家的探索，因此关卡布局里会添加一些隐藏的区域或秘密通道。经典RPG中战斗场景是关卡中的主要组成部分，因此需要提供若干个冲突的区域，有时还需要提供一个Boss战的专门区域。经典RPG中的NPC可以提供任务、提供信息和与玩家进行交易，因此需要在关卡中为这些NPC指定位置和活动范围。

为了提供给玩家一定的选择和自由度，应该避免过于严格的线性路径，提供足够的空间和机会让玩家探索和实验。但有时关卡里提供多个路径和选择会影响游戏的进程和结局。

关卡的空间设计还需要集成游戏机制和游戏元素，确保关卡设计能支持和增强游戏的核心机制，包括游戏物理、控制系统、角色能力等在内的各种元素都需要考虑到。作为一个用于展示核心玩法机制的游戏原型，关卡的范围不宜过大，主要地点之间的距离也不宜过远，以免玩家在测试这个游戏原型时用大量的时间在几个重要地点之间移动。

游戏原型的空间设计还需要考虑设计团队技术限制。例如根据设计团队的技术能力和资源确定关卡的可行性。技术限制可能会影响关卡的大小、细节和复杂度。例如游戏关卡内包含大量的多边形、复杂几何模型，就会对游戏的渲染模块带来很大的负担。

8.3.2 关卡的边界

对于大多数游戏，需要把关卡限制在一个有限的范围之内，这样便于控制游戏的规程，限制玩家角色的活动范围。设计关卡边界有以下几种常见的方法。

● 自然环境：可以使用自然环境元素，如不能逾越的山脉、河流或峭壁，茂密且不能通过的树林等，自然地限制玩家的活动范围。在《塞尔达传说：旷野之息》中，高山和深渊自然界定了玩家的探索区域。

● 建筑结构：可以利用墙壁、大门、围栏或其他建筑结构作为边界。《刺客信条》系列游戏中，建筑和城市布局自然界定了玩家的活动区域。这种限制多用于城市场景的游戏关卡。

● 故事线和任务限制：通过故事线和任务要求来引导玩家留在特定区域。在《荒野大镖客：救赎2》中，某些区域在故事的特定阶段才会开放。有时会在关卡中放置一些只能单向通过的门或地形（如悬崖），通过后玩家不能返回，有助于限制玩家可以探索的区域。

● 有害环境：使用危险区域，如毒气区、高辐射区或极端气候区来阻止玩家进入。《辐射》系列游戏中的辐射区域自然限制了玩家的探索区域。

● NPC和敌人：强大的敌人或NPC阻挡在某些区域的入口，直到玩家达到一定等级或完成特定任务才可通过。《黑暗之魂》中强大的敌人阻挡着新手玩家前进的道路。

有时可以综合使用以上这些手段来设置一个关卡的边界。在《孤岛危机》（Crysis）中，玩家角色在一个四面环海的小岛上，所有玩家都试图通过游泳的方式离开小岛，探索远方的游戏对象或区域。因此该游戏设计中没有直接将海水作为关卡的边界，而是为玩家提供可以通过游泳探索海域的自由度，同时通过在远海放置攻击性强的鲨鱼来限制玩家游出边界。当玩家和小岛的距离超过一定的上限时，通过概率可以保证玩家一定会受到鲨鱼的致命攻击，如图8-3所示。

图 8-3 《孤岛危机》中的NPC鲨鱼是一种有创意的关卡边界设计

《亚瑟王传奇：王国的命运》游戏原型的边界设计首先可以采用自然环境，山村被群山环绕，陡峭的山峰和树林都可以作为自然环境边界包围山村，如图8-4所示。在游戏中，玩家可以控制玩家角色在游戏场景中自由移动，因此玩家角色完全可能在没有完成任务的情况下就直接从出口离开游戏场景。这里需要设计一个非自然边界，以保证玩家角色不会自行离开关卡范围。这里把强盗占据的猎人营地作为一个屏障，放置在到达山村的必经之路上，通过比武阻止玩家角色越过猎人营地。这样玩家角色就不可能离开游戏原型关卡的边界。图 8-4是添加了边界元素的重要地点逻辑关系图。

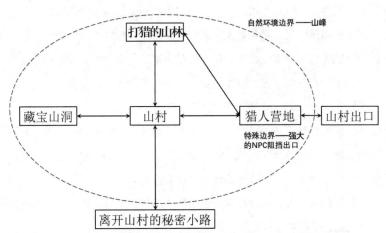

图 8-4 《亚瑟王传奇：王国的命运》游戏原型重要地点逻辑关系图，包括了两种形式的边界

根据猎人营地的设计，在通义万相中输入提示词"Low Poly风格风景画。树林里有几个帐篷，帐篷旁边有火堆，帐篷旁边晾晒兽皮，一条小路穿过帐篷。"，生成的猎人营地的场景设计原画如图8-5所示。

图 8-5 通义万相生成的猎人营地的Low Poly风格场景设计原画

8.3.3 障碍

在游戏关卡设计中，障碍为玩家提供一类挑战，使游戏保持趣味和刺激。障碍的设计应与游戏的核心玩法相协调，如解谜、战斗或平台跳跃，并应与游戏的故事和环境融合，为玩家提供沉浸式体验。障碍可以是物理障碍（如迷宫、墙壁、河流或峡谷），需要玩家绕行、跳过或以其他方式克服；也可以是环境效应（如极端天气、有害区域等），影响玩家的移动或决策。游戏设计师需要为玩家提供多种方法来克服障碍，增加玩法和玩家的自由度。障碍的设计应该与游戏的整体风格和世界观保持一致。

障碍设计是跑酷类（Parkour或Free-Running）游戏和动作冒险类游戏的核心要素之一。这类游戏的玩法通常侧重于角色的快速移动、跳跃、攀爬和滑行等动作，而障碍的设计直接影响了游戏的流畅性、挑战性和趣味性。跑酷类游戏的障碍的设计和布置为玩家提供了需要克服的挑战，要求玩家灵活运用各种跑酷技巧来顺利通过。设计良好的障碍能够增强游戏的动态性和节奏感。玩家需要快速做出决策并执行精确的动作来应对不断出现的障碍。不同类型和难度的障碍能够提供丰富多样的游戏体验。例如，某些障碍可能需要玩家进行高难度跳跃，而另一些障碍可能侧重于考验玩家的速度和敏捷性。

《波斯王子》（见图8-6）系列游戏被广泛认为是跑酷类游戏的经典之作，尤其是该系列的一些后续作品，如《波斯王子：时之沙》（Prince of Persia:The Sands of Time）。这些游戏结合了平台跳跃、墙面奔跑、攀爬等跑酷元素，为玩家提供了丰富的动态游戏体验。《波斯王子》系列游戏引入了许多创新的跑酷机制，如墙面奔跑、跳跃和攀爬等，这些都成为后续跑酷游戏的标准元素，对后续的动作冒险和跑酷游戏产生了深远影响，可以说定义了整个游戏类型。

《镜之边缘》这款游戏以其极简主义的美学和流畅的跑酷动作著称，如图8-7所示。游戏中的障碍设计精妙，要求玩家准确判断跳跃时机和选择路径。《镜之边缘》大量使用建筑屋顶作为跑酷的平台，包括不同高度的建筑、跳跃间隙和斜坡。一些场景中包含可移动的物体（如滑动梯、电梯和跳板），玩家需要与这些物体互动来继续前进；还有一些场景设计了高风险的跳跃，要求玩家准确评估跳跃力度和时间，以及在高空中的降落点。这些元素要求玩家进行精准的跳跃和快速决策。

图 8-6 游戏《波斯王子5：遗忘之沙》的障碍设计

图 8-7 游戏《镜之边缘》的障碍设计

障碍的设计不仅是游戏机制的一部分，也可以作为游戏叙事和环境设置的一环。例如，在某些游戏中，障碍可能与游戏世界的背景故事和主题紧密相关。尽管不完全是传统意义上的跑酷游戏，但《刺客信条》系列游戏中的自由奔跑和环境交互元素展现了跑酷游戏的核心特征，如图 8-8所示。游戏中的城市环境充满了各种可攀爬和跳跃的障碍，使跨越障碍成为任务的一部分。

图 8-8 游戏《刺客信条》的障碍设计

《亚瑟王传奇：王国的命运》游戏原型中的障碍元素可以在所有道路和重要地点出现，在支线任务"探索藏宝山洞"这个部分展示障碍设计。由于支线任务需要有一定的难度，同时从剧情设计上考虑，藏宝山洞这个重要地点不应该很容易被玩家找到，因此在通向藏宝山洞的路上设计了一个迷宫地形，包括曲折的山间小路和死路，避免玩家很容易到达这个重要任务地点，如图8-9所示。

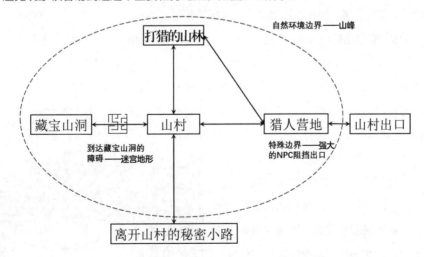

图 8-9 《亚瑟王传奇：王国的命运》游戏原型重要地点逻辑关系图，包括了通往藏宝山洞的障碍

8.3.4 导航路标和空间引导

在游戏关卡设计中，设置路标是一种重要的导航辅助手段，用以确保玩家能够有效地定位自己的位置，以及理解重要目标的位置。合理的路标设计可以增强游戏的可玩性，减少玩家的迷茫感，同时提升整体的游戏体验。常用的路标设置方法如下。

- 视觉路标：显著的建筑物、独特的地形特征或醒目的色彩。例如，一座高塔、一座大桥或一片显眼的森林。
- 文字和符号指示：如箭头、符号或文字提示，直接指明方向或提供信息。这在城市环境或技术设施中尤为常见。
- 路径和照明：路径（如人行道、小径）和照明（如路灯、指示灯）的设计可以引导玩家前进的方向。
- 音频提示：通过环境音效或角色对话给出方向性提示。例如，声音的增强可以提示玩家正在接近目标。
- 动态路标：如移动的角色或物体，可以引导玩家到达特定的地点。

路标帮助玩家理解他们应该去哪里，从而减少玩家在游戏世界中迷路的挫败感。适当的路标可以帮助推动故事的发展，引导玩家经历关键的剧情节点。合理的路标设计可以加强游戏世界的真实感，使玩家更加沉浸在游戏环境中。《荒野大镖客2》游戏中的小镇和自然景观充当视觉路标，帮助玩家导航。《传送门2》（*Portal 2*）游戏中的符号和光源引导玩家解决谜题和找到出口。

开放世界游戏包含广阔的场景和众多可探索地点，因此有效的导航路标设置尤为重要。在《塞尔达传说：旷野之息》中，远处的山脉和高塔可为玩家指引方向。海布拉山（Hebra Mountains）位于游戏世界地图的西北角，因为其显眼和雄伟而成为玩家探索时的重要地理标志，当玩家在中央海拉鲁（Hyrule）地区时，可以朝着这些山脉的方向前进以探索西北地区。死亡之山（Death Mountain）具有易于识别的火山特征（如岩浆和火山口），是东北部的显著地标。玩家可以利用这个特征来定位并前往相关的任务或探索区域。游戏中每个主要区域都有一个塔楼，玩家需要激活它们来揭露地图。这些塔楼高高耸立，从远处就能看到，玩家可以根据它们的位置来定位未探索的区域。

《塞尔达传说：旷野之息》的通过不同层级的目标设置创造了一个无缝且动态的探索体验，其多层级引导系统包括几个层级的导航路标。其中，大型导航路标（如神兽、塔楼，见图8-10）这些大型结构通常在远处就能看到，为玩家提供远程的定位和探索方向；中型导航路标（如神庙、遗迹）较小，但依然显著，提供更具体的探索方向。这些路标通常位于玩家可达的中等距离内，鼓励玩家深入探索周围区域。它们不仅能引导玩家探索整个游戏世界，而且通常与主要的故事线和任务相关联。小型导航路标（如怪物、宝箱）散布在游戏世界中，提供即时的互动和奖励。它们增加了游戏的深度和复杂度，同时也是玩家在探索过程中的即时目标。不同层级导航路标的可见范围相交，创建了一个动态的引导系统。玩家在探索一个导航路标时可能会被另一个导航路标吸引，这种设计使得游戏的探索节奏既自然又充满惊喜。通过调整不同导航路标间的相交密度，游戏设计师可以在不同区域控制探索密度和节奏。

图 8-10 游戏《塞尔达传说：旷野之息》中的塔楼

有些小型导航路标没有这么显眼，玩家在一个区域内寻找一些隐蔽的对象（如山洞入口或宝藏隐藏区域）时，一棵棵树或一个形状奇特的石头都可以作为路标。完全没有路标的游戏对象应该是不重要的，特别不能是主要故事线上必须要找到的对象。

《亚瑟王传奇：王国的命运》游戏原型中的重要地点都需要设置导航路标，帮助玩家在关卡中找到这些地点。导航路标既需要醒目、不容易被遮挡，又需要和游戏原型关卡的环境协调，因此应该选用类似巨型雕像、巨型树木、形状奇特的巨石的3D模型。由于上一节中添加了迷宫地形作为障碍，因此也需要为迷宫地形提供特殊的隐藏导航路标，帮助玩家通过推理认识到隐藏导航路标的作用，使善于观察的玩家能够利用这些隐藏导航路标更快地到达藏宝山洞。导航路标放置的位置标注在重要地点逻辑关系图中，如图8-11所示。

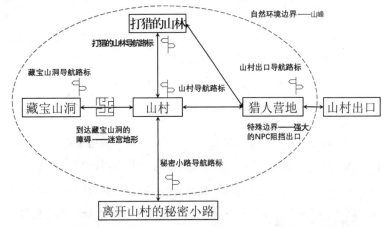

图 8-11《亚瑟王传奇：王国的命运》游戏原型重要地点逻辑关系图，包括了导航路标

除了这些需要玩家通过观察来发现的静态导航路标之外，在游戏原型中还将提供指向当前任务地点的动态指向标识，在游戏中始终指向任务地点，帮助玩家移动到该地点。指向标识的实现将在本书第11章介绍。

8.3.5 游戏对象的几何尺度和比例

在游戏设计中，创造性地操纵尺度和比例是一种有效的设计技巧。这种设计自由允许游戏设计师打破现实世界的物理限制，创造独特、引人入胜的游戏世界。

改变几何尺度可以创造出令人印象深刻的场景，增强游戏的视觉冲击力和情感体验。例如，设计一个巨大的Boss可以使玩家感受到强烈的威胁感和挑战性。很多游戏的Boss战关卡会设计一个体型庞大的Boss角色和一个相对狭窄的空间，以增加玩家的心理压力，如图8-12所示。

图 8-12 经典街机游戏《超级马力欧兄弟》中的Boss占据大半个游戏主界面，将马力欧和公主逼到角落里

《旺达与巨像》（Shadow of the Colossus）（见图8-13）这款游戏以其中的巨像和宏伟的景观著称，而且将Boss战作为主要内容，而不是只在故事的高潮出现。玩家需要攀爬并击败这些巨像，游戏的核心玩法就是围绕这种巨大的几何尺度差异展开的。巨像的体积给玩家角色带来的挑战不只是心理上的，因

为玩家需要寻找和攻击巨像的弱点，所以玩家必须找到方法攀爬它们，寻找弱点进行攻击。这种机制要求玩家观察、计划和执行复杂的动作序列。游戏世界的设计也围绕这些巨像进行。每个巨像都有独特的环境和结构，要求玩家采取不同的策略来应对。巨像的庞大尺寸使得每次遭遇都成为一次重大挑战，强调了游戏的核心玩法——攀爬和击败这些巨像。巨像的强大与角色的脆弱不仅是物理上的对比，也反映了游戏中探索的主题，如孤独、牺牲和对抗不可避免的命运。

图 8-13 游戏《旺达与巨像》中巨像与玩家角色的几何尺度差异夸张

游戏对象的几何尺度和比例还能影响游戏元素的可见性和可操作性。在快节奏的游戏中，确保玩家可以轻松地看到和操作游戏元素是至关重要的。夸张的尺寸有助于提高游戏元素的可视性和识别性。在战略类游戏和模拟游戏中，夸张化建筑或运输装置的比例是一种常见的设计手法。这种夸张不仅起到了视觉上的强化作用，而且对于游戏元素的可见性和可操作性非常关键。在《文明》系列游戏中，重要的建筑（如奇观）通常比实际历史中的更加巨大和显眼，如图8-14所示。这样做可以帮助玩家在复杂的游戏界面上快速识别出这些重要元素。《红色警戒》中的许多游戏元素和运输装置尺寸被夸张化，使它们在战场上更加醒目，游戏中的士兵、车辆和飞机通常比现实中的要大，玩家更容易在游戏场景中发现和选中这些对象。

图 8-14 《文明》系列游戏中的奇观

《亚瑟王传奇：王国的命运》游戏原型中会使用超大比例的游戏物品或雕像作为导航路标，具体的设置在本书第三部分的游戏原型系统实现中介绍。

8.4 《亚瑟王传奇：王国的命运》游戏原型的游戏界面

8.4.1 玩家视角

在游戏关卡设计中，玩家的视角选择可以极大地影响游戏体验，图8-15展示了不同的玩家视角。主要的玩家视角如下。

• 第一人称视角（First-Person Perspective，FPP）：玩家通过角色的眼睛看游戏世界，感觉就像自己身处游戏世界中。常见于射击游戏、探索游戏和一些动作游戏。这种视角增强了玩家的沉浸感和紧张感。

● 第三人称视角（Third-Person Perspective，TPP）：玩家在角色后面或上方进行观察，可以看到角色的动作和周围环境。常用于动作冒险游戏、角色扮演游戏和开放世界游戏。这种视角提供了更广阔的视野，有助于玩家进行战术规划和环境探索。

● 俯视角（Top-Down Perspective）：第三人称视角的一种类型，玩家从上方观看游戏世界，通常用于战略类游戏和一些解谜游戏，提供了对游戏环境全局的视野，有助于玩家进行战略决策和资源管理。

● 侧视角（Side-Scrolling Perspective）：第三人称视角的一种类型，角色和环境以侧面视图呈现，常见于经典平台游戏和某些动作游戏，简化了3D空间的复杂性，使得游戏更专注于横向移动和跳跃。

● 等距视角（Isometric Perspective）：结合了3D空间的深度和2D平面的简化，常用于某些战略类游戏和RPG。提供了独特的视角，有助于同时展现游戏世界的广度和细节。

● 混合视角：某些游戏会根据需要在不同视角之间切换，为玩家提供最佳的游戏体验。例如，赛车类游戏可能在第一人称视角和第三人称视角之间切换。

（a）《孤岛危机》的第一人称视角效果　　　　　　　（b）《星际争霸》的等距视角效果

 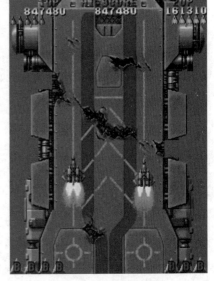

（c）《合金弹头》的侧视角效果　　　　　　　　　（d）《雷电》的俯视角效果

图 8-15 游戏中不同的玩家视角效果

传统的角色扮演类游戏都选用第三人称视角，本书的范例游戏项目也采用第三人称视角。

8.4.2 游戏界面设计

游戏界面设计的基本原则大多与用户界面设计原则一致，只是在艺术设计和符合用户直觉等方面要求更高。用户界面设计原则是人机交互领域的一项重要成果，通过多年的发展已经形成了业界共识。目前大多数用户界面设计工作都需要遵循几个设计原则。这些设计原则虽然有不同的版本和不同的名称，但是大多内容是一致的。下面以雅各布·尼尔森（Jakob Nielsen）提出的界面设计十大原则为例。

- 及时反馈原则：用户界面应始终向用户反馈当前状态，这应该发生在合理的时间内。
- 符合用户直觉原则：用户界面应使用用户熟悉的语言，遵循现实世界的语言习惯和逻辑顺序。
- 可撤销性原则：用户经常会误操作，因此用户界面应提供明显的"撤销"和"重做"选项。
- 一致性原则：用户界面元素的外观、功能、操作都需要保持一致，使用户不必猜测不同情况下的相同操作的效果。平台标准和规范应当得到遵守。
- 容错性原则：用户界面设计应尽量减小错误发生的可能性，并提供简单有效的错误处理方法。
- 记忆最少原则：用户界面不应要求用户记住大量信息，应尽量减轻用户记忆负担。
- 快捷操作原则：用户界面应为新手和经验丰富的用户提供不同的使用方式，例如通过提供快捷方式来加速经验丰富的用户的操作。
- 简单性原则：用户界面应避免不必要的复杂性，每个额外的信息单位都会分散用户的注意力。
- 错误反馈原则：用户界面的错误信息应以清晰的语言表达，准确地指出问题所在，并提出解决方案。
- 提供帮助原则：即使系统尽可能设计得直观易用，有时候也需要提供帮助和文档。文档应易于搜索，集中于用户的任务，列出具体的步骤，并不过于冗长。

类似的用户界面设计原则还有本·施奈德曼（Ben Shneiderman）提出的界面设计八大黄金法则等。这些用户界面设计原则同样适用于游戏界面的设计。设计原则可以用来判断一个设计是不是有效合理，因此经常作为界面可用性测试的标准。但是，设计原则虽然可以告诉游戏设计师什么是不好的设计，但是无法告诉游戏设计师好的设计如何得到。因此如今的游戏界面设计实践，很多时候依然依赖游戏设计师的能力和实践经验。

（1）游戏关卡主界面的设计

传统的游戏交互界面主要指游戏关卡主界面，就是玩家在游戏关卡中看到的界面，用于实现所有的游戏玩法机制的交互功能，其中游戏界面设计主要是指游戏关卡主界面的设计，这个界面包括很多不同的界面元素。

- HUD：显示关键游戏信息，如血条、能量条、剩余时间、目标指示、得分和弹药计数等数据。它通常被设计为覆盖在游戏画面之上，不会干扰游戏，提供只读的数据。
- 菜单：菜单用于游戏关卡内的游戏设置、角色设定、物品管理等。包括主菜单、暂停菜单、设置菜单和角色/物品栏。
- 对话框：对话框在角色对话和故事叙述中使用，显示角色对话或游戏相关信息。对话框可以是静态的，也可以是动态的，与角色的动作或表情相结合。

● 控制界面：包括游戏中使用的所有按键、按钮和控制杆。控制界面的设计将直接影响游戏的可玩性和用户体验。

● 提示和通知：提供游戏过程中的提示、指示和警告。例如，任务更新通知、生命值低下警告或特殊事件提示。

● 地图和导航系统：展示游戏世界的概览，帮助玩家导航。包括全局地图、迷你地图和路线指引。

● 进度条和计时器：显示任务进度、技能冷却时间或计时挑战。这些元素可帮助玩家了解当前状态和剩余时间。

游戏关卡主界面的布局和界面选择与游戏类型紧密相关，经过多年的发展，实际上存在主流游戏类型的游戏关卡主界面范式。这种界面范式经过长期优化，效率很高，同时，同一类型游戏遵循相同的范式也有利于玩家在同类型游戏之间迁移经验。

动作类游戏，包括第一人称射击游戏和动作冒险游戏（如《刺客信条》系列游戏），通常在主界面设计上遵循着尽量减少界面元素的原则。这样的设计决策是为了确保玩家在游戏中获得最大的视野和最少的干扰，这对节奏快和需要玩家高度集中注意力的动作类游戏来说至关重要。具体来讲，在第一人称射击游戏和动作冒险游戏中，HUD通常被设计得非常简洁，仅显示最必要的信息，如生命值、弹药计数、简单的地图或指南针等。许多动作游戏采用动态界面元素，仅在需要时显示特定信息，不需要时隐去相关界面元素。例如，在玩家受伤时显示血条，或在接近目标时显示导航提示。一些游戏将交互元素直接集成到游戏环境中。例如，环境中的某些对象或人物可能直接提示玩家可以进行的动作。为了不打断游戏的流畅性和紧张感，快捷键或快速访问菜单通常被用于快速切换武器或使用道具。这样的设计能保证动作类游戏的关卡主界面设计重点在于提供清晰的信息，同时最大程度地减少视觉和认知干扰，以确保玩家可以完全沉浸在快节奏和高度交互的游戏体验中。

《使命召唤》系列游戏的关卡主界面就非常简洁，并采用半透明设计进一步减少对玩家的干扰，如图8-16所示。

图8-16 《使命召唤》关卡主界面截图

战略类游戏，如即时战略类游戏和回合制战略类游戏，确实在关卡主界面设计上与动作类游戏形成鲜明对比。由于这类游戏涉及复杂的资源管理、单位建设和决策制订，因此其关卡主界面通常包含许多元素来提供必要的信息和控制选项。《星际争霸2》（*StarCraft 2*）（见图8-17）作为一款经典的即时战略类游戏，其关卡主界面包含了单位和建筑的控制面板、资源显示（如矿物和高能气体）、单位生命值和能量条、迷你地图等界面元素。《文明6》的关卡主界面包括各种类型的信息显示，如资源、科技树、文化政策、城市状态和外交关系。界面被设计的信息丰富而详尽，以支持玩家在建设文明过程中的多方面决策。《全面战争：三国》是混合了回合制战略和即时战术的游戏，界面包括了地图、单位、省份管理、家族和法官、外交等多

个方面的信息和控制选项。界面设计强调了对复杂系统的有效管理，同时也尽力保持了直观性和易用性。这些游戏的关卡主界面设计都强调了信息的全面展示和复杂系统的有效管理。虽然这可能会导致界面元素较多，但通过精心的设计，这些游戏能够在保持界面清晰可读的同时，提供丰富的控制选项和必要信息，以支持玩家的战略和战术决策。

图 8-17 《星际争霸2》的关卡主界面包括角色状态、资源数量、单位控制、导航
地图等界面元素

角色扮演类游戏的关卡主界面设计需要综合考虑游戏叙事、角色发展和对游戏世界的探索。关卡主界面常见元素如下。

● 角色状态：显示角色的基本信息，如生命值（HP）、魔法值（MP）、经验值（XP）等，还可能包括角色的等级、属性（如力量、敏捷度、智力等）和状态效果（如中毒、加速等）。

● 物品和装备栏：管理角色的装备（如武器、盔甲等）和物品（如药水、道具等）。通常设计成容易访问和管理的界面。

● 技能和能力树：显示角色的技能、法术或特殊能力。在一些游戏中，还包括技能树或能力升级路径。

● 任务/目标追踪：提供当前任务或目标的信息，包括主线任务和支线任务，可以显示任务地点、目标、进度和奖励。

● 地图和导航：提供游戏世界的地图，帮助玩家进行探索和导航，还可能包括快速旅行点、重要路标和当前位置。

● 团队信息：在网络角色扮演类游戏中，需要显示团队成员的状态和信息，包括队友的生命值、位置和当前活动。

● 游戏菜单和设置：提供访问游戏设置、保存游戏、退出等选项的菜单。

《暗黑破坏神3》的关卡主界面包括角色状态、物品和装备栏、当前目标、当前任务进展情况、队友状

态、导航地图、弹出提示信息等
界面元素，如图8-18所示。

图 8-18 游戏《暗黑破坏神3》的关卡主界面

角色扮演类游戏的关卡主界面设计需要确保所有信息都易于读取和理解，尤其是在战斗或做关键决策时。界面设计应符合游戏的整体风格和氛围，增强玩家的沉浸感。玩家应能够直观地在不同界面和选项间导航。由于需要展示的内容很多，因此界面应根据游戏情境和玩家操作适当调整，如在战斗时简化显示。

借鉴角色扮演类游戏的关卡主界面设计，为《亚瑟王传奇：王国的命运》游戏原型设计一个游戏关卡主界面，如图8-19（a）所示。为了尽量不影响玩家的视野，游戏关卡主界面左上方提供了玩家角色状态显示区域，用于显示玩家的职业等级、生命值、魔法值和经验值等数据；还提供了一个任务进度显示区域，用于显示当前任务。游戏关卡主界面的下方设置了对话框区域，用于显示文字版的对话。在游戏关卡主界面的上方、右侧和正中间位置分别放置了提示信息显示区域、物品获取提示信息显示区域和交互提示区域。这3个区域在游戏过程中根据玩家的输入提供即时信息。以上的界面元素选用半透明外观设计，将对游戏画面的影响降到最低。

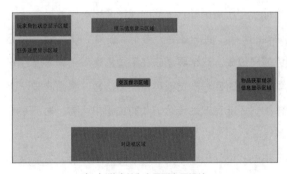

（a）游戏关卡主界面布局设计

（b）玩家角色属性界面和背包系统界面布局设计

图 8-19《亚瑟王传奇：王国的命运》游戏原型的界面布局设计

除了游戏关卡主界面之外，《亚瑟王传奇：王国的命运》游戏原型还需要显示玩家角色各种属性值，并允许玩家通过交互界面来控制，这是角色扮演类游戏的一个重要特色。这里将玩家的所有属性（包括基础属性和二级属性）都通过一个玩家角色属性界面显示。另外一个重要的界面是背包系统界面，用于显示玩家目前拥有的各类物品。这两个弹出子界面在角色扮演类游戏中非常重要，玩家经常需要使用，因此可以认为是游戏关卡主界面的一部分，如图8-19（b）所示。

除了游戏关卡主界面之外，还需要设计其他辅助界面，帮助玩家管理游戏。这些辅助界面如下。

- 游戏开始（主菜单）界面。
- 游戏设置界面。
- 得分和排名界面。
- 教程和帮助界面。
- 胜利/失败信息界面。

这些交互界面共同构成了游戏的用户界面，对于提供直观、易于理解和吸引人的游戏体验至关重要。设计时需要考虑它们与游戏风格、故事和整体体验的协调。随着技术的发展，许多游戏也在尝试更加创新和沉浸式的交互界面设计。

（2）游戏开始（主菜单）界面的设计

游戏开始（主菜单）界面是玩家与游戏互动的第一个界面，会给玩家留下第一印象，所以至关重要。一个好的游戏开始（主菜单）界面不仅便于玩家访问游戏的各个部分，还能传达游戏的风格和氛围。游戏开始（主菜单）界面一般包含的选项如下。

- 开始游戏/继续游戏：进入新游戏或继续上一次的游戏进度。对于RPG，通常会有创建新角色或开始新故事线的选项。
- 加载游戏：加载之前保存的游戏进度。
- 多人游戏/联机模式：如果游戏支持多人游戏，这里可以选择加入或创建多人游戏。
- 游戏设置：进入设置菜单，调整游戏的控制方式、图形、声音等。
- 额外内容：查看和选择额外的游戏内容，如DLC（Downloadable Content）、扩展包等。
- 帮助教程：提供游戏帮助信息和教程访问渠道。
- 退出游戏：退出游戏回到桌面或游戏平台。

游戏开始（主菜单）界面应简单直观，玩家能够容易地找到所需选项。界面的视觉风格应与游戏整体风格保持一致，以增强玩家的沉浸感。这个界面需要提供重要的功能，如开始游戏或继续游戏，使有经验的玩家能快速进入游戏。菜单选项应有清晰的层次结构，避免信息过载。这个界面应在不同分辨率和屏幕尺寸下均表现良好。对玩家的操作给予明确反馈，例如，当选项被选中时应有视觉或声音反馈。通过遵循这些设计原则，游戏开始（主菜单）界面不仅能提供良好的用户体验，还能有效地传达游戏的主题和氛围，为玩家进入游戏世界铺设道路。

游戏开始（主菜单）界面也因游戏类型的不同而存在不同的设计风格。动作游戏的游戏开始（主菜单）界面通常包括一个动态背景，用于展示游戏的核心主题或主要角色；界面元素通常较少，强调开始游戏、继续游戏、设置等主要选项；设计风格倾向于暗色调、神秘感，与游戏的动作和冒险元素符合。战略类游戏（如《文明》系列游戏）的游戏开始（主菜单）界面通常包含多个选项，如新游戏、继续游戏、多人游戏、设置等；界面常强调游戏的策略和智慧元素，可能包含地图、历史元素或符号；设计风格通常更为正式和传统，以突出游戏的复杂性和深度。角色扮演游戏的游戏开始（主菜单）界面往往注重故事背景和角色展示；界面可能包括精美的艺术作品或游戏场景，以及角色肖像或动画；设计风格倾向于幻想或历史题材，强调沉浸感和叙事。休闲游戏的游戏开始（主菜单）界面通常简单直观，易于理解；设计风格通常色彩鲜艳、活泼，突出游戏的趣味性和轻松的氛围；设计元素常包括大而明显的按钮和直观的图标，有时会直接把帮助信息放在这个界面。体育模拟类游戏的游戏开始（主菜单）界面通常展示运动元素，如球员、球场和体育设施；设计风格通常、充满活力，与体育赛事的动感相符。

例如，《使命召唤》的游戏开始（主菜单）界面展示游戏的核心主题或主要角色，如图8-20所示。

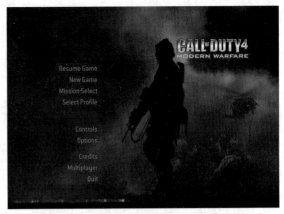

图 8-20《使命召唤》的游戏开始（主菜单）界面

《亚瑟王传奇：王国的命运》游戏原型的开始（主菜单）界面布局设计如图 8-21所示。

图 8-21《亚瑟王传奇：王国的命运》游戏原型的开始（主菜单）界面布局设计

（3）游戏设置界面的设计

游戏设置界面是任何游戏中不可或缺的部分，主要用于让玩家根据自己的喜好和需求自定义游戏体验。一般来说，游戏设置界面需要包括以下内容。

● 图形和显示设置

分辨率：调整游戏的显示分辨率。

画质：设置游戏的图形质量，如低、中、高。

高级图形选项：如阴影、纹理质量、反锯齿、视觉效果等。

显示模式：如全屏、窗口化或无边框窗口等。

V-Sync（垂直同步）：防止屏幕撕裂现象。

● 声音设置

总音量：调整游戏的总体音量。

音效音量：单独调整游戏音效的音量。

音乐音量：单独调整游戏背景音乐的音量。

语音聊天音量：在多人游戏中调整玩家之间语音通信的音量。

环境音量：调整游戏环境声音的音量。

• 交互设置

键位绑定：允许玩家自定义键盘和鼠标或游戏手柄上的按键配置。

灵敏度：调整鼠标或摇杆的灵敏度。

反转Y轴：一些玩家喜欢反向垂直控制，可对此选项进行设置。

自动瞄准/目标辅助：特别是在控制器上玩射击游戏时，可对此选项进行设置。

• 游戏性设置

难度级别：调整游戏的难度，如简单、普通、困难。

教程/提示：开启或关闭游戏内的教程和提示。

语言：选择游戏的显示和语音语言。

自动保存：调整自动保存游戏的频率和设置。

• 辅助功能

字幕和文本大小：为听力障碍玩家提供字幕，可调整大小。

颜色盲模式：针对色盲玩家的特殊颜色设置。

震动反馈：开启或关闭控制器震动功能。

高对比度模式：增强游戏的可视性。

• 网络设置（如果适用）

网络类型：选择联网方式，如局域网或互联网。

端口设置：配置网络连接的端口。

隐私和安全设置：调整其他玩家与你交互的设置。

• 账户和社交设置（如果适用）

社交媒体连接：将游戏账户与社交媒体账户连接。

好友和群组管理：管理游戏内的好友列表和群组。

游戏设置界面的设计原则是提供足够的灵活性，使所有玩家都能根据个人偏好和需求调整游戏体验。通过这些设置，游戏能够更好地适应不同玩家的设备配置、操作习惯和特殊需求。

对于硬核玩家群体，详细的游戏配置可以提供高度定制化的游戏体验。但是对于非硬核玩家群体，特别是休闲类玩家群体，这种详细的设置既难以理解又没有必要。因此休闲类游戏通常不提供这类详细的设置界面。某些对游戏设置要求较高的游戏，例如《孤岛危机》系列游戏，会提供一些简易的设置方式，例如直接将游戏图形质量设为高、中、低等若干个档次，然后由游戏程序本身来根据实际硬件水平设定详细的参数。这种设计更能照顾玩家的需要。

《暗黑破坏神3》的图形设置界面提供专业的图形性能参数设置，如图8-22所示。

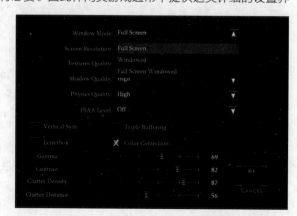

图 8-22 《暗黑破坏神3》的图形设置界面

8.5 《亚瑟王传奇：王国的命运》游戏原型的规则

规程提供了游戏进程的大致描述，规则定义了游戏内的具体约束和可能性。这些规则明确定义玩家角色、NPC和游戏世界可以和不可以做的事情。

8.5.1 玩家角色的行为规则

在设计玩家角色的行为规则时，需要考虑一系列的因素，以确保角色的行为既符合游戏的玩法，又能提供富有吸引力的游戏体验。玩家角色在大多数游戏中都具有最复杂的规则，也就是最复杂的逻辑。因此游戏策划师和游戏程序员需要更明确地定义好这些规则，以消除双方在设计细节理解上的分歧，提高沟通环节的效率。设计玩家角色的行为规则时通常需要包括的内容如下。

- 移动和导航规则

玩家角色的基本移动方式：如行走、跑动、跳跃、爬行等。

玩家角色的速度和敏捷性：玩家角色移动的速度和敏捷性，以及在不同情境下的变化（如携带重物时的移动速度）。

- 互动和操作规则

非玩家角色和玩家角色互动：玩家角色与非玩家角色的互动方式，包括对话、交易、战斗等。

环境互动：玩家角色与游戏环境互动的方式，如开关门、操纵机械、拾取物品等。

- 战斗和防御规则

攻击方式：玩家角色的攻击方式，包括近战攻击、远程攻击等。

防御机制：玩家角色的防御机制，如格挡、躲避、使用护盾等。

特殊技能和能力：玩家角色的特殊技能或超能力及其使用条件和效果。

- 健康和状态规则

生命值和伤害：玩家角色的生命值系统和受伤机制。

状态效果：中毒、燃烧、冻结等状态效果对玩家角色行为的影响。

- 能力和属性管理规则

属性系统：力量、敏捷、智力等基本属性对玩家角色行为的影响。

技能树和发展：玩家角色技能的发展路径和升级选项。

- 装备和物品管理规则

装备使用：玩家角色如何使用和更换装备，如武器、护甲、道具等。

物品管理：物品携带和管理机制。

- 角色发展和成长规则

经验和等级：玩家角色通过游戏活动获得经验并提升等级的机制。

角色定制：允许玩家通过用户界面定制角色外观和技能的选项。

在以上的玩家角色行为规则中，很多规则（如战斗和防御规则、健康和状态规则、能力和属性管理规则等）涉及玩家角色的战斗属性和经济属性的数值设计。这些数值设计的详细内容将在下一章讨论。这里先为玩家角色临时设定这些属性的取值。在数值设计阶段可以把这些属性之间的关系通过定量的方式确立，形成一个动态的系统。

在设计玩家角色的行为规则时，重要的是要确保这些规则既符合游戏的整体设计，又能够提供玩家所期望的游戏体验。综合考虑这些方面，有助于创建出深度和魅力兼备的玩家角色。

《亚瑟王传奇：王国的命运》游戏原型中玩家角色的行为规则的设计如表8-3所示。

表 8-3 《亚瑟王传奇：王国的命运》游戏原型中玩家角色的行为规则

规则类型	行为描述
移动和导航规则	按住W、A、S、D键移动玩家角色； 按住Shift键加速移动； 通过移动鼠标控制跟随相机的视角
互动和操作规则	界面正中央出现提示时，允许玩家角色与NPC和物品进行交互； 按E键拾取视角指向的可拾取物品； 按E键与视角指向的NPC开始对话
战斗和防御规则	单击鼠标左键使用装备的武器发起攻击，对攻击范围内非友方NPC造成X点伤害，造成的伤害值根据战斗公式计算； 按Space键翻滚以躲避攻击
健康和状态规则	受到伤害时失去对应生命值，失去的生命值根据战斗公式计算，生命值最低为0%； 当生命值为0%时，玩家角色死亡，显示失败界面，然后玩家角色重新回到当前任务的开始状态，生命值恢复为100%
能力和属性管理规则	体质影响玩家角色的生命值、物理防御与魔法防御； 力量影响玩家角色的生命值、物理攻击与物理防御； 智力影响玩家角色的魔法攻击、魔法防御以及魔法值； 允许玩家通过角色属性界面设置玩家角色的3个基础属性，即体质、力量和智力
装备和物品管理规则	在背包中拖动武器、护甲至装备栏进行装备； 在背包中单击鼠标右键使用道具

8.5.2 非玩家角色的行为规则和游戏 AI

（1）非玩家角色的行为规则设计内容

在设计非玩家角色（即NPC）的行为规则时，游戏设计师需要考虑一系列因素来确保NPC行为的逼真、一致性和游戏体验的增强。以下是设计NPC的行为规则时通常需要包括的内容。

• 行为模式和情感状态：定义NPC的几种基本行为模式（如敌对、友好、中立等），然后设计决策算法（如决策树、有限状态机等）来决定NPC在不同情况下的行动选择；与行为模式匹配的是NPC的情感状态，同样需要设计NPC的情感状态（如愤怒、恐惧、快乐等），影响其行为，并通过NPC的表情变化和身体语言来表现其情感状态和反应。

• 移动和导航：设计NPC如何在游戏环境中移动，包括避障和追踪目标，以及NPC的巡逻路线和特定位置的行为。多个NPC同时组队移动在即时战略类游戏中很常见，这对多个NPC的寻径算法提出了挑战。

• 互动和反应：设计NPC与玩家的互动方式（如对话、交易、请求帮助等），设计NPC对环境变化

（如声音、光线变化等）的反应。这里需要为NPC设计一定的感知能力，允许NPC接收到周围环境的变化。简单的感知能力可以用包围盒实现，复杂而真实的感知能力需要考虑感知距离、感知角度范围和环境对感知能力的影响等多个因素。

- 战斗行为：在敌对状态下，需要设计NPC的战斗策略和攻击方式，以及NPC在战斗中的防御动作和躲避行为。
- 角色特定行为：有时需要根据NPC的角色设定（如商人、守卫、敌对怪物等）设计特定行为和日常活动模式，如工作、休息、交流等。
- 角色发展和变化：如果适用，设计NPC随着游戏进展发生的变化，如技能提升、态度变化等。

（2）游戏AI技术

NPC的行为高度依赖游戏设计师给这些角色赋予的逻辑和算法（统称游戏AI技术）。游戏AI技术可以用来实现真实合理的NPC行为。

决策算法可以帮助NPC实现有逻辑的状态改变，是游戏AI技术的一个主要分支。最简单的决策算法就是决策树。决策树是一种分支逻辑结构，它通过一系列的问题和决策点来指导NPC的行为。它从树的根部开始，每个节点代表一个决策点，节点上的问题根据当前的状态或输入来进行是或否的决定，从而引导到下一个节点。这个过程持续进行，直到到达叶节点，叶节点代表了最终的行动或结果。例如，在一个简单的战斗游戏中，决策树可以用来确定NPC是否应该攻击玩家、逃跑或使用物品。节点的决策可能基于玩家与NPC之间的距离、NPC的健康状况、可用资源等因素。决策树易于实现和理解，而且可以直观地表示复杂的决策流程。但是当NPC需要处理的情况很多时，决策树可能会变得非常庞大和难以管理，特别是在复杂的游戏环境中；对于动态变化的环境，决策树可能不够灵活。行为树是一种更为灵活的分层和序列控制结构，用来组织和实现NPC的行为。与决策树相比，行为树通过将行为分解为更小的任务单元来提供更大的灵活性和控制力。行为树由不同类型的节点组成，包括控制节点（如序列节点、选择节点、并行节点）和叶节点（如任务和条件）。控制节点定义任务执行的顺序，叶节点定义实际的行为和决策逻辑。行为树在运行时动态执行，允许实时的决策更新。这使得AI能够更好地响应游戏世界的变化。行为树中的子树可以在不同的AI实体之间共享和重用，使得AI开发更为高效。行为树特别适用于复杂的游戏AI场景，因为它们能够处理复杂的任务，提供顺序和优先级逻辑，并允许简单地扩展和维护。

有限状态机是一种决策算法，也可以用于控制NPC的行为状态。与决策树的树状逻辑结构不同，有限状态机具有网状的逻辑结构。在有限状态机中，NPC可以处于有限数量的状态之一，例如"巡逻""追逐""攻击"等。每个状态定义了NPC在此状态下可以执行的行为，以及在特定条件下应转移到其他状态的规则。状态转换可以基于游戏世界的变化，例如玩家的位置、NPC的健康状态或游戏内的特定事件。NPC会根据这些转换规则从一个状态切换到另一个状态，以适应游戏环境的变化。有限状态机同样结构清晰且易于调试和扩展，适合表示NPC的高层次行为和状态转换，但是当处理更复杂或模糊的决策时可能会受限，状态数量增加时，管理和维护的复杂性会增加。

更加复杂的决策算法可被用于产生更加复杂的NPC行为，如动态规划和模糊逻辑。随着深度学习技术的发展，一些深度学习算法被尝试用于产生更合理的行为模式。例如，强化学习方法就可以通过在训练环境中反复试错获得一个相当有深度的决策模型。但是以上这些算法目前大多处于实验室研究阶段，其需要的计算量和获得的游戏性改善程度并不成正比，在游戏硬件水平没有大幅度提高之前，这些算法的应用范围有限。只有在一些非常特殊的游戏（如围棋游戏）中，才会使用这些复杂的算法以获得较好的游戏体验。

除了决策算法之外，避障和寻路算法也是一大类实用的游戏AI技术，是确保角色能够智能地在环境中移动而不发生碰撞的关键技术。当NPC在游戏中莫名其妙卡住、挡住另外一些NPC，或者移动到一些不应该到达的地点时，玩家的沉浸感会被削弱。最常见的寻路算法是A*算法，通过评估从起点到终点的预计成本（通常是实际成本和预计剩余成本的总和）来找到一条最优路径。该算法还衍生出很多更准确和高效的寻路算法，包括Dijkstra算法、跳点搜索算法、IDA*算法、双向A算法和Theta*算法等。另一种非常常见的避障技术是导航网格技术，可以归类为一种预计算技术，基于游戏世界地形可以生成多边形网格，这个网格作为辅助数据结构，可以帮助NPC在这些多边形中自由移动，避开游戏世界中的障碍。本书介绍的游戏原型系统使用Unity游戏引擎提供的导航网格实现NPC的避障功能。

以上介绍的游戏AI技术很多都已经被制作成游戏引擎的标准功能模块，游戏策划师通过学习这些游戏AI技术可以理解如何在游戏中设计和实现真实合理的NPC行为。

注意游戏AI与真正的AI技术存在显著差异。游戏AI的主要目的是增强游戏体验，使游戏角色和环境行为合理且具有挑战性。因此，游戏AI通常是一套预设的规则和行为模式，旨在模拟智能行为，但通常较为简化，侧重于游戏性。游戏AI设计重点在于与玩家的互动，使游戏世界对玩家的行为做出有趣且有挑战性的响应。游戏AI需要在不影响游戏性能的前提下运行，因此通常要对计算资源的使用进行优化。而真正的AI技术，特别是机器学习和深度学习模型，拥有更高的复杂性和自我学习能力。真正的AI技术在处理新情况和未知数据时表现出更高的自主性和适应性。但是大型AI系统可能需要大量的计算资源，尤其是在训练阶段。

（3）非玩家角色的行为规则设计原则

在设计NPC的行为规则时，重要的是确保这些行为增强游戏的沉浸感和故事叙述，并与游戏的整体设计和目标相协调。为此，设计NPC的行为规则时需要遵循一些基本原则，以确保NPC的行为既真实又符合游戏设计的目标。以下是设计NPC的行为规则的一些主要原则。

• 真实性和一致性：NPC的行为应符合其角色设定和游戏世界的环境，如商人、敌人或盟友的行为应不相同；同时NPC的决策和行为应有一致的逻辑基础，使其行为可预测且符合玩家的期望。这里需要注意，过于逼真的NPC行为有时反而会损害游戏性。例如，只有有限弹药的NPC和发现打不赢就逃跑的NPC通常不是好的设计。一致性的要求是为了降低玩家的疑虑，玩家对某种游戏机制熟悉后形成了对这种游戏机制的心智模型，如果出现不一致的结果，心智模型会被质疑。这种情况下玩家的沉浸感会下降。

• 合理而动态的反应：NPC应能感知并适应游戏环境的变化，如对声音、光线或玩家角色的行为的反应；NPC的反应需要根据玩家角色的行为和游戏中的事件动态变化。这时需要为NPC设置感知功能，并划定感知的范围。如果能够设计出NPC的动态反应引起的连锁反应，就可以实现涌现的游戏现象。

• 目标导向行为：NPC应有明确的目标或意图，驱动其行为和决策；在一定程度上赋予NPC自主性，使其能够根据目标独立行动。很多重要的NPC都有推进剧情的作用，其目标或意图应该和剧情一致。

• 多样性和不可预测性：避免所有NPC行为单一或相似，提供多样化的行为模式；一定程度的不可预测性可以增加游戏的挑战性和趣味性。多样性和不可预测性都可以通过随机数来产生。

• 情感和社会交互：NPC应能表达情感状态，如愤怒、恐惧、喜悦等；设计NPC间的社交互动和玩家与NPC的交流有助于揭示NPC的情感状态。在很多游戏里，NPC的行为可以营造出不同的氛围，直接影响玩家的心理。例如，惶恐不安的NPC队友通过台词和动作就可以制造一种氛围，使玩家也紧张起来。

● 性能和资源优化：需要确保AI算法效率高，不过度消耗计算资源。考虑游戏将在不同硬件上运行，AI设计需要适应不同性能水平。当一个场景内存在多个NPC时，这种计算量带来的负担不能够忽视。

设计NPC的行为规则时遵循这些原则，可以创造出既真实又有趣的NPC，提高游戏的整体质量和玩家的沉浸感。

《亚瑟王传奇：王国的命运》游戏原型中非玩家角色的行为规则的设计如表8-4所示。

表8-4 《亚瑟王传奇：王国的命运》游戏原型中非玩家角色的行为规则

非玩家角色	规则描述
艾克特	待机状态：站立待机。 对话状态：朝向玩家并与玩家交谈
梅林	待机状态：站立待机。 对话状态：朝向玩家并与玩家交谈。 战斗状态：在玩家无法击败入侵者时出现，加入玩家阵营，帮助玩家击败入侵者
铁匠	待机状态：站立待机。 对话状态：转向玩家并与玩家交谈
猎户村民甲	待机状态：在打猎的山林入口等候玩家。 对话状态：转向玩家并与玩家交谈
村民甲	待机状态：在村庄内来回走动搬运物品。 对话状态：停止行动，朝向玩家并与玩家交谈。 战斗状态：在玩家召集村民时出现，加入玩家阵营进行战斗
村民乙	待机状态：在森林旁休息待机。 对话状态：停止行动，朝向玩家并与玩家交谈。 战斗状态：在玩家召集村民时出现，加入玩家阵营进行战斗
村民丙	待机状态：在农田工作。 对话状态：停止行动，朝向玩家并与玩家交谈。 战斗状态：在玩家召集村民时出现，加入玩家阵营战斗
蒙面武士	待机状态：在营地旁休息待机，阻止玩家继续前进。 对话状态：停止行动，朝向玩家并与玩家交谈。 战斗状态：在阻止玩家和入侵时，作为玩家的敌对阵营与玩家战斗

8.5.3 游戏世界的行为规则

游戏世界的行为规则设计决定了游戏环境如何响应玩家的行动以及游戏环境内部各元素之间如何相互作用。这些规则构成了游戏世界的物理法则、逻辑和一致性，对于创造沉浸式和可信的游戏体验至关重要。以下是游戏世界的行为规则设计通常包括的内容。

● 物理规则：定义游戏世界的物理属性（如重力、摩擦力、碰撞反应等），以及物体和环境元素的互动规则（如物体如何移动、破坏或受到影响）。目前很多游戏引擎都提供物理引擎或物理模拟模块，它们可以作为组件添加到游戏对象上，让游戏对象之间的互动遵循物理规律，但这些模块主要实现的是刚体碰撞，流体和非刚体的运动规律更加复杂，需要使用额外的算法和计算资源。

● 环境变化：设计环境随时间或事件发生变化的规则，如日夜更替、天气变化等；除了有规律的变化之外，还可以定义环境对玩家行为的响应，如玩家破坏环境后环境的变化。制作可破坏环境不只需要物理引擎，还需要预先制作可破坏游戏对象，并添加粒子系统和可编程着色器，用来模拟破坏的即时效果和破坏后的游戏对象外观变化。实现玩家行为对环境的影响，能够增强玩家的沉浸感，使玩家更相信自己能够影响游戏世界。

● 建筑和营造：在战略类和模拟类游戏中，建筑和营造是一个核心玩法机制，建筑和营造一方面需要资源作为先决条件，一方面会直接改变游戏空间。因此需要定义这类行为的详细规则，包括定义所需资源、建造时间、占用空间等属性，以及制作相关的3D模型和动画。也需要定义这些行为获得的建筑或其他人工构建产品的行为规则。

● 陷阱：在玩家角色遇到的挑战中，陷阱可以认为是游戏世界的一部分，但是需要单独定义其规则。陷阱在冒险类和动作类游戏中是常见的设计元素，可以具有有趣的、富有创意的交互形式，包括困住、阻挡、伤害玩家角色和非玩家角色。与空间元素中的障碍不同，陷阱具有单独的逻辑，复杂的陷阱可以像NPC一样具有决策机制。多种陷阱和NPC之间的互动，有时可以创造出复杂的涌现现象，产生有趣的连锁反应。

● 特殊效果和能力：很多游戏设计会自由创造游戏世界的规则，如反重力、时间操控、魔法等。在游戏中可以设置反重力区域，玩家角色和物体在这些区域内不受重力影响，或者允许玩家操控时间流速，如减慢时间或暂停时间等。著名的"子弹时间"特效在很多射击类游戏中都存在，是特殊效果的一个成功范例。通过特殊效果和超能力打破常规物理规则可以提供独特的游戏体验。但即使是虚构的世界规则，也应有其逻辑和边界，以维持游戏的一致性。

在游戏策划环节，一些标准的物理规则不需要纳入设计内容，但对于其他有特殊逻辑的游戏世界规则，需要作详细的说明。

《亚瑟王传奇：王国的命运》游戏原型中的游戏对象遵循基本的物理规则，包括重力和刚体碰撞。其中藏宝山洞有与玩家交互的功能，这种互动是谜题设计的一部分，因此这部分设计内容将在谜题设计部分进行介绍。

8.6 《亚瑟王传奇：王国的命运》游戏原型的资源

资源是玩家在游戏过程中可以使用或管理的资产或工具。资源可以是有形的（如游戏棋子或卡片），也可以是无形的（如时间或信息）。常见的资源包括装备、物品、货币等。

8.6.1 玩家角色的装备

角色扮演类游戏中，玩家角色是设计的重点，允许玩家通过游戏过程获取装备并为玩家角色配置、制作、升级装备是这类游戏的一种重要的游戏机制，增加了游戏的趣味性和复杂性，有助于形成正向反馈的游戏循环。对于角色重要性较强的其他游戏，包括冒险类和射击类游戏，装备在游戏玩法设计中也有重要地位。

在角色模型制作过程中实现可替换的装备，需要将角色的基本模型与装备模型（如盔甲、武器、饰品等）分开制作，装备的材质和纹理在视觉效果上需要与角色模型协调。本书提供的Low Poly素材包里包括统一美工风格的、单独的角色模型和武器模型。对于角色模型，需要设计一套标准的接口或挂载点，这些接口将用于附加装备到角色模型上。挂载点应位于角色模型的关键位置，如头部、手部、胸部等。为了确保不同装备适配角色，需要规范化装备模型的尺寸和位置。在将装备模型附加到角色模型后，可以测试装备模型在不同动作和动画下的表现，确保在角色移动时不会出现错位或穿模现象。

为角色扮演类游戏中的玩家角色设计佩戴的装备时，首先需要考虑角色的定位，并根据角色的定位确定装备类型。其中常见的角色类型包括战士、法师、射手、牧师和盗贼。战士的装备重点强调防御和近战攻击，所以需要配备提供高防御力的盔甲（即重型盔甲，如板甲或锁子甲）、单手或双手近战武器（如剑、斧、锤）、增强防御能力的辅助装备（如盾牌、腰带、靴子）。法师的装备重点强调魔法攻击和魔法能量，所以需要配备增强魔法的轻型护具（如法袍）、增强施法能力和有限的战斗能力的法杖或魔杖、辅助装备（如护符和戒指，可提供魔法力量或魔法抗性）。射手（或类似的远程攻击单位）的装备重点强调远程攻击和速度，所以需要配备保持移动性的轻便盔甲（如皮甲或锁子甲）、远程武器（如弓、弩或飞刀）和辅助装备（如箭袋、侦察装备）。盗贼的装备重点强调敏捷性、潜行和精准攻击，所以需要配备保持敏捷性和灵活性的轻便盔甲（如皮甲或软甲）、适合快速和秘密攻击的武器（如短剑、匕首或弓箭）和辅助装备（隐形斗篷或潜行工具）。牧师的装备重点强调治疗和辅助能力，所以需要配备中等防护的盔甲（如轻型金属盔甲或加固布甲）、可用于增强治疗的魔法权杖或法杖、有治疗和保护作用的辅助装备（如护符和圣物）。

游戏策划工作需要为装备设计属性（如攻击力、防御力、特殊能力等），使装备除了可以改变角色的外观之外，还可以对角色本身的属性进行增强。在设计装备的属性时，需要考虑以下几个因素。

● 游戏世界观和故事：装备的设计应体现游戏的世界观和背景故事，可以通过视觉效果设计和描述来体现。装备也可以与游戏的地理位置、文化背景或特定事件相关联。

● 角色的能力和定位：需要考虑装备应该如何补充和增强角色的能力和定位。不同角色有不同的发展方向，因此装备的属性应该与角色的属性匹配。

● 游戏进程：装备的级别和稀有度设定应该适应不同阶段的游戏进程，随着故事情节推进和角色发展，装备也需要不断升级。

● 游戏平衡性：过于强大的装备会破坏游戏的平衡性，有时需要为装备设置一些限制，如角色等级或属性要求，避免一件装备过强或过早被玩家装备。

● 定制装备：有时除了游戏中提供的装备之外，还可以允许玩家定制或升级装备，以增加玩家的参与感和投入。

为《亚瑟王传奇：王国的命运》游戏原型中的玩家角色设计一个武器装备栏和一个防具装备栏，如图8-23所示。玩家可以通过这个界面，从背包中选中武器或防具，放置在玩家角色属性界面中的两个装备栏里。武器装备栏只能放置武器，防具装备栏只能放置防具。类似地，还可以为玩家角色添加其他装备，如头盔、腰带、戒指、项链和靴子等。

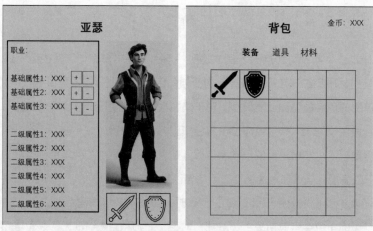

图 8-23《亚瑟王传奇：王国的命运》游戏原型的玩家角色属性界面增加了武器和防具装备栏

由于装备属性可以改变角色属性，进而影响游戏的进程，因此装备属性也需要最终纳入数值设计内容之中，具体装备数值设计内容将在下一章的战斗系统数值设计部分提供。这里临时为这些装备设置一些属性，如表8-5所示。

表 8-5《亚瑟王传奇：王国的命运》游戏原型装备

装备名称	装备属性	在原型关卡出现的时间和地点
铁剑	力量+3	在"接受艾克特村长的打猎任务"之后，从铁匠处获得
木盾		在"接受艾克特村长的打猎任务"之后，从铁匠处获得
古剑	力量+4	完成支线任务"探索藏宝山洞"之后，从藏宝山洞获得
骑士剑	力量+5	完成任务"击败入侵者"之后，从村口的战场获得
骑士铠甲	体质+5	完成任务"击败入侵者"之后，从村口的战场获得

8.6.2 游戏物品

与装备设计不同，游戏物品设计通常更加多样且功能性更强。许多游戏物品是一次性的，如恢复生命值的药水或临时增加能力的增强剂。而且游戏物品通常具有特定的功能，如开锁、修复装备、完成任务等。游戏物品可以在游戏内进行交易，或用于合成和制作其他物品。

游戏物品在游戏玩法机制中扮演着多种重要角色。例如在战略类游戏中，游戏物品常常作为资源需要被玩家管理，如管理库存、决定何时使用特定物品等，这增加了游戏的策略选择。除此之外，物品还可以起到以下作用。

● 故事设定和世界建构：有些物品可以用来讲述故事或揭示游戏世界的背景，如书信、笔记、图画和信息设备。

● 剧情和角色发展：特定物品可能是推进故事情节、升级角色、发展技能或解锁新游戏区域的关键，这时可以将物品作为任务的目标或奖励。这就需要在游戏故事和剧本中包括特定物品。

- 战术和战略价值：在战斗中，药水、弹药、陷阱等物品可以用作战术工具，增加战斗的多样性和策略深度。

- 探索和发现：鼓励玩家寻找隐藏或稀有物品来探索游戏世界，提供了探险和发现物品的乐趣。对于探索类玩家，搜寻和收集稀有物品本身就是游戏驱动力之一。

- 挑战和难度：某些物品的稀缺性或获取难度可以增加游戏的挑战性，也可以用于调节关卡难度。例如，弹药和药品类物品在战斗场景中的位置和稀缺性，可以直接用于调节射击类游戏的难度。

- 激励和奖励：作为达成特定目标或挑战的奖励，物品可以激励玩家继续游戏并尝试不同的玩法。

《亚瑟王传奇：王国的命运》游戏原型中包括了若干种物品，用于支持主要玩法机制。《亚瑟王传奇：王国的命运》游戏原型的物品设计结果如表8-6所示。具体物品数值设计内容将在下一章的经济系统数值设计部分讲解，这里临时为这些物品设置一些属性。

表 8-6 《亚瑟王传奇：王国的命运》游戏原型物品

物品名称	物品属性	在原型关卡出现的时间和地点
兽肉	任务物品	在打猎的山林中，通过猎杀普通野猪获得
黑化兽肉	任务物品	在藏宝山洞附近的树林中，通过猎杀黑化野猪获得
治疗药水	玩家角色使用后回复40点生命值	完成任务"击败入侵者"之后，从村口的战场获得

8.6.3 货币

在游戏中，货币是游戏内交易的基本媒介，用于购买装备、物品、服务等。管理货币资源是游戏策略的一个重要方面，玩家需要决定如何最有效地使用货币。在许多游戏中，玩家可以使用货币来升级或定制角色的技能、装备和外观。

货币是构建游戏内经济系统的基础，影响着游戏市场和玩家间的经济互动。通过设置不同的货币类型和交易系统，游戏设计师可以增加游戏的深度和复杂度。例如，《魔兽世界》的经济系统是游戏体验的一个重要组成部分。游戏中的主要货币是金币，此外还有银币和铜币。金币用于购买装备、材料、服务等。拍卖行是玩家之间买卖物品的主要平台，玩家可以在此出售自己获取或制造的物品，或者购买其他玩家出售的物品。玩家可以选择不同的职业（如草药学、矿工、制皮等），通过职业技能收集或制造资源和物品，并在市场上出售以获取金币。完成游戏中的任务和参与各种活动（如地下城、团队副本等）可以获得金币、装备和其他物品作为奖励。游戏中的物品根据稀有程度分为不同级别（如普通、稀有、史诗等），稀有物品通常更有价值，可以在拍卖行中以较高价格出售。玩家可以购买装备以提升角色的能力，或购买消耗品（如药水和食物）以在游戏中获得临时增益。金币还用于支付各种服务费用，如获取飞行路线、修理装备、学习技能等。这样的游戏中的经济系统与现实世界的经济系统有很多类似的地方，同样受多种因素影响，如玩家需求、游戏内事件、内容更新等，都将导致市场价格波动。

麻省理工学院的一项研究探讨了《魔兽世界》作为一个大型多人在线角色扮演游戏，是否适合用作模拟和评估完美竞争的平台，研究目的是确定《魔兽世界》的虚拟经济系统是否表现得像一个现实世界的经济系统，并且是否接近完美竞争的理想状态。该研究基于游戏内经济互动中收集的数据，并使用统计方法进行分析。研究结果表明，《魔兽世界》的虚拟经济系统在多方面表现得像一个高度竞争性的现实世界市场，并且实际上接近完美竞争的理想状态。

游戏世界的货币有时甚至可以与现实世界建立联系。芬兰坦佩雷大学的一项研究分析了《魔兽世界》中的虚拟货币——WoW代币。这个研究考察了自2016年以来，WoW代币在各个服务器上的美元价值。该研究发现，不同服务器间的WoW代币的美元价值有显著差异，例如在我国服务器上，价格大约为10.89美元，而在欧洲服务器上，可能在19.21到21.77美元之间变动。这一研究实际上将WoW金币与现实世界货币连接了起来，为游戏内经济提供了一个重要视角。

除了经济价值之外，货币在游戏中还有社交属性。积累大量的货币可以成为玩家成就和地位的象征。在多人游戏中，货币还可以促进玩家之间的社交互动和交易。游戏中的货币使玩家能够在游戏的市场或拍卖行中买卖物品，交易过程中的讨价还价和协商可以增加玩家之间的交流，这些交易活动促进了玩家之间的经济互动。共同参与任务和活动以获取货币和资源可以促进玩家间的合作和团队建设。玩家之间可能会分享获取货币的策略和方法，促进知识和经验的交流。

总之，游戏中的货币不仅是经济交易的工具，也是游戏设计中用于激励、奖励、平衡和增加互动的重要元素。

《亚瑟王传奇：王国的命运》游戏原型中包括了货币这个游戏元素。在图 8-23 中，背包界面显示了当前玩家角色持有的金币数量。在游戏中的铁匠处，可以通过交易，将游戏中的装备和物品按照铁匠提供的价格兑换为金币。装备或物品与金币的兑换涉及经济系统的平衡，将在下一章的经济系统数值设计部分介绍。

8.6.4 时间因素

时间在游戏中可以以多种方式作为一种重要的资源来使用，影响游戏玩法和玩家的决策。游戏中的某些任务或挑战可能有时间限制，要求玩家在规定时间内完成，增加了玩家的紧迫感和任务难度。许多游戏中的技能或动作在使用后会有一个冷却期，玩家必须等待一段时间才能再次使用，这要求玩家合理安排技能使用的时机。在一些游戏中，资源（如生命值、魔法值或建筑材料）会随时间自动生成或恢复，玩家需要根据这一时间因素来计划他们的行动。因此，在多种类型的游戏中，时间管理是重要的策略要素，如何分配时间来建设、研究、探索或战斗对游戏的胜负有重要影响。

战略类游戏会把时间作为一种主要资源来设计游戏玩法。在《星际争霸》中，时间管理是玩家获胜的关键因素之一。游戏开始时，玩家需要快速采集资源并开始建造单位。时间管理在这里至关重要，因为更快地发展经济和军事力量可以给玩家在游戏早期阶段带来优势。在游戏过程中，玩家需要决定何时进行关键技术的研究。技术研究需要时间，而在正确的时间点研究出新技术可以在关键时刻为玩家带来战术上的优势。确定何时发起攻击或进行防御是游戏的关键策略之一。选择正确的时机攻击，可以捕捉到对手准备不足的瞬间，从而取得胜利。单位的移动和定位也受时间影响。有效地管理单位的移动和在战场上的定位，可以在战斗中占据有利位置。成功的玩家通常能够预测对手的行动并及时做出反应，这涉及对游戏节奏的理解和对时间的敏感程度。

角色扮演类游戏也可以将时间作为一种资源来利用。除了设计限时完成的任务之外，还可以将角色的成长和技能发展与时间挂钩。例如，角色的训练和学习可能需要花费一定的"游戏时间"。一些角色扮演类游戏通过模拟现实世界的日夜更替和季节变化来影响游戏环境和角色行为。例如，某些任务只能在夜间完成，某些事件只在特定季节发生。角色扮演类游戏可能会根据现实世界的时间安排特殊事件或节日庆典（如限时活动），给予玩家特殊奖励或体验。

《塞尔达传说：旷野之息》的日夜循环设定对玩家的游戏体验有着显著的影响。在游戏中的不同时间段，环境温度会发生变化。例如，晚上沙漠的温度会下降，这要求玩家更换合适的服装来适应低温环境。某些类型的怪物只在特定时间出现。例如，怪物骷髅波克布林只在夜间出现。这意味着玩家在探索和战斗时需要考虑时间因素。游戏中的时间流逝与现实世界的时间不同。游戏中的一个小时相当于现实世界中的一分钟，因此一个完整的24小时日夜循环大约需要24分钟的现实时间来完成。玩家可以通过在营火旁坐下来调整时间，以快进到他们希望的一天中的特定时刻。

《亚瑟王传奇：王国的命运》游戏原型中"武装村民，准备应战"这个任务开始后，游戏关卡主界面会显示一个倒计时，给玩家角色提供一个时间限制，推动玩家尽快用武器武装村民，减少村民的损失。倒计时结束时，下一个任务"（独自或联合村民）击败入侵者"立即开始。

8.7 《亚瑟王传奇：王国的命运》游戏原型的冲突与挑战

作为一种游戏的形式元素，挑战和对立使游戏引人入胜。这些冲突来自与其他玩家的对抗、游戏提供的挑战或二者的结合。游戏的核心冲突为整个故事提供一个终极目标，这个冲突贯穿整个故事并推动故事进程，玩家把解决这个冲突作为长期目标。这个冲突引起的挑战可以吸引玩家，并在解决时使玩家产生成就感。除了主线的核心冲突之外，游戏还可以包含多个层次的次要冲突，为玩家提供更丰富的体验。

8.7.1 剧情中的冲突

在介绍形式元素目标设计时，介绍了《亚瑟王传奇：王国的命运》游戏原型中的目标设计。明确关卡中玩家需要达成的目标，是设计剧情冲突的起点。

围绕这个目标创建第一类冲突元素——角色冲突。明确玩家角色在目前这个故事情节中的主要敌人，有助于设计角色冲突的形式，例如《最后的幸存者2》中玩家角色面对的角色冲突（见图8-24）。《亚瑟王传奇：王国的命运》中的角色冲突来自玩家角色亚瑟的敌人，将在本节的敌人的设计部分介绍。

第二类冲突元素是环境冲突，危险的地形、复杂的迷宫、有限的时间或敌对环境都可以作为冲突的来源。因此游戏中的障碍和谜题设计工作需要支持这个冲突元素，阻止玩家达成目标。例如《古墓丽影：暗影》中的玩家角色劳拉经常面对的环境冲突（见图8-25）。

《亚瑟王传奇：王国的命运》游戏原型中设计了一个支线任务"调查藏宝山洞"，通过设计谜题阻止玩家获得急需的武器；设计了两个限时任务"采集制造武器的材料"和"制造武器，武装村民，准备应战"来阻止玩家轻松实现武装村民的任务。谜题部分的设计内容将在本节的谜题的设计部分介绍。

图 8-24《最后的幸存者2》中玩家角色面对的角色冲突

图 8-25《古墓丽影：暗影》中玩家角色劳拉经常面对的环境冲突

第三类冲突元素是道德和情感冲突，通过设计关键的故事节点，让玩家做出影响游戏发展的选择，这些选择应具有道德含义和情感重量，应带来可见的长期后果，影响故事走向、角色关系或游戏世界。如《冰汽时代》（*Frostpunk*）要求玩家在游戏中选择签署不同类型的法典以保证营地的生存，法典的内容涉及很多道德冲突，如通过增加工人的工作时间来度过危机，如图8-26所示。

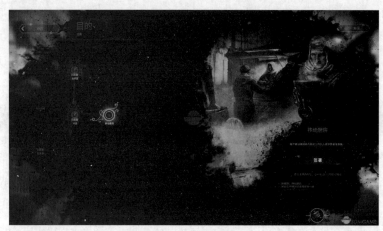

图 8-26《冰汽时代》要求玩家在游戏中选择签署不同类型的法典以保证营地的生存，法典的内容涉及很多道德冲突

在《亚瑟王传奇：王国的命运》游戏原型中，玩家角色需要在"独自击败入侵者"和"联合村民击败入侵者"中选择一个。这是一个困难的选择，选择"独自击败入侵者"显然更容易失败，但是选择"联合村民击败入侵者"有可能会损失村民，这样的设计让玩家面临艰难道德选择的场景，挑战他们的信念和价值观。这时尽量避免提供黑白分明的对错选择，让玩家在充满矛盾的灰色地带中自行判断。游戏原型的剧情中预先提供了亚瑟与村民之间的大量互动，用来构建剧情的情感因素——友情，通过故事叙述和角色互动建立玩家与村民之间的情感联系。这种情感因素还可以是爱情、牺牲、背叛等主题。游戏设计师还可以通过角色之间的互动，例如玩家角色与铁匠或村民等NPC的交谈，揭示玩家角色的内心冲突和道德困境。

在展开游戏关卡中的剧情冲突时，应该采取逐步揭露的策略，而非一开始就完全展示所有细节。这种方法不仅能够逐渐吸引玩家深入故事，还能够逐步建立紧张感和期待感。在故事情节的开始阶段，提供一些背景信息和初始冲突的暗示，但不要揭露全部情节。随着故事情节的推进，逐渐增加更多关于冲突的细节，开始展示冲突的深度和复杂性。最终揭露关键信息和转折点，为冲突的高潮做准备。还可以使用环境中的细节和元素逐渐揭示剧情，如通过书信、日记、对话或环境布局，或者利用视觉艺术效果和音效来暗示即将到来的冲突或故事转折。

在《亚瑟王传奇：王国的命运》游戏原型中，首先利用亚瑟和猎人的对话，提供了"调查猎人营地"的任务，作为矛盾冲突的铺垫，艾克特对猎人营地的忧虑态度起到了相同的作用。"调查猎人营地"的任务也可以提供更多的线索。之后梅林的提醒和艾克特对强盗入侵的反应增加了更多冲突细节。

冲突的高潮和冲突的解决为玩家提供了情感和游戏上的高潮，同时也是推动故事前进的重要节点。高潮时刻应触动玩家的情感，无论是通过激烈的战斗、重要的道德决策还是深刻的角色互动。这时需要使用强烈的视觉效果和背景音乐设计来增强高潮时刻的冲击力。需要提供一个既令玩家满意又符合故事逻辑的解决方式，它应与之前的剧情和角色发展保持一致。还可以考虑提供多种解决方式，特别是在玩家的选择对故事有重大影响的游戏中，展示玩家决策和行动的后果，这些后果可以在后续关卡或故事中体现。最后，需要在高潮后提供玩家情感释放的机会，如通过对话、内省或轻松的游戏环节平复玩家的情绪。

8.7.2 敌人的设计

在冲突设计内容里，作为玩家角色敌人的NPC是增加游戏趣味性和难度的重要元素。对于游戏玩家，最佳的对手莫过于另外一个游戏玩家。在没有多人网络玩法机制的游戏里，AI和故事引擎驱动的NPC敌人是最重要的游戏元素之一。玩家为了完成游戏，必须在战斗中击败敌人，或躲避敌人，或用其他方式征服敌人。

游戏中敌人的AI逻辑应该与游戏场景设定、故事和自己的设定相符。例如，聪明的角色不应该做傻事，笨拙的角色不应该聪明。野兽、外星人、机器人和不死族可以设计得比较愚蠢。敌人角色的AI不应该重复地做错误的事，避免设计可能导致死锁的循环依赖，例如两个AI实体互相等待对方的行动。在这种情况下，游戏AI应该设置超时机制，在一个合理的时间范围内检查NPC的状态。如果到达终止时间，NPC应该放弃当前行动而采取其他的行动，至少NPC可以返回到待机状态，等待新的指令。

任何游戏中的敌人的主要任务都是给玩家提供合理的挑战。然而，将所有希望寄托于创造一个能依靠自身智力匹敌人类玩家的敌人是不现实的。游戏AI的设计原则是"看起来合理就行"，主要是为了服务游戏玩法和增强玩家体验。一些游戏AI设计技巧可以提高游戏挑战性和增强玩家体验，同时它们也考虑到了计算资源的限制。这些技巧在许多成功的游戏中得到了应用，下面是一些例子。

- 以量取胜：通过增加敌人的数量而非复杂性来提高难度。这种方法在射击游戏中尤为常见。例如，《毁灭战士》系列游戏中，大量简单的NPC蜂拥而来对玩家形成威胁（见图8-27），《毁灭战士》可以运行在20世纪90年代初期的个人计算机上，而且由于没有硬件图形加速技术分担CPU的计算量，所以只需要很少的计算量就可以让玩家获得满意的游戏体验。

- 随机性：利用随机生成的元素来创造每次游戏体验的独特性。这种设计可以使玩家重玩相同的关卡时仍保持新鲜感。例如《以撒的结合》（*The Binding of Isaac*）中，关卡布局、敌人和物品是随机生成的。

- 作弊：给敌人某些隐藏优势，使其在游戏中更具挑战性，如更快的反应时间或更高的伤害，有时还可以提供给敌人一些玩家角色不知道的信息。在许多战略类游戏中，AI敌人在更高难度级别上有额外的资源或优势。

图 8-27《毁灭战士》系列游戏中的敌人NPC以量取胜

- 拖累玩家：通过增加玩家角色需要保护或护送的元素（某些NPC或某个区域）来增加游戏的复杂性和挑战。如图8-28所示，在《战神》系列游戏中，某些任务要求玩家保护特定的角色或地点，当多个被保护的单位被敌人攻击需要玩家角色的帮助时，玩家会感到非常棘手。

图 8-28《战神》中玩家角色奎托斯（Kratos）需要护送阿特柔斯（Atreus）

- 组合多种简单威胁：通过组合不同类型的简单敌人或障碍，创造出更复杂的敌人或障碍。例如《塞尔达传说：旷野之息》中，玩家角色可能同时面临远程攻击者和近战敌人的挑战。

通过这些技巧，游戏设计师能够在不显著增加游戏系统负担的情况下，创造出富有挑战性和趣味性的游戏体验。这些方法的关键在于创造性地利用游戏的现有机制，以及通过设计来提高游戏的整体深度和可玩性。

Boss是玩家在游戏的某个阶段遇到的特殊类型的敌人，通常需要单独设计。Boss通常比普通敌人更强大、更具挑战性，并且往往在游戏的剧情或玩法上扮演关键角色。这个角色在游戏故事中需要有一定的地位，出现的时间标志着故事的重要转折点，所以玩家往往在情感上更加投入Boss战。Boss通常拥有远高于普通敌人的生命值，需要玩家花费更多时间和更复杂的策略来击败。在一些多人网络游戏的任务中，Boss需要面对由多个玩家组成的团队的挑战，所以生命值会设置得非常高。Boss的攻击通常比普通敌人更强大、更难以躲避，可能包括特殊的技能或魔法，通常会为Boss这类NPC单独设计一些攻击技能。有时为了实现这些Boss的特殊技能需要特别设计Boss关卡，甚至修改游戏世界规则。Boss关卡有时被设计成某种陷阱，空间小于游戏的标准关卡，而且不允许玩家很容易地离开，这样玩家只能在Boss关卡中正面挑战Boss。许多Boss的攻击技能还有不同的阶段，每个阶段Boss的行为和攻击模式都会有所不同。因此，Boss战往往要求玩家采用特定的战术或方法取胜。图8-29所示是《战神》系列游戏中的几种Boss设计。

（a）《战神1》中的Boss九头龙海德拉（Hydra）

（b）《战神3》中的Boss海格力斯（Hercules）

（c）《战神3》中的Boss巨人克洛诺斯（Cronos），这个Boss关卡用巨人的身体作为战场

图 8-29 《战神》系列游戏中的Boss设计各具特色

收益需要与风险匹配，对玩家来说，击败Boss通常是游戏中的一个重大成就，通常伴随着丰富的奖励。这些奖励不仅是对玩家技能和努力的认可，也是玩家继续探索游戏的动力。Boss可以掉落特有的武器或装备，这些武器或装备通常在性能上超越普通物品，或者可能包括用于升级装备或解锁新内容的稀有材料。击败Boss，玩家角色可以获得新的能力或技能，这有助于后续游戏的探索和战斗；也可以是对现有技能的增强或提升。击败Boss，可以揭示关键的剧情信息，推动故事向前发展，有时还可以了解到Boss的背景故事，增加游戏世界的深度。击败Boss，可以开启游戏中新的区域或关卡，或在游戏中解锁特定的成就

或奖杯。玩家可以在击败Boss后获得大量游戏内货币，用于购买物品，或者获得大量经验值，有助于提升玩家角色的等级。通过这些奖励，游戏设计师不仅能够给予玩家物质上的回报，还能够增加玩家对游戏故事的兴趣和投入。

《亚瑟王传奇：王国的命运》故事开始部分，尤菲斯是玩家角色的主要敌人，因此可以让他来制造一个冲突事件。按照剧情，尤菲斯需要在不为人知的情况下除掉亚瑟，因此合理的设计是由他本人或手下的武士掩盖身份并偷袭亚瑟所在的村庄。在任务设计中，"击败入侵者"这个任务就是由尤菲斯引起的，正是因为他派遣了手下的士兵在村庄杀死亚瑟和村民，玩家才需要为解决这个冲突完成一系列的任务。除了直接挑战玩家，敌人还可以以各种方式来制造冲突，如误导、抢夺和欺骗玩家角色。下面为尤菲斯设计一个背景故事。

尤菲斯出身于王室远亲家庭，自幼就展现出了过人的武艺和不凡的智慧。尤菲斯对权力有着无尽的渴望，他的目标不仅仅是成为一名骑士，而是坐上王座。尤菲斯年轻时加入了王宫的骑士团，很快就因为他的勇敢和智慧获得了国王尤瑟的赏识。他多次在战场上立下战功，成为国王身边不可或缺的战士和顾问。然而，尤瑟的信任和提拔并没有让尤菲斯满足，反而激发了他更大的野心。随着时间的推移，尤菲斯开始暗中策划夺取王位。他认为自己比年迈的国王尤瑟更有能力统治这个王国，而且他不愿意等待，因为他在正常的继承顺序中可能永远无法登上王位。尤菲斯开始秘密地结交权力中心的人物，同时招揽一批忠于自己的士兵和骑士，准备在适当的时机发动政变。当他得知国王尤瑟有一个私生子亚瑟可能成为王位的合法继承人时，他决定不惜一切代价来消除这个威胁。尤菲斯派遣他的手下伪装成强盗，对亚瑟所在的村庄进行了突然的袭击，企图杀死亚瑟，从而确保没有人能够与他争夺王位。尤菲斯的野心和阴谋最终将他带上了一条充满背叛和血腥的道路。他的行为不仅辜负了国王的信任，也背叛了骑士的荣誉。尤菲斯的故事成为一个关于权力欲望如何腐蚀人心，以及野心未必能够带来真正成功的警示。

以下是尤菲斯的外貌特征。

尤菲斯处于壮年期，身体健壮，充满力量。他拥有锐利的目光和冷酷的表情，这反映了他的冷漠和野心。他的脸上往往带着一种算计他人的微笑，眼中没有温度。尤菲斯有着精心修剪的黑色短发，显得整洁而精悍。他身材高大强健，拥有多年战斗经验所铸就的肌肉。尤菲斯喜欢穿着表现出自己地位的服装，通常是制式的骑士盔甲，上面装饰着精美的纹章和装饰，以显示他的权力和地位。然而在需要完成一些不光彩的任务时，他会将面部蒙起来，并掩盖盔甲上的图案。

以下是尤菲斯的行为特征。

尤菲斯的一生都在追求更高的权力，他的野心无人能及，这驱使他不惜一切代价达成自己的目的。为了达到目的，尤菲斯可以毫不犹豫地牺牲他人，甚至是无辜者。他对权力的追求远远超过了对人性的尊重。尤菲斯擅长策略和计谋，能够精准地分析局势并制订计划，出其不意地打击对手，使自己总能在权力游戏中占据有利位置。尤菲斯擅长利用他的口才和魅力，能够用言辞激励人心，为自己争取到更多的追随者和盟友。尽管他周围有许多追随者，但尤菲斯并不真正信任任何人，他认为每个人都可能成为他夺权路上的障碍。

根据尤菲斯的外貌特征，在通义万相中输入提示词"Low Poly风格人物全身像。一位中世纪壮年男性，身材高大强健，拥有锐利的目光、冷酷的表情和精心修剪的黑色短发。穿着装饰着精美纹章的骑士盔甲。"生成的尤菲斯的角色设计原画如图8-30所示。

图 8-30 通义万相生成的尤菲斯的Low Poly风格角色设计原画

尤菲斯手下的士兵在故事开始部分来到亚瑟所在的村庄，他们的真实身份是骑士，但是需要掩盖自己的身份。因此他们假冒猎人，但是他们的盔甲和武器暴露了他们的真实身份。他们在袭击山村时用黑巾蒙面，以防有人看到他们的脸。根据以上外貌特征，在通义万相中输入提示词"Low Poly风格人物全身像。一位中世纪青年男性，蒙面。穿着简易甲胄，头戴圆顶铁帽。"生成的蒙面武士的角色设计原画如图8-31所示。

图 8-31 通义万相生成的蒙面武士的Low Poly风格角色设计原画

8.7.3 谜题的设计

谜题是游戏设计中常见且重要的挑战类型之一。谜题不仅能增加游戏的多样性和深度，还能提供给玩家与众不同的思维挑战和满足感。与敌人的设计类似，谜题的设计也需要考虑游戏的目标设计。每个目标一定都有障碍，阻止玩家很容易地实现目标；这些障碍可以是游戏中出现的敌人，也可以是谜题。谜题的设计应该符合故事和场景设定，玩家应该有解决谜题的合理方式。将谜题设计与游戏目标结合起来是提升游戏体验和增强故事叙述的有效方式。

谜题在游戏设计中有许多不同的类型，每种类型都能以其独特的方式挑战玩家的思维能力和解决问题的能力。以下是一些常见的谜题类型。

● 正常使用一个物品：这是最简单的谜题之一，玩家用正常的方式使用一个物品，例如找到钥匙用来开门。这些谜题的挑战通常是如何发现物品，而不是想出使用方法。要让游戏更有趣，可以让这些物品被另外一个谜题保护，或需要击败敌人才能得到。

● 不正常地使用一个物品：需要玩家不正常地利用物品的次要特性。这类谜题要求玩家认识物品的用法未必是物品的原本用途，例如用钥匙来接通电路。这时谜题的核心不是如何得到物品，而是想办法有创意地使用物品。

● 建造类谜题：这类谜题要求玩家用游戏中得到的原料制作一个新物品，包括把一个物品转换成另外一个物品，或合并多个物品来组成一个新物品。玩家不一定知道该建造什么和如何建造，在这里可能需要提供一些指导或暗示。

● 信息类谜题：在这类谜题中，玩家需要提供一个缺失的信息。这些信息可能很简单，如密码；也可能很复杂，例如推论出一个数字组合来拆除一个炸弹。要发现这些信息，玩家需要和其他角色对话、查找文件，或进行推理。

● 中间环节类谜题：这类谜题需要创造一系列可靠的因果关系，要求玩家认识到一个行动将会引起一系列的连锁反应，最终得到需要的结果。逻辑上，有因素a导致b，b导致c，c导致d 。当玩家需要d时，就要想到 a、b、c 和 d有联系，而且运行a。这类谜题往往先从最简单的a导致b开始，然后逐步增加逻辑链条的长度。

● 次序类谜题：玩家需要以正确的次序完成一系列行动。通常玩家开始尝试一个简单的方法来解决这个谜题，发现行不通；然后换一种次序重新开始，又发现行不通……直到找到正确的次序。这类谜题的次序组合数量不能过多，否则会导致玩家疲劳。在游戏《古墓丽影》中，玩家就需要解决各种次序谜题，如移动雕像或激活特定的开关组合。

● 逻辑推理类谜题：这类谜题要求玩家使用逻辑推理来解决。在游戏《传送门》中，玩家需要通过创建传送门来解决一系列基于物理和空间的谜题。

● 物理谜题：这类谜题涉及物理元素，如力学或光学。在游戏《半衰期 2》的一些关卡中，玩家需要利用重力枪移动物体，以解决基于重量和平衡的谜题。

● 序列和图案谜题：需要识别和重复特定的序列或图案。例如《刺客信条》系列游戏中的某些谜题要求玩家根据提示重复特定的符号或图案序列。

- 隐藏物体谜题：这类谜题要求玩家在游戏场景中寻找隐藏的物体或线索。在《侠盗猎车手》系列游戏中，玩家有时需要找到隐藏在城市各处的特定物品。
- 经典桌面游戏谜题：这类谜题包括魔方、华容道、跳棋、火柴移动等经典桌面游戏。
- 迷宫类谜题：迷宫过去一直是冒险类游戏的标签，要求玩家通过探索来找出路线。但是迷宫容易落俗，可玩性不强，如果想设计迷宫，最好有些新意。

谜题的设计非常考验技术性和艺术性，设计和制作谜题具有接近无限的可能。下面是一些设计谜题的经验和方法。

- 谜题的作用是与玩家交流，而不只是阻碍玩家。好的谜题设计不仅可以阻碍玩家，而且可以与玩家进行一种智力上的合作，引导和激励他们找到解决方案。优秀的谜题也是游戏设计师与玩家之间的一种对话，通过谜题传递游戏设计师的意图和思想。一个好的谜题本身为玩家提供解决它所需的工具，引导玩家耐心而理智地着手解谜。
- 解谜的过程重于结果：谜题的乐趣不仅来自解决问题，更在于玩家学习和理解谜题的过程，在过程中不断提升玩家的思维水平；好的谜题应该能够潜移默化地引入新的思维方式和概念。每个新的谜题都帮助玩家对其所参与的世界规则有新的了解。
- 谜题设计需要探索和迭代过程：制作谜题的过程与解决谜题的过程相似，设计者需要对谜题设计内容进行探索、尝试和迭代，在这个过程中发现和确定能够支撑整个游戏核心玩法机制的谜题形式。
- 谜题的简洁与优雅：一个好的谜题应该清楚地表达游戏设计师的意图，避免不必要的复杂性，所以在保持趣味性的同时，应尽量减少谜题的元素和复杂性。

这些经验和方法展示了谜题设计中的深度和复杂性，强调了谜题设计不仅是技术挑战，更是一种艺术表达和沟通方式。通过创新、学习、简化和野心，游戏设计师能够创造出既挑战玩家智力又引人入胜的谜题。谜题设计需要遵循的设计原则如下。

- 主题一致性：谜题应与游戏的主题和故事背景紧密相关，确保谜题在游戏世界中是合理的。将谜题自然地融入游戏环境，例如通过利用环境元素或符合游戏世界的机制，让谜题的解决过程和结果有助于推动游戏故事的发展。
- 适当的难度：设计一系列从简单到复杂的谜题，帮助玩家逐步适应并提升解谜技巧；谜题难度应随着玩家在游戏中的进展适当增加；为玩家提供足够的信息和提示，帮助玩家理解谜题的要求和目标；当玩家进行尝试时，给予清晰的反馈，帮助他们判断是否接近正确答案。
- 逻辑性和合理性：确保谜题的设计逻辑合理，避免过分荒谬或离奇的设定。谜题应该是有解的，并且解决方法应该是公平且合理的。每个谜题的答案应该在游戏里能找到，不需要游戏外的信息。如果思考充分，理论上一个玩家应该能够在第一次尝试时就解决谜题。

《传送门》系列游戏，特别是其首部作品，因其独特和创新的谜题设计而广受赞誉。游戏的核心机制是玩家可以创建两个传送门，一个入口和一个出口，如图8-32所示。这种看似简单的游戏机制创造了一系列基于物理和空间关系的独特谜题，利用传送门机制挑战玩家对空间和重力的传统认知，要求玩家以新的方式思考并解决问题。谜题设计要求玩家仔细观察和利用环境元素，如按钮、箱子、移动平台等。一些谜题的解决方案是非直觉性的，要求玩家打破常规思维。游戏谜题从非常基础的概念开始，逐渐引入更复杂的元素和机制，使玩家可以在游戏过程中逐步学习和适应。每个关卡通常集中于某一特定的概念或技巧，鼓励玩家理解并掌握该技巧，然后在后续关卡中应用。许多谜题允许并鼓励玩家以创造性的方式来找到解决方案，而不是单一的、预设的路径。一些谜题设计允许多种可能的解决方法，给予玩家更多的自由和选择。总体而言，《传送门》系列游戏的谜题设计以其创新性、对玩家认知的挑战、渐进式的难度设计以及与故事和幽默的巧妙结合而闻名。

图 8-32 《传送门1》的传送门机制挑战玩家对空间和重力的传统认知

　　《机械迷城》是一款独立解谜冒险游戏，以其独特的艺术风格和富有创造性的谜题设计而闻名。游戏中的谜题通常涉及与环境交互，如操作场景中的机械装置或组合不同的物品。玩家需要仔细探索每个场景，寻找可能有用的物品和线索。游戏允许玩家在一定程度上自由地探索不同的场景，以非线性的方式解决谜题。《机械迷城》通过视觉元素而非文字来叙述故事和提供谜题线索，强调对图像的解读。《机械迷城》使用图标和动画来提示玩家可能的交互和动作，其视觉艺术风格独特，为谜题和探索提供了吸引人的背景，如图8-33所示。游戏的音乐和音效与谜题和故事氛围相协调，增强了玩家的沉浸感。总体而言，《机械迷城》的谜题设计凸显了其作为一个艺术作品的美学价值和创造性，同时提供了富有挑战性和满足感的游戏体验。通过将谜题设计与其独特的视觉和叙事风格相结合，《机械迷城》为玩家创造了一个独特而迷人的游戏世界。

图8-33《机械迷城》具有独特的视觉艺术风格和富有创造性的谜题设计

　　《亚瑟王传奇：王国的命运》游戏原型的谜题设计选用了一个简单的逻辑推理类谜题。在原型系统的支线任务"调查藏宝山洞"中设置一个谜题，用于阻止玩家很容易地进入藏宝山洞。这个任务的胜利条件是：解谜成功，进入藏宝山洞，收集武器。这个谜题设计需要考虑几个问题。首先，谜题的设计需要和游戏设定一致，因此谜题的元素需要来自关卡中的某些游戏元素。其次，由于玩家在这个关卡中刚刚开始学习这个游戏的游戏规则，没有解谜经验，因此需要为玩家提供足够的提示信息。最后，谜题的设计需要体现玩家的风险与收益的平衡。

　　基于以上的考虑，在藏宝山洞的门口设计一个允许玩家与之对话的祭坛，作为一个管理谜题的NPC。这个NPC会通过台词为玩家提供一个谜语，如果玩家能破解谜语并提供正确的物品，则可以进入藏宝山洞。这个解谜的物品在游戏关卡中要能够让玩家找到，而且与祭坛的距离不能太远。提示信息则部分来源于祭坛的NPC，部分来源于玩家角色在前面剧情中的对话，细心的玩家应该能够发现这些提示。由于进入藏宝山洞后玩家能够获得帮助通关的关键道具，因此破解谜题的收益很大。为了平衡收益与风险，如果玩家尝试解谜失败，则会被扣去一定比例的生命值。这种设定可以阻止玩家通过无风险的反复试验用蛮力法破解谜题。

根据这个谜题设计，在通义万相中输入提示词"Low Poly风格风景画。山谷里有山洞，山洞前有祭坛。"，生成的藏宝山洞祭坛的场景设计原画如图8-34所示。谜题的具体实现见第三部分游戏原型实现部分的对应内容。

图 8-34 通义万相生成的藏宝山洞祭坛的Low Poly风格场景设计原画

课程设计作业3：游戏策划书的第二部分

要求游戏项目团队完成游戏策划书的第二部分——游戏形式元素的详细设计，内容包括以下部分。

- 玩家目标。
- 游戏规程。
- 空间因素。
- 游戏界面。
- 游戏规则。
- 资源及其用途。
- 冲突/挑战。

第 9 章
游戏策划阶段之动态元素的详细设计

上一章涉及的形式元素为动态元素提供了框架和基础。游戏的规则、机制和目标定义了玩家可以在游戏中做什么，而玩家在这些规则和机制下的动态行为和体验则构成了动态元素。动态元素是在形式元素的基础上对游戏设计的进一步细化和增强。玩家在游戏规则和机制下的互动产生了游戏体验的动态部分，如情感反应、涌现现象、玩家间的互动等。

本章将会解决不少在形式元素设计过程中没有解决的问题，例如如何通过设计游戏循环为玩家提供正反馈、如何进行角色和物品的数值设计、如何确保角色之间与角色和物品之间的相互影响是合理的、如何保证游戏的平衡性等。

9.1 游戏循环

就算你不太熟悉"游戏循环"这个术语，也应该有过这样的体验：玩了一款游戏很长时间，然后突然意识到在这个游戏中你虽然花了几十个小时，其实本质上就是重复同样的几分钟到一个小时的游戏内容。这就是游戏循环的基本概念。从最基本的游戏机制层面来看，每款游戏都是这样的，但是有的游戏设计得很巧妙，让玩家很长时间才意识到这一点。游戏循环指的是玩家在游戏中反复经历的一系列行动和反馈的循环。这个循环是游戏体验的基础，通常包括玩家做出决策、执行动作，以及游戏系统对这些动作给出反馈的过程。良好的游戏循环能够保持玩家的参与度和兴趣，是创造吸引人的游戏体验的关键。人类的体验是由自身对周围环境的反应驱动的。游戏循环的存在不仅是为了吸引玩家，也是为了推动玩家克服游戏中不断出现的更大的挑战。

核心游戏循环是构建所有其他循环的基础。对《超级马力欧兄弟》这类平台动作类游戏来说，"发现、跳跃、生存、重复"是核心游戏循环；对于第一人称视觉的射击游戏，"瞄准、开火、前进、重复"是核心游戏循环。每款游戏都有一个核心游戏循环。

双重核心游戏循环允许玩家在完成第一个核心游戏循环后选择是继续第一个核心游戏循环，还是继续通过第二个核心游戏循环来继续游戏。这种双重循环经常用于包含资源开采和战斗两种不同玩法机制的游戏。双重核心游戏循环不是其他循环的子类别，它被认为是核心游戏循环的一种变形。战略类游戏大多使用双重核心游戏循环，开始时玩家可以收集资源，然后利用资源生产和升级军事单位，接着玩家可以选择去战斗，或者继续建造和升级军事单位。如果玩家与NPC战斗，玩家可能获得某些资源和奖励，但同时可能会失去军事单位或消耗一些资源。玩家也可以先生产和升级军事单位，而不是立即战斗，但结果一样需要消耗资源。最后，玩家回到起点，可以选择再次收集资源并将它们用于提升军事单位，或者再次去战斗。这样就形成了一个无限循环的游戏。

"挑战—行动—奖励"游戏核心循环是一种用来增强游戏体验的特殊循环结构，也是最常见的游戏核心循环。它通过在游戏中设置挑战，要求玩家采取行动，然后提供奖励来激励玩家。这种循环可以激发大脑分泌多巴胺（一个与快感、动机和奖励有关的神经递质）。在挑战阶段，游戏提供一个任务或难题给玩家，挑战他们的技能或智力，这个挑战激发了玩家的兴趣和好奇心；在行动阶段，玩家采取行动来应对这些挑战，可能需要思考战略、练习技能或解决问题；在奖励阶段，当玩家成功应对挑战时，他们会得到一种奖励，可能是游戏内的物品、分数、角色升级所需的经验或简单的视觉和声音反馈。

在这个循环中，当玩家接受挑战并期待奖励时，大脑分泌多巴胺，产生一种愉悦感。这种愉悦感和成就感是玩家继续玩游戏的主要动力。每当玩家获得奖励，这种感觉就会加强，促使他们寻求更多的挑战，形成一个正反馈循环。这种"挑战—行动—奖励"是一种能够严重影响玩家心理状态的机制，甚至有可能修复、重塑或改变玩家的生活方式。游戏成瘾这一社会问题背后就有这种机制的影响，玩家在某些条件下会不计代价寻求更多的愉悦感，并为此放弃现实生活中重要的东西。这个问题会在本书的最后一个部分进行探讨。

9.1.1 逐层构建游戏循环

每个循环之后，玩家根据游戏的反馈调整自己的策略或接下来的行动，开始下一个循环。这种循环可以体现在游戏过程的不同层次上。例如基本循环是指游戏基础行动的游戏循环，如射击、移动、跳跃等。进阶循环指更复杂的行动和决策的游戏循环，通常涉及游戏的战略层面，如资源管理、角色发展等。最高层次的游戏循环涉及玩家整体的游戏目标和进展，如游戏故事的进展或多轮比赛的胜利。这些循环相互嵌套，以螺旋式向外的方式逐渐增加细微差别和复杂度，直到整体体验丰富并充满奖励和挑战。

《戴森球计划》（*Dyson Sphere Program*）是一款以建造和管理为核心的战略类游戏，玩家的目标是建造一个巨大的戴森球——一种围绕恒星收集能量的超级结构，最终建设一个庞大的星际工业系统。游戏从基本材料收集和机器制造开始，逐步构建起复杂的游戏循环。其核心游戏循环是"资源收集—生产运输—技术升级"，如图9-1（a）所示。在资源收集阶段，玩家需要采集基本资源（如铁矿、铜矿等），这些资源是构建所有基础设施和机器的基础；在生产运输阶段，使用某种自动化机械设备，对采集到的资源进行加工，建造各种材料或机器，并运输到下一个机械设备；在技术升级阶段，用制造出来的各种材料或机器来实现技术升级，并制造更复杂的材料或机器。这个核心游戏循环之后开始不断支持整个工业系统的升级。

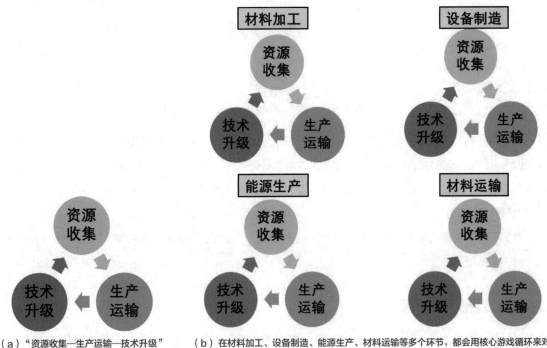

（a）"资源收集—生产运输—技术升级"
核心游戏循环

（b）在材料加工、设备制造、能源生产、材料运输等多个环节，都会用核心游戏循环来对材料进行加工、运输，并产生其他环节需要的材料

图 9-1 《戴森球计划》的核心游戏循环是"资源收集—生产运输—技术升级"

《戴森球计划》在材料加工、设备制造、能源生产、材料运输等多个环节，都会用这个核心循环来对材料进行加工、运输，并产生其他环节需要的材料，如图9-1（b）所示。随着技术的不断升级，玩家对工业系统的认识会逐步加深，建立越来越多的循环，如图9-2所示。玩家需要建立自动化生产线，以提高效率和产量，这包括使用传送带、物流系统和自动化机器来无人工干预地生产和运输物品。为了支持不断增长的工业基础设施，玩家需要有效管理能源。玩家需要有计划地建造能源生产设施，如风力发电机、太阳能板和燃料发电机，并最终将能源科技发展到可以利用核能和恒星能量的水平。通过建立研究设施和进行科学研究，玩家可以解锁新的技术、建筑和升级。这些科技进步允许玩家建造更高效的机器和更高级的材料。游戏的后期阶段涉及星际旅行，开采多个星球的资源，并在多个星系之间建立物流网络。游戏的最终目标是建造戴森球，这需要大量的资源和先进的技术。玩家需要设计并建造用于围绕恒星收集能量的组件。整个游戏循环围绕着资源采集、加工、自动化、科技进步和扩张，不断挑战玩家的规划能力和战略思维。每个阶段都带来新的挑战和机遇，玩家需要不断适应和优化他们的工业帝国，最终实现构建戴森球的宏伟目标。

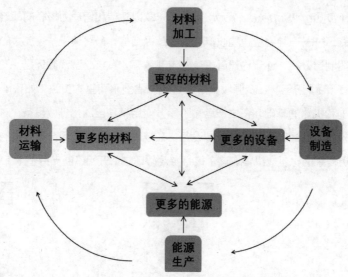

图 9-2《戴森球计划》的核心游戏循环搭建出更多的游戏循环

　　《戴森球计划》游戏中，当任意一个循环没有正常运转时，会沿着循环的不同层级从底层向高层传导。这样玩家会很快发现某种资源的生产效率不高，沿着这些循环一层一层地去发现问题，通过调整生产流程来改进循环的效率。最极端的情况下，整个系统会崩溃，因此玩家需要小心地保持循环的平衡。这正是这款游戏的魅力所在。

　　游戏循环并不能包括所有游戏内容。除了游戏循环之外，游戏还会提供其他内容，如故事情节的推进、角色之间的交流等。

9.1.2　游戏循环设计原则

　　游戏循环应当设计得清晰直观且易于理解，以便玩家能够迅速掌握游戏的基本机制。这意味着从游戏一开始，玩家就能轻松地识别和理解游戏的核心玩法，知道自己的目标是什么，以及如何实现这些目标。从最基本的游戏核心循环开始，可以帮助玩家迅速建立关于当前游戏的心智模型。游戏的介绍和教程部分应该简洁明了，避免过于复杂或冗长的解释，确保玩家可以快速进入游戏状态，享受游戏带来的乐趣和挑战。这样的设计不仅有助于提升玩家的初步体验，也有助于保持他们的参与度和兴趣。

　　在每个游戏循环的最后尽可能地奖励玩家。如果游戏的主要特色是激动人心的故事，那么每完成一个游戏循环都必须以下一个故事情节的展开来奖励玩家。《巫师》和《质量效应》这样的角色扮演游戏用的就是这种运作方式，玩家花费10—15分钟击败敌人，以享受2—3分钟的对话或过场动画，这时战利品并不重要，因为在接下来的15分钟游戏过程里，玩家会找到更好的武器。如果游戏是竞争性的，可以奖励玩家经验值和提高游戏技巧的方法。在《使命召唤》中，获得的每一分都让玩家更接近解锁新的武器配件，这将帮助玩家取得战术优势并获得更多分数。在《反恐精英》中，每次击杀都给玩家带来金钱，以购买更好的武器，使胜利变得更容易。如果游戏是为探索型玩家设计的，如休闲类游戏、Roguelike类或平台游戏，可以用新的挑战来奖励玩家。例如《超级马力欧兄弟》的每一个关卡都比前一个难。在《俄罗斯方块》中，每获得100分，游戏的速度就会加快，难度也会增大，使得继续玩游戏变得更困难。

　　及时且有意义的反馈是增加游戏玩家参与度的重要因素。当玩家在游戏中采取行动时，他们期望看到即时的结果和反馈。这种反馈可以是积极的（如完成任务时的奖励，击败敌人时分数增加），或者是游戏进展的明显标志。也可以是消极的（如失败后的损失），或者是游戏中的挑战增加。反馈应该紧跟玩家的行动，让玩家立即了解他们的行为产生了什么影响。反馈应与玩家的行为直接相关，明确指出哪些行为是正确的，哪些行为需要改进。

　　游戏循环的平衡至关重要，需要在简单易掌握和复杂具有挑战性之间找到恰当的平衡点。过于单调的游戏循环可能会很快让玩家感到无聊，因为它缺乏足够的刺激和新鲜感。另一方面，如果游戏循环过于复杂或挑战性太强，玩家可能会感到沮丧和无力，特别是对于那些寻求轻松娱乐的玩家。

　　通过精心设计的游戏循环，游戏能够提供持续吸引玩家的体验，激励玩家探索、学习和进步。不同类型和风格的游戏会有不同的游戏循环设计，但它们都是构建游戏体验的基础。

9.1.3《亚瑟王传奇：王国的命运》游戏原型的游戏循环

　　参考使用时间范围设计游戏循环的方法，用游戏的即时目标、短期目标、中期目标和长期目标作为多层游戏循环设计的层次边界。这样可以通过为这4类目标设计循环的方式搭建一个多层游戏循环的结构。举例说明：射击类游戏的多层游戏循环结构如表9-1所示。

表9-1 射击类游戏的多层游戏循环结构

层次	目标	循环
即时目标	击败面前的敌人	发现敌人 射击敌人 前进
短期目标	完成一个战术任务，清空一个建筑或区域的所有敌人	接受战术任务并赶往任务地点 切换武器和装备 击败区域内所有敌人
中期目标	完成一个关卡任务	接受或选择关卡任务 选择武器和团队 通过完成所有战术任务来完成关卡任务
长期目标	完成游戏剧情，或获得成就	选择角色 通过完成关卡任务完成剧情 或通过与其他玩家对战获得成就

传统角色扮演类游戏一样具有类似的多层游戏循环结构。表9-2所示是《亚瑟王传奇：王国的命运》的多层游戏循环结构。

表9-2 《亚瑟王传奇：王国的命运》的多层游戏循环结构

层次	目标	循环
即时目标	击败面前的敌人	观察敌人 选择战斗方式和目标 击败目标 收获物品和经验值
短期目标	完成一个战术任务，清空一个建筑或区域的所有敌人	搜索任务区域 与其他NPC交谈 击败区域内所有敌人 收集有用物品
中期目标	完成一个关卡任务	返回补给点、交易物品或升级武器 接受任务 通过完成所有战术任务来完成关卡任务 获得升级、解锁技能、管理角色的成长
长期目标	完成游戏剧情，或获得成就	通过完成关卡任务完成剧情 击败最后的Boss 选择其他角色 或通过与其他玩家对战获得成就

游戏的过程并不都是由游戏循环组成的。游戏设计师可以使用故事弧和游戏循环来构建完整的游戏体验。在这里，故事弧通常是指游戏叙事中的主要情节发展，它引导玩家通过一系列事件，得到一个连贯的故事体验。游戏循环则是指玩家在游戏中反复经历的核心活动或任务，这些活动通常包括探索、战斗、收集资源等。例如，在一款角色扮演游戏中，玩家可能需要完成一系列任务（游戏循环），每个任务都是故事弧的一部分，游戏循环和故事弧共同构建起整个游戏体验。

以《亚瑟王传奇：王国的命运》游戏原型为例，通过脚本动画、角色之间的对话和游戏提供的辅助信息，玩家可以掌握故事的发展方向和学习游戏中需要的操作技能，这些部分形成一系列的故事弧。战斗场景在游戏原型中是核心游戏循环，而故事弧能将多个战斗场景连接起来。

9.2 战斗系统的数值设计

在涉及战斗和冲突的游戏中，需要对与战斗相关的所有交互行为的结果进行数值建模或数值设计。数值设计需要定义各类角色的基本属性（包括生命值、体力、速度等），从而进一步设计角色的技能（即二级属性）攻击力、防御力、伤害值等。对于不同类型的职业，需要设计不同的基本属性和二级属性，以区分不同职业角色的能力，以及在游戏过程中角色能力的发展曲线。类似的，还需要设计武器装备的各类属性和武器装备与角色之间的相互影响。最后，需要通过战斗公式来明确以上这些属性如何决定一个角色对另外一个角色的伤害能力（如伤害值、暴击率、命中率、攻击速度）或者防御能力等。数值设计涉及多个方面的参数和机制，数值设计的目标是确保游戏的平衡性、公平性和趣味性。

设计战斗系统的数值时，特别是在大型多人在线游戏中，平衡性至关重要。平衡性指的是游戏内各个元素（如角色、技能、装备等）之间的相对强度和效用的均衡。如果游戏中的某个角色、技能或装备过于强大（通常称为"超级强力"或"OP"），那么它可能会破坏游戏的竞争环境，导致玩家体验不佳。良好的平衡性鼓励玩家尝试不同的角色和策略，而不是仅仅依赖于某些"最佳"选择。

战斗系统数值设计的第二个重要因素是趣味性。当大多数玩家都选择同一种最强的角色、技能或装备时，游戏世界将变得千篇一律，没有新意。有趣的游戏世界一定是丰富多样的。就大型多人在线游戏而言，平衡性是必需的，但这并不意味着所有角色或职业必须在每个方面都完全平等。相反，不同的角色可以在不同的领域或情况下表现出其独特优势。重要的是保证在整体游戏环境中，每个角色、职业或策略都有其适用场景和价值，没有任何一个选择会显著优于其他所有选择。不仅多样的角色和职业可以体现趣味性，随机的游戏过程也可以体现趣味性。当玩家角色攻击另外一个角色时，可以设置击中和防御成功概率；当一个角色被击败后掉落物品时，物品的等级和类型也可以设置概率。这种无法预测的游戏发展也可带来趣味性。

战斗系统数值设计的第三个重要因素是公平性。应确保所有玩家都有公平的机会获得成功和享受游戏。在一个公平的游戏环境中，所有玩家都应该在开始时拥有相同的成功机会，不会受到外部因素（如购买力、先入为主的优势等）的不公正影响。公平性强调的是玩家体验的均等性，确保没有人因为非游戏内的因素而获得不当优势或劣势。在大型多人在线游戏中，玩家通常会花费大量时间来发展他们的角色。如果游戏的某个方面不公平，可能会导致老玩家感到沮丧，新玩家则可能因为不平等的竞争条件而被吓跑。

在确保游戏的平衡性、公平性和趣味性时，一个大型多人在线游戏的数值设计过程可以很复杂，而单人游戏或游戏机制比较简单的多人游戏的数值设计过程可以相对简单。为了保证足够的趣味性，角色的基础属性和技能（二级属性）的选择需要足够多，这样才能提供不同的职业和技能选择；常见的基础属性至少有4到5种，衍生出来的二级属性可以有十余种。武器和装备的数值设计需要与角色相匹配，才能保证平衡性和公平性，不能有一个武器和装备属性过于强大、出现在不应该出现的时间或地点或可以用不公平的方式获得。武器和装备的数值设计同时还被用于计算命中率、闪避率、伤害值。大型网络游戏的可选玩家角色有时有上百种，武器、装备、物品的种类也有几百种，因此精密的数值设计非常必要。

9.2.1 战斗系统数值设计内容

战斗系统数值设计内容如下。

（1）角色属性（或基础属性）随着玩家经验值的增加和级别的提升而增加，但是不同游戏职业的不同基础属性增加的速度不一样。基础属性可以包括以下几种。

- 生命值：确定角色的生命值总量，一旦生命值耗尽，角色可能会死亡或失败。
- 力量：影响角色的物理攻击力和能够携带的装备重量。高力量的角色能造成更高的物理伤害，并能装备更重的盔甲和武器。
- 敏捷：影响角色的移动速度、躲避能力和命中率。高敏捷的角色能更快地移动，更容易躲避攻击和命中敌人。

● 感知：影响角色的环境感知能力，如侦察敌人和发现陷阱。高感知的角色能更早发现潜在的威胁和机会。

● 精神力：影响角色的魔法能力、精神防御力和魔法抗性。高精神力的角色能施放更强大的魔法，并更好地抵抗精神攻击和魔法效果。

● 其他角色属性：某些类型的游戏会加入智力、算力、声望、领导力等角色属性，进一步丰满角色。

（2）技能（即二级属性）是通过基础属性的组合来定义的，因此通常需要定义基础属性和技能之间的线性相关系数。定义这种两级属性结构的一个优势是可以通过经验值（或玩家获得的其他奖励）来升级各类基础属性，进而通过相关系数来升级二级属性。技能设计需要包括以下内容。

● 技能种类：角色可以使用的技能种类，如攻击技能、防御技能、辅助技能等；魔幻题材的游戏会将这类技能进一步分为物理攻击、物理防御、魔法攻击、魔法防御、基础命中率、基础闪避率、基础暴击率等。

● 技能数值：每个技能的伤害值、治疗量、冷却时间、消耗（如魔法值或能量）等。

（3）职业属性的设计将游戏中角色可以选择的不同职业的属性区分开来，提供多个有趣的职业选择给玩家，职业属性的设计包括以下内容。

● 职业类型和属性：定义不同职业，如战士、弓箭手、法师、牧师等，并确定每种职业的基础属性和二级属性。

● 职业技能发展曲线：不同职业的基础属性和二级属性随级别升级的曲线，这种发展曲线可以是线性的，也可以是非线性的。

（4）用攻击流程和速度设计来定义每一种职业的战斗过程，首先要确定职业的核心特征和战斗风格，设计内容如下。

● 近战攻击速度：近距离作战时每秒攻击的次数。

● 远程攻击能力：远距离作战时每秒攻击的次数。

● 前摇和后摇：前摇和后摇是战斗过程的一部分，它们是指在执行攻击动作时角色动画的特定阶段。前摇是攻击动作开始到实际造成伤害之前的动画阶段，而后摇则是攻击动作造成伤害后到动作结束的动画阶段。前摇和后摇的持续时间可以影响攻击的实际效果，例如，前摇过长可能使得攻击易于被预测和躲避，而后摇过长可能让角色在攻击后暴露于风险中。

● 技能冷却时间：这种职业的技能可能具有的冷却时间，决定攻击是否可以快速连续使用。

（5）武器/装备/物品属性设计如下。

● 武器伤害：不同武器的伤害值和可能的特殊效果。

● 装备属性：装备提供的持久的角色属性或技能的加成数值。

● 装备等级和稀有度：装备的品质和稀有度影响其属性数值和效果，同时也与装备出现在游戏中的时间和位置有关。

● 物品属性：一次性使用的物品提供的角色属性或技能的加成和有效时间。

（6）NPC属性设计如下。

● NPC属性：敌人的生命值、攻击力、防御力等基础属性和二级属性可以与玩家的角色属性一致，也可以为NPC单独设计一整套属性。

- NPC技能：敌人在战斗中的行为模式，如攻击模式、防御策略，以及对应的攻击力、防御力等。

- Boss设计：Boss战的特殊游戏规则和对应的属性设计。

（7）战斗机制设计如下。

- 回合制或实时战斗：战斗是以回合制进行还是实时进行，这会影响战斗节奏和策略。

- 命中率：决定攻击是否命中敌人的概率计算公式。命中率的计算公式可以根据游戏的具体设计有所不同，但一般会考虑攻击者的命中能力和目标的躲避或防御能力。以下是一个基础的命中率计算公式的例子。

命中率=基础命中率+攻击者命中加成−目标躲避加成

在这个公式中，基础命中率是一个设定的初始值，表示在没有任何加成或减免的情况下攻击的基础成功率；攻击者命中加成通常与攻击者的某些属性（如敏捷性或特定技能）相关；目标躲避加成通常与目标的躲避能力相关，这可能与目标的敏捷性、装备或使用的躲避技能有关。这个公式可以进一步复杂化，例如加入随机性元素或其他因素（如环境因素、技能和状态效果、距离因素等）。命中率的计算方式应该符合游戏的整体设计和平衡，确保不同角色和玩法都有其合理的有效性和策略空间。

- 闪避率：决定敌人是否能够闪避的概率计算公式。闪避率的计算公式就像命中率的计算公式，也会根据不同游戏的设计有所变化。基本的闪避率公式通常考虑角色的敏捷性、技能、装备以及可能的状态效果。下面是一个基本的闪避率计算公式。

闪避率 = 基础闪避率 + 敏捷加成 + 装备和技能加成

在这个公式中，基础闪避率是角色固有的闪避能力，可能与角色的职业或种族有关。敏捷加成通常取决于角色的敏捷属性。在很多游戏中，敏捷是影响闪避率的主要属性。装备和技能加成可能来自角色装备的特殊物品或学习的技能，这些通常提供额外的闪避率提升。在一些复杂的游戏设计中，闪避率计算可能还会包括其他因素（如对手的攻击特性、环境因素、等级差异等）。

- 暴击机制：暴击概率和伤害效果的计算通常是两个独立的公式，分别决定了暴击发生的概率和暴击造成的额外伤害。暴击概率通常取决于角色或武器的特定属性，如暴击率。暴击概率可能会受到角色的技能、装备或其他状态效果的影响。暴击概率的基本计算公式可能如下。

暴击概率 = 基础暴击率 + 属性加成

例如，如果一个角色有5%的基础暴击率，并且有装备和技能提供额外的15%暴击率，那么其暴击概率将是20%。暴击伤害效果决定了暴击时伤害的增加量。通常，暴击会造成比正常攻击更高的伤害。暴击伤害的基本计算公式可能如下。

暴击伤害 = 攻击力×暴击伤害倍数

例如，如果攻击力是100，暴击伤害倍数是2，则暴击伤害将是200。

- 伤害计算公式：根据攻守双方的攻击力、防御力和其他因素计算最终伤害。在游戏设计中，伤害计算公式用来确定攻击或技能对目标造成的伤害量。这个公式会根据游戏的类型和设计有所不同，但一般会涉及攻击力、攻击者属性加成、目标防御减免、暴击效果、其他加成或减免（可能包括特定装备、状态效果、环境因素等对伤害的影响）。一个基本的总伤害计算公式可能如下。

总伤害=（攻击力+属性加成）×暴击倍数−目标防御减免

在这个公式中，攻击力取决于武器或技能；属性加成可能是基于攻击者的某些属性；暴击倍数是在攻击暴击时应用的，通常是攻击力的一个倍数；目标防御减免取决于目标的防御属性。

• 每秒伤害输出（Damage Per Second，DPS）计算公式：DPS是一个常用于评估角色或武器在特定时间内平均伤害输出能力的指标，基本的计算方法通常涉及基础攻击力、攻击速度、暴击率和暴击伤害加成、技能和效果加成。一个基本的DPS计算公式可能如下。

DPS =（攻击力 + 属性加成）× 攻击速度 ×（1 + 暴击率 × 暴击伤害加成）

实际游戏中的DPS计算可能会更加复杂，涉及更多的变量和条件，例如特定技能的加成效果、敌人的防御力减免等。

注意，以上的这些计算公式反映了不同属性取值对最终效果的影响，往往一个经验公式可以写成不同的形式，如命中率公式可以写成以下两种形式。

命中率=基础命中率×（1+攻击者命中加成）-目标躲避加成

命中率=基础命中率×（1+攻击者命中加成）×（1-目标躲避加成）

不同形式的命中率公式导致各个属性参数对最终结果的影响不同，变化可以是线性的，也可以是非线性的，具体采用哪个公式或模型通常需要通过玩家反馈和测试数据对战斗系统进行调整和优化。

9.2.2 战斗系统数值设计的平衡性

首先介绍玩家与游戏之间的平衡，又称PvE平衡。玩家与游戏之间的平衡指的是在游戏中，尤其是在角色扮演类游戏和大型多人在线游戏中，确保玩家与游戏环境（包括怪物、任务、难度等）之间的平衡。PvE平衡要求游戏内容提供适当的挑战，使玩家感到有趣和有参与感，同时又不至于过于困难，导致产生挫败感。游戏应当确保奖励与所承担的风险和所投入的努力相匹配。高风险的挑战应提供更丰厚的奖励，提供各种类型的PvE游戏内容，以满足不同玩家的偏好，如单人任务、团队副本和大型团队挑战。PvE游戏内容应设计得对不同技能水平的玩家（从新手到资深玩家）都有吸引力。实现玩家与游戏之间的平衡需要考虑很多因素：PvE游戏内容应随玩家的进展逐渐增加难度，保持游戏的持续挑战性和趣味性；游戏系统应支持玩家角色的成长，使玩家能够通过提升等级、技能和装备来应对更高难度的挑战；设计时应注意难度曲线的平滑过渡，避免出现难度跳跃，使玩家能够逐渐适应更复杂的挑战；在团队活动中，不同的角色和职业应有各自的作用和重要性。

其次介绍玩家与玩家之间的平衡，又称PvP平衡。玩家与玩家之间的平衡是指在游戏中，特别是在角色扮演类游戏、战略类游戏、射击类游戏和大型多人在线游戏中，确保玩家之间竞争的公平性和平衡性。PvP平衡关注玩家对抗玩家的游戏环节，其中平衡性尤为重要，因为它直接影响玩家的竞技体验和游戏的持久吸引力。PvP平衡要求所有玩家在相似的起始条件下进行竞争，没有任何一方因游戏设计而具有固有的优势。在游戏提供不同角色或职业的情况下，每个角色或职业都应具有独特的优势和弱点，确保没有一个角色或职业在所有情况下都占据压倒性优势。玩家的技能和策略选择应是决定比赛结果的关键因素，而非仅仅依赖于装备或角色等级。为了实现PvP平衡，需要遵循的设计原则包括：应确保游戏中存在多种有效的玩法和策略，避免单一策略的统治；玩家应能够通过调整装备、技能或战术来适应不同的对手和战斗环境；在角色成长或装备升级的游戏中，要注意控制数值膨胀，确保新玩家也能有效参与玩家之间的对抗；考虑到不同玩家的技能水平和经验，开发者可能需要设计一些机制，如玩家等级匹配系统，以确保玩家能与相似水平的对手竞争。

《魔兽世界》自2004年发布以来，一直是最受欢迎和成功的大型多人在线角色扮演类游戏之一。作为一款庞大而复杂的游戏，其平衡性设计是维持游戏长期吸引力和玩家基础的关键。《魔兽世界》的平衡性设计是一个复杂而多层次的过程，涉及职业平衡、装备系统的管理、PvE和PvP内容的协调，以及经济系统的管理。

《魔兽世界》为玩家提供多种职业，每个职业都有独特的技能和战斗风格。平衡这些职业是一个持续的挑战，特别是在游戏不断更新和引入新内容的情况下。职业平衡的目标是确保每个职业在团队中都有其独特的角色和价值，同时在PvE和PvP模式中都具有竞争力。《魔兽世界》鼓励玩家探索不同的职业。每个职业提供不同的游戏体验，从治疗、格斗到各种类型的辅助职业。游戏为每个职业提供了一个技能树，玩家可以根据自己的游戏风格和团队需求来选择技能和天赋。为了保持职业间的平衡，《魔兽世界》的开发团队定期对职业的性能进行调整，包括技能的加强或削弱。

装备在《魔兽世界》中扮演着至关重要的角色，直接影响角色的性能。游戏通过一个复杂的装备系统（包括装备等级和各种属性）来确保不同级别和风格的玩家都能找到适合自己的装备。装备的稀有度从普通到传奇不等，而获取方式也多种多样，包括任务奖励、怪物掉落和制造。不同的装备具有不同的属性加成，如力量、敏捷和智力等，适合不同的职业和玩法。此外，一些装备还提供套装效果，可给玩家带来额外的能力加成。

《魔兽世界》同时提供PvE和PvP的游戏内容，这两种模式对平衡性的要求各不相同。游戏设计了多样化的PvE内容，包括地下城、团队副本和世界首领。这些内容需要不同程度的团队协作和策略规划。在PvP方面，游戏确保不同职业之间相对平衡，以便在竞技场和战场中提供公平的对战环境。

《魔兽世界》的经济系统也是平衡的一部分。游戏内的货币系统、物品交易和专业技能构成了一个复杂的经济网络。资源和物品的分布在游戏世界中相对平衡，避免某些地区或活动过于占据优势。玩家可以选择不同的专业技能来制造、采集或获取特定物品，这些技能相互之间保持着一定的经济平衡。

最重要的是，游戏的平衡是一个持续的过程，开发团队定期发布更新，不仅引入新内容，也对现有内容进行调整。通过定期的更新和补丁，游戏不断引入新的挑战和内容，同时调整和优化现有的平衡性。玩家社区的反馈对于平衡性的维护至关重要。开发团队应密切关注玩家的反馈，根据玩家的体验和建议进行调整。在《魔兽世界》的历史中，确实发生过因为角色不平衡问题导致的玩家集体抗议事件。其中一个著名的事件是2005年1月的"百万侏儒游行"（见图9-3），这是玩家对游戏早期对战士职业进行的一系列削弱的反应。游戏内的抗议活动包括大量玩家在阿尔萨斯领主服务器创建的等级1的侏儒角色，并且集体游行到铁炉堡。这次活动突出了玩家对于职业平衡问题的关注和不满，显示了社区对游戏平衡性问题的敏感性和反应力。

图 9-3 《魔兽世界》著名的"百万侏儒游行"事件

在游戏运营维护过程中，"Buff"和"Nerf"是两个常用术语，用于描述对游戏元素（如角色、技能、武器等）性能的修改。Buff是指对某个游戏元素进行正面修改，提升其性能或效用。这种修改使得该元素变得更强大、更有用或更受欢迎。例如，增加某个角色的生命值、提高武器的伤害输出，或者使一个技能的冷却时间更短，都可以被视为Buff。Nerf是指对某个游戏元素进行负面修改，降低其性能或效用。这种修改通常是因为该元素被认为过于强大或破坏了游戏的平衡。例如，减少一个技能的伤害输出、增加其冷却时间，或者降低角色的速度，都可以被视为Nerf。Buff和Nerf都是游戏开发和维护过程中常见的做法，特别是在多人在线类游戏和竞技类游戏中，它们是保持游戏的持续吸引力和公平性的重要工具。通过不断地Buff和Nerf，开发者可以调整游戏的动态，回应玩家社区的反馈，以及适应不断变化的游戏环境。

《使命召唤：现代战争2》的游戏运营过程中曾经出现过一个平衡性调整。在这款游戏初始的游戏设计里，Model 1887霰弹枪（见图9-4）因其在中远距离异常强大的威力而备受争议。这种霰弹枪能够在相对较远的距离一枪杀死敌人，而霰弹枪通常被设计为近距离武器。这种枪械的强大性能让许多玩家感到游戏失去了平衡，因为Model 1887成了过于明显的优势选择。这种情况导致了玩家间的不满和对游戏平衡性的质疑。作为回应，Infinity Ward工作室对Model 1887进行了Nerf数值调整，将其定位为一种近程武器。这种Nerf调整意味着降低了这种霰弹枪在远程作战中的攻击力，使其更符合传统霰弹枪的定位。通过这种调整，工作室试图恢复游戏的平衡性，确保没有单一的武器或战术可以主导游戏的策略选择。这个案例是游戏平衡性调整中的一个经典例子，展示了开发者如何响应社区反馈，并通过调整游戏机制来维持竞争的公平性和趣味性。

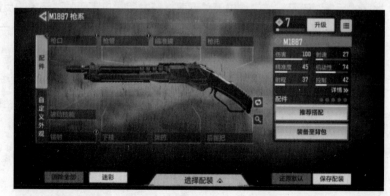

图 9-4 《使命召唤：现代战争2》中的Model 1887霰弹枪

9.2.3 《亚瑟王传奇：王国的命运》游戏原型的战斗系统数值设计

这里提供一个基础的战斗系统数值设计，用于《亚瑟王传奇：王国的命运》游戏原型系统。设计目标包括为游戏原型中的玩家角色和NPC确定基础属性和二级属性的参数，为装备和物品设定参数，并尝试实现不同职业之间的战斗力平衡。

游戏原型中的角色属性包括3个基础属性（力量、智力和体质）和6个二级属性（生命、魔法、物攻、物防、魔攻和魔防），它们的转换系数如表9-3所示。

表9-3 基础属性与二级属性的转换系数

基础属性	生命	魔法	物攻	物防	魔攻	魔防
力量	2	0	3	0.4	0	0
智力	0	1	0	0	3.3	0.45
体质	16	0	0	0.6	0	0.6

游戏原型系统一共有3种职业：村民、骑士、法师。村民职业作为标准人存在，各项数值基础与成长均衡；骑士职业的基础力量更强，成长方式以力量成长为主；法师职业的基础智力更强，成长方式以智力成长为主。

对于不同职业的成长，可以用线性增长的方式来设定增长速率。村民的初始力量、智力、体质设置为10、10、10，每次升级各增长一点；骑士的初始力量、智力、体质设置为18、11、14，每次升级力量增长两点，另两种属性轮流每两级增长一点；法师的初始力量、智力、体质设置为11、18、14，每次升级智力增长两点，另两种属性轮流每两级增长一点。二级属性均按表9-3计算得到。下面列出3种职业的0~4级的属性值，如表9-4、表9-5和表9-6所示。用相同计算公式可以推算更高级别的职业属性。

表9-4 村民属性值

等级	力量	智力	体质	生命	魔法	物攻	物防	魔攻	魔防
0	10	10	10	180	10	30	10	33	10.5
1	11	11	11	198	11	33	11	36.3	11.55
2	12	12	12	216	12	36	12	39.6	12.6
3	13	13	13	234	13	39	13	42.9	13.65
4	14	14	14	252	14	42	14	46.2	14.7

表9-5 骑士属性值

等级	力量	智力	体质	生命	魔法	物攻	物防	魔攻	魔防
0	18	11	14	260	11	54	15.6	36.3	13.35
1	20	12	14	264	12	60	16.4	39.6	13.8
2	22	12	15	284	12	66	17.8	39.6	14.4
3	24	13	15	288	13	72	18.6	42.9	14.85
4	26	13	16	308	13	78	20	42.9	15.45

表9-6 法师属性值

等级	力量	智力	体质	生命	魔法	物攻	物防	魔攻	魔防
0	11	18	14	246	18	33	12.8	59.4	16.5
1	11	20	15	262	20	33	13.4	66	18
2	12	22	15	264	22	36	13.8	72.6	18.9
3	12	24	16	280	24	36	14.4	79.2	20.4
4	13	26	16	282	26	39	14.8	85.8	21.3

注意，在游戏设计过程中，不同职业的属性增长往往是非线性的。有的游戏机制需要角色快速成长，使玩家角色面对更困难的挑战，同时NPC也需要同步成长。

在定义角色属性和职业以后，需要设计不同职业之间的战斗力，这个战斗力来自发生战斗的双方，由攻守双方的属性来估算。如果游戏存在复杂的角色属性、攻击流程和战斗机制，战斗公式可以非常复杂，特别是当需要根据双方的属性估计命中率、闪避率和暴击率等概率时。这里选择最简单的攻击流程，不考虑前摇和后摇，也不考虑命中率、闪避率和暴击率等概率。以下是两种简单的战斗公式。

战斗公式1：伤害=（攻方角色的）攻击-（守方角色的）防御。

战斗公式2：伤害=攻击×攻击÷（攻击+防御）。

本书的游戏原型系统采用战斗公式2。

攻击速度决定了角色的每秒伤害值（Damage Per Second，DPS）。游戏原型系统的攻击速度仅与职业有关，如表9-7所示。

表9-7 攻击速度

职业	两次攻击间隔/秒
村民	2
骑士	0.7
法师	0.8

这里定义一个DPS公式：DPS=攻击÷两次攻击间隔。这里的攻击可以是物攻或魔攻的数值。

对同一种职业，取物攻和魔攻中的最大值，可以获得不同职业角色的DPS，如表9-8所示。

表9-8 不同职业角色的DPS

级别	村民	骑士	法师
0	16.5	77.1	74.3
1	18.2	85.7	82.5
2	19.8	94.3	90.8
3	21.5	102.9	99.0
4	23.1	111.4	107.3

下面利用DPS和战斗公式2对平衡性进行测试与调整。村民职业作为标准人，不需要做平衡。骑士与法师两种职业虽然偏向性不同，但要求强度平衡。下面计算两种职业的伤害值和战斗力差异。

骑士伤害=骑士DPS×骑士DPS÷（骑士DPS+法师物防）

法师伤害=法师DPS×法师DPS÷（法师DPS+骑士魔防）

战斗力差异公式：战斗力差异值=法师生命÷骑士伤害-骑士生命÷法师伤害。

这里平衡性设计的目标是尽量减小战斗力差异值，以实现不同职业间的平衡。通过战斗力差异公式计算不同职业和不同等级之间伤害值和战斗力差异（不含装备），如表9-9、表 9-10和表9-11所示。

表9-9 骑士伤害值

法师等级	骑士等级（0）	骑士等级（1）	骑士等级（2）	骑士等级（3）	骑士等级（4）
0	66.2	74.6	83.0	91.5	99.9
1	65.7	74.1	82.6	91.0	99.5
2	65.4	73.8	82.2	90.7	99.1
3	65.0	73.4	81.8	90.2	98.7
4	64.7	73.1	81.5	89.9	98.4

表 9-10 法师伤害值

法师等级	骑士等级（0）	骑士等级（1）	骑士等级（2）	骑士等级（3）	骑士等级（4）
0	62.9	62.6	62.2	61.9	61.5
1	71.0	70.7	70.2	69.9	69.5
2	79.1	78.8	78.3	78.0	77.5
3	87.2	86.9	86.4	86.1	85.6
4	95.4	95.0	94.6	94.2	93.7

表9-11 骑士和法师战斗力差异

法师等级	骑士等级（0）	骑士等级（1）	骑士等级（2）	骑士等级（3）	骑士等级（4）
0	-0.4	-0.9	-1.6	-2.0	-2.6
1	0.3	-0.2	-0.9	-1.2	-1.8
2	0.7	0.2	-0.4	-0.8	-1.3
3	1.3	0.8	0.1	-0.2	-0.8
4	1.6	1.1	0.5	0.1	-0.4

从表中可以看出，经过对骑士和法师职业属性数值的调整，同等级骑士和法师较为平衡。若不平衡，可以对表9-3到表9-7进行调整，然后观察表9-11的变化，直到平衡为止（表格均用Excel公式计算，互相关联，可参考附件中源代码Source Code目录下的"数值设范例.xlsx"文件）。例如，若骑士明显强于法师，可以提高智力与魔攻的转换系数，以增强法师。这里经过调整后骑士略强于法师，是考虑到法师攻击范围更大。读者可以自行调整。

除考虑相对平衡外，还要考虑游戏体验。例如骑士与法师达到了平衡，但双方攻击力均远低于生命值，需要相当长的时间才能结束战斗，使玩家厌烦，这时同样可以调整表9-3，使不同属性的数值设定相对合理。

游戏原型系统提供6种装备。装备的属性加成要稍优于升级（低等级条件下）得到的属性加成，但不能过高。装备属性设计如表9-12所示，二级属性均由基础属性计算得到。

表9-12 装备属性值

名称	力量	智力	体质	生命	魔法	物攻	物防	魔攻	魔防
铁剑	4	0	2	40	0	12	2.8	0	1.2
古剑	5	0	5	90	0	15	5	0	3
骑士剑	8	0	3	64	0	24	5	0	1.8
骑士铠甲	0	0	8	128	0	0	4.8	0	4.8
木制法杖	0	4	0	0	4	0	0	13.2	1.8
日耀法杖	0	8	0	0	8	0	0	26.4	3.6

注意，以上的战斗系统数值设计是一个非常简化的版本，很多与战斗相关的因素还没有考虑进去。但是以上的设计内容已经可以满足原型系统的平衡性设计需求。在实际的设计工作中，往往需要加入更多的数值设计内容，包括更多的基础属性和二级属性、非线性的属性成长方式、完整的攻击流程和更复杂的战斗公式。

9.3 经济系统的数值设计

在战略类游戏、大型多人在线角色扮演类游戏和其他多人游戏中，经济系统通常扮演着至关重要的角色。经济系统的数值设计要确定游戏中将使用哪些资源，如金钱、原材料、能源、食物等；设定玩家如何获得资源，例如通过采集、贸易、战斗或完成任务来获取资源；设定玩家如何使用资源，例如建设、升级、维持单位或购买物品。在那些强调资源管理和交易的游戏中，良好的经济系统设计能够为玩家提供深度和策略性，同时保持游戏的平衡。

经济系统的设计同样需要遵循平衡性、公平性和趣味性的原则。经济系统的平衡性首先需要体现在资源分配和获取环节。游戏内的资源（如货币、物品、原材料等）应该以平衡的方式分配。这意味着游戏中不同的活动和挑战应提供合理的资源回报，以避免某些活动因过于丰厚的奖励而变成主导。经济系统设计应促进稳定的玩家之间的交易市场，避免极端的通货膨胀或通货紧缩。经济系统的公平性要求所有玩家应有平等的机会参与经济活动，获取资源和物品。游戏设计应防止欺诈和市场操纵行为，确保经济系统的健康运行。经济系统的趣味性体现在多样化的经济活动，如交易、制作、采集等，可满足不同玩家的兴趣。经济活动应与游戏的其他方面（如战斗、探索）相互补充，增加游戏的深度和趣味性。除了以上原则，游戏经济系统应设计得能够随着时间的推移而持续发展，能够适应玩家行为和游戏内容的变化；并鼓励玩家积极参与经济系统的运行，例如进行交易、合作和竞争。

经济系统数值设计的主要内容如下。

（1）资源类型和数量

- 资源种类：确定游戏中将使用哪些资源，如金钱、原材料、能源、食物等。

- 资源获取：设定玩家如何获得资源和获取资源的效率，例如通过采集、贸易、战斗或完成任务来获取资源。

- 资源发现概率：如果资源发现或事件触发具有随机性，可以使用概率模型，即 Pe = 期望资源量 ÷ 总资源量。

- 资源消耗和流通：设定玩家如何使用资源，例如建设、升级、维持单位或购买物品。

- 资源生成公式：通常形式为 $Rg = F(t,u,e)$，其中 Rg 是生成的资源量，t 是时间，u 是生成资源的单位或建筑数量，e 是额外影响因素（如技术升级）。

- 资源消耗公式：形式可以是 $Rc = c \times a$，其中 Rc 是消耗的资源量，c 是单位活动（如建造、升级）的成本，a 是活动数量。

（2）贸易和市场

- 交易机制：设定玩家如何在游戏中进行交易，包括买卖资源和物品。

- 定价机制：价格可能根据供应 S 和需求 D 变化，即 $P=F(S,D)$。当供应增加或需求减少时，价格下降；反之，价格上升。

- 交易和税收模型：交易公式可能涉及税收或手续费，即 $Tr = P \times Q - Tax$。其中 Tr 是交易收入，P 是单价，Q 是数量，Tax 是税收或手续费。

（3）金融系统

货币和银行：设定货币的作用以及银行或贷款等金融机构的功能。

投资回报率（ROI）：ROI=（收益−成本）÷成本，用于评估特定投资（如技术升级、建筑）的效益。

（4）与游戏其他部分的关联

与游戏玩法的整合：确保经济系统与游戏的其他方面（如战斗、探索、剧情）紧密结合。

（5）经济增长和衰退

经济模型：如何模拟经济的增长和衰退，以及它们对玩家的影响。

经济平衡：确保经济系统既不过于严苛，也不过于宽松，以维持游戏的挑战性和趣味性。

经济系统的数值设计有时会模拟人类社会的经济系统，并通过第三方平台影响游戏世界，因此其设计的复杂程度有时比战斗系统更高。

《魔兽世界》的经济系统是由多个互相关联的组成部分构成，创造了一个复杂而深入的虚拟经济环境。这一经济系统的核心在于金币，它是游戏内主要的货币单位。玩家可以通过完成任务、击败怪物、出售物品以及通过专业技能活动获得金币。游戏内设有一个玩家驱动的拍卖行，允许玩家之间买卖各种物品。这个市场中物品的价格受供需关系影响，玩家可以通过观察市场动态来投资特定物品，以期营利。此外，《魔兽世界》还通过各种金币消耗机制（如修理装备、购买坐骑、支付专业技能材料费用等）来平衡经济，防止过度的通货膨胀。这些机制确保了游戏经济系统的活力和稳定性。游戏还包括一个复杂的资源系统，它涉及多种资源的收集和使用。玩家可以通过采矿、草药学、剥皮等专业技能收集资源。这些资源用于制造装备、药水、食物等有用的物品，或者在拍卖行出售以获取金币。资源的可用性受到游戏世界中特定区域的影响，且通常与玩家的专业技能水平相关。资源收集是玩家在游戏中进步的一个重要方面，同时也促进了玩家间的经济交易和合作。《魔兽世界》的经济系统不仅是游戏玩法的一个重要组成部分，也是社交互动的重要平台。玩家在交易和合作中形成了一个复杂的社区网络，这增加了游戏的深度和丰富性。经济系统允许玩家通过各种方式参与经济活动，从而提高了游戏的吸引力和玩家的参与感。

这里提供一个简单的经济系统数值设计，用于《亚瑟王传奇：王国的命运》游戏原型系统。设计的核心内容是引入货币单位，让玩家可以用金币进行交易：击杀野猪获得兽肉，卖出兽肉获得金币，用金币购买道具和装备，以此增加游戏丰富性。

首先设计经验值表，描述玩家升级需要的经验，随着等级升高，需要的经验应该相对增多。常见的是升级所需的经验值随等级呈指数上升。升级所需的经验值如表9-13所示。

表9-13 升级所需的经验值

等级	所需经验值
1	15
2	20
3	30
4	45

游戏原型中的怪物有普通野猪和黑化野猪，其价值如表9-14所示。

表9-14 怪物价值

名称	获得经验	掉落材料	材料售价
普通野猪	5	普通兽肉*1	5
黑化野猪	5	黑化兽肉*1（可选任务道具）	5

玩家角色除了可以通过打猎获得经验值之外，还可以通过支线任务"调查猎人营地"获得经验值。这种设计可以鼓励玩家积极尝试支线任务。

因为游戏中只有普通野猪、黑化野猪、猎人营地可以获得经验和金币，因此设置普通野猪、黑化野猪数量以及猎人营地可获得的经验数量是平衡经济数值的关键。这里需要防止玩家找到一种简单而不平衡的方式提升等级或完成关卡任务。

为了实现平衡性，游戏原型关卡中设定黑化野猪为藏宝山洞支线所需道具，只有1头；普通野猪设为15头，那么一共16头野猪，全部猎杀完也只能获得80点经验，可以升到3级但无法升到4级。猎人营地挑战通过的奖励为50点经验，可以使玩家在不把野猪杀完的情况下也能升到4级。

除了获得经验值之外，玩家使用物品交换货币也是经济系统的一部分。

道具价格如表9-15所示。

表9-15 道具价格

名称	加成	购买价格
治疗药水	生命值+40	5
魔法药水	魔法值+5	3
迅捷药水	移速提高50%，持续2分钟	2

装备价格如表9-16所示。

表9-16 装备价格

名称	购买价格	卖出价格
铁剑	25	15
古剑	40	25
骑士剑	无	50
骑士铠甲	无	70

其中骑士剑和骑士铠甲为最终决战胜利的掉落物。古剑可以从藏宝山洞支线获得，也可以购买获得，但把野猪杀完只能获得80金币，最多武装两名村民（一共有4名村民可武装）。

9.4　难度控制和心流体验

最早提供难度变化的游戏是1978年太东（Taito）发布的游戏《太空侵略者》（*Space Invaders*）。该游戏成为第一个让多个敌人"攻击"玩家来创造其初始难度的游戏。这只是该游戏难度变化的一个方面。游戏主机的微处理器的一个设计缺陷导致敌人的数量越少速度越快。虽然此难度变化是技术问题造成的意外，但此功能成功地实现了比静态难度设定更好的游戏体验。到1980年，《太空入侵者》在日本售出了超过30万台，在美国售出了超过6万台。在经典的街机游戏设计中，这个动态难度调整的设计被沿用，游戏的难度会随着游戏时间而增加，同时提供街机游戏的分数排行榜，以鼓励玩家回来继续挑战。这些游戏采用了与《太空入侵者》类似的随着时间推移难度不断增加的模型。类似设计的游戏还有《吃豆人》《蜈蚣》《小行星》等。由于技术限制，游戏玩法并没有太大变化，并且大多数时候玩家需要有强大、快速的操作技能才能跻身街机上的排行榜。

游戏的难度是吸引人们玩游戏的主要因素之一。玩家渴望内在体验，例如在某件事上做得更好或自我感觉更好，以获得克服挑战的乐趣（Hard Fun）或轻松获得的乐趣（Easy Fun）。难度是指玩家在体验游戏时取得进展所需的技能程度，技能可以定义为精神力、智力、体力等能力和努力的结合。不同玩家的技能可能会有很大差异，具体取决于他们之前的游戏经验、运动技能和游戏中的认知能力等。挑战来自玩家遵循游戏设计师设定的规则和限制，并培养技能来克服玩家实现总体目标的障碍，这些目标包括：在所有敌人的攻击中生存下来、击败最高分玩家、收集所有物品等。

当玩家完全沉浸在困难的挑战中时，他们就会进入一种心理学家称之为"心流"或"全神贯注"的状态。如果游戏太难，玩家会因沮丧而退出，但如果游戏太简单，玩家会因无聊而退出。心流体验要求游戏的挑战与玩家的技能水平相匹配。难度控制正是为了实现这种平衡。当玩家面临巨大但可以克服的挑战时，会体会到趣味。开发者确保玩家即使在失败中也能获得乐趣的方法是让玩家始终感觉自己正在学习或进步。渐进式的难度提升能够帮助玩家逐步提升技能，维持心流体验。提供不同难度级别或可调节的难度设置，以适应不同玩家的技能和偏好，有助于让更多玩家体验到心流状态。

9.4.1　游戏难度调节模式

调节难度本身是一项非常有挑战性的任务。首先，玩家的主观感受是难以测量的，尤其是在游戏设计阶段，这时游戏设计师的经验往往是难度调节的主要依据。在游戏设计阶段的后期，游戏原型可以帮助设计团队对玩家的主观感受有所了解，但是还不能反映完整的游戏产品所能达到的水平。其次，调节游戏难度需要调整的游戏元素属性也非常多。本章的战斗系统和经济系统的数值设计部分仅介绍了一部分可以调节的游戏元素属性。对于很多大型多人网络游戏，可调的属性可能会更多。将这些属性和玩家体验联系起来进行统一建模，需要大规模全局优化作为支持，难度非常大。因此游戏设计团队手动调节属性一直是使用最广泛的办法。最后，网络游戏构建的虚拟世界是一个不断演化的系统，随着玩家数量的增加和游戏机制的不断更新，这个系统的复杂性也在不断增加，经常会产生出人意料的玩法或群体效应，这对难度调节提出了更高的要求。

下面介绍几类常见的游戏难度调节模式。

● 静态难度设定模式，设计一个无法修改的难度曲线，对所有玩家来说，各级关卡的挑战是固定的，需要玩家具有一定的熟练程度和技能才能完成。早期街机游戏大多采用这种难度调节模式，例如《超级马力欧兄弟》就属于这一类。这类难度调节模式经常采用宫本茂的"上手容易，精通难"的游戏设计理念。这种难度调节模式在开始的关卡提供相对简单的游戏难度，使玩家获得足够的成就感以继续游戏；然后在后面的关卡逐渐提升难度；当难度到达玩家的极限后不再增加，直到玩家通关。这种街机时代的难度调节模式是一种静态的模式，主要目的是吸引玩家持续尝试。诺兰·布什内尔（Nolan Bushnell）说过："好游戏都易学难精，奖励玩家投的第一个和第一百个硬币。"

● 指定难度调节模式，在游戏设计中通常指游戏开发者预设的、固定的难度调节机制。这意味着游戏会有预先设定的不同难度等级，如"简单"、"中等"和"困难"，玩家在开始游戏前可以选择这些难度等级之一，如图9-5所示。在这种机制下，难度级别是由游戏开发者设定的，玩家在游戏开始时做出选择，并且整个游戏过程中保持这个难度不变。这种难度调节方法对新手玩家尤其友好，能避免游戏初期失败的尝试过度打击玩家的自信。

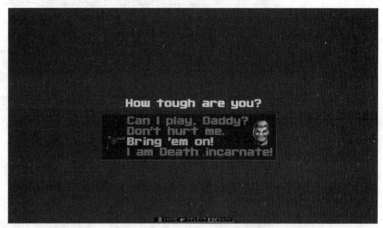

图9-5《德军总部3D》（*Wolfenstein 3D*）的难度选择界面

● 动态游戏难度平衡（Dynamic Game Difficulty Balancing，DGDB）模式，也称为动态难度调整（Dynamic Difficulty Adjustment，DDA）模式，会根据玩家的进度即时调整游戏玩法。《神之手》（*God Hand*）是2006年由四叶草工作室（Clover Studio）开发的视频游戏，由执导《生化危机4》的导演三上真司主持设计。游戏主界面左下角设置了一个难度指示标识，如图9-6所示，用于展示玩家的能力水平和对应的难度等级。当玩家成功躲闪并攻击对手时，读数会增加；而当玩家被击中时，读数会减少。该指示表读数分为4个级别，最难的级别称为"Level DIE"。游戏3个初始难度等级可选，初始难度选择简单难度只能让该指示表上升到2级，而最困难的初始难度选择则将指示表锁定为"Level DIE"。当击败更高级别的敌人时，该系统还会提供更大的奖励。这类难度调节方法也是目前游戏研究的重点领域之一。特别是近年来随着深度学习技术的发展，原来比较困难的大规模全局优化问题有了新的解决工具，因此游戏研究领域开始尝试用深度学习来进一步提高动态难度调整的质量。

图 9-6《神之手》提供了一个动态难度调节机制

设计一款既公平又不可预测的游戏是很困难的。研究者安德鲁·罗林斯（Andrew Rollings） 和欧内斯特·亚当斯（Ernest Adams）举例说明了困难之处：假设游戏根据玩家在前面几个关卡中的表现来改变每个级别的难度，当玩家注意到了这一点，玩家可以制订一种策略，通过故意在困难关卡之前的关卡中表现不佳来诱导游戏降低难度，这样更容易通过困难关卡。因此游戏设计师有时需要掩盖动态游戏难度平衡模式的存在，以使玩家意识不到其重要性。

9.4.2 游戏难度调节的方法

由于游戏是一个有很多属性的复杂的动态系统，因此可以调节难度的手段非常多，下面举一些例子来讨论。

（1）控制提供的玩法信息

控制为玩家提供的玩法信息可以调节游戏的难度。让玩家在根本没有学到任何东西的情况下直接开始游戏，玩家就需要自己探索和学习，关卡难度会比玩家学会玩法机制之后再开始游戏更高。相反，用大量教程来训练玩家，并让玩家长时间无法接触到主要内容，很快就会让玩家感到无聊。充分"教育"玩家的最佳例子来自《超级马力欧兄弟》。玩家角色首先出现在屏幕左侧，指示玩家需要向右移动。玩家角色会遇到一个盒子，鼓励玩家与盒子互动，同时玩家角色可以尝试跳到盒子上面。接下来出现一个向玩家角色走来的敌人。如果玩家什么都不做，他们就会知道自己至少在侧面不能接触敌人。在玩家的下一次尝试中，玩家角色会跳过或跳到敌人上面，玩家学到从上面击中敌人可以杀死他们。此时，玩家已经初步学会了游戏规则。然而，1986 年发布的《塞尔达传说》则完全相反。玩家角色进入一个世界，屏幕顶部有一个奇特的入口。在里面，玩家角色会得到他们的剑，然后在没有指示的情况下，玩家需要弄清楚下一步需要做什么。这导致新手玩家必须拨打帮助热线才能获得下一步该做什么的提示。如果玩家没有拨打热线电话，那么玩家将很长时间都不得要领。

（2）提高挑战难度

提高挑战难度可以减缓玩家实现目标的进度。平台类游戏可以提供陷阱和障碍，让玩家在失败后必须重新开始游戏。射击类游戏中的NPC可以充当屏障，阻止玩家，直到玩家杀死或避开所有NPC。游戏《魂斗罗》常被视为难度较高的游戏之一，这款经典的射击类游戏因其快节奏和需要精确操作的特性而闻名。其高难度设计之一是玩家角色在避开敌人的密集火力时只能承受很少的伤害。通常情况下，角色被击中一次就会失败。这要求玩家在游戏中展现出高度的精确操作和快速反应能力。这种设计使得《魂斗罗》成为典型的"一击必死"游戏，增加了游戏的挑战性和紧张感。在此类别中创造难度的另一种方法是增加机制深度，随着游戏的发展提供更多的游戏机制。《超级马力欧兄弟》中，后来出现的多刺的敌人NPC不允许玩家跳到它们上面。相反，玩家必须使用特殊技巧或物品来应对，或者必须从下面击中它。这需要玩家学会新的游戏机制并掌握新的技能。在接受 *Game Informer*（美国的电子游戏月刊）采访时，《黑暗之魂》的创作者宫崎英高（Hidetaka Miyazaki）表示，好的Boss设计方法是鼓励玩家在战斗中通过反复尝试制订新的游戏策略，这种设计促使玩家始终随机应变。

（3）控制资源

与提高挑战难度类似，减少对玩家的资源支持也可以提高游戏难度。在FPS游戏中，减少弹药和医疗包的数量可以直接提高玩家过关的难度；在战略类游戏中，限制为玩家提供的资源数量，或者将资源置于玩家和敌人都可以接触到的区域，同样可以提高游戏的难度。反过来讲，如果游戏设计师希望降低难度，同样可以通过增加资源或提供支持来帮助玩家。例如在FPS游戏中，在玩家角色进入战斗区域之前为玩家角色补充弹药和医疗包，就可以降低游戏难度。

（4）设计复杂的游戏交互

设计复杂的游戏交互可以为玩家制造大量困难。《街头霸王》等格斗游戏和《劲舞革命》（*Dance Dance Revolution*）等音乐/节奏游戏都是很好的例子。《劲舞革命》要求玩家在精确的时刻提供特定的输入，较难的歌曲比容易的歌曲每秒需要更多的输入。以前没有尝试过这首歌的玩家可能会发现自己很快就跟不上节奏，但让他们再试一次的动力是他们认为自己取得了进步，并且相信第二次可以做得更好。格斗类游戏也是如此，如果玩家想得到高分就必须使用暴击技巧，这要求玩家以非常快的速度输入复杂的按键组合，并保证精确的时机和正确的顺序。

（5）增加认知负荷

在整个游戏过程中为玩家提供不同数量的认知负荷是创造不同难度级别的好方法。战略类游戏通常通过增加认知负荷来调节难度，这是在游戏中通过向玩家提供更多的变量和决策点来实现的。战略类游戏要求玩家同时兼顾资源采集、单位生产和战斗，几种不同的行动的结果之间还有关联。难度较高的游戏可能包括更复杂的经济系统、更多的单位类型、更复杂的战术选择以及更广泛的战略规划。这要求玩家同时处理更多信息和任务，从而增加游戏的挑战性。例如，游戏可能要求玩家同时应对资源管理、技术树发展、单位升级和复杂的敌人AI，迫使玩家在多个层面上做出更精细和复杂的决策。

（6）控制游戏时间

挑战玩家长时间忍受压力的能力也可以增加游戏难度。这种耐力挑战可以与前面提到的认知负荷方法结合使用。游戏可能会要求玩家长时间快速操作，同时必须生存下去，直到找到难得的存档点，就像在《忍者龙剑传》（*Ninja Gaiden*）和魂系游戏（Souls-like Game）中一样。困难在于，如果玩家死亡，他们将不得不重新开始，并在此过程中失去大量进度。在节奏游戏中，玩家必须在规定的时间内保持快速地输入并表现完美。在战略类游戏中，这可能意味着玩家必须忍受一场漫长的战斗，如果玩家在最后失败，他们将不得不从头开始战斗。

（7）失败进程管理

玩家失败后的游戏进程管理也是难度调节的一种选择。作为一名游戏设计师，调整玩家在游戏中死亡或失败的后果，可能会让玩家的感受非常不同。最简单的方法是降低存档点的出现频率，这样可以限制玩家保存进度。这在《生化危机》等恐怖游戏中尤为突出。如果游戏设计师选择使用这种机制，让玩家意识到如果他们失败了将失去大量进度，会让玩家无意中变得谨慎。对恐怖游戏来说，让玩家因为担心失去进度而感到恐惧或焦虑，会强化敌人出现时玩家的恐惧感，从而强化恐怖游戏希望给玩家带来的预期效果。魂系游戏在限制玩家保存进度的基础上更进一步，玩家在失败后通常会丢失一部分或全部已积累的资源，如游戏中的货币或经验点。玩家角色需要回到他们死亡的地点来回收这些资源，如果在回收之前再次死亡，之前丢失的资源就会永久消失。这种机制增加了游戏的风险和挑战性，迫使玩家更加谨慎和策略性地进行游戏。像《火焰之纹章》和《最终幻想战略版》（Final Fantasy Tactics）这样的游戏中，采用了Roguelike游戏中的永久死亡（Permadeath）机制。这意味着当游戏中的角色死亡时，它们可能不会复活，玩家失去的是投入这些角色中的时间和精力。这种机制让玩家带有类似于缺乏存档点时的紧张感，因为玩家知道一旦失败，他们所做的努力就会白费。不过，与传统Roguelike游戏不同的是，这些战术游戏在玩家角色死亡后仍允许玩家继续进行游戏，而不是必须从头开始。

游戏设计师可以发现，让游戏变得非常困难是相对容易的事情，但这并不意味着会带来良好的游戏体验。过高的难度可能会导致玩家感到沮丧和无力，这可能会影响整体的游戏乐趣。一个好的游戏设计不仅需要考虑挑战性，也需要确保游戏的可玩性和趣味性。平衡游戏难度和玩家的成就感是游戏设计中的一项重大挑战。

9.4.3 魂系游戏

魂系游戏是一类受到《黑暗之魂》系列游戏影响的非常独特的游戏类型。这类游戏以其高难度Boss战、特殊的美术风格、深刻而隐晦的故事叙述著称。这类游戏的Boss通常设计得非常强大，具有独特的攻击模式，要求玩家仔细观察、学习并制订有效的对策。成功的关键在于精确地躲避和找到反击时机。魂系游戏中的Boss战是最引人入胜和记忆深刻的部分之一，它们不仅是技术上的挑战，也是对玩家耐力和决心的考验。魂系游戏提供的挑战和深度吸引了寻求高难度游戏体验的玩家，这种难度并非所有玩家都能享受或适应。一些玩家可能会因为频繁的失败和死亡感到沮丧。死亡和失败通常伴随着严重的后果，如失去资源或进度，这要求玩家更加小心和有耐心。玩好魂系游戏需要玩家有良好的操作技巧、时机控制能力和制订战斗策略的能力。新玩家可能需要花费相当多的时间来掌握游戏的基础和进阶技能。有时这类游戏会在开始阶段就提供难度很高的Boss战，这种设计并不符合大多数游戏"照顾玩家"的设计原则。总体来说，魂系游戏提供了一种与众不同的游戏体验，它们的设计强调技巧、耐心和学习能力。这类游戏对一部分玩家群体具有很高的吸引力，尤其是那些寻求挑战、故事深度和独特游戏体验的玩家。同时，这类游戏可能不太适合那些偏好轻松游戏体验或不愿意花费大量时间在高难度挑战上的玩家。通过这种方式，魂系游戏在玩家群体中进行了一种自然的"筛选"。

宫崎英高是一位著名的游戏设计师，也是FromSoftware公司的社长，他因创造了一系列深受欢迎和赞誉的魂系游戏而闻名，他的工作成就如下。

- 《恶魔之魂》：宫崎英高的第一个大型项目，这款游戏为魂系游戏奠定了基础，以其高难度和深刻的世界观著称，如图9-7所示。
- 《黑暗之魂》系列：宫崎英高在这个系列游戏中担任主要导演和游戏设计师，这个系列游戏以其挑战性高、世界建设丰富而深受玩家喜爱，并对现代游戏设计产生了深远的影响。
- 《血源诅咒》（*Bloodborne*）：这是一个在PlayStation平台上独占发行的动作RPG，以其独特的哥特式恐怖风格和快节奏的战斗而受到赞誉。
- 《只狼：影逝二度》（*Sekiro: Shadows Die Twice*）：这款游戏以其独特的忍者主题和更加注重技巧和时机控制的战斗机制而闻名，它在2019年获得了包括"TGA年度最佳游戏"在内的多个奖项。
- 《艾尔登法环》（*Elden Ring*）：这是宫崎英高和著名作家乔治·马丁合作的最新作品，是一个开放世界的动作RPG，继承了魂系游戏的许多元素。游戏中包含了一系列标志性的Boss战，每场战斗都是对玩家技能的严峻考验。这款游戏提供较少的游戏指引，让玩家自行探索和解读游戏世界。《艾尔登法环》具有魂系游戏的许多特点，它也在一些方面进行了创新和拓展，特别是在其开放世界的设计和探索方面，提供了比传统魂系游戏更为广阔和自由的游戏体验。

图 9-7 《恶魔之魂》的Boss战

宫崎英高以其独特的创新精神和对游戏叙事的深刻理解而闻名，在游戏界被广泛认为是一位极具影响力和创造力的游戏设计师。他的作品不仅挑战了玩家，也对整个游戏行业产生了深远的影响。

9.4.4 《亚瑟王传奇：王国的命运》游戏原型的动态难度调节

为了对《亚瑟王传奇：王国的命运》的原型系统进行动态难度调整，需要量化不同等级、不同职业、穿戴不同装备的角色的强度。生命、DPS、防御等属性按照角色穿戴装备后的二级属性计量。这里只考虑普通攻击，因此略去魔法相关属性。以下为一个强度量化公式。

角色强度分数=生命+k1×DPS+k2×防御

其中评分系数k1、k2代表DPS和防御相对于生命值的价值系数，需要利用本游戏采用的战斗公式2，即"伤害=攻击×攻击÷（攻击+防御）"对其进行估计。战斗公式2计算得到的伤害值如表9-17所示。

表9-17 伤害值

防御	攻击（30）	攻击（31）	攻击（32）	攻击（33）	攻击（34）	攻击（35）	攻击（36）	攻击（37）	攻击（38）	攻击（39）	攻击（40）
10	22.5	23.4	24.4	25.3	26.3	27.2	28.2	29.1	30.1	31.0	32.0
11	22.0	22.9	23.8	24.8	25.7	26.6	27.6	28.5	29.5	30.4	31.4
12	21.4	22.3	23.3	24.2	25.1	26.1	27.0	27.9	28.9	29.8	30.8
13	20.9	21.8	22.8	23.7	24.6	25.5	26.4	27.4	28.3	29.3	30.2
14	20.5	21.4	22.3	23.2	24.1	25.0	25.9	26.8	27.8	28.7	29.6
15	20.0	20.9	21.8	22.7	23.6	24.5	25.4	26.3	27.2	28.2	29.1
16	19.6	20.4	21.3	22.2	23.1	24.0	24.9	25.8	26.7	27.7	28.6
17	19.1	20.0	20.9	21.8	22.7	23.6	24.5	25.4	26.3	27.2	28.1
18	18.8	19.6	20.5	21.4	22.2	23.1	24.0	24.9	25.8	26.7	27.6
19	18.4	19.2	20.1	20.9	21.8	22.7	23.6	24.4	25.3	26.2	27.1
20	18.0	18.8	19.7	20.5	21.4	22.3	23.1	24.0	24.9	25.8	26.7

由表可得到121组固定防御时伤害随攻击变化的差值，求平均数得k1=0.9。同理可得k2=0.5。因此角色强度分数=生命+0.9×DPS+0.5×防御。

这时可以通过角色强度分数来确定游戏原型关卡中参与最终战斗的NPC个数和等级。

玩家职业固定为骑士。最终决战时，玩家阵营的最坏情况是玩家为0级骑士、配备铁剑、独自一人；最好情况是玩家为4级骑士、配备古剑、带上4个3级村民且村民都配备从山洞找到的古剑。可以算出玩家阵营的整体强度分数范围。敌人阵营为5个骑士，最坏情况为5个0级骑士佩戴骑士剑；最好情况为5个4级骑士佩戴骑士剑。可以算出敌人阵营的整体强度分数范围。

动态难度调整就是要根据玩家阵营的强度分数动态调整敌人阵营的情况，让玩家始终感觉难度适中。注意这里列出的经验公式只能用来估计一个参数设置范围，更准确的动态难度调节需要玩家测试来确定。

9.5 涌现性游戏机制

涌现性游戏机制是指让玩家能够创造超出其最初意图或用途的新策略和玩法，并由游戏规则和玩家互动产生难以预测的游戏模式和行为。涌现的游戏玩法并不总是直接设计的，而是从各种游戏机制和玩家决策的组合中涌现出来。

传统的AAA级游戏依赖精心制作的、设计精美的、而且通常成本高昂的场景、角色、过场动画和/或情景来创造游戏玩法。这些游戏每次向玩家呈现相似的游戏玩法，只在游戏中提供可预测的变化。在许多角色扮演游戏中，玩家通过短时间摸索很快就找到最佳的属性搭配，制造出最有效的角色、物品和武器等。而在许多战略类游戏中，最多只有两三种公认的获胜玩法，其他所有玩法都很难获胜。这样设计的游戏很少支持不同且有效的策略。虽然玩家似乎有不少选择，但这些选择很快就可以被分成有效的和无效的。无效的选择让玩家感到困惑，如果有些选择只会获得胜率较低的游戏玩法，为什么在游戏中可以选择它们？有的游戏提供几乎无尽的物品组合（如《无主之地》和《暗黑破坏神》中的武器），但物品组合很少能够创造有趣的动态效果。因为随机生成的武器部件之间的组合效果太广泛，常常不能产生有趣的结果。而涌现性的游戏机制可以解决这些问题。

实现涌现性游戏机制可以采用过程内容生成技术来动态地生成游戏内容。更加高级的做法是在游戏设计过程中引入系统性游戏的概念，实现更加复杂、不可预测的游戏体验。

9.5.1 系统性游戏

在《塞尔达传说：旷野之息》中，游戏设计师创造了一个互动性很强的世界，其中包含许多可以相互作用的系统，形成了系统性游戏（Systematic Game），如图9-8所示。例如环境元素互动，游戏中的火不仅可以用来点燃物体，还可以影响环境（如点燃草坪），对敌人造成伤害，或者供处于寒冷地点的玩家角色取暖。游戏中的水也有类似效果，下雨时，整个游戏世界都会受到影响：表面更难攀爬，能见度受影响，NPC寻找避难所，金属物品吸引雷电等。游戏中的天气系统不仅是视觉效果，而且是影响游戏中大量事物的重要部分。这些系统的交互在系统性游戏中常常会导致意想不到的游戏场景。

图9-8 《塞尔达传说：旷野之息》游戏的物理引擎允许不同游戏元素之间产生真实反应

系统性游戏的乐趣和深度主要来自玩家与游戏内多个相互关联的系统的互动。这些系统通常涉及游戏机制、规则、玩家决策和游戏环境，它们共同构成了一个动态的、有机的游戏世界。在传统的游戏设计中，游戏世界中的对象和实体可能只与玩家有互动。而在系统性游戏中，对象不仅对玩家有反应，还能感知并对更多事物做出反应。这种系统间的互联性为处理任务提供了广泛的选择。在《塞尔达传说：旷野之息》中如何接近敌人营地？可以选择直接攻击，也可以选择悄无声息地潜入营地；可以选择用炸弹突然袭击，也可以选择偷取敌人的武器。系统性游戏允许玩家选择自己的玩法，并形成独特的事件和游戏体验。当玩家有特定目标并自行探索如何达成这一目标时，这种灵活性尤为突出。

系统性游戏更加依赖于游戏对象之间的相互作用，从环境设定到可用的武器或工具。这些都是基于底层算法和系统性交互，每次玩游戏时都会新生成游戏元素。这就意味着游戏设计师不能依赖于昂贵的、静态的布景，必须更多地依靠由游戏对象之间的互动及游戏机制所创造的动态效果。这也意味着游戏设计师必须以这样一种方式构建实际游戏系统，通过能够交互的各种子系统，每次都为玩家创造出新颖的游戏体验，以便每次都能提供系统性的变化，并保持令人满意的美学效果。

为了创建一个系统性游戏，不同子系统之间交互的规则必须保持一致。只有当不同的子系统以一致的方式运行时，玩家才能成功地使用不同策略操纵游戏世界。游戏规则对于它们所适用的对象类别应该是"通用的"。游戏中存在的规则的例外越多，对玩家尝试不同事物的鼓励就越少。这些规则的适当应用创造了一个逻辑一致的游戏世界，鼓励和奖励玩家尝试创造独特的游戏结果和事件。例如，在《塞尔达传说：旷野之息》中，如果一台制冰器可以在水平的水面上制作冰块，那么它也可以在垂直的水面（瀑布）上制作冰块。系统游戏要求其系统和规则具有一定的通用性和抽象性。系统之间交互的规则在性质上越抽象和通用，越容易产生涌现的游戏玩法。例如，与其让一个守卫NPC对环境中的特定对象做出反应，不如使其对某一类环境变化（如噪声、光线或物体运动）做出反应。同时，可以为其他对象添加这个属性。这样守卫NPC不会寻找特定的游戏对象，而是寻找特定类型或属性的游戏对象。这种抽象化的规则导致系统之间交互规则具有通用性，但也允许玩家尝试开发人员没有明确计划的系统和对象之间的互动。系统性游戏在实现一致的、通用的、抽象的对象交互后，需要为玩家提供一些工具和指南，让玩家有意识地操纵不同系统来探索不同的计划和解决问题的方法。

尽管看起来制作一个系统性游戏非常复杂，但是一个复杂的系统，是可以通过一些简单的逻辑或机制创造出来的。最著名的例子就是《康威生命游戏》（Conway's Game of Life），通过一个简单的生与死的判定规则，在一个2D平面上产生复杂的结果。类似的例子还有大量鸟类组成的鸟群的飞行编队，从远处观察编队的3D分布变化万千，但是实际上支配这种变化的规律只有寥寥几只。

9.5.2 过程内容生成技术

过程内容生成（Procedural Content Generation，PCG）技术利用算法自动创建游戏内容，而不是完全依赖于手动设计。这种内容生成技术结合随机性和预定规则，可以创造独特但仍然符合设计意图的内容。内容可以在游戏运行时生成，提供新鲜和不可预测的体验。可以在游戏里生成的内容如下。

- 地图和环境：在开放世界游戏或探索游戏中生成广阔或无限的地图。
- 关卡：创建独特的关卡布局，为玩家提供不断变化的挑战。
- 游戏物品：创建各种属性和功能的物品，如武器、装备或消耗品。
- 故事生成：自动生成故事情节和任务，根据玩家的选择和行为提供个性化体验。

使用PCG技术生成的内容具有多样性和不可预测性，增加了游戏的重玩价值。同时减少了手动创建大量内容的时间和资源。因为每次游戏体验都可能不同，所以为玩家提供了独特的探索和发现乐趣。但是在使用这项技术时，需要确保生成的内容符合质量标准，避免产生无聊或不合理的结果，确保玩家感觉生成的内容有意义、有趣且富有挑战性。

Roguelike游戏在很大程度上依赖于PCG技术。Roguelike游戏的灵感来源于20世纪80年代的经典游戏*Rogue*，如图9-9所示。这类游戏以其高难度、随机生成的环境、永久死亡和鼓励探索而闻名。它们的核心特征之一就是通过过程生成技术创建随机化的游戏环境和挑战，每次游玩时这些元素都不尽相同，提供了高度的重玩价值和独特体验。Roguelike游戏通常会使用PCG技术生成随机的地牢布局，包括房间、走廊、敌人位置和物品分布；敌人的出现地点和数量也经常是随机生成的，增加了游戏的不可预测性和挑战性；玩家角色死亡后无法复活，必须重新开始游戏；游戏强调探索未知环境并制订战略以生存。

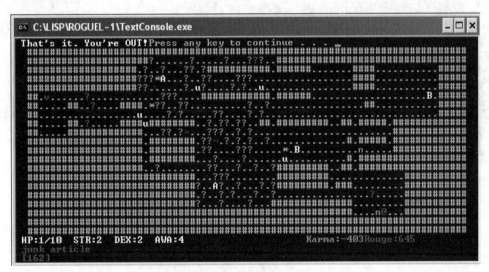

图 9-9 20世纪80年代的经典游戏*Rogue*

除了Roguelike游戏之外，还有几种类型的游戏也大量依赖PCG技术，包括开放世界游戏、沙盒游戏、生存游戏、跑酷游戏等。在像《无人深空》这样的开放世界游戏中，PCG技术用于创建庞大的、可探索的世界。这些游戏的地图、生态系统、资源分布等都是动态生成的。

《无人深空》是一款由Hello Games开发的科幻主题开放世界探索游戏，以广阔的宇宙和基于PCG技术的游戏环境而著称，如图9-10所示。该游戏通过算法生成包含近乎无限的独特星系和星球。这些星系和星球都有自己的位置、类型和特征。每个星球都有独特的地貌，包括山脉、海洋、洞穴和平原等；每个星球都有其独特的生态系统，包括多样化的动植物。这些生物的外观、行为和生态互动都是通过PCG技术生成的。星球上的资源分布也是随机生成的，不同的星球提供的矿物样貌不同，这些也部分依赖于随机生成算法。星球表面的建筑、遗迹和其他人工结构的分布也是通过PCG技术生成的，增加了探索的多样性和深度。《无人深空》用PCG技术为玩家提供了一个几乎无限大的宇宙来探索，通过手动方式制作这样庞大的游戏世界是不可能的。通过PCG技术，游戏创造了一个动态变化且每次都不同的游戏体验，其中每个星球都提供了独特的环境和挑战。这种广泛使用的PCG技术使《无人深空》在开放世界游戏中独树一帜，尽管它在发布初期面临了一些挑战，但随着时间的推移和持续的更新，它已经变成了一款深受许多玩家喜爱的游戏。

图 9-10《无人深空》的游戏世界是利用PCG技术生成的，原理上具有无限多的组合形式

课程设计作业4：游戏策划书的第三部分

要求游戏项目团队完成游戏策划书的第三部分——游戏动态元素的详细设计，内容包括以下部分。

- 游戏循环。

- 战斗系统的数值设计。

- 经济系统的数值设计。

- 难度控制和心流体验（可选）。

- 涌现的游戏现象（可选）。

第三部分

游戏原型与测试

第二部分完成了游戏设计和制作工作流程中的第一、二阶段（即游戏创意阶段、游戏策划阶段），基于设计成果完成了游戏概念设计文档和游戏策划文档。在第三部分，我们基于这些设计成果完成一个游戏原型系统，并设计可玩性问卷对完成的原型系统进行测试。部分游戏原型的素材运用AIGC工具来制作。

游戏原型系统的制作有利于培养学生分析、设计和解决软件工程问题的能力，帮助学生针对计算机科学与软件工程相关领域的复杂工程问题设计解决方案，实现满足特定需求的软件系统。通过这样的训练，学生才能够在相关专业领域的工程项目中独立承担任务。

第 10 章
游戏素材准备

本章先介绍专业游戏素材制作的相关知识，然后介绍如何使用网络数字资产和AIGC工具为需要制作的游戏原型搜索、挑选和制作游戏素材。

10.1 专业游戏素材制作

专业的游戏素材制作需要多个艺术领域的艺术家的参与。随着游戏产业的不断发展和升级，如今的游戏原画师、游戏造型师、游戏音乐作曲家已经和其他非游戏艺术领域的艺术家一样，获得了广泛的尊重和认可。下面介绍一部分常见的游戏素材制作工作内容。

10.1.1 游戏原画

在创意设计阶段，游戏原画师可以帮助确定游戏的视觉风格和主题，原画内容包括游戏的环境（如城市景观、自然环境、室内场景等，同时要考虑光线、色彩、视角等因素）和角色（包括角色的外观、服装、道具，以及绘制角色的不同动作和表情）。

克雷格·穆林斯（Craig Mullins）是一位概念艺术家和插画家，在数字艺术界享有盛誉，并被认为是数字绘画的先驱之一。他的工作领域非常广泛，不仅包括游戏，还涉及电影和书籍插画。他在游戏界的代表作包括《光环》系列（见图10-1）、《辐射》系列和《星际争霸》等游戏的概念艺术设计。克雷格·穆林斯通过他在概念艺术和插画方面的工作，在数字艺术界产生了巨大的影响。他的风格通常是高度动态和表现力强，擅长于运用光影和色彩来营造氛围和深度，这使得他的作品在游戏和电影产业中非常受欢迎。

图 10-1 克雷格·穆林斯的《光环》概念艺术设计

吉田明彦（Akihiko Yoshida）是一位游戏原型系统艺术家，以其独特的艺术风格和对角色设计的深刻理解而广受赞誉。吉田明彦担任了《最终幻想战略版》《最终幻想XII》（见图10-2）和《最终幻想XIV》等游戏的角色设计师，还负责了游戏的视觉概念设计和美术方向，其独特的艺术风格对游戏的视觉效果产生了深远影响。他还参与了《尼尔：机械纪元》（NieR:Automata）、《勇气默示录》（Bravely Default）、《勇气默示录2》（Bravely Default II）和《勇气默示录2：终结次元》（Bravely Second:End Layer）的角色设计。吉田明彦的作品通常以细腻的线条、复杂的装饰细节和对服装设计的深度理解而著称，他的设计混合了西方中古纪元的元素和传统日本美术，风格独树一帜。

图 10-2 吉田明彦代表作包括《最终幻想XII》

10.1.2 3D 模型和动画素材设计

在概念设计和原画设计的基础上，3D建模师可以开始设计和构建用于游戏的3D模型。制作游戏需要美工风格独特且一致的各类物品模型和角色模型。3D建模借助3D制作软件，通过虚拟的3D空间构建具有3D数据的模型。游戏中的3D模型制作是一个多步骤的过程，涉及多种技能和专业软件的使用。

（1）模型创建：使用3D建模软件（如Blender、Maya、3ds Max等）来创建模型的基础形状和结构。这个阶段通常包括两种主要的建模技术：多边形建模和曲面细分。多边形建模通过操纵顶点、边和面来构造物体。曲面细分从简单的形状开始，逐渐增加细节级别。

（2）数字雕刻：对于需要高级细节的模型，如复杂的角色或生物，雕刻是必不可少的步骤。雕刻工具可以帮助3D建模师在一个3D模型的局部添加更多的细节，通过切换不同的画笔类型对3D模型进行删改，调节网格的密度。ZBrush、Blender或Mudbox这类软件中都提供了这种工具。

（3）拓扑优化：将高多边形模型转换为拓扑结构更为优化的模型，以便在游戏引擎中高效运行。

（4）UV 整理、材质设置和纹理设计：在模型上应用材质和纹理，可能包括漫反射贴图、镜面贴图、法线贴图等，这些都是使用Photoshop或Substance Painter这样的软件制作的。

（5）角色骨骼绑定：为了让角色模型动起来，需要进行骨骼绑定（对于角色）或者设置其他动画控制器。

（6）角色动画设计：一旦角色模型被绑定了骨骼，动画师就可以开始创建动画，如行走、跳跃、攻击等动作。

（7）模型导出和集成：角色模型和动画会被导出成一种游戏引擎支持的格式，并集成到游戏中。

3D建模的每一步都需要特定的软件和技能，通常需要多个专业人员的合作，包括3D建模师、动画师和技术美工。随着技术的不断进步，这一过程和涉及的工具也在不断变化和发展。例如，《魔兽世界》这款游戏的模型制作团队包括3D建模师、纹理艺术家、动画师、技术美工以及其他支持人员。《魔兽世界》采用了一种独特的、卡通风格的艺术设计，这种风格让游戏看起来特征鲜明。它不追求超现实的细节，而是通过夸张的形态和饱和的色彩，创造出一个既充满想象又具有识别度的世界。《魔兽世界》构建的游戏世界极为庞大，每个区域都有其独特的环境美术设计，从郁郁葱葱的森林到荒凉的沙漠，每一处都充满了细节和特色，为玩家提供了沉浸式的探索体验。《魔兽世界》中的角色和怪物设计极具特色，每个种族和职业都有其独特的视觉标志，这些设计不仅有外表上的差异，还体现了他们不同的文化背景和性格特征。从游戏的早期开发阶段开始，就有许多艺术家参与到了角色设计、世界构建和模型制作中，如克里斯·梅森（Chris Metzen）和山姆怀斯·迪迪尔（Samwise Didier），他们对游戏的视觉艺术和设计风格产生了重大的影响。

兽人是《魔兽世界》中一个非常具有标志性的种族，其设计强调了野性和粗犷的特点（见图10-3）。他们拥有强壮的体格，肌肉发达，皮肤颜色多变（从绿色到褐色不等），展现了他们强大的战斗能力和野外生存能力。兽人的装备和建筑常常带有部落的象征（如图腾、粗糙的金属装饰和野兽的图案），反映了他们的文化背景和对自然的尊重。兽人往往展现出准备战斗的姿态，表情凶猛，眼神坚定，这与他们勇猛、不屈不挠的种族特性相契合。兽人的装备设计倾向于重型和实用，强调保护和战斗功能。他们的武器常常是大型的、粗糙的，如巨斧和战锤，体现了他们的战斗风格。

《魔兽世界》的角色设计不仅是为了良好的视觉效果，还深深地根植于游戏的世界观和故事中，为玩家带来丰富多彩、生动的游戏体验。

图10-3 克里斯·梅森设计的兽人角色原画和《魔兽世界》中的兽人角色

10.1.3 音乐和音效设计

游戏的声音效果应该做得尽量真实和合理。游戏图形、动画既可以是真实的，也可以是超现实的，然而声音必须与视觉效果匹配，否则会让玩家感觉不协调。游戏音效制作是游戏开发过程中的一个重要环节，它为游戏世界提供声音层面的真实感和沉浸感。

在音效制作过程中，音效设计师首先需要与游戏设计师和开发团队合作，充分理解游戏的概念、风格、故事和环境，这有助于确定需要哪些类型的声音效果。然后音效设计师基于游戏的需求，规划所需的声音类型，包括环境声音、角色声音、动作音效、背景音乐等。这个阶段可能会制作一个声音效果列表，明确每个效果的目的和用途。在明确了声音需求后，需要实际录制或采集所需的声音。这可能包括现场录制声音

（如录制自然环境声音、动物叫声等），或在录音室制作特定声音效果（如武器声、机械声等）；也可能从数字音效库获取所需的声音。到了这个阶段，音效设计师会使用各种音频编辑软件（如Audacity、Adobe Audition、Pro Tools等）来编辑和处理录制的声音，以满足游戏的具体需求。这可能包括调整音量、剪辑声音、添加效果（如回声、混响等）和混音。最后将编辑好的声音文件集成到游戏中。这通常需要与游戏开发者合作，使用游戏引擎将声音与游戏的视觉和逻辑元素相匹配。在游戏的测试阶段，音效设计师会仔细监听游戏中的声音效果，确保它们在不同情境下都能达到预期效果，并根据测试阶段收集到的反馈，对声音效果进行进一步的优化和调整。

游戏音效设计师的工作是一个创造性与技术性相结合的过程，需要人机交互、艺术性、技术知识和对游戏开发流程的理解。通过他们的工作，游戏能够提供更丰富、更引人入胜的体验。

类似地，游戏音乐的创作流程也是一个结合创意、技术和游戏设计的过程。游戏音乐作曲家首先需要深入了解游戏的总体概念、故事、风格和情感氛围。这通常涉及与游戏设计师和开发团队的讨论，查看游戏的视觉艺术作品，以及阅读游戏剧本或设计文档。基于对游戏的理解，游戏音乐作曲家会确定音乐的整体风格和主题。这可能包括选择适合游戏世界观和情感氛围的乐器、音色和曲风。游戏音乐作曲家开始创作音乐草案，这可能是一系列主题旋律、节奏或和声。这个阶段的目的是探索不同的创意并找到最能表达游戏氛围的音乐方向。然后，游戏音乐作曲家将音乐概念呈现给开发团队，以获取反馈。开发团队的意见可能会影响音乐的最终方向。根据反馈，游戏音乐作曲家开始细化音乐，完成具体的作曲、编曲和制作过程。这可能涉及实际录制乐器演奏效果、使用电子音乐软件制作或两者结合。在游戏中，音乐通常需要根据游戏情境动态变化。因此，游戏音乐作曲家需要考虑如何将音乐与游戏事件、场景转换和玩家互动相结合。最后，游戏音乐作曲家完成音乐作品的混音和母带处理，以确保音乐在不同的播放设备上都能有良好的效果；将完成的音乐集成到游戏中，并进行测试。这个阶段是确保音乐在游戏中正常播放，且与游戏的其他元素（如声音效果、对话等）协调。

近藤浩治（Koji Kondo）是任天堂公司的一名极具传奇色彩的作曲家和音乐家，他为《塞尔达传说》系列游戏创作了多首标志性的音乐作品。其中最有名的作品如下。

• 《塞尔达传说》主题曲：这首经典的主题曲首次出现在该系列的第一款游戏中，如今已成为视频游戏音乐中最著名和最受欢迎的曲目之一。

• 《塞尔达传说：时之笛》主题曲：这款游戏中包含了多首由近藤浩治创作的曲目，如"时之歌（Ocarina"Song of Time"）"和"萨利亚之歌（Ocarina"Saria's Song"）"，它们在游戏中以笛子曲的形式出现，玩家必须学习并演奏这些曲目以解锁游戏中的各种谜题和秘密。

• 《塞尔达传说：风之杖》主题曲：该游戏的音乐保持了近藤浩治风格的旋律和乐感，与游戏中的海洋探险主题契合。

近藤浩治的音乐为《塞尔达传说》系列游戏创造了一种独特的音乐风格，融合了冒险感、奇幻元素以及深刻的情感表达，极大地增强了玩家的沉浸式体验。他的作品被广泛认为是视频游戏音乐史上的经典，影响了无数的游戏音乐作曲家和玩家。

奥斯汀·温特里（Austin Wintory）的音乐作品——游戏《风之旅人》（Journey）（见图10-4）的配乐在2012年提名格莱美奖。这是历史上首次有视频游戏的音乐得到了格莱美奖的提名，具体提名的类别是"最佳影视/视觉媒体配乐"。这个提名标志着视频游戏音乐在主流音乐领域得到了重要认可，同时也肯定了奥斯汀·温特里在游戏音乐领域的杰出贡献。《风之旅人》的游戏配乐原声带（Original Sound Track，OST）包含了多个曲目，每一个都有其独特的名称。这些曲目紧密地与游戏的情感和视觉效果相结合，以此引导玩家探索这个唯美的游戏世界。这些曲目的名称往往反映了它们在游戏中的位置或者描绘的情感，如"*Nascence*""*The Call*""*First Confluence*"等。《风之旅人》的配乐因其美妙和深刻的旋律，以及巧妙地与游戏中的动态环境和玩家的行为相互作用而广受赞誉。

图 10-4 奥斯汀·温特里的游戏音乐作品《风之旅人》封面

游戏中的配音也需要高水准。因为听起来不现实的配音会降低游戏的沉浸感。在预算允许的条件下，使用职业的配音演员往往会获得更好的效果。为经典角色马力欧配音的配音演员是查尔斯·马丁内（Charles Martinet）。他自1992年起为任天堂的《超级马力欧兄弟》系列视频游戏中的马力欧配音，成为这个角色的标志性声音。除了马力欧，查尔斯·马丁内也为其他任天堂游戏角色提供声音，包括路易吉、瓦里奥、沃路易等。他的声音给全球数以百万计的玩家留下了深刻的印象，并成为了马力欧这一角色不可分割的一部分。马力欧的声音有以下几个非常显著的特点。

• 高昂而活泼：马力欧的声音通常都是充满活力和乐观的，这与他的角色形象——一个勇敢、积极向上的意大利水管工非常吻合。

• 浓厚的意大利口音：查尔斯·马丁内为马力欧创造了一种浓重但是充满趣味的意大利口音，这种口音成为了马力欧独特身份的一部分。

• 富有表现力：马力欧的声音在游戏中根据不同的情景变得非常具有表现力，无论是他在高兴时的"Yahoo!"和"Waha!"，还是他在受伤时的哀号；马力欧有几句标志性的口头禅，如"Let's-a go!""It's-a me，Mario!"这些都是查尔斯·马丁内给这个角色赋予的独特元素。

• 饱含情感：马力欧的声音总是给人一种亲切和温馨的感觉，这使得所有年龄段的玩家都能感到亲近。尽管通常是欢快的，但马力欧的声音也能表达出各种情感，从惊讶到失望，从努力到庆祝，为游戏中的不同情景提供了丰富的感情色彩。

查尔斯·马丁内为马力欧创造的声音，不仅是声音本身，而且是一种能够唤起情感反应、增强游戏体验的音效元素。

10.2　网络数字资产

在游戏策划过程中，有时可以直接使用网络上找到的素材资源完成游戏原型系统的搭建。在网络上寻找游戏需要的素材时，有多种资源可以利用，包括免费和开源素材库、付费服务等。以下是一些常用的方式和资源。

（1）免费资源库

- OpenGameArt：提供各种免费的游戏艺术素材，包括2D资源、3D模型、音频和动画。
- Kenney Assets：提供大量免费和高质量的游戏资源，尤其是2D图像和界面元素。
- Free Sound：专注于声音效果和音乐的免费资源库。
- 爱给网：提供部分免费的配乐、音效、视频、3D模型等素材。
- GameDev Market：提供部分免费2D资源、3D模型、音效和UI 的游戏素材平台。

（2）开源资源

- GitHub：可以找到开源的游戏项目和代码，适合需要特定功能或模块的开发者。
- Blender Models：如果你使用Blender，那么这里有大量开源的3D模型可用于游戏。

（3）付费资源库

- Unity资源商店和 Unreal Engine Marketplace：这些游戏引擎的官方市场提供了各种游戏开发资源，包括模型、纹理、音效、脚本和完整的游戏系统。
- Envato Market：提供广泛的图形素材，包括游戏图标、UI元素等。

（4）社区论坛和网站

许多游戏开发社区论坛和网站（如GameDev.net、IndieDB）上的成员会分享他们的作品或推荐资源。

（5）专业图像和音频库

如Shutterstock、Getty Images、Adobe Stock等，这些网站提供高质量的图像和音频素材，但通常需要付费。

本书使用的Unity资源商店是一个提供各种资源以支持Unity游戏引擎项目的在线商店。它为游戏开发者提供了大量的数字资产和工具，这些资源可以直接在Unity项目中使用。Unity资源商店提供的资源种类如下。

- 3D模型：包括角色、环境、道具等。
- 2D资源：包括精灵图集、图标和UI元素。
- 音频：包括音效、背景音乐和语音。
- 动画：角色动画、粒子效果等。
- 脚本和插件：扩展Unity功能的代码库和工具。
- 模板和系统：完整的游戏模板、AI系统、物理系统等。
- 教程和文档：帮助用户学习使用Unity和开发游戏的资源。

无论是免费还是付费资源，都必须注意素材的版权和使用许可。确保素材适合商业用途，特别是在打算将游戏商业化时。在使用任何资源时，一定要仔细阅读和理解版权信息和使用条款，确保你有权在游戏中使用这些素材。对于免费游戏素材和音乐类内容，最常见的许可证是Creative Commons许可证（即CC许可证），类似的许可证体系还有自由艺术许可证（Free Art License）。CC许可证提供了几种标准许可协议，每种协议都有不同的条款和限制。这些协议让创作者能够以灵活的方式分享他们的作品，同时保留部分权利。

- Creative Commons CC0 1.0 Universal License（简称 CC0 1.0）许可证旨在帮助创作者放弃他们的作品的所有版权和相关权利，使作品成为公共领域的一部分，任何人都可以自由地复制、修改、分发和表演这些作品，无须事先征得授权或支付费用。CC0 1.0许可证被希望自己的作品尽可能被公众使用的创作者广泛应用，这些创作者包括艺术家、摄影师、作家、程序员等。这种许可方式促进了创意作品的自由共享和创新应用。

- CC BY（署名）：允许他人分发、修改、改编和基于创作者的作品进行创作，即使出于商业目的，只要注明原始创作者即可。

- CC BY-SA（署名-相同方式共享）：这个许可协议允许他人重新混合、调整和基于创作者的作品进行创作，即使出于商业目的，只要以与原始许可协议相同的许可协议发布新创作即可。

- CC BY-ND（署名-禁止演绎）：这个许可协议允许他人复制、分发、展示和表演创作者的作品，甚至用于商业目的，但不能根据创作者的作品制作衍生作品。

- CC BY-NC（署名-非商业性使用）：这个许可协议允许他人重新混合、调整和基于创作者的作品进行创作，只要新作品不是用于商业目的，并且注明原始创作者即可。

- CC BY-NC-SA（署名-非商业性使用-相同方式共享）：这个许可协议结合了非商业和相同方式共享的条款。他人可以基于创作者的作品进行创作，但不能用于商业目的，并且新作品必须在与原作相同的许可协议下发布。

- CC BY-NC-ND（署名-非商业性使用-禁止演绎）：这是最严格的CC许可协议，它只允许他人下载创作者的作品并与他人分享，但不能修改作品，也不能将其用于商业目的。

每种许可协议都有其特定的应用场景，创作者可以根据自己的需要和意愿选择合适的CC许可协议来发布他们的作品。游戏设计团队也可以根据免费素材的许可证，了解如何合法使用这些免费素材。

如果游戏设计团队需要使用免费的代码或插件等游戏资源，则需要了解更多的许可证体系，例如以下许可证。

- GNU 通用公共许可证（GNU General Public License，GPL）：这是自由软件基金会（Free Software Foundation，FSF）发行的主要许可证，用于保证自由软件的自由复制、分发和修改。

- GNU 较宽松公共许可证（GNU Lesser General Public License，LGPL）：用于某些库和软件，允许与非自由软件结合，但仍保持对源代码的要求。

- GNU Affero 通用公共许可证（Affero General Public License，AGPL）：特别针对网络发布的软件，确保网络上运行的软件的用户能够接触到源代码。

- MIT 许可证：这是一种非常宽松的软件许可证，允许几乎任何形式的再发布，包括商业使用和修改。MIT 许可证对作品的使用、复制、修改、合并、发布、分发、再授权和/或销售几乎没有限制。

- Apache 许可证：Apache 软件基金会使用的一个自由软件许可证，它与 MIT 许可证类似，但还包含了对专利的条款。

- Mozilla Public License（MPL）：这是一个自由软件和开源软件许可证，旨在允许共享和修改代码，但还要求所有修改过的和基于MPL代码的新作品同样在MPL下发布。

• BSD 许可证（Berkeley Software Distribution license）：一种为软件提供非常少量限制的许可证，允许用户几乎无限制地使用、修改和重新分发代码，可用于商业目的。BSD 许可证的变体包括原始BSD许可证、修改的BSD许可证（即3-clause BSD）和简化的BSD许可证（即2-clause BSD）。

10.3　为原型系统选择和购买数字资产

《亚瑟王传奇：王国的命运》游戏原型中的背景音乐及音效来自上一节介绍的OpenGameArt免费游戏素材网站以及Free Sound免费音乐素材网站。

《亚瑟王传奇：王国的命运》游戏原型中选择Low Poly风格作为游戏艺术风格，其主要特点是使用较少的多边形（通常是三角形）来构造图像或模型。

Low Poly风格以其简化的几何形状和较少的细节著称。这些形状通常由平面和直线组成，形成清晰的、几何化的外观。由于使用较少的多边形，因此Low Poly作品的边缘和多边形表面较为明显，相比于高多边形建模，这种风格更容易识别出单个面和边。Low Poly风格常用于创造抽象和艺术性较强的视觉效果，它强调形状和颜色的使用，而不是细节的精确勾画，通常使用鲜艳的色彩和简化的纹理来弥补细节的缺失。在早期的3D游戏和计算机图形中，由于硬件限制，Low Poly风格被广泛使用。低多边形模型对计算资源的需求较少，有助于提高渲染速度和性能。尽管现代技术允许使用高多边形计算，Low Poly风格仍因其独特的美学特点而继续受到青睐，常见于艺术设计、游戏、动画和其他多媒体领域。

在游戏原型中使用Low Poly风格素材是一种常见的选择，其优势在于在没有优化游戏性能之前，游戏策划团队可以有很大的性能空间来自由构建一个游戏关卡，而不需要对多边形数量进行预算控制，发布出来的游戏原型也更容易在不同类型的游戏平台上完成测试，包括一些配置不高的智能手机和笔记本计算机。尽管多边形数量少，Low Poly风格素材依然能够提供真实度很高的视觉体验，包括丰富的游戏世界细节和流畅的角色动画。

在设计完成并进入真正的生产环节时，可以进行更详细的游戏美术设计并制作更精细的3D模型，用于最后的游戏发布版本。

为了制作游戏原型，在Unity资源商店中购买以下游戏素材包。

（1）角色模型素材包POLYGON Fantasy Characters，如图10-5所示。

主要包含12个人物模型（国王、王后、法师、农民、商人等），同时也附有人物随身携带的物品模型（法杖、扫帚、书、匕首、剑等）。

（2）中世纪骑士模型素材包POLYGON Knights，如图10-6所示，包含5个部分。

• 建筑模型：包括城堡部件、塔楼部件、城镇房屋部件、村庄房屋部件、台阶、帐篷等的模型。

• 角色模型：包括3种骑士和两种士兵的模型。

• 环境模型：包括花、草、树、石头、山、地面、石砖路面的模型。

• 物品模型：包括旗帜、马车、栅栏、木箱、火盆、营火、墓碑、路灯、船等的模型。

• 武器模型：包括剑、细剑、长戟及4种盾牌的模型。

图10-5 角色模型素材包POLYGON Fantasy Characters

图10-6 中世纪骑士模型素材包POLYGON Knights

（3）地牢模型素材包POLYGON Dungeon，如图10-7所示，包含6个部分。

● 角色模型：男性英雄、女性英雄、两种鬼魂、6种波克布林、4种骷髅、石巨人、灵魂的模型。

● 环境模型如下。

骨头：包括单根碎裂骨头、龙头骨、角、脊柱、骨堆等的模型。

地板：包括碎裂石板、山丘、水渠、水面、台阶、地砖（如石砖、符文砖、五角星）的模型。

杂项：包括地下室入口、花、草、树、根、带刺藤蔓、矿石、发光宝珠、苔藓块、蘑菇、栏杆、雕像、石雕王座、各类陷阱等的模型。

优化：使用贴图代替了复杂模型的石墙、石砖等的模型。

柱子：包括柱子底座、各类石柱、倒下的柱子的模型。

石头：包括各类砖石、洞穴石（用于围出洞穴的通道）、平坦岩石、石平台、卵石、石柱、各类形状（方形、圆形、尖形）的石头、石堆、残壁、碎石、符文石、钟乳石、石笋等的模型。

墙面：包括各类石墙面、门、窗户的模型。

木头：包括各种人工矿道部件（如矿轨、隧道等）、碎木板、木桥、水轮、木平台、木栏杆等的模型。

● 特效：包括火焰、灰尘、陷阱等粒子效果。

● 物品模型：包括箭、书、金币、笔墨、罐子、药水瓶等的模型。

● 细节模型：包括木桶、床、书架、砖、蜡烛、吊灯、大锅、铁链、宝箱、棺材、板条箱、金属门、壁炉、锻造炉、宝石、波克布林营地部件（包括树枝、鼓、肉块、烤架、木栅栏、帐篷、塔）、灯、木尖刺、金属栅栏、矿车、地毯、骷髅（包括坐、躺下、挂起等造型）、桌椅、科技部件（包括齿轮、传输带、管子、开关、涡轮等）、火把、花瓶、旗帜、武器架等的模型。

● 武器模型：包括各类剑、斧、戟、锤、盾及波克布林武器的模型。

图10-7 地牢模型素材包POLYGON Dungeon

（4）英雄角色模型素材包POLYGON Fantasy Hero Characters：低多边形模块化奇幻英雄角色资源包，如图10-8所示，可为奇幻游戏创建角色，或让玩家通过配置来设计和创造自己的英雄角色。角色模型的各个部件都有丰富的模型可以替换，包括720个模块化部件，带有可改变颜色的自定义着色器，可以组合出大量不同的角色。模块化角色资源包括头发、头部、眉毛、面部毛发、帽子、面具、头盔、躯干、臀部、腿、手臂、手、护膝、护肩、护肘、臀部附件、包、斗篷等，武器模型包括斧头、匕首、狼牙棒、盾牌、法杖、剑、刀等。

（5）动物模型素材包LowPoly Forest Animals：主要包含10种动物模型并自带动画（如待机、移动、攻击、受击、死亡等），同时也附有森林场景的简单模型部件（如地面、草、树、石头等的模型），如图10-9所示。

图10-8 角色模型素材包POLYGON Fantasy Hero Characters

图10-9 动物模型素材包LowPoly Forest Animals

（6）粒子效果素材包POLYGON Particle FX：包含大量粒子特效，如血、魔法、火焰、爆炸、刀光、灰尘、雾、天气等，如图10-10所示。

（7）界面素材包Game GUI Kit - The Stone：包含各类UI图标，如图10-11所示。

图10-10 粒子效果素材包POLYGON Particle FX

图10-11 界面素材包Game GUI Kit - The Stone

以上素材均购买自Unity资源商店，且均属于非限制性、非扩展资产，其许可内容如下。

许可方授予最终用户非排他性的、全球性的、永久的许可，以仅将其集成为电子应用程序和数字媒体的合并和嵌入式组件，并分发此类电子应用程序和数字媒体；在分发的物理广告材料中复制和显示仅用于此类电子应用程序或数字媒体的营销目的。除服务软件开发工具包（即服务 SDK）外，最终用户可以修改资产。最终用户不得以其他方式复制、公开展示、公开表演、传输、分发、再许可、出租、租赁或出借资产。需要强调的是，最终用户无权以任何方式（包括但不限于通过再许可的方式）分发或转让资产，但可作为电子应用程序和数字媒体的集成组件或支持物理营销材料。在不违反前述规定的前提下，强调最终用户无权通过分担购买资产相关的费用让任何为此类购买作出贡献的第三方使用此类资产。对于非扩展资产，最终用户被授予在无限数量的计算机上安装和使用资产的许可，前提是这些计算机属于最终用户。

10.4　利用数字资产制作《亚瑟王传奇：王国的命运》游戏原型

下面从购买的素材包中，以本书第二部分中的原型系统角色设计结果为依据，选取和组合角色模型。

10.4.1　玩家角色模型的选择

设计部分为主角亚瑟在故事中的不同阶段设计了4种不同的形象，这里挑选4种Low Poly角色模型对应4种形象设计，如图10-12所示。

（a）普通村民阶段

（b）初级战士阶段

（c）高级骑士阶段

（d）国王阶段

图 10-12 青年亚瑟Low Poly角色模型

10.4.2 非玩家角色模型的选择

原型中还包括艾克特、梅林、铁匠、猎人、蒙面武士、信使、村民等几个重要的非玩家角色，在模型选择上应尽可能符合他们在故事和游戏中的设定。表10-1是《亚瑟王传奇：王国的命运》的非玩家角色的Low Poly角色模型选择结果。

表 10-1 非玩家角色的Low Poly角色模型

角色	外观特点	3D模型
艾克特	艾克特是一位年过半百的中年男性，岁月在他的脸上刻下了深深的痕迹。他保持着过去作为骑士的健硕身材，尽管年岁已高，但依然显得强壮而挺拔。他的面庞深刻且慈祥，眼中闪烁着智慧的光芒。长年的户外劳作使他的皮肤显得粗糙而黝黑。他的头发和胡须略显花白，但仍然保持着整洁，显示出他对自己外表的注重	
梅林	梅林通常被描绘为一位年迈的男性，但由于他的魔法，他的实际年龄难以准确判断。他拥有深邃、明亮的眼睛，这双眼睛仿佛能看穿人心，透露出他无比的智慧。他的脸上布满了岁月的痕迹，但却散发出一种超凡脱俗的气质。他的头发和胡须通常是银白色的，长而杂乱，给人一种古怪但睿智的感觉。身材略显消瘦，但背脊挺直，显示出一种不屈的精神。常穿着传统的长袍，可能是深色系，上面缀满了神秘的符号和图案，体现出他的魔法师身份	
铁匠	赤裸的臂膀、朴素的装束符合村庄中铁匠的身份，脸上的伤痕与不修边幅的胡须也是游戏中铁匠的经典形象设计	
猎人	简单实用的防具与随身携带的武器，展示了猎人的朴素	

角色	外观特点	3D模型
蒙面武士	自称猎户，实则为武士，因此具有精良的装备，蒙面表明其掩盖了自己的真实身份	
信使	来自王城的信使，相比于村庄中的村民，穿着更加华丽	
村民	村庄中多个村民的模型，装扮简单朴素	

10.4.3 角色动画

选择了人物模型后，还需要使用动画资源让人物模型在游戏里动起来。Mixamo网站是Adobe公司提供的免费的3D模型动画网站，里面有丰富的人物动画，本书使用其中的资源来制作游戏原型。

（1）下载动画文件

进入Mixamo官网，如图10-13所示。

图 10-13 Mixamo网站页面

登录后单击左上方的Animations标签，如图10-14所示，左侧区域有大量动画可供选择。

这里搜索关键词"walk"并选择任意一个动画，中间区域为该动画预览画面，如图10-15所示。在右侧区域可以对动画的部分细节进行调整（不同动画可以调整的参数可能略有不同）。

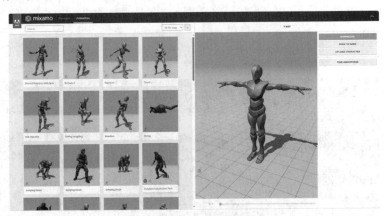

图 10-14 Mixamo网站提供的动画资源

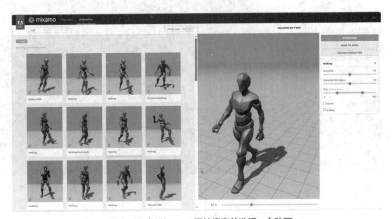

图 10-15 在Mixamo网站搜索并选择一个动画

在右侧区域勾选In Place复选框，模型即可原地运动。这样便于使用程序来控制角色移动，而不需要动画带有额外的位移。其他参数不做调整。点击右上方的DOWNLOAD按钮，下载的文件中不含角色模型。在Format选项中选择FBX for Unity（.fbx），在Skin选项中选择Without Skin，如图10-16所示，单击DOWNLOAD按钮确认下载。

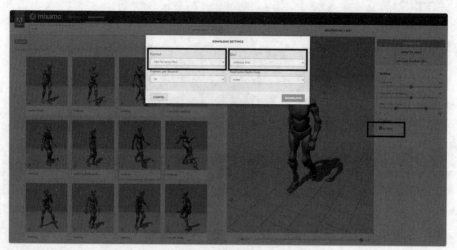

图 10-16 在Mixamo网站调整选项并下载动画

（2）修改动画文件设置

下载完毕后，将下载的FBX文件拖入Unity编辑器中Project窗口的Assets文件夹中以导入资源文件，如图10-17所示。

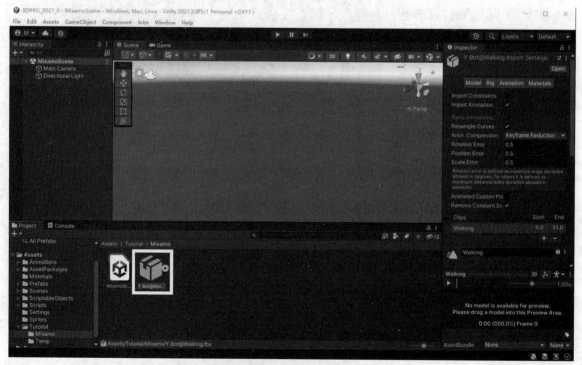

图 10-17 导入动画资源到Project窗口的Assets文件夹中

选中该文件，在Unity编辑器的Inspector窗口的Rig选项卡下将该文件的Animation Type选项调整为Humanoid，即人形动画，Unity编辑器提供的Avatar系统允许人物模型使用其他人物模型的角色动画。将Avatar Definition选项调整为Create From This Model，如图10-18所示，单击下方的Apply按钮应用变更。

在Inspector窗口中切换至Animation选项卡，如图10-19所示。

勾选图10-20所示的复选框，让动画能够循环播放并且不影响人物根节点的位置和旋转（此处为人物行走动画所以需要循环播放，对于不同动画，设置可能不同），单击Apply按钮应用变更。

图10-18 调整动画的类型

图10-19 切换至Animation选项卡

图10-20 修改动画的循环以及变换

（3）查看模型与动画匹配效果

在Unity编辑器中准备已经绑定好骨骼的人物模型，即此前准备的人物模型资源（这里使用了资源包中准备好的人物预制体），如图10-21所示。

图10-21 准备好的人物模型

选择该动画文件，在Inspector窗口中切换至Animation选项卡，并拉出最下方的预览窗口。此时可以预览该动画，如图10-22所示，默认模型为Unity官方模型。

单击预览窗口右上方的小人图标，选择Other并选择之前准备的模型，或者直接将模型拖入该预览窗口，都可以将预览模型替换为所需模型，如图10-23所示。

单击预览窗口左上方的三角形图标，播放动画，如图10-24所示。

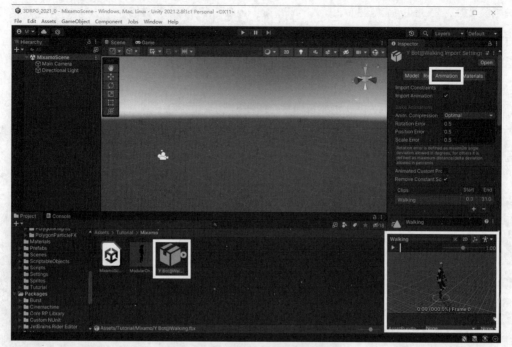

图 10-22 在Inspector窗口预览导入的动画

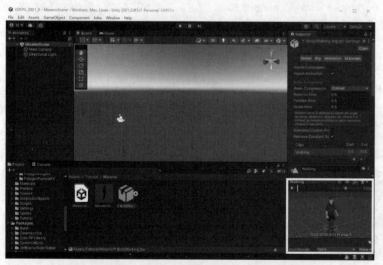

图 10-23 在Inspector窗口使用此前准备的人物模型预览该动画

图 10-24 正在播放的行走动画

　　至此，成功导入了角色动画，并且预览了模型动画效果。但想在实际游戏原型中应用动画并使用代码控制动画播放，还需要使用Unity编辑器提供的Animator组件来实现。Unity编辑器提供的Animator组件是一个强大的工具，用于控制游戏对象的动画。它是Unity动画系统的核心部分，提供了一系列功能来实现复杂的动画控制。以下是Animator组件的一些主要功能。

　　● 动画状态机：Animator组件使用状态机逻辑来控制不同的动画状态之间的转换。这允许复杂的动画流程和逻辑控制，并允许在复杂的状态机中创建子状态机，以简化动画状态机的结构和管理。Animator组件提供了动画状态机的可视化界面，方便设计和调试动画流程，允许在编辑器中和运行时查看动画状态和参数值，以便调试和优化。

● 参数控制：通过设置参数（如布尔值、浮点数、整数等），可以控制动画状态的转换和行为。这些参数可以通过编程在运行时改变，从而动态控制动画。

● 层和遮罩：支持多层动画，允许对角色的不同部分应用不同的动画。例如，角色上半身进行一套动作，而下半身进行另一套动作。使用遮罩（Mask）可以指定某些动画仅影响角色模型的特定部分。

● 混合树（Blend Tree）：通过混合树可以在不同的动画片段之间平滑过渡，如根据角色速度混合行走和跑步动画。支持1D和2D混合，可以基于多个参数调整动画。

● 动画事件：在动画的特定时间点触发事件，可以用于执行脚本中的函数，如在动画的特定帧播放声音或触发游戏逻辑。

● 动画覆盖：支持动画覆盖，允许在基本动画的顶部添加额外的动画层，如在角色行走时添加手部动作。

Unity编辑器的Animator组件通过这些功能赋予开发者强大且灵活的动画控制能力，使其能够实现复杂和高质量的动画效果，适用于各种游戏和交互式应用。

图 10-25 场景人物模型的Animator组件

将人物模型的Prefab拖入Unity编辑器的场景中，这里人物已经添加了Animator组件。在Project窗口中单击鼠标右键，选择Create-> Animator Controller来创建一个控制器并将其赋予人物模型的Animator组件，如图10-25所示。

在Unity编辑器的菜单栏中选择Window->Animation->Animator，打开Animator窗口，选中场景中的人物（或者在Project窗口中选中Animator Controller文件），当前窗口显示了Animator组件的配置状态，Entry模块为Animator组件运行的起点。将下载的动画拖入Animator窗口，此时该动画被作为默认的播放动画，Entry模块会自动连接至该动画，如图10-26所示。

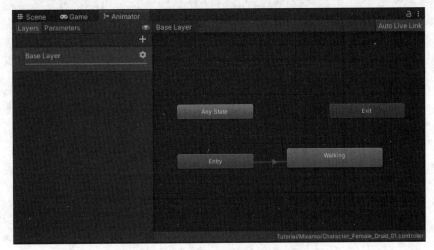

图 10-26 打开Animator窗口并添加动画

运行游戏，可以看到人物在场景中踏步。选中场景中的角色，在Animator窗口也可以看到动画机的实时运行状态。但仔细观察播放的行走动画，会发现人物的左脚扭曲，与原动画明显不符，如图10-27所示。

这里选择动画文件，在Inspector窗口中单击Configure按钮，如图10-28所示。

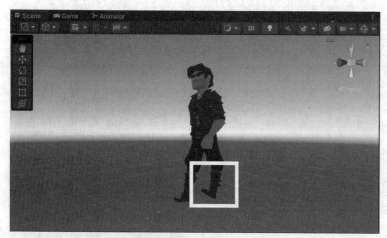

图 10-27 播放动画时人物产生扭曲

图 10-28 配置模型的Avatar

可以看到Avatar默认姿势并不是标准的T-Pose，脚部错位尤其明显，如图10-29所示，这会导致动画在进行变换时同样产生错位。

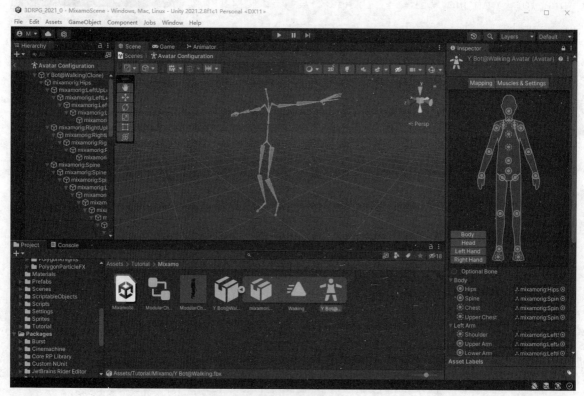

图 10-29 Avatar的配置界面

可以在Unity编辑器中手动调整位置矫正错误（但较为麻烦），也可以使用如下方法，在Mixamo网站下载任意动画，Skin选项设为With Skin，如图10-30所示，单击DOWNLOAD按钮进行下载。

图 10-30 在Mixamo网站下载带有模型的动画文件

同样将该文件拖入Unity编辑器的Project窗口，并修改动画类型，如图10-31所示。单击Configure按钮，可以看到，带有模型的文件生成了正确的T-Pose，如图10-32所示。

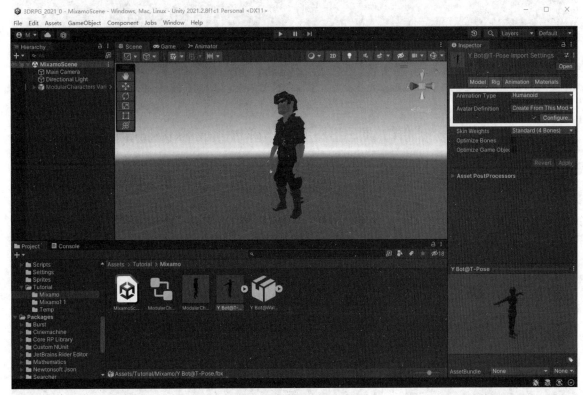

图 10-31 修改动画文件的动画类型

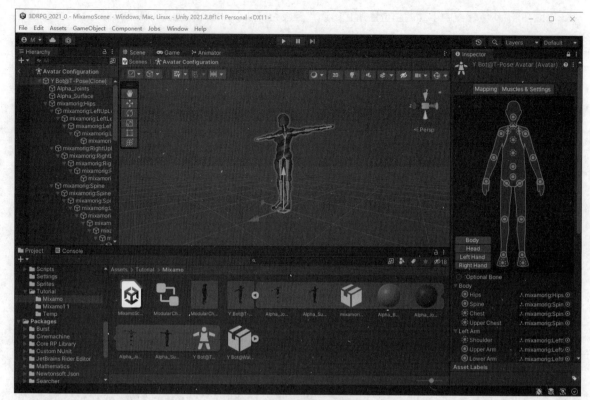

图 10-32 生成了正确的T-Pose

选择之前下载的动画文件，将Avatar Defintion选项修改为Copy From Other Avatar，如图10-33所示；Source选项修改为刚才的Avatar文件，错位问题就解决了，如图10-34所示。

图 10-33 Avatar使用正确的T-Pose

图 10-34 扭曲的动画恢复正常

10.4.4 角色原型的实现和测试

本小节使用模型和动画资源来完成一个第三人称控制器，让玩家能够在场景中移动和观察，并在角色静止时播放待机动画，在角色移动时播放行走动画。

首先要实现一个简单的第三人称相机控制，在Unity编辑器的Hierarchy窗口中创建空游戏对象
ViewPoint放置于模型头顶；创建父游戏对象Player，用于同时控制
模型与ViewPoint的位移、旋转；创建空游戏对象PlayerView，用
于在代码中跟随人物移动并使用鼠标控制旋转；Main Camera作为
PlayerView的子游戏对象，位置为(0,0,-3)，用于保证相机与角色之
间的距离，如图10-35所示。

图10-35 场景中游戏对象的层次结构

　　创建TViewController脚本代码，并将其挂载至Player游戏对象，代码实现如下。

```csharp
public class TViewController : MonoBehaviour
{
    public Transform viewPoint;
    public Transform playerView;

    private Vector3 lookRotationEuler;// 朝向的欧拉角

    private void LateUpdate()
    {
        // 相机跟随
        playerView.position = viewPoint.position;

        // 角度旋转
        lookRotationEuler.x += Input.GetAxis（“Mouse Y”）* 1.0f * -1;
        lookRotationEuler.y += Input.GetAxis（“Mouse X”）* 2.5f;

        // 越界限制
        lookRotationEuler.x = Mathf.Clamp(lookRotationEuler.x, -60, 80);

        // 视角赋值
        playerView.rotation = Quaternion.Euler(lookRotationEuler);
    }
}
```

　　相机的更新逻辑放在了LateUpdate()函数中。LateUpdate()函
数在Update()函数之后执行，这样可以保证在角色的位置更新之后再
更新相机的位置，避免视角抖动。代码中的Input.GetAxis()函数用
于获取鼠标的移动输入。将代码挂载至Player游戏对象并拖动游戏对
象，对组件中的空属性进行赋值，如图10-36所示-。

图10-36 Player的视角控制组件

运行游戏，此时已经能够使用鼠标旋转游戏的视角了，接下来实现角色的移动功能。为Player游戏对象添加Character Controller组件，如图10-37所示，这是Unity游戏引擎提供的用于控制角色移动的组件。

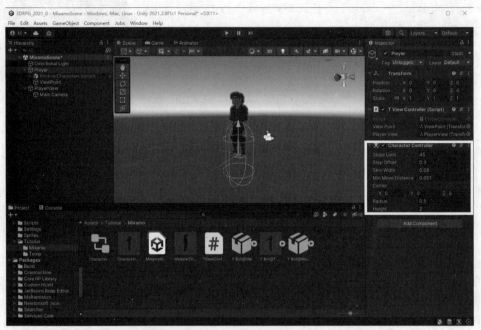

图 10-37 为Player游戏对象添加Character Controller组件

在Scene窗口中可以看到绿色的胶囊体形状的线框，这是该组件实际的碰撞盒形状，引擎根据该碰撞盒（而不是模型本身）来进行物理模拟。调整Character Controller组件中的Center、Radius与Height属性，使碰撞盒大致包裹模型，如图10-38所示。

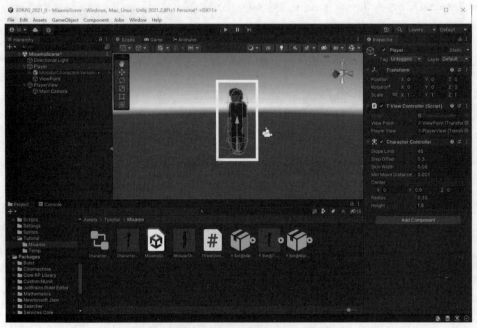

图 10-38 调整Character Controller组件的碰撞盒

现在如果单击Unity编辑器工具栏中的播放按钮运行游戏，就会发现角色将垂直向下坠落，因为Character Controller组件会让游戏对象进行物理模拟。因此我们在场景中放上一个添加有Collider组件的地面游戏对象，以保证角色能在地面上行走，如图10-39所示。

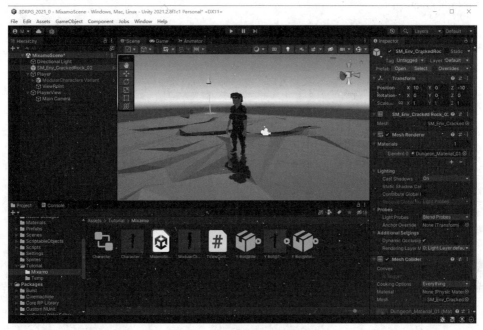

图10-39 在场景中添加地面

再次运行游戏，角色会在地面上原地踏步。下面为角色创建一段代码，通过访问Character Controller组件来控制角色的移动。

```
public class TMoveController : MonoBehaviour
{
    public Transform playerView;

    private CharacterController characterController;
    private Quaternion targetRotation;

    private void Awake()
    {
        characterController = GetComponent<CharacterController>();
    }

    private void Update()
    {
        // 按键输入向量
        Vector3 inputDir = new Vector3(Input.GetAxisRaw("Horizontal"), 0, Input.GetAxisRaw("Vertical"));
```

```
// 角色位移向量
Vector3 moveDir = playerView.TransformDirection(inputDir);
moveDir.y = 0;
moveDir.Normalize();

Vector3 gravity = new Vector3(0, -5.0f, 0);

// 角色移动
characterController.Move((moveDir * 3.0f + gravity) * Time.deltaTime);

// 角色旋转
if (inputDir.magnitude > 0.1f) targetRotation = Quaternion.LookRotation(moveDir, Vector3.up);
transform.rotation = targetRotation;
    }
}
```

上述代码中，在Awake()函数中获取了游戏对象上挂载的Character Controller组件，在Update()函数中使用Input.GetAxisRaw()方法来获取键盘移动（默认为W、A、S、D按键）输入；并以相机方向为参考，使用CharacterController.Move()方法来移动角色，同时始终保证角色面朝移动的方向。将代码挂载至Player游戏对象上，同样拖动游戏对象进行赋值，如图10-40所示。

这时可以单击工具栏中的播放按钮试运行游戏来进行测试。到这里移动动画部分也完成了，但还缺少对角色动画的控制。同样在Mixamo网站下载待机（Idle）动画并导入Unity编辑器，调整动画的类型以及循环播放。预览待机动画的效果，如图10-41所示。

图 10-40 Player的移动控制组件

图 10-41 预览待机动画的效果

找到之前创建的动画机，在Animator窗口中删除之前添加的移动动画，单击鼠标右键并选择Create State->From New Blend Tree来创建一个混合树，将其命名为Move，如图10-42所示。

双击该节点，进入混合树的配置界面，根据玩家角色的移动速度来混合待机动画和移动动画，从而达到控制角色两个动画平滑过渡播放的效果。选中Blend Tree，在Inspector窗口中添加两个Motion Field，并分别赋值为待机动画（Idle）与移动动画（Walking），如图10-43所示。

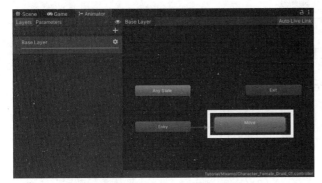

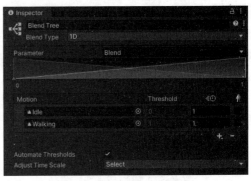

图 10-42 在Animator窗口中创建混合树　　　　　　　图 10-43 待机动画与移动动画的混合

在创建混合树时，Unity编辑器自动创建了一个名为Blend的参数（Parameter），混合树使用了该参数将两个动画按比例进行混合。在Animator窗口左上角的Parameter中可以找到该参数，这里将其重命名为MoveSpeed，以便管理。

在混合树中，每个Motion都有一个Threshold属性。在这里，待机动画的Threshold为0，代表当MoveSpeed为0时，将完全播放待机动画；当Threshold为1时，则完全播放对应的移动动画；为中间值则播放两个动画的混合。也可以在Animator窗口混合树配置节点中通过拖动修改MoveSpeed的值，并在Inspector窗口下方的预览窗口中观察播放动画的变化。

下面在代码中访问Animator窗口中的参数来改变角色的动画状态。在代码中添加一个Animator属性并赋值为角色的Animator组件，同时在Update()函数的最后添加代码。

```
animator.SetFloat("MoveSpeed", Mathf.Lerp(animator.GetFloat("MoveSpeed"), moveDir.magnitude, 0.05f));
```

animator.SetFloat()方法用于设置动画机中对应的参数，animator.GetFloat()方法用于获取对应参数的值，Mathf.Lerp()方法让参数进行平滑过渡。

再次运行游戏，可以发现已经成功实现玩家在游戏中对角色的控制，并在不同的状态下让角色模型播放正确的角色动画，而且动画之间能够平滑过渡。

10.5　利用 AIGC 工具生成音效和背景音乐

前面的章节介绍了使用AIGC工具进行游戏故事创作、剧本创作和原画创作。在这里，出于学习目的，推荐选用多个不同用途的AIGC工具一起创作音效和背景音乐，作为在游戏开发中应用AIGC工具的一个练习。读者可以在AI工具导航网站（ai-bot.cn）上查找合适和喜欢的模型进行创作。

利用AIGC技术制作音效和背景音乐，首先需要明确音效或背景音乐的类型、风格、情感氛围等。这可能包括游戏的特定场景、情感表达或者特定的音响效果。例如在《亚瑟王传奇：王国的命运》游戏原型的创意过程中，可以选取几个典型的游戏场景，创造不同情感氛围的背景音乐。然后，需要选择一个满足游戏创意团队需求的AIGC音频生成工具。市面上有许多工具提供了不同类型的音乐和音效生成服务，如BGM猫、AIVA、Flow Machines、Ecrett等。在所选的AIGC工具中，根据需求设置参数。这可能包括设置音乐的节奏、调性、乐器类型、时长等。对于音效，可能包括声音的环境、强度、持续时间等的设置。使用AIGC工具生成音效或音乐，在初次生成后，可以根据效果进行调整，改变参数再重新生成，直到满足需求。接着在生成的音频基础上进行进一步的编辑和处理。这可能包括调整音量、剪辑、混音等，以确保音频与游戏的其他元素协调。最后，将生成的音效或音乐集成到游戏或项目中，进行测试，看它们是否符合预期的效果。根据测试结果和反馈进行必要的调整。

在使用AIGC工具生成音效和音乐时，确保了解相关的版权和使用许可问题。一些工具可能提供版权免费的音乐，而一些工具提供的音乐则可能有特定的使用限制。

本书选用BGM猫工具为《亚瑟王传奇：王国的命运》游戏原型创作以下背景音乐（时长均为30秒）。

• 梅林出场时的背景音乐，提示词：节奏舒缓，神秘空灵。

见附件SourceCode\Assets\Sounds\Music\bgm3.mp3

• 战斗场景背景音乐，提示词：大气磅礴，高燃的战斗场景。

见附件SourceCode\Assets\Sounds\Music\bgm4.mp3

课程设计作业5：游戏策划书的第四部分

要求游戏项目团队完成游戏策划书的第四部分——游戏艺术设计与素材准备，包括以下内容。

• 角色艺术设计或角色模型选择（包括玩家角色和非玩家角色）。

• 场景艺术设计和搭建。

• 音乐和音效设计。

• 尝试利用AIGC工具生成一段背景音乐。

除了文档以外，提交一个Unity3D游戏工程，其中包括一个可以由玩家控制的游戏角色，可以在场景中自由行走；添加一个音乐播放器，可以播放背景音乐。

第 11 章
游戏原型制作

在完成戏剧元素和形式元素的设计之后，本书以一个游戏原型关卡的设计内容作为范例，展示各种类型的形式元素如何逐步合成一个可以运行的游戏原型关卡。

游戏开发中有许多著名的游戏原型案例，这些游戏原型不仅成功地验证了游戏概念，而且在很多情况下，直接影响了最终产品的开发。《我的世界》这款游戏最初作为一个简单的沙盒建造原型，由开发者马库斯·佩尔松（Markus Persson）制作。它最初只有基本的方块放置和移除功能，但这个简单的原型展示了游戏概念的潜力，最终获得巨大的成功。《塞尔达传说：旷野之息》在设计过程中，任天堂为了测试游戏的开放世界和物理引擎，制作了一个简化的2D原型。这个原型帮助游戏开发团队理解和细化游戏的核心机制。这些案例展示了游戏原型在游戏开发过程中的重要性，它们不仅是测试和改进游戏概念的工具，而且往往是最终产品的基石。通过这些原型，开发团队能够快速评估游戏概念的可行性和吸引力，并在此基础上构建完整的游戏。

在实际教学工作中，游戏策划阶段提到的游戏原型系统一般指能够独立运行的软件原型。对于计算机科学和软件工程专业背景的学生，学习过程中还可以提高制作软件原型的专业实践能力。同时，实现游戏原型有助于掌握相关技术和验证游戏策划的可行性。重要的是保持开放和创造性的思维方式，不怕尝试和失败，从每次尝试中都能学到东西。

游戏原型系统的设计原则旨在确保原型能够高效地验证游戏概念，同时保持足够的灵活性，以便快速迭代和改进。以下是一些关键的设计原则。

• 专注于核心玩法：游戏原型的主要目的是测试和展示游戏的核心机制。游戏原型应代表最终产品的关键玩法机制，确保它与游戏的最终目标和市场定位保持一致。因此，设计时应专注于这些元素，而不是细节或非核心功能。有时可以在游戏素材、游戏界面、视觉效果上做一些让步。例如在FPS的游戏原型中，如果作为敌人的NPC还缺乏较满意的角色模型和动画，可以用一些没有动画效果但是可以移动的游戏对象代替。

• 用户体验为先：即使是游戏原型，也应该考虑用户体验。确保游戏原型足够直观和有吸引力，以便测试者或利益相关者能够理解和评估游戏概念。设计游戏原型时应考虑到收集用户反馈的方式。这可能包括游戏内置的玩家输入记录、游戏过程参数记录、游戏参数设置等功能，也可以包括一些外接测试数据记录设备，例如与游戏同步的摄像头和眼动跟踪装置。

• 简化设计和快速迭代：保持游戏原型尽可能简单，避免过度设计或添加不必要的特性，这样可以更快地构建和测试游戏原型。游戏原型设计应允许快速迭代。这意味着游戏原型系统的功能能够轻松地添加、修改，以便根据反馈进行调整。这就需要将游戏中的各种游戏元素之间的相互作用尽量解耦合、抽象化和参数化，便于对游戏平衡性和可玩性等特性反复调整。

• 清晰的目标和评估标准：在开始制作游戏原型之前，明确游戏原型的目标和成功的评估标准。

根据以上的游戏原型设计原则和本书第二部分完成的设计成果，我们完成了《亚瑟王传奇：王国的命运》游戏原型关卡。下面介绍游戏原型的整体框架、关卡布局和军航路标、游戏界面、故事引擎、事件管理、游戏规则等各个部分的实现过程。

11.1 整体框架

游戏形式元素和游戏原型设计工作进展到这里，游戏的初步设计已经基本完成了。基于游戏的戏剧元素、形式元素和动态元素的设计结果，本章介绍如何在Unity游戏引擎中实现人物控制、故事引擎、事件触发、对话系统、背包系统、战斗系统等核心功能。项目原型系统的源代码在SourceCode目录下，可以用Unity游戏引擎打开项目。在原型项目中，目前已经包含了游戏对象以及项目文件资源，这里对其进行整理和介绍。

图 11-1 游戏场景中的所有游戏对象分类

游戏原型中游戏对象包含的分类如图11-1所示。

在Hierarchy窗口中，使用空游戏对象来分类、分层次地管理场景中的所有游戏对象，将相同类型的游戏对象置于一个空游戏对象（父对象）之下，并对这个空游戏对象以分类命名。这是一个良好的习惯，但根据不同的项目或者偏好可以采用不同的管理方式。其中游戏对象类别如下。

• GlobalGameManager：跨场景的游戏对象、数据，如配置文件、场景加载管理等。

• Render：与渲染相关的游戏对象，如光照、相机。

• GameManager：游戏中的管理组件，如场景中NPC的管理、背包系统的管理等。

- Environment：游戏中所有的场景环境游戏对象。

- MainStory：与游戏剧情相关的游戏对象，如跟随剧情而短暂出现的敌人。

- UI：游戏中的玩家界面游戏对象。

- PlayerControl：玩家角色的相关游戏对象。

- NPC：游戏场景中的NPC，包括野兽、村民等游戏对象。

在Project窗口的Assets文件夹中，同样将所有项目文件分类放置于不同的文件夹下，如图11-2所示。

图 11-2 游戏原型中分类管理的项目文件

- Animations：游戏原型中的动画及动画机文件，如玩家角色的动画机及其移动动画、攻击动画、死亡动画等。

- AssetPackages：从Unity资源商店中下载并导入的所有资源包文件。

- Materials：材质文件。

- Prefabs：游戏原型中的预制体，如村庄中的村民、野猪、掉落的物品等。

- Scenes：主菜单场景及游戏场景文件，游戏场景烘焙的导航网格也保存在此处。

- ScriptableObjects：游戏原型中配置的对话、物品数据文件。

- Scripts：游戏原型中所有的代码文件。

- Settings：渲染管线相关的配置文件。

- Sounds：游戏原型中的背景音乐及音效文件。

- Sprites：游戏原型中的图片美术资源。

在Scripts文件夹下，根据代码对应的系统功能进行分类，将代码保存在以下目录中，如图11-3所示。

图 11-3 Scripts文件夹下不同的代码类别

代码的分类如下。

- AI：游戏原型中NPC的行为逻辑代码，包括村民、士兵等。

- Combat：战斗部分相关代码文件，包括角色的属性、伤害判定等。

- Dialog：对话系统相关功能实现代码。

- Event：游戏原型中事件的实现与管理代码。

- Global：跨场景的代码组件，如场景加载代码。

- InteractiveObject：游戏原型中可交互的游戏对象，如可拾取的游戏对象的代码。

- Inventory：背包系统相关功能实现代码。

- Player：角色控制相关代码，包括移动控制、视角控制、交互控制等。

- Story：故事引擎相关实现代码。

- UI：游戏界面与菜单界面的相关功能实现代码。

11.2 关卡布局和导航路标

8.3节介绍了形式元素中关卡空间设计，根据这个部分提出的关卡空间布局重要地点的逻辑关系设计图，为《亚瑟王传奇：王国的命运》游戏原型搭建了一个游戏场景。游戏场景的素材来自第10章中选取的素材包。场景的核心为一个中世纪风格的山村，游戏原型的全流程在山村和周边区域中进行。场景主要由山村、打猎的山林、猎人营地、藏宝山洞等组成。关卡的场景俯视图如图11-4所示。

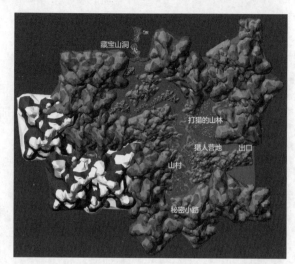

图 11-4 《亚瑟王传奇：王国的命运》游戏原型关卡的场景俯视图

从游戏原型关卡的场景俯视图中可以看到，自然边界和NPC组成了游戏的边界。其中，关卡的所有地点都位于一个四面环山的区域内，山峰和树林可以形成一个自然环境边界。有一条从外界到达山村的道路，以合理地解释外来人员如何到达山村。强盗占据的猎人营地作为一个屏障，放置在山村的出口，利用NPC达到阻止玩家过早离开关卡，如图11-5所示。

按照剧情，在游戏关卡结束后，尤菲斯还对玩家的安全造成了威胁。因此这时玩家可以按照艾克特的嘱咐，从秘密小路离开山村，以避开尤菲斯的追杀。这个秘密小路的位置见游戏原型关卡的场景俯视图，位于山村后面的墓地。玩家视角的秘密小路如图11-6所示。

图 11-5 《亚瑟王传奇：王国的命运》游戏原型关卡的出口（到达山村的道路）

图 11-6 《亚瑟王传奇：王国的命运》游戏原型关卡的秘密小路

为了保证玩家在游戏原型关卡中始终能找到自己的方位，将地图整体设计为放射形。游戏关卡的导航路标由静态的大型路标和动态的指向标识组成。在游戏关卡的重要地点放置容易看到和识别的大型路标，作为玩家判断方位的依据，如图11-7和图11-8所示。

图 11-7 《亚瑟王传奇：王国的命运》游戏原型的大型路标1

图 11-8 《亚瑟王传奇：王国的命运》游戏原型的大型路标2

通往藏宝山洞的山谷路径曲折并有封住的支路，因此玩家不一定能够容易地在关卡中找到这个位置。玩家需要按照一组雕像面朝的方向一路行进才能顺利到达山洞，这一组相似的雕像作为一种隐藏的导航路标，为玩家克服障碍提供帮助，如图11-9所示。

图 11-9 《亚瑟王传奇：王国的命运》游戏原型的导航路标，帮助玩家找到藏宝山洞

在玩家角色执行游戏任务时，游戏关卡主界面显示一个指向标识提示每个任务的对应任务地点，在执行该任务期间显示，完成任务以后更新到下个任务地点。这个指向标识一直会叠加在场景上，不会被任何游戏对象遮挡，是游戏关卡主界面的一部分，如图11-10所示。当玩家角色转向指向标识的反方向时，依然会有指向标识停留在界面的边缘，帮助玩家找到当前任务的位置。

图 11-10 《亚瑟王传奇：王国的命运》游戏原型的任务地点的指向标识

11.3 游戏界面

在游戏原型中，游戏关卡主界面提供玩家角色状态、任务进度、交互提示、物品获取提示、消息提示、对话框等信息，还可以与玩家交互，弹出角色界面、背包界面、胜利界面及失败界面等。大多数界面元素采

用半透明设计，以弱化对游戏场景的遮挡。8.4节介绍了游戏界面的设计结果，包括游戏关卡主界面、玩家角色属性界面等的界面布局设计。根据8.4节的设计结果，制作游戏原型系统的各个界面，游戏关卡主界面如图11-11所示。

图 11-11 游戏原型的游戏关卡主界面布局设计

玩家角色状态位于游戏关卡主界面的左上方，包含玩家角色的等级、生命值、魔法值和经验值，如图11-12所示。

图 11-12 游戏关卡主界面中的玩家角色状态

任务进度位于角色状态的正下方，以较大的字体显示当前任务目标，以较小的字体对任务进行简单提示或描述，如图11-13所示。

图 11-13 游戏关卡主界面中的任务进度信息

交互提示位于游戏关卡主界面中央偏右的位置，当视角中央存在可交互的游戏对象时出现，并处于醒目的位置，提醒玩家可以与游戏对象进行交互，如图11-14所示。

图 11-14 游戏关卡主界面中的交互提示

物品获取提示位于游戏关卡主界面右侧，以列表的形式显示获取的物品及数量，如图11-15所示。

图 11-15 游戏关卡主界面中的物品获取提示

消息提示位于游戏关卡主界面中央上方，并始终悬浮于其他窗口界面的上方，如图11-16所示。

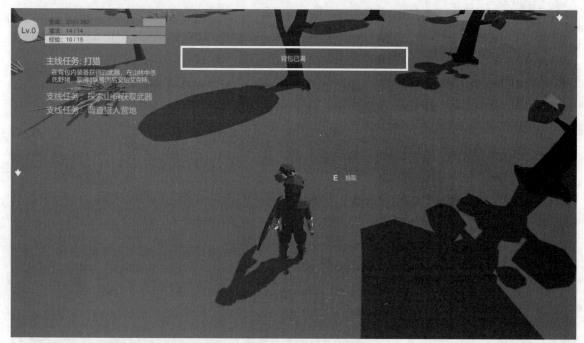

图 11-16 游戏关卡主界面中的消息提示

对话框在玩家角色与NPC进行对话时出现，并位于游戏关卡主界面的正下方，包括NPC的名称以及对话内容，这也是常见的对话界面设计，如图11-17所示。

图 11-17 游戏关卡主界面中的对话框

角色属性界面从画面的左侧弹出，包含了当前角色的3D模型、职业、装备以及角色的基础属性和二级属性等信息，如图11-18所示。

图 11-18 游戏原型中的角色属性界面

背包界面从画面的右侧弹出，将物品类型分为装备、道具、材料3类分别展示，同时背包中还显示了玩家拥有的金币数量，如图11-19所示。

背包界面与角色属性界面可以同时打开并有一定的间隔。当同时打开角色属性界面和背包界面时，可以拖动背包中的武器等到角色属性界面进行装备，如图11-20所示。

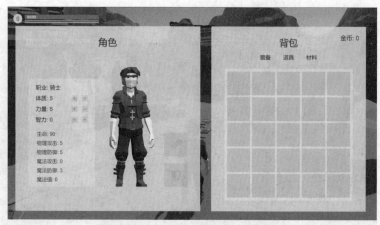

图 11-19 游戏原型中的背包界面　　　　　　　图 11-20 同时打开的角色属性界面与背包界面

当玩家被击败时（生命值归0）会弹出失败界面，如图11-21所示。

当玩家完成游戏原型关卡时会弹出胜利界面，如图11-22所示。

图 11-21 游戏原型中的失败界面　　　　　　　图 11-22 游戏原型中的胜利界面

游戏开始（主菜单）界面包括游戏标题、选项及背景。背景采用单独搭建的3D动态场景，展示游戏的风格与主题。选项仅提供了"新游戏""继续游戏""设置""退出"4种核心功能，如图11-23所示。

图 11-23 游戏原型中的游戏开始（主菜单）界面

11.4　故事引擎和事件管理

在《亚瑟王传奇：王国的命运》游戏原型中，用一个故事引擎来管理游戏的流程，代码在

SourceCode\Assets\Scripts\Story\MainSceneStory.cs脚本文件中。

在游戏原型中，故事基本按照线性流程发展，因此在MainSceneStory.cs脚本代码中使用一个整型变量storyProcess跟踪游戏故事的进度，每当storyProcess变量的值加1，就代表故事进度向前推进一步。当玩家完成故事引擎关注的事件时（即玩家完成了任务目标），这一变量就会改变。storyProcess变量可以在Unity编辑器中直接修改，允许开发团队在开发过程中对游戏原型的故事发展过程进行测试，如图11-24所示。

图11-24 MainSceneStory中记录的故事进度变量

这里根据规程设计决定游戏在每一部分如何发展，包括完成任务的要求。例如当storyProcess变量为1时，显示"见艾克特村长"的任务提示信息，进入下一阶段的条件是"完成与艾克特村长的对话"。游戏规程中的故事与主要事件流程如图11-25所示。

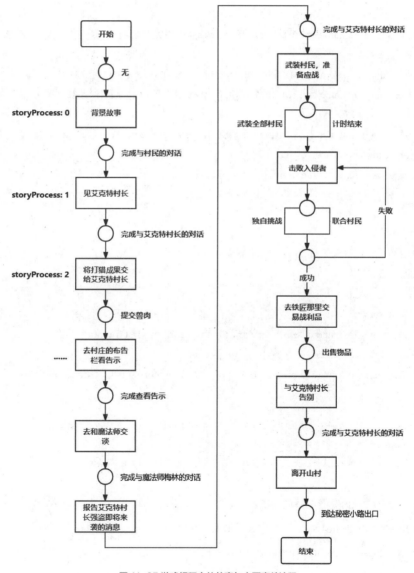

图11-25 游戏规程中的故事与主要事件流程

在MainSceneStory.cs脚本文件中，通过判断storyProcess变量的值来展示设计中的故事内容和提示信息，如为NPC添加任务对话、播放一段脚本动画等，代码如下。

```
private void UpdateStory()
{
    switch(storyProcess)
    {
        case 0:// 背景
            storySetting.Show();
            sideSoldierObjects.SetActive(true);
            GameEventManager.Instance.storySettingEndEvent.AddListener(storyListener.StoryProcess0_0);
            break;

        case 1:
            GameUIManager.Instance.mainTaskTip.UpdateTask("见艾克特村长", "艾克特村长正在找你，似乎有些事情。快过去见他吧。");
            ectorNPC.AddSpecialDialog(MainSceneStory.Instance.dialog_1_0);
            GameUIManager.Instance.controlTip.ShowTip("'WSAD' 移动\n'鼠标' 控制视角\n'左Shift' 奔跑\n'Space' 翻滚\n'E' 互动");
            GameUIManager.Instance.destinationMark.SetTarget(mark_ector);
            sideSoldierObjects.SetActive(true);
            GameEventManager.Instance.dialogConfigEndEvent.AddListener(storyListener.StoryProcess1_0);
            break;

        case 2:// 狩猎
            GameUIManager.Instance.mainTaskTip.UpdateTask("打猎", "村里食物不多，需要打些猎物回来，去铁匠铺旁获取新武器。");
            firstWeapon.SetActive(true);
            merlinHunt.SetActive(true);
            GameUIManager.Instance.destinationMark.SetTarget(mark_firstWeapon);
            sideSoldierObjects.SetActive(true);
            GameEventManager.Instance.pickUpItemEvent.AddListener(storyListener.StoryProcess2_0);
            break;
        ……
    }
}
```

此处通过storyProcess变量选择调用的不同函数，如以下函数。

- GameUIManager.Instance.mainTaskTip.UpdateTask ()
- GameUIManager.Instance.destinationMark.SetTarget ()
- GameUIManager.Instance.controlTip.ShowTip ()

以上三个函数是游戏原型中其他脚本中实现的函数，用于处理在一个故事情节中需要更新的不同内容。故事引擎只负责根据剧情推进调用其他脚本的功能，其他更新功能的实现由游戏原型中的其他子系统提供。

如果游戏的故事变得更加庞大复杂，或者需要由其他团队成员来直接修改游戏的发展，那么该部分内容可以通过读取配置文件或者表格来进行而不是直接写在代码中。关于Unity游戏引擎脚本编程中配置文件的使用将在对话系统中进行介绍。

故事引擎能够在游戏进度改变时推动故事发展，但需要确定游戏中何时改变游戏进度。在设计中需要确定如何完成任务，例如在《亚瑟王传奇：王国的命运》游戏原型中，包括完成与某一NPC对话、提交某物品等任务要求。如果要更新玩家任务，这些是我们关心的游戏事件。

事实上，触发游戏事件并产生不同的剧情变化是游戏开发中常见的功能。可以在事件发生的代码后添加代码直接触发反馈，也可以监听事件的发生并在其他代码中实现反馈。这里以"在故事进度为1时，完成与艾克特的对话后，将游戏进度向前推进一步"这一需求为例。

直接触发可以通过以下方式实现：在对话系统完成对话时，添加如下一段代码进行判断，当前的故事进度为"1"吗？当前对话的NPC是艾克特吗？如果都满足，就会更新玩家任务。

```
// 结束对话
……

// 在对话结束后直接进行判断
if (MainSceneStory.Instance.storyProcess == 1 && dialogObject. dialogObjectName == "艾克特")
{
    MainSceneStory.Instance.storyProcess++;
}
```

这种实现方式简单直观，但会导致对话系统与故事引擎的高度耦合。当推动故事进度的事件种类各不相同时，每一部分都会分散在游戏的各个系统中，造成后续维护的困难。

被动监听方式可以很好地将不同的游戏子系统解耦，并方便我们对各子系统单独进行实现。这一理念便是编程设计模式中的观察者模式，让多个观察者同时监听某一对象，当对象的状态发生改变时通知所有的观察者，使所有观察者能够自动更新自己的状态。

Unity游戏引擎提供的UnityEvent类对C#中的委托（Delegate）进行了封装，可以快速实现这一功能，这也是编程中的事件（Event）概念。在本例中，完成对话这一事件是被监听的对象，而故事引擎是监听事件的一个观察者。当对话完成时，这一消息被传递至所有观察者，故事引擎和其他观察者一起开始更新自身状态。实现事件管理的代码在SourceCode\Assets\Scripts\Events目录下。在GameEventManager类中定义对话完成事件，GameEventManager作为游戏原型中的事件管理中心，用于统一管理所有事件，代码如下。

```
using UnityEngine.Events;

public class GameEventManager : MonoBehaviour
{
  ......
  public UnityEvent<DialogObject> dialogEndEvent = new UnityEvent<DialogObject>();
}
```

这里定义的dialogEndEvent事件还包括一个DialogObject类型的参数。在对话系统中，对话结束时触发事件。

```
public class DialogDisplayer : MonoBehaviour
{
  ......

  public void ExitDialog()
  {
    // 结束对话
    ......

    // 在对话结束后触发事件
    dialogEndEvent.Invoke(dialogObject);
  }
}
```

在故事引擎系统中，在故事进度为"1"时，开始关注对话结束这一事件，因此添加对事件的监听，并在事件被触发时调用StoryProcess2()函数。

```
private void UpdateStory()
{
  switch(storyProcess)
  {
    ......
    case 1:
      ......
      dialogEndEvent.AddListener(StoryProcess2);
      break;
    ......
  }
}
```

其中StoryProcess2()函数实现如下，即当完成对话的NPC为艾克特村长时，推动故事进度并移除监听。

```
public void StoryProcess2(DialogObject dialogObject)
{
    if (dialogObject.dialogObjectName == "艾克特")
    {
        storyProcess++;
        dialogEndEvent.RemoveListener(StoryProcess2);
    }
}
```

这样对话系统就只需要关心自身逻辑，不需要关心对话结束时可能产生的额外反馈。以上的两种方式有不同的应用场景，例如在《亚瑟王传奇：王国的命运》游戏原型中使用了直接触发的方式实现物品使用时产生的不同效果，这在背包系统的实现部分会讲到；而故事引擎中的事件包含多个不同种类，采用被动监听的方式实现。

原型中的故事的分支选择同样使用了事件监听的方式，只不过在事件触发的函数中增加了分支逻辑或者监听了更多事件种类。例如在"击败入侵者"部分，玩家可以通过对话来选择"独自挑战"或者"联合村民"。通过监听对话事件，在进行不同选择时执行不同逻辑。在随后的玩家与入侵者战斗时又分为"胜利"与"失败"两个分支，通过分别监听敌人死亡事件与玩家死亡事件，并在事件的触发函数中分别实现，包括胜利时增加storyProcess变量的值（即更新玩家任务），失败时重新开始"击败入侵者"部分的故事。

11.5　游戏规则

11.5.1　玩家角色的行为规则

《亚瑟王传奇：王国的命运》游戏原型中玩家角色行为规则的设计结果在8.5节已介绍。这里介绍如何实现玩家角色的行为规则。在角色扮演类游戏中，玩家角色由于行为规则复杂，很少会用一个子系统或脚本来实现，需要针对不同类型的规则实现不同的子系统或逻辑。实现一个完整的玩家角色的所有规则需要多个子系统协同工作，如表 11-1 所示。

首先需要一个实现玩家交互管理子系统，处理玩家通过游戏界面完成的所有输入，代码见SourceCode\Assets\Scripts\Player目录下的脚本文件。在这个子系统里，我们将玩家的输入分为运动控制、视角控制、物品交互控制和战斗控制4个部分，分别由PlayerMoveController、ViewController、InteractDetect和PlayerCombatController 4个类控制，代码保存在与类名称一致的CS文件里。这些不同类型的玩家角色控制统一由一个PlayerInputManager类来管理，便于在游戏中同时打开和关闭所有玩家输入。

除了玩家交互管理子系统，玩家角色和其他游戏对象的交互需要这个子系统和其他子系统配合工作来实现。

- 玩家与游戏场景中物品的交互规则需要通过玩家交互管理子系统的InteractDetect类和背包系统配合实现，背包系统的代码见SourceCode\Assets\Scripts\InteractiveObject目录下的脚本文件。

- 玩家与游戏中非玩家角色的对话规则需要通过玩家交互管理子系统的InteractDetect类和对话系统配合实现，对话系统的代码见SourceCode\Assets\Scripts\Dialog目录下的脚本文件。

- 玩家的战斗和防御规则需要通过玩家交互管理子系统的PlayerCombatController类和战斗系统配合实现，战斗系统的代码见SourceCode\Assets\Scripts\Combat目录下的脚本文件。

玩家的健康和状态、能力和属性与玩家的主动交互控制不同，并不受PlayerInputManager类的管理，而是基于基础战斗角色的状态和属性规则进行扩展实现。在SourceCode\Assets\Scripts\Combat\Attributes目录下，PlayerAttributes类继承自CharacterAttributes类，包括了角色生命、属性的计算等，并对外提供了角色受到伤害、治疗等方法，11.9节的战斗系统中将对角色状态和属性的实现进行介绍。玩家与NPC进行交互（如与敌人战斗）、使用物品（如使用治疗药水）、更换装备等行为，都可能会对玩家的状态和属性产生影响。

表 11-1 实现玩家角色行为规则的各个子系统

规则类型	行为描述	子系统
移动和导航规则	按住W、A、S、D键移动玩家角色； 按住Shift键加速移动； 通过移动鼠标控制跟随相机的视角	玩家交互管理子系统的PlayerMoveController类和ViewController类
物品交互规则	界面正中央右侧出现提示时，允许玩家角色与NPC和物品进行交互； 按E键拾取视角指向的可拾取物品； 拾取物品成功后界面右侧提示获得的物品，同时更新背包系统内物品清单	玩家交互管理子系统的InteractDetect类和背包系统
对话规则	界面正中央右侧出现提示时允许玩家角色和NPC进行对话； 按E键与视角指向的NPC开始对话	玩家交互管理子系统的InteractDetect类和对话系统
战斗和防御规则	单击鼠标左键使用装备的武器发起攻击，对攻击范围内敌人NPC造成X点伤害，造成的伤害值根据战斗公式计算； 按Space键翻滚躲避攻击	玩家交互管理子系统的PlayerCombatController类和战斗系统
健康和状态规则	受到伤害时失去对应生命值，失去的生命值根据战斗公式计算，生命值最低为0； 当生命值为0时，玩家角色死亡，显示失败界面，然后玩家角色重新回到当前任务的开始状态，生命值恢复为100%	战斗系统的PlayerAttributes类

规则类型	行为描述	子系统
能力和属性管理规则	体质影响玩家角色的生命值、物理防御与魔法防御； 力量影响玩家角色的生命值、物理攻击与物理防御； 智力影响玩家角色的魔法攻击、魔法防御以及魔法值； 允许玩家通过角色属性界面设置玩家角色的3个基础属性，即体质、力量和智力	战斗系统的PlayerAttributes类
装备和物品管理规则	在背包中拖动武器、护甲至装备栏进行装备； 装备的属性能够改变玩家角色的属性值； 在背包中单击鼠标右键使用一次性物品	战斗系统的PlayerAttributes类和背包系统

11.5.2 非玩家角色的行为规则

《亚瑟王传奇：王国的命运》游戏原型非玩家角色行为规则的设计结果在8.5节进行了介绍。在游戏原型的实现中，非玩家角色的行为可以分为待机行为规则与战斗行为规则两类。实现这样的角色行为可以用决策树或有限状态机。由于这款游戏原型中的NPC不涉及复杂的状态转换，因此分开实现非玩家角色的状态。

• 待机行为规则：由Scripts\AI目录下的IdleAI类实现，实现了NPC的待机状态以及对话状态。

待机状态：由待机行为规则控制的NPC初始状态为待机状态，并被指定一个待机状态行为，包括站立、沿固定路线走动、播放行为动画等。

对话状态：当玩家需要和NPC进行对话时，通过对话系统开始对话的同时，也会让NPC进入对话状态，在对话状态下处于站立或行走的NPC会看向玩家角色。

• 战斗行为规则：由Scripts\AI目录下的FightAI类作为基类，不同NPC的战斗行为规则均继承自FightAI类，并包含不同的行为逻辑。如士兵的战斗行为由继承自FightAI类的FightAISoldier类实现，包含了士兵的警戒状态、追击状态及攻击状态。

（1）NPC自动寻路功能的实现

无论是待机行为规则还是战斗行为规则，都离不开NPC的自动寻路功能，如村民沿着固定路线移动、士兵能够在敌人靠近时主动追击敌人等。以士兵主动靠近并攻击玩家为例，将士兵始终向玩家角色的方向移动就可以让士兵不断接近玩家角色。但在复杂的场景中，如士兵与玩家角色之间有一道栅栏阻隔，这样的逻辑并不会让士兵学会如何绕过栅栏。

使用Unity游戏引擎提供的导航（Navigation）系统能够解决这一问题。导航系统可以创建能够在游戏世界中导航的角色，并避开障碍物。在为场景烘焙导航网格后，使用导航网格代理（NavMesh Agent）控制角色在导航网格上移动。可以说，导航网格是代理（Agent）实际能够到达的区域，而代理就是需要进行导航的NPC。

在Unity编辑器的菜单栏中选择Window->AI->Navigation，可以打开Navigation窗口。这里主要关注Bake选项卡中的内容，如图11-26所示。

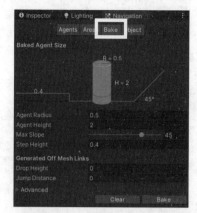

其中核心的参数是代理的尺寸和代理能够跨越的高度或角度，参数上方的可视化区域展示了这些内容。Agent Radius和Agent Height参数分别定义了代理的半径及高度，可以理解为对应于角色模型的大致尺寸，当代理的半径非常宽时，导航中代理就不能通过狭窄的道路。Max Slope指定了导航时代理能够行走的最大角度，当Max Slope参数的值为45时，说明代理不能走上大于45°的斜坡。Step Height则指定了代理能够跨越的台阶高度，当Step Height参数的值为0.4时，说明代理能够直接跨越高度低于0.4的台阶，而高于0.4的台阶会阻挡代理。在单击下方的Bake按钮生成导航网格前，需要将场景中的环境游戏对象标记为静态游戏对象（具体来说是标记为Navigation Static）。选中场景中的Environment游戏对象，在Inspector窗口右上角勾选Static复选框便可以对游戏对象进行标记，如图11-27所示。

图 11-26 Navigation窗口中的Bake选项卡

图 11-27 将场景中的Environment游戏对象标记为静态

回到Navigation窗口，简单调整代理的尺寸到合适的大小（游戏原型中调整为0.4的半径与1.7的高度），单击Bake按钮开始烘焙，Unity编辑器右下角出现的进度条显示了场景烘焙进度。烘焙完成后，在Scene窗口下可以看到场景中部分区域被贴上了一层蓝色网格，这便是代理实际能够进行移动的区域，在Navigation窗口的Bake选项卡下设置的代理尺寸及代理能够跨越的高度或角度影响了网格体的生成，如图11-28所示。

在游戏原型中，为NPC添加Nav Mesh Agent组件，使NPC能够在导航网格上寻路，如图11-29所示。

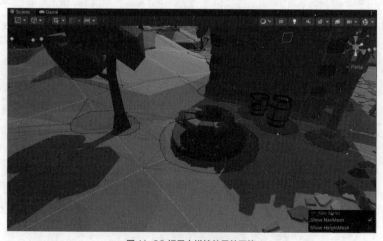

图 11-28 场景中烘焙的导航网格

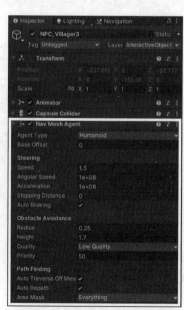

图 11-29 挂载在村民NPC上的Nav Mesh Agent组件

（2）NPC待机功能的实现

为NPC添加以下AI代码组件来控制其行为逻辑。在实现待机行为规则的IdleAI类中，包括了待机及对话两个状态，通过isChat变量来分别执行对应的逻辑。

```
public class IdleAI : MonoBehaviour
{
    private Quaternion targetRotation;
    private bool isChat = false;
    ……

    private void Update()
    {
        if (isChat)
        {
            // 对话状态，NPC朝向目标方向
            transform.rotation = Quaternion.Lerp(transform.rotation, targetRotation, Time.deltaTime * 3.5f);
        }
        else
        {
            // 待机状态，执行待机逻辑
            Action();
        }
        ……
    }

    private void Action()
    {
        ……
    }

    public void StartDialog()
    {
        isChat = true;
        ……

        Vector3 dir = player.position - transform.position;
        dir.y = 0;
        targetRotation.SetLookRotation(dir, Vector3.up);
    }
}
```

其中Quaternion.Lerp()方法用于将NPC旋转角度平滑插值至目标旋转角度，实现NPC在对话时朝向目标玩家。在与NPC开始对话时，对话系统调用IdleAI类中提供的StartDialog()方法来让该NPC进入对话状态。而Action()中包含了NPC待机状态的具体实现，代码如下。

```
public class IdleAI : MonoBehaviour
{
    private NavMeshAgent agent;
    [SerializeField] private List<NPCIdlePoint> idlePoints;

    private int idlePointsIndex = 0;// 当前待机点List的索引
    private float idleTimer;// 待机计时器
    ......

    private void Action()
    {
        if (idlePoints != null && idlePoints.Count > 0)
        {
            // 到达目的地检测
            if (!agent.pathPending && agent.remainingDistance < 0.5f)
            {
                // 判断是否需要播放动画
                if (idlePoints[idlePointsIndex].idleClip != "")
                {
                    // 播放待机动画
                    ......
                }
                else
                {
                    // 计时并更新待机点
                    ......
                    idlePointsIndex = (idlePointsIndex + 1) % idlePoints.Count;
                    agent.destination = idlePoints[idlePointsIndex].point.position;

                }
            }
        }
    }
}
```

IdleAI类中的idlePoints列表中存储了一系列NPCIdlePoint类型的待机位置，通过设置agent.destination属性的值来改变NPC的目的地，让NPC在待机点间不断移动。通过访问agent.remainingDistance获取NPC与目的地的距离，当距离足够小时播放待机动画。当idlePoints列表为空时，不执行任何逻辑，即NPC会站在原地。其中NPCIdlePoint结构体的定义如下。

```
public struct NPCIdlePoint
{
    public float idleTime;// 额外停留时间
    public Transform point;// 位置
    public string idleClip;// 待机动画
}
```

在将IdleAI代码作为组件添加到NPC游戏对象上后，可以配置其待机位置列表，实现各种不同的NPC待机行为。例如，游戏原型中包含了一个在农田中来回行走并停下来种植作物的村民，其待机列表配置如图11-30所示。

游戏场景中的效果如图11-31所示，该NPC会在几个不同的待机位置之间移动。

图11-30 挂载在村民NPC上的Idle AI 组件

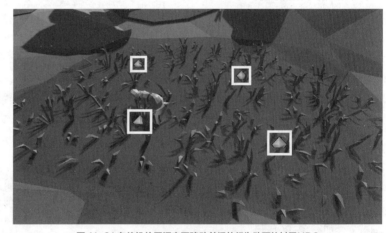

图11-31 在待机位置间来回移动并播放行为动画的村民NPC

NPC的战斗行为规则与待机行为规则类似，同样是使用代码进行逻辑判断，并通过访问游戏对象上的Animator组件、Nav Mesh Agent组件等实现不同的行为规则。后面的战斗系统中将介绍NPC的战斗行为，并实现玩家角色与NPC间的战斗。

11.6 对话系统

对话系统可以分为对话数据的配置、对话交互及对话的表现3个部分。在游戏原型中，使用Unity游戏引擎提供的ScriptableObject类完成简单的对话数据配置，使用Physics.Raycast()方法进行交互检测，最后通过GameObject.SetActive()来显示或隐藏对话框，并通过修改Text组件的属性显示文本内容。

创建DialogConfig.cs脚本文件，将DialogConfig类的父类从MonoBehaviour改为ScriptableObject，以便创建不依赖于游戏对象（GameObject）的脚本。通过使用CreateAssetMenu特性能够在创建资源的菜单中创建该脚本。

```
[CreateAssetMenu(fileName = "DialogConfig", menuName = "Dialog Config/New DialogConfig")]
public class DialogConfig : ScriptableObject
{
    public List<DialogContent> contents;// 该对话的对话内容列表
    ……
}
```

回到Unity编辑器，在Project窗口中单击鼠标右键，选择Create->Dialog Config->New DialogConfig，便可以创建对话配置文件。选中该文件，Inspector窗口中展示的属性与代码组件展示属性的逻辑相同。在游戏原型中，每一个对话配置文件对应一段对话，并使用列表的方式管理配置文件中的对话数据，DialogContent类定义如下。

```
[System.Serializable]
public class DialogContent
{
    public string name;// 名称
    [TextArea(2, 10)]
    public string content;// 内容
}
```

System.Serializable特性用于将这个类标记为可序列化，使得这个类能够持久存储，同时能够被Unity编辑器的窗口展示。TextArea特性可以让Unity编辑器以多行文本框的形式编辑字符串，创建的对话配置文件如图11-32所示。

图11-32 在Unity编辑器中创建并编辑的对话配置文件

有了对话的数据后，需要将对话配置文件分配给场景中的NPC，使得玩家与其交互时展现该对话的内容。在游戏原型中，无论是与NPC对话还是拾取物品，都使用了同一套交互逻辑，可交互游戏对象都继承自InteractiveObject类，该类包含了可交互游戏对象应该具有的基本属性和方法。同时，InteractiveObject类是一个抽象类，虽然继承自MonoBehaviour类，但无法直接挂载至场景中的游戏对象上，其中包含了没有具体实现的Interact()抽象方法。

```
public abstract class InteractiveObject : MonoBehaviour
{
    public string interactName = "交互";// 交互提示

    public bool interactable = true;// 是否能够进行交互

    public abstract void Interact();
}
```

对话NPC类（DialogObject）继承自InteractiveObject类并实现Interact()方法，代码如下。

```
public class DialogObject : InteractiveObject
{
    public string dialogObjectName;// 对话物名称
    [SerializeField]
    private DialogConfig commonDialog;
    ……

    public override void Interact()
    {
        if (interactable)
        {
            ……
            DialogDisplayer.instance.StartDialog(commonDialog, transform.position, GetComponent<IdleAI>());
        }
    }
    ……
}
```

注意将代码添加到场景中对应的游戏对象上。其中Interact()方法实现了对话NPC的交互功能，即进行交互时调用DialogDisplayer提供的StartDialog()函数开始对话。有了可以交互的游戏对象后，游戏原型中采用射线检测的方式实现玩家与游戏对象的交互。在每一帧都检测视角中心是否有可交互的游戏对象，如果有，当玩家按下E键时，玩家与游戏对象产生交互。这部分在InteractDetect.cs中实现。

```
public class InteractDetect : MonoBehaviour
{
    private ViewController viewController;// 玩家视角控制组件
    private float interactDistance = 3.5f;// 交互距离
```

```
private InteractiveObject interactiveObject = null;// 当前交互游戏对象

……

private void Update()
{
    ……
    DetectInteractiveObject();

    if (Input.GetKeyDown(KeyCode.E))
    {
        if (interactiveObject) interactiveObject.Interact();
    }
}

public void DetectInteractiveObject()
{
    if (!viewController) return;

    InteractiveObject obj = null;
    if (Physics.Raycast(viewController.playerViewPoint.position, viewController.playerVCamera.forward,
out RaycastHit hitInfo, interactDistance))
    {
        obj = hitInfo.transform.GetComponent<InteractiveObject>();
    }

    ……
    if (interactiveObject != obj) interactiveObject = obj;
}
……
}
```

在DetectInteractiveObject()函数中实现了检测可交互游戏对象的逻辑，使用Unity游戏引擎提供的
Physics.Raycast()方法执行射线检测，这一方法可以指定射线发射的起点、方向与距离，并返回路径上第
一个检测到的包含碰撞组件（Collider组件）的游戏对象。在Update()函数中实现每帧进行检测并读取玩家
的按键输入。完成交互后，将数据在游戏中可视化地呈现给玩家，即DialogDisplayer.cs中的内容。

在游戏原型中，当玩家与NPC进行交互时，开始显示对话框并显示对话内容。玩家可以单击对话框来继
续对话，对话结束时隐藏对话框。在DialogDisplayer类中定义如下变量。

```
private GameObject dialogObject;
private Button dialogNextButton;
private Text nameText;
private Text contentText;
```

创建 U I 类 游 戏 对 象 并
搭建界面，将游戏对象赋给
DialogDisplayer中对应的属
性，如图11-33所示。

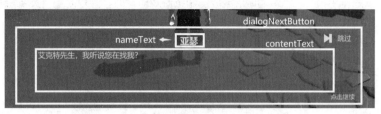

图11-33 对话界面元素与代码中属性的对应关系

这里"继续对话"的按钮为整个对话框，而dialogObject为所有对话框中游戏对象的父对象，用于显示
或隐藏对话框。DialogDisplayer中包含3个关键函数，分别是开始对话的StartDialog()函数、继续对话的
DialogNext()函数以及结束对话的ExitDialog()函数。

```
public class DialogDisplayer : MonoBehaviour
{
    private DialogConfig dialogConfig;// NPC对话配置文件
    private int contentsIndex;// 当前显示到第几句对话
    ……
    private void Start()
    {
        ……
        dialogNextButton.onClick.AddListener(DialogNext);
    }

    public void StartDialog(DialogConfig dialog, Vector3 rotatePoint, IdleAI npc)
    {
        ……
    }

    public void DialogNext()
    {
        ……
    }

    public void ExitDialog()
    {
        ……
    }
}
```

定义一些变量来记录对话的执行状态，并在Start()函数中将DialogNext()函数加入"继续对话"按钮的点击事件响应中（也可以在Unity编辑器中该按钮游戏对象的Button组件下添加）。StartDialog()函数实现如下，包括打开对话框、初始化对话数据以及显示下一段对话文本。其中，GameObject.SetActive()方法用于激活或取消激活游戏对象，与选中场景中的游戏对象时在Inspector窗口左上角勾选或取消勾选游戏对象的作用相同，当取消激活或取消勾选游戏对象时，游戏对象及其所有子对象会在场景中隐藏。

```
public void StartDialog(DialogConfig dialog, Vector3 rotatePoint, IdleAI npc)
{
    ……
    // 打开对话框
    dialogObject.SetActive(true);

    // 初始化对话数据
    dialogConfig = dialog;
    contentsIndex = 0;

    ……
    // 显示下一段对话文本
    DialogNext();
}
```

DialogNext()函数实现如下，通过修改UI游戏对象中Text组件的text属性来显示NPC名称及对话文本。dialogConfig.contents在对话配置文件中定义一个列表（List），dialogConfig.contents.Count则获取了列表中游戏对象的个数。contentsIndex变量在每次显示对话后加1，当contentsIndex变量不小于dialogConfig.contents.Count时，说明已经显示了该对话全部的对话内容，此时调用ExitDialog()函数退出对话。

```
public void DialogNext()
{
    ……
    if (contentsIndex < dialogConfig.contents.Count)
    {
        nameText.text = dialogConfig.contents[contentsIndex].name;
        contentText.text = dialogConfig.contents[contentsIndex].content;
        contentsIndex++;
    }
```

```
  else
  {
    ......
    ExitDialog();
  }
}
```

ExitDialog()函数实现如下，用于关闭对话框。

```
public void ExitDialog()
{
  ......
  // 关闭对话框
  dialogObject.SetActive(false);
}
```

这里介绍了如何实现对话的基本功能。但在整个游戏原型的系统中，其实现包括更丰富的表现形式，以避免可能产生的游戏漏洞，以及与其他系统进行交互。例如在开始对话时，调用NPC的StartDialog()函数让与玩家对话的NPC朝向玩家、调用玩家输入管理器（PlayerInputManager）来关闭玩家移动等操作。在对话展示过程中，游戏原型中采用了更复杂的协程（Coroutine）来让对话的内容逐字显示，实现迭代器（IEnumerator）的核心功能，代码如下。

```
private IEnumerator ShowText(int index)
{
  nameText.text = dialogConfig.contents[index].name;
  contentText.text = "";

  // 逐字显示
  for (int i = 0; i < dialogConfig.contents[index].content.Length; i++)
  {
    contentText.text += dialogConfig.contents[index].content[i];
    yield return new WaitForSeconds((1.3f - speed) / 10f);
  }
}
```

代码中使用yield return关键字让代码执行到此处时进入等待，并在等待结束后继续执行。之后，在需要开始显示对话文本的位置使用StartCoroutine()函数来代替，可以像调用函数一样开始执行协程，并能够使用StopCoroutine()函数提前结束该协程。

游戏原型中设计的谜题同样借助对话系统实现。在设计关卡空间布局时，用石头把藏宝山洞入口封起来，山洞外面和里面各放一个祭坛，用于传送。两个祭坛都在玩家查看时触发台词。

山洞外面的祭坛的台词：黑化血肉献魔鬼，灵魂此刻得解脱。宝藏无缘吝啬徒，双手空空不得过。

山洞里面的祭坛的台词：速速离去，不知名的骑士。

通过祭坛台词的提示，玩家需要找到进入山洞的条件：猎杀一头黑化野猪，获得一个黑化野猪兽肉，如图11-34所示。这里需要玩家根据台词提示，找到这个和其他野猪不一样的黑化野猪NPC。

玩家角色站在外面的祭坛上查看祭坛，若条件满足，从背包减去物品后即可传送进山洞；若条件不满足，扣去10%生命值。玩家角色要从山洞出来只需与里面的祭坛交互即可，没有条件，如图11-35所示。

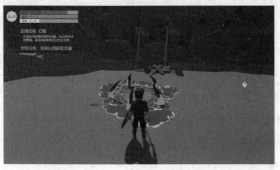

图11-34 藏宝山洞入口处的祭坛，通过对话系统向玩家角色提供谜题的提示

图11-35 藏宝山洞内的祭坛

在游戏原型实现中，祭坛被视为可交互游戏对象，玩家查看祭坛，即与祭坛对话。通过监听对话结束事件，执行对应逻辑。

```
public class MainSceneStory : MonoBehaviour
{
    private void Start ()
    {
        GameEventManager.Instance.dialogConfigEndEvent.AddListener(storyListener.SideStory0_0);
    }

    ......
}

public class StoryListener
{
    public void SideStory0_0(DialogConfig dialog)
    {
```

```
    if (dialog == MainSceneStory.Instance.sideDialog_0_0)
    {
       // 入口对话
       if (InventoryManager.Instance.ReduceItems(DataManager.Instance.itemConfig.FindItemByID(1002),
1))
       {
          // 物品足够，将玩家传送至山洞内
          PlayerInputManager.Instance.moveController.SetPositionAndRotation(MainSceneStory.Instance.
caveExit);
       }
       else
       {
          // 物品不足，扣除玩家血量
          PlayerAttributes attributes = GameObject.FindObjectOfType<PlayerAttributes>();
          attributes.GetAttack((int)(attributes.MaxHealth * 0.1f), false);
       }
    }
    else if (dialog == MainSceneStory.Instance.sideDialog_0_2)
    {
       // 出口对话，将玩家传送至山洞外
       PlayerInputManager.Instance.moveController.SetPositionAndRotation(MainSceneStory.Instance.
caveEntry);
    }
  }
}
```

11.7 背包系统

　　游戏背包系统是游戏的基本部分，允许玩家在游戏过程中管理他们获得的物品、资源和装备。背包系统通常提供存储和交换物品的选项，以及打造、升级和自定义物品的功能，让玩家根据自己的游戏风格和策略调整背包。

　　游戏背包系统的核心是物品数据库。这个数据库包含游戏中所有物品、装备和资源的详细信息。每个物品都有独特的属性，如名称、描述、图像、稀有度、统计数据、重量和其他依游戏而定的特定属性。背包系统除了使用数据库外，还运用数据管理算法和功能来管理物品的可用性和存储。这些算法包括排序、过滤和搜索算法，帮助玩家在背包中按照一定的要求快速找到所需物品。

　　背包系统还可以包括与其他玩家互动的元素。这意味着玩家之间可以相互交换、赠送或交易物品，为系统增加额外的复杂性。在线游戏通常具有交易功能，允许玩家之间通过背包系统互动和合作。

除了存储和交换外，背包系统还提供了打造、升级和自定义物品的选项。玩家可以组合物品，创造出新的、更强大的物品，或使用特殊组件来提高装备的属性。这一功能允许玩家根据自己的游戏风格和策略定制背包，提高在游戏中的表现和效果。此外，一些物品可以通过颜色、图案或铭文进行个性化定制，为玩家的背包增添了独特性。

《亚瑟王传奇：王国的命运》游戏原型中，不但玩家角色可以使用装备，非玩家角色也被允许使用装备来提升攻击力和防御力，但是不会为非玩家角色提供复杂的配置选项。《亚瑟王传奇：王国的命运》游戏原型的装备属性和3D模型如表11-2所示。

表 11-2 《亚瑟王传奇：王国的命运》游戏原型装备

装备名称	装备属性和要求	装备模型
铁剑	力量+3	
古剑	力量+4	
骑士剑	力量+5	

装备名称	装备属性和要求	装备模型
木制法杖	智力+3	
日耀法杖	智力+5	
木盾	体质+3	
骑士铠甲	体质+5	

《亚瑟王传奇：王国的命运》游戏原型中有若干种物品，用于支持主要玩法机制。《亚瑟王传奇：王国的命运》游戏原型的物品属性和3D模型如表11-3所示。

表 11-3 《亚瑟王传奇：王国的命运》游戏原型物品

物品名称	物品属性	物品模型
兽肉	无	
黑化兽肉	无	
治疗药水	使用后回复40点生命值	

物品名称	物品属性	物品模型
魔法药水	使用后回复5点魔法值	
迅捷药水	使用后移动速度提高20%，持续2分钟	

在《亚瑟王传奇：王国的命运》游戏原型中，背包由固定数量的栏位组成，并分为装备、道具、材料3类，通过单击类别的名称按钮来切换当前显示的物品类别。当鼠标指针悬浮在物品上时会显示物品的详细信息，玩家可以通过拖动物品来改变物品在背包中的位置或者装备武器、护甲，如图11-36所示。

背包界面中整齐排列的物品栏位并不需要手动放置，而是可以使用Unity游戏引擎提供的Grid Layout Group组件自动排列，如图11-37所示。

Grid Layout Group组件的使用十分简单。创建UI->Image作为界面的背景，并为其添加Grid Layout Group组件，其下的子对象便会以网格形式放置，如图11-38所示。

图 11-36 背包界面与背包中的物品

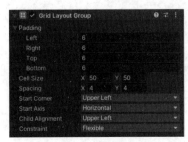

图 11-37 游戏原型的背包界面使用的Grid Layout Group组件

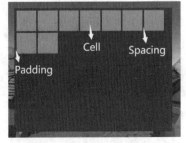

图 11-38 Grid Layout Group组件下的网格排列示例

组件中的Padding参数为内边距，指定格子与背景边框的距离，Cell Size参数为格子的尺寸，Spacing参数指定格子之间的水平及垂直距离，其余参数分别为格子开始排列的位置（Upper Left为从左上角开始排列）、开始排列的方向（Horizontal为沿水平轴排列）、未填满空间时的对齐方式（Upper Left为放置于左上角，因此图11-38中右侧与下方留有更多空间）、限制固定行数或列数。在使用Grid Layout Group组件后，其子对象的Rect Transform组件部分属性也会被其控制而无法修改，如图11-39所示。

图11-39 子对象Rect Transform组件的部分属性被控制

背包系统实现的功能包括物品数据的配置、背包物品的交互以及背包数据的管理。在游戏原型中，同样采用ScriptableObject实现物品数据的配置，通过实现Unity游戏引擎提供的IDragHandler、IPointerEnterHandler、IPointerExitHandler、IPointerClickHandler等接口来实现背包内物品的交互。

与对话系统中的对话数据相同，游戏原型中物品的信息使用ScriptableObject进行配置，并根据物品类型分为4个列表，方便查找及管理，如图11-40所示。

图11-40 在Unity编辑器中创建并编辑的物品配置文件

```
[CreateAssetMenu(fileName = "ItemConfig", menuName = "Item Config/New ItemConfig")]
public class ItemConfig : ScriptableObject
{
    [SerializeField]
    private List<Item> materialList;// 材料配置列表
    [SerializeField]
    private List<UsableItem> usableList;// 道具配置列表
    [SerializeField]
    private List<EquipmentItem> weaponList;// 武器配置列表
    [SerializeField]
    private List<EquipmentItem> armorList;// 防具配置列表
    ……
}
```

其中Item类作为物品的基类，包括基础的物品属性，如物品名称、ID、描述、价值等，代码实现如下。

```
[System.Serializable]
public class Item
{
    public string itemName;
    public int itemID;
    [TextArea]
    public string itemDescription;
    public ItemLevel itemLevel;
    public ItemType itemType;
    public int itemValue;
    public GameObject itemPrefab;
}
```

UsableItem类继承自Item类，额外包含了物品在使用时是否会被消耗、物品使用时的功能两个可配置项。

```
[System.Serializable]
public class UsableItem : Item
{
    public bool consumable;
    public string itemEvent;
}
```

EquipmentItem类同样继承自Item类，包括了装备能够提供的属性。

```
[System.Serializable]
public class EquipmentItem : Item
{
    public int constitution;
    public int strength;
    public int intelligence;
}
```

游戏原型中，背包里的物品被定义为InventoryItem类。在代码中，InventoryItem类包括了物品的数据以及显示的物品模型和数量。而每一个InventoryItem在背包中都归属于一个InventorySlot，且在场景中InventoryItem为InventorySlot的子对象。InventorySlot记录了格子的类型及当前格子拥有的InventoryItem，格子的类型使得玩家不能将材料物品放置在道具栏中，不能将道具拖动进行装备等，如图11-41所示。

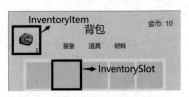

图11-41 背包界面中的被拖动的物品与物品栏

通过实现Unity游戏引擎提供的事件接口，可以实现物品的拖动功能以及将鼠标指针悬浮在物品上时显示物品介绍。InventoryItem类继承了多个事件接口并实现其方法。

```
using UnityEngine.EventSystems;

public class InventoryItem: MonoBehaviour, IBeginDragHandler, IDragHandler, IEndDragHandler,
IPointerDownHandler, IPointerEnterHandler, IPointerExitHandler, IPointerClickHandler
{
    ……
}
```

IDragHandler接口的OnDrag()方法在游戏对象被拖动时被Unity游戏引擎每帧调用，通过在其中设置游戏对象的位置与鼠标指针位置同步来使其跟随鼠标指针移动。

```
public void OnDrag(PointerEventData eventData)
{
    ……
    transform.position =uiCamera.ScreenToWorldPoint(eventData.position);
}
```

在InventorySlot中，通过实现IDropHandler()接口让拖动到物品栏上的物品放在该栏中。OnDrop()方法在拖动的游戏对象被放下时调用，在该方法中通过访问eventData来获取拖动中的游戏对象，并随后交换InventorySlot所拥有的游戏对象。

```
public class InventorySlot : MonoBehaviour, IDropHandler
{
    public void OnDrop(PointerEventData eventData)
    {
        ……
        // 获得被拖动中的物品
        InventoryItem draggedItem = eventData.pointerDrag.GetComponent<InventoryItem>();

        // 交换物品
        ……
    }
}
```

交换物品的同时需要将物品的父对象进行交换，并将其位置设置为物品栏的中心。游戏原型中，场景中心位置即局部坐标为0的位置。

```
inventoryItem.transform.SetParent(draggedItem.inventorySlot.transform);
inventoryItem.transform.localPosition = Vector3.zero;
```

装备武器的功能同样在拖动结束后通过修改玩家角色的属性来实现。此外，背包中道具的使用也采用实现事件接口的方式实现，通过在InventoryItem类中实现IPointerClickHandler接口，在鼠标右键单击时调用物品使用函数UseItem()。

```
public void OnPointerClick(PointerEventData eventData)
{
    if (eventData.button != PointerEventData.InputButton.Right) return;

    ……
    InventoryManager.instance.UseItem(this);
}
```

UseItem()函数的主要功能是通过物品的配置文件调用对应的函数，可以设计一个用于回复生命值的治疗药水，并进行图11-42所示的配置。

图 11-42 原型中治疗药品的配置

通过调用UsableItemEvent类中实现的UsableItemInvoke()方法来调用配置文件中配置的功能。

```
public bool UsableItemInvoke(string methodName)
{
    if (methodName == "") return false;

    MethodInfo methodInfo = GetType().GetMethod(methodName);
    return (bool)methodInfo.Invoke(this, null);
}

public bool SmallHeal()
{
    // 治疗
    ……
}
```

最后，在InventoryManager类中实现对背包的统一管理，使用列表存储所有的InventorySlot，并访问InventorySlot中InventoryItem的属性来对外提供查看或修改背包内物品的方法，如获得物品函数、提交物品函数、查找物品函数等，在原型中只需要遍历InventorySlot列表就可以完成查找或者对InventoryItem的物品数据进行修改。

游戏原型系统中的交易功能同样在背包系统中进行管理，铁匠的商店与玩家背包的逻辑类似。玩家背包界面展示了玩家持有的物品列表，而商店界面则展示了商店出售的物品列表，如图11-43所示。

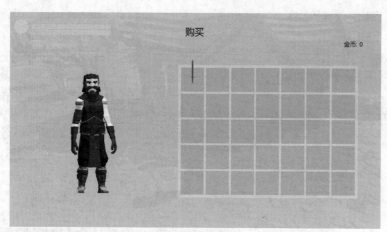

图 11-43 游戏原型中的商店界面，与背包系统采用同样的逻辑实现

类似于背包中物品的使用，在商店界面使用鼠标右键单击物品来进行购买，物品价格由物品的配置文件确定，并通过InventoryManager类中提供的BuyItem()方法实现购买功能。

```
public bool BuyItem(Item item)
{
    bool success = false;
    if (Coin >= item.itemValue)
    {
        success = AddItem(item);
        if (success)
        {
            SetCoinQuantity(Coin - item.itemValue);
            GameUIManager.Instance.messageTip.ShowTip("购买成功");
        }
    }
    else
    {
        GameUIManager.Instance.messageTip.ShowTip("金币不足");
    }
    return success;
}
```

通过判断玩家是否拥有足够的金币以及是否向背包内成功添加物品（如果玩家背包已满，则会添加失败）来确定是否购买成功，并显示对应的消息提示。

11.8 战斗系统

战斗系统可以分为角色属性、攻击及伤害判定、敌人AI3部分，涉及的新内容包括动画事件的添加以及AI的自动寻路。

11.8.1 角色属性

CharacterAttributes类中定义了玩家角色的基础属性、二级属性以及属性改变后的行为。其中，基础属性包括体质、力量、智力3个，用来决定最大生命值、物理攻击、物理防御、魔法攻击、魔法防御、魔法值6个二级属性。RecalculateAttributes()函数通过第9章的表9-3提供的转换系数，将基础属性转换为二级属性。

```
public abstract class CharacterAttributes : MonoBehaviour
{
    private int constitution;
    private int strength;
    private int intelligence;

    public int MaxHealth { get; private set; }// 最大生命值
    public int PhysicalAttack { get; private set; }// 物理攻击
    public int PhysicalDefence { get; private set; }// 物理防御
    public int MagicAttack { get; private set; }// 魔法攻击
    public int MagicDefence { get; private set; }// 魔法防御
    public int Mana { get; private set; }// 魔法值

    public void RecalculateAttributes()
    {
        MaxHealth = Constitution * 16 + Strength * 2;
        PhysicalAttack = Strength * 3;
        PhysicalDefence = (int)(Constitution * 0.6 + Strength * 0.4);
        MagicAttack = (int)(Intelligence * 3.3);
        MagicDefence = (int)(Intelligence * 0.45 + Constitution * 0.6);
        Mana = Intelligence;
        ……
    }
}
```

除此之外，基本的角色还包括职业、阵营、等级、经验等属性。同时，CharacterAttributes类还提供了受到攻击、受到治疗、死亡等方法。受到攻击的GetAttack()方法中调用了ResistDamage()方法将防御力对伤害数值产生的影响包括在内，并最终计算角色受到的伤害值，Mathf.Clamp()方法用于将角色的生命值限制在合理范围内。ResistDamage()方法也是游戏设计结果中的伤害计算公式实际实现部分。

```
public void GetAttack(int attack, bool isPhysical)
{
    ......

    int damage = ResistDamage(attack, isPhysical);
    health = Mathf.Clamp(health - damage, 0, MaxHealth);

    ......
}

private int ResistDamage(int value, bool isPhysical)
{
    int defence = isPhysical ? PhysicalDefence : MagicDefence;
    value = value * value / (value + defence);
    return value;
}
```

由于玩家角色与非玩家角色在属性改变后的行为不同，因此在继承自CharacterAttributes类的PlayerAttributes类与FightAttributes类中分别实现其功能。例如，玩家可以获得经验并升级，因此PlayerAttributes类中还额外包含了玩家每次升级需要的经验等。此部分主要是在代码中对变量的数值进行计算，这里不再详细介绍。

11.8.2 玩家角色战斗交互控制

角色攻击部分包括攻击的动画表现及攻击的触发。动画表现与角色移动控制相同，通过Animator组件实现。在角色的动画机中添加攻击动画，并添加名为CommonAttack的触发类型参数，如图11-44所示。

不同状态间的连线及箭头表示状态间的切换，通过使用鼠标右键单击状态，选择Make Transition来创建。选中用于从移动切换到攻击状态的白线，在Inpsector窗口可以看到，状态切换的条件设置为了CommonAttack的触发，如图11-45所示。

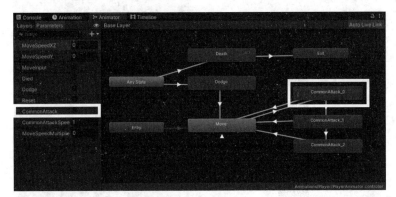

图 11-44 玩家角色的动画机

图 11-45 移动与攻击动画间过渡的设置

在代码中，通过触发CommonAttack来播放攻击动画。例如玩家角色通过单击来发起攻击。

```
if (Input.GetMouseButtonDown(0))
{
    ......
    animator.SetTrigger("CommonAttack");
}
```

攻击动画只是控制了角色的动画表现，而此时角色手中并没有武器，想要让角色播放攻击动画的同时武器随着角色手部一起运动，可以在Hierarchy窗口中将武器作为角色模型手部节点的子对象。

由于攻击动画包括起手动作，为了保证在武器真正挥出时才造成伤害，不应在触发动画的同时进行伤害判定，这里可以采用在动画中添加事件的方式实现。动画事件可以在动画时间轴中的指定点调用对象脚本中的函数，并可以接收一个参数，参数类型包括Float、Int、String或Object。动画事件可以在代码中添加，也可以在Unity编辑器中添加。在Project窗口中选择从Mixamo网站下载的包含动画的.fbx文件，在Inspector窗口的Animation选项卡下，Events中可以配置动画事件，如图11-46所示，这里以士兵的攻击动画为例。

图 11-46 在Inspector窗口中为Mixamo
动画添加动画事件

在预览窗口中拖动进度条，可以修改当前动画播放的位置，单击 Events下的添加事件按钮，可以在当前位置添加一个动画事件，事件 在Unity编辑器中以类似书签标志的形式显示。在当前展示的动画中，可以看到已经添加了一个事件，如图11-47所示。

图 11-47 在动画中添加的动画事件

选中该动画，可以看到事件调用了AttackEvent()函数，此时动画大致为挥出武器的状态。在士兵的动画机中使用了这一动画，而在士兵挂载的代码组件中实现了这一函数，即伤害判定。

```
public class FightAISoldier : FightAI
{
    ……

    private void AttackEvent()
    {
        ……
        attackBox.AreaDamage(fightAttributes.PhysicalAttack, true);
    }
}
```

AttackBox类中的AreaDamage()方法提供了伤害判定的功能，可以有多种实现方式。在游戏原型中，其实现与交互检测的方式类似，但使用的是Physics.BoxCastAll()方法而非Physics.RayCast()方法（即盒形的检测而非射线检测）。

```
public class BoxAttackArea : AttackArea
{
    private BoxCollider box;// Box碰撞器，该组件实际没有被启用，以便在Unity中编辑碰撞区域

    private void Awake()
    {
        box = GetComponent<BoxCollider>();
    }
```

```
public override bool AreaDamage(int attack, bool isPhysical)
{
    bool hitTarget = false;

    // Box检测
    RaycastHit[] objs = Physics.BoxCastAll(box.transform.TransformPoint(box.center), box.size / 2, box.
                        transform.forward, box.transform.rotation, 0, OppositeLayerMask(combatCamp));
    foreach (RaycastHit obj in objs)
    {
        // 如果有CharacterAttributes组件，则造成伤害
        CharacterAttributes character = obj.transform.GetComponent<CharacterAttributes>();
        if (character != null)
        {
            character.GetAttack(attack, isPhysical);
            hitTarget = true;
        }
    }

    return hitTarget;
}
```

Physics.BoxCastAll()方法需要提供盒体位置、形状参数，并返回盒体内所有检测到的游戏对象的数组。游戏原型中使用了一个没有被启用的Box Collider组件挂载至角色的子对象上，作为盒体位置、形状的输入，以便在Unity编辑器中观察以及编辑盒体，如图11-48所示。更好的方式是扩展Unity编辑器，实现一个单独的盒体编辑功能。

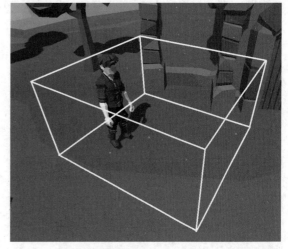

图11-48 方便编辑攻击范围的Box Collider组件，这个白色线框
在Unity编辑器中为绿色线框

在Physics.BoxCastAll()方法返回了检测到的游戏对象后，通过尝试获取游戏对象上的CharacterAttributes组件并调用CharacterAttributes类提供的GetAttack()方法，对范围内的角色造成伤害。游戏原型中队友间（如两个士兵敌人之间）无法相互攻击，因此通过在检测时指定层级（Layer）的方

式避免队友伤害，同时减少不必要的碰撞检测。在选中场景中的游戏对象时，在Inspector窗口右上角可以查看该游戏对象的层级，或者添加或删除层级。如添加PlayerCamp以及EnemyCamp两个层级，并为玩家阵营的角色和敌人阵营的角色分别指定相应层级，如图11-49所示。

到这里为止，玩家角色已能够手持武器进行攻击，并对盒体范围内的敌对角色造成伤害。

图11-49 玩家角色Player的层级被指定为PlayerCamp

11.8.3 非玩家角色战斗系统

在游戏原型中，为士兵添加Nav Mesh Agent组件，使士兵能够在导航网格上寻路，同时添加Fight AI Solider组件来控制士兵的寻路以及战斗等AI逻辑，如图11-50所示。

有了导航系统提供的寻路功能，就可以开始实现非玩家角色的战斗逻辑了。游戏原型中用于实现士兵AI的FightAISoldier类继承自FightAI抽象类，FightAI类包含了用于战斗的NPC通用的属性和接口，如获取角色的Animator、 Nav Mesh Agent组件等，继承自FightAI类的具体类中分别实现了不同角色不同的行为逻辑。游戏原型中的FightAISolider包含了更加复杂的士兵行为逻辑，将其简化后，其逻辑可以描述如下：在攻击目标接近时主动靠近目标，在进入攻击距离时停止移动并进行攻击，攻击具有一定的攻击间隔。下面对此进行介绍，说明在Unity游戏引擎中实现敌人与玩家战斗的核心部分。

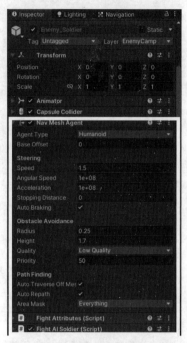

图 11-50 为士兵添加的代理组件及AI控制组件

```
public class FightAISoldier : FightAI
{
    ……
    protected float fightDistance;// 战斗距离（m）
    protected float attackDistance;// 攻击距离（m）

    private float attackInterval;// 攻击间隔
    private float attackTimer;// 攻击计时器

    private CharacterAttributes target;

    ……
```

```
    private void Update()
    {
        ……

        // 行动
        if (target != null) Action(target.transform.position);
    }
}
```

上述代码中首先定义了一些属性用于确定攻击距离、攻击间隔等，然后在Update()函数中调用Action()函数完成士兵的行为逻辑更新。Action()函数的实现如下。

```
private void Action(Vector3 target)
{
    float dis = Vector3.Distance(target, transform.position);

    ……
    if (dis > attackDistance)// 进入攻击范围
    {
        agent.destination = target;
        ……

    }
    else
    {
        // 停止移动
        agent.velocity = Vector3.zero;
        ……

        if (attackTimer > attackInterval)// 大于攻击间隔
        {
            animator.SetTrigger("Attack");
            ……
        }
    }
}
```

上述代码中，使用Vector3.Distance()方法判断自身与目标之间的距离来选择进行移动还是攻击。通过设置NavMeshAgent.destination属性的值可以改变代理的目的地，让士兵向目标移动；NavMeshAgent.velocity可以访问或修改代理当前的移动速度，设置为Vector3.zero即让代理停止移动。最后，在一定时间间隔下触发攻击动画，动画中配置的攻击事件完成了伤害判定，并通过CharacterAttributes类完成对角色实际的伤害计算，触发角色受伤或死亡。

游戏原型中非玩家角色之间的对战也包括在这一套行为逻辑中，只需要根据需要修改FightAISoldier中target属性的值，就可以决定士兵的攻击目标。游戏原型中的战斗系统的实现效果如图11-51所示。

图 11-51 游戏原型中玩家角色与敌人战斗的场景

11.9　关卡数据管理

在游戏原型中，当故事进度推进时会自动进行存档，由DataManager类提供读取、保存游戏进度的功能。DataManager类是一个跨场景的游戏数据管理器，并通过DontDestoryOnLoad()方法保证切换场景时游戏对象不被销毁。

```
public class DataManager : MonoBehaviour
{
    private static DataManager instance;// 单例
    public static DataManager Instance
    {
        get
        {
            if (instance == null)
            {
                instance = FindObjectOfType<DataManager>();

                DontDestroyOnLoad(instance.gameObject);
                ……
            }
            return instance;
        }
    }

    private void Awake()
    {
        if (Instance != this)
        {
            Destroy(gameObject);
        }
    }
}
```

这段代码实现了一个跨场景单例。由于数据管理器同样依赖于场景进行加载，而在加载新场景时不会被销毁，因此每次加载新场景时，加载的数据管理器就会增加。为了保证切换场景时只有全局唯一一个数据管理器，在Awake()方法中使用Destory()方法销毁多余的数据管理器。DataManager类中持有一个Save Data类型的变量，Save Data类的定义如下。

```
[System.Serializable]
public class SaveData
{
    public PlayerSaveData playerSaveData;
    public InventorySaveData inventorySaveData;
    public GameProcessSaveData gameProcessSaveData;
    ......
}
```

Save Data类中包含了需要存储的数据，注意类使用了[System.Serializable]特性进行标记，代表类可以序列化，用于后续将存档数据以文件的形式存储在系统中。以PlayerSaveData类为例，定义如下。

```
[System.Serializable]
public class PlayerSaveData
{
    public int addedConstitution;
    public int addedStrength;
    public int addedIntelligence;
    public int attributePoints;
    public int level;
    public int experience;
}
```

Player Save Data包含了需要存储的玩家角色数据，包括玩家的属性点、等级、经验。InventorySaveData类和GameProcessSaveData类则分别存放了玩家背包数据和游戏进度数据。DataManager类中提供了SaveGame()方法，用于对游戏进行存档。

```
public class DataManager : MonoBehaviour
{
    public SaveData saveData = new SaveData();
    ......
}
```

```
public void SaveGame()
{
    // Player
    PlayerAttributes player = FindObjectOfType<PlayerAttributes>();

    saveData.playerSaveData.addedConstitution = player.attributesAddedPoints[0];
    saveData.playerSaveData.addedStrength = player.attributesAddedPoints[1];
    saveData.playerSaveData.addedIntelligence = player.attributesAddedPoints[2];
    saveData.playerSaveData.attributePoints = player.AttributePoints;
    saveData.playerSaveData.level = player.level;
    saveData.playerSaveData.experience = player.experience;

    ......
    SerializeSaveData();
    ......

}
}
```

读取游戏中的数据并记录在saveData变量中后，其中的SerializeSaveData()方法用于将SaveData变量中的数据写入存档文件。

```
using System.IO;
using System.Runtime.Serialization.Formatters.Binary;

public class DataManager : MonoBehaviour
{
    public SaveData saveData = new SaveData();
    private string saveFileName = "/ArthurGameData.dat";
    ......

    private void SerializeSaveData()
    {
        BinaryFormatter formatter = new BinaryFormatter();
        FileStream stream = new FileStream(Application.persistentDataPath + saveFileName, FileMode.Create);
        formatter.Serialize(stream, saveData);
        stream.Close();
    }
}
```

使用二进制形式将数据进行序列化，并写入Application.persistentDataPath路径下的 ArthurGameData.dat文件中。Application.persistentDataPath是系统应用的数据持久化路径，可以读写路径下的文件，并且文件被系统作为持久文件保存而非应用运行的临时文件，可以作为游戏存档的存放位置。Application.persistentDataPath的路径在不同系统平台上是不同的，可以通过查看Unity文档或者使用Debug.Log(Application.persistentDataPath)确认路径的具体位置。

读取存档与写入存档的方法类似，由于使用了二进制形式进行序列化，因此同样使用二进制形式反序列化存档文件中的数据，并存放在SaveData变量中。

```
public class DataManager : MonoBehaviour
{
  private void DeserializeSaveData()
  {
    if (File.Exists(Application.persistentDataPath + saveFileName))
    {
      BinaryFormatter formatter = new BinaryFormatter();
    FileStream stream = new FileStream(Application.persistentDataPath + saveFileName, FileMode.Open);
      saveData = formatter.Deserialize(stream) as SaveData;

      stream.Close();

      ……
    }
  }
}
```

随后，在游戏开始时读取存档中的数据进行初始化。以玩家数据为例，在PlayerAttributes类的初始化方法中，读取了DataManager类中的存档数据。

```
public class PlayerAttributes: CharacterAttributes
{
  protected override void Init()
  {
    ……
    if (DataManager.Instance.loadSave)
    {
      attributesAddedPoints[0] = DataManager.Instance.saveData.playerSaveData.addedConstitution;
      Constitution += attributesAddedPoints[0];
      attributesAddedPoints[1] = DataManager.Instance.saveData.playerSaveData.addedStrength;
```

```
        Strength += attributesAddedPoints[1];
        attributesAddedPoints[2] = DataManager.Instance.saveData.playerSaveData.addedIntelligence;
        Intelligence += attributesAddedPoints[2];
        AttributePoints = DataManager.Instance.saveData.playerSaveData.attributePoints;

        level = DataManager.Instance.saveData.playerSaveData.level;
        experience = DataManager.Instance.saveData.playerSaveData.experience;
    }

    ……

  }
}
```

课程设计作业6：游戏原型系统和游戏策划书第五部分

要求各个游戏项目团队提交一个游戏原型系统和游戏源代码（包括整个工程目录），要求游戏原型系统发布到Windows操作系统，包括一个单独可以执行的版本。要求游戏原型系统Bug尽量少，玩法机制基本完成，测试者能够顺利地把提交的游戏原型关卡通关，而不需要额外的信息。允许游戏有卡顿、有少量的Bug和缺乏部分美工资源。

要求各个游戏项目团队提交游戏素材，包括游戏开发过程中使用和制作的素材包、3D模型、贴图、视频、音频等。

要求游戏项目团队完成游戏策划书的第五部分——游戏技术设计与实现，包括但不限于以下内容。

- 游戏开发软件和工具。

- 游戏软件框架。

- 游戏界面设计与实现。

- 故事引擎和事件管理的实现。

- 对话系统的实现。

- 背包系统的实现。

- 战斗系统的实现。

- 游戏AI。

- 难度调节功能的实现。

- 关卡数据管理功能的实现。

- 其他相关技术设计。

第 12 章
游戏测试

每个游戏设计师都需要理解一条设计工作原则：我不是玩家。更准确地讲，是游戏设计师与玩家看待游戏作品的视角往往不同。因此对游戏设计内容，特别是游戏原型进行测试，是了解玩家如何看待我们的设计成果的必经之路。很多学生在展示游戏原型时过程非常顺利。与之形成鲜明对比，当设计团队之外的人开始测试游戏原型时，不但会出现很多Bug，而且测试者经常会陷入进退两难的境地。这是因为游戏设计师往往不能够客观、全面地看待自己的游戏作品，我们对于游戏设计内容的熟悉妨碍了我们从其他视角看待自己的作品。

本章将对游戏测试相关知识进行介绍，内容覆盖两种游戏测试方法，分别是从软件工程角度出发的游戏软件测试和质量保证，以及从可玩性角度出发的游戏可玩性测试。

12.1　游戏测试方法概述

游戏是一个复杂的软件系统，在从设计到上线运行这个过程中涉及众多项目利益相关方。因此游戏测试涉及多个不同用户和需求角度：对于游戏玩家，可玩性和游戏体验可能是他们最关心的；对于游戏前端开发团队，游戏客户端的可用性和多平台兼容性是最重要的；而对于游戏后端服务团队，游戏服务端的性能和稳定性可能是最重要的。对于一个游戏团队，几乎所有人都会或多或少地参与到游戏的测试工作中，游戏设计师和市场分析人员会参与设计审查测试，程序员会参与软件单元测试和集成测试，而专业的游戏质量保证（Quality Assurance，QA）工程师会撰写测试计划并执行预定的测试任务。

游戏测试不仅仅是软件测试，实际上涉及的内容更加广泛和复杂。游戏测试需要关注一些细节，这些细节可能不会引起普通应用软件的用户关注，但对游戏玩家来说肯定会有所帮助。游戏应用程序的一个独特之处在于需要部署到多个不同的硬件平台或操作系统。因此，当开始测试跨平台游戏时，需要逐一对目标游戏平台进行兼容性测试，要求在所有游戏平台上提供相同的体验。软件测试的初始阶段可以从需求分析和系统设计开始。游戏测试如果从游戏设计阶段开始计划，游戏的质量不一定有保障。因为用户在游戏程序中的行为是随机的，这与开发人员可以轻松控制流程的普通应用软件不同。因此游戏测试更重视在每个阶段快速制订测试计划并完成测试。常规软件测试大规模使用自动化测试，即使用测试脚本自动对应用程序执行测试。在游戏测试中，玩家操作本质上是随机的。由于无法模仿很多游戏运行情况，因此更依赖手动来完成繁重的测试工作。在游戏发布环节，由于玩家群体不同于普通软件用户，对错误的容忍度很低，一个小错误可以在游戏社区中迅速传播，玩家可能会因为糟糕的体验而永远不会再次尝试该游戏，同时，游戏开发的成本比普通应用软件等的成本要高得多，因此，任何游戏企业都无法承受多次从头开始的代价。所有这些因素使得游戏发布之前会组织玩家参与测试，以尽可能地在游戏发布之前发现并解决大部分问题。

根据测试技术的理论基础，可以简单地把游戏测试分为软件测试和游戏质量保证、游戏可玩性测试两大类。第一类测试工作主要基于传统的软件工程的软件测试理论，注重发现软件中的缺陷或差距；第二类测试基于人机交互领域的可用性测试，对玩家（用户）来讲更关注可玩性和游戏体验。

12.2　游戏软件测试和质量保证

传统的软件工程具有专门的测试工程知识体系，具有完整的基础理论和实践方法。这里简单地介绍一部分与游戏测试相关的内容。

软件开发过程（包括游戏开发）包括不同的测试阶段。每个阶段都专注于软件生命周期中的不同方面，确保从单个组件到整个系统的质量和性能。以下是对这些测试阶段的具体说明。

- 单元测试：用于测试代码的最小可测试单元（通常是函数或方法）。单元测试主要关注单个模块的功能正确性，以及它是否能够正确执行其定义的任务。这个阶段通常采用白盒测试方法，由开发人员编写测试用例，确保代码的每个部分都按预期工作。

- 集成测试：在单元测试之后进行，用于测试多个单元（模块）组合在一起时的行为。重点是模块之间的接口和交互。这个阶段可以采用黑盒测试和白盒测试的方法，检查数据在模块间的传递、模块间的协作以及整合后的功能。

● 系统测试：测试整个软件系统的行为。这个阶段的测试确保整个应用程序按照要求和规格书正常运行，通常包括功能测试、性能测试、安全测试、兼容性测试等，确保软件系统作为一个整体能够正确运行。

● 冒烟测试：验证代码更新后的稳定性，是一个非常简单的评估。冒烟测试检查最基本的功能，例如游戏是否启动、用户界面是否仍然响应。它可以由开发人员和测试人员执行。冒烟测试往往在回归测试之前进行。

● 回归测试：确保新加入的代码更改没有破坏原有的功能。这在软件开发的任何阶段都可能进行，特别是在进行了修复、优化或添加新功能后。这个阶段的测试通常是自动化执行，以便快速运行已有的测试用例来检测变更引起的任何问题。

● 验收测试：在软件测试的最后阶段，通常由最终用户进行，以确保软件满足他们的需求和期望。验收测试可以是正式的，如用户接受测试（User Acceptance Test，UAT），也可以是非正式的评估，例如进行Beta测试或使用试用版软件。游戏测试更倾向于使用Beta测试。

在游戏开发中，这些测试阶段帮助确保游戏从代码级别到用户体验级别的每个方面都经过了彻底的检查和验证。这是确保最终发布的游戏质量高、稳定且符合玩家期望的重要过程。

按照不同的游戏测试目的，游戏测试内容如下。

● 功能测试：确保游戏的每个功能都按照设计和需求工作。这包括游戏内的所有操作，如移动、跳跃、射击、菜单功能、游戏关卡的进度以及用户界面的互动。功能测试保证游戏规则的正确程序实现、用户界面的正确性、故事情节的连贯性和游戏的逻辑性。

● 性能测试：评估游戏客户端在各种硬件和软件配置上的性能。这包括游戏的帧率、CPU和GPU的占用情况，以及对电量的消耗。确保游戏客户端在各种系统和配置上提供流畅、无延迟的体验。

● 压力测试：确定游戏服务端软件在高负载条件下的性能和稳定性，如在大量玩家同时在线时的表现。通过模拟高用户负载，检测服务器的承载能力和响应时间，确保在高并发情况下不会发生崩溃或严重延迟。

● 稳定性测试：与性能测试和压力测试相似，只是稳定性测试往往进行的时间更长，并收集测试各个阶段的数据。稳定性测试主要分析内存泄漏、系统突然崩溃以及其他可能影响可靠性的因素。这是正常游戏项目广泛使用的做法，并且可以在创建第一个工作版本及以后开始。

● 兼容性测试：确保游戏能够在不同的设备、操作系统和网络环境中正常运行，包括测试硬件兼容性（验证游戏是否可以在各种硬件配置上有效运行）、测试软件兼容性（验证游戏是否可以在不同操作系统、浏览器和第三方软件应用程序下正常运行）、测试输入设备兼容性（验证游戏与各种输入设备的兼容性，例如键盘、鼠标、游戏手柄和触摸屏）、测试跨平台兼容性（跨多个平台，例如 PC、游戏主机和移动设备，测试游戏的性能和功能）和测试本地化兼容性（验证游戏与不同语言的兼容性，确保正确的文本翻译、音频本地化和文化适应等）。

● 安全性测试：保护游戏免受安全威胁，如黑客攻击、数据泄露和未经授权的访问。内容为检测游戏的安全漏洞，包括信息加密、身份验证机制和对抗作弊措施。

● 弱网络测试：评估游戏在网络信号不稳定或网络速度较慢的情况下的性能，确保游戏在网络条件不佳时仍能正常运行，特别是支付功能、游戏状态的同步和断线重连机制。

每种测试都针对游戏开发中的不同方面和潜在问题，以确保最终产品能够提供优秀的玩家体验，同时符合技术和安全标准。

游戏软件测试可以使用的方法如下。

- 组合测试技术：组合测试重点测试给定特性或功能的输入值的所有可能组合。此方法对游戏测试特别有用，因为它可以帮助识别仅在特定情况组合下可能发生的错误或问题。通过系统地识别和测试输入值的所有相关组合，减少所需的手动测试用例数量。组合测试可以用于测试游戏机制，包括测试角色属性、物品交互和环境因素的各种组合，以确保游戏玩法的一致性和平衡性；可以用于测试游戏配置设置，包括验证游戏在不同图形设置、难度级别和语言选项下的行为；可以用于测试玩家选择和操作对游戏进程的影响，确保所有路径都能带来无错误且令人满意的体验。

- 场景法：场景法侧重于模拟游戏中的特定情境或故事情节。测试人员根据游戏的预期使用方式创建场景，并按照这些场景进行测试。在游戏测试中，场景法可以用来模拟玩家可能遇到的各种情况，例如特定的游戏级别、战斗场景或交互情境。

- 等价类划分法：等价类划分是将所有可能的输入数据（如用户输入或游戏设置）划分为有效或无效的等价类别，每个类别中的元素预期表现相同。在游戏测试中，这种方法用于减少测试用例的数量，同时确保覆盖所有重要的输入情况。

- 边界值分析法：边界值分析是在等价类划分的基础上，重点测试输入数据的边界条件。例如，在游戏测试中，边界值可能是角色的最高/最低等级、地图的边缘或可接受的输入范围的极限。

- 净室测试：净室测试是一种强调缺陷预防而不是缺陷检测的软件开发方法。在游戏测试中，净室测试涉及根据正式规范创建测试用例的结构化过程，确保游戏在到达玩家之前经过彻底的测试。净室测试技术要求游戏以小增量进行开发和测试，以便及早识别和纠正缺陷；创建清晰、详细的规范来定义游戏的预期行为并为测试用例生成提供基础。静态分析：彻底审查游戏的代码和设计，以便在测试期间发现潜在缺陷之前识别它们。功能测试：对游戏的特性和功能进行系统测试，以确保它们满足指定的要求；在运行状态下测试游戏，以发现运行时缺陷并确保整体稳定性和性能。

由于软件测试方法比较成熟，指标容易量化，相关工具也比较丰富，因此使用这类测试方法有助于控制游戏的软件工程质量。

游戏测试用例的制定是确保游戏质量和提高测试效率的关键步骤，它们使得测试过程更加系统化和可重复。通过详细的测试用例，测试能够全面地覆盖游戏的各个方面，使游戏开发者及时发现并解决潜在的问题。

QA是确保软件产品满足指定质量标准的过程。这是一个涉及规划、设计、开发和测试软件的连续过程，其主要目标是确保软件满足客户的要求并且具有高质量。QA 是一种面向流程的方法，涉及实施最佳实践和流程改进以确保软件的质量。它包括需求收集、设计评审、代码评审、单元测试、系统测试、集成测试和回归测试等活动。

软件测试通常侧重于识别和解决软件中的错误或缺陷，而质量保证则侧重于防止错误或缺陷进入软件。软件测试通常在软件开发后进行，质量保证在开发过程中进行。软件测试涉及在受控环境中执行软件，并根据场景、用例或需求对其进行测试，以验证软件是否按预期运行。质量保证涉及建立流程、程序和标准，以确保软件是根据行业标准和客户要求开发的。总之,软件测试和质量保证都是重要的活动,有助于确保产品或服务符合其设计规范并满足用户的需求。软件测试侧重于产品或服务的评估,而质量保证是一个更广泛的术语,侧重于确保质量的整个过程采取措施提高游戏质量。两者都是开发成功的产品或服务的重要过程。

以游戏的功能性质量检查为例,质量检查测试人员负责查找会影响用户体验的功能错误。这是一个艰苦的过程,因为测试人员需要探索并确保所有游戏元素(如游戏功能、菜单、音频、存盘系统等)以及地图的每一区域都经过测试,以确保一切按预期工作。测试人员在开始QA测试之前需要先仔细阅读游戏策划文档,充分了解自己测试功能模块的设计内容。在熟悉策划方案的基础上,测试人员要根据策划方案来设计测试用例,也就是提前设计好测试要点,确保没有遗漏。这时需要跳出定式思考,并利用在测试和理解游戏策划方面的经验来发现复杂或不太常见的问题。一旦发现问题,测试团队将创建错误报告,其中包含开发团队查找和修复问题所需的所有信息。错误报告包括不正确的行为、正确行为的建议、如何触发问题、附加注释和参考材料(如屏幕截图、视频、游戏日志等)。然而,无论对游戏进行多少测试,都不可能找到 100% 的错误,因为游戏是极其复杂的软件,可以从玩家那里接收无限数量的输入,而玩家有时会非常有创意地采用令人意想不到的方法试探游戏的边界。一般来说,质量检查的公认目的不是找到所有错误,而是达到游戏功能健康状况令人满意的水平,这通常是由生产和开发团队设定的。

类似地,兼容性质量检查需要查找不同游戏平台上目标游戏可能出现的各类问题。在为 PC 或移动设备开发游戏时,开发人员必须考虑现有的主流 PC 配置(如CPU、GPU 等)和设备参数。尤其是在目标市场中,确保尽可能多的游戏平台和设备配置可以正常运行游戏。首先定义希望游戏支持的设备类型,然后针对这些设备优化游戏。优化过程中,质量检查团队使用这些设备或 PC 配置来测试游戏,测量游戏的总体性能,或者将其与开发团队定义的最低标准进行比较。兼容性质量检查团队还可以提供有关他们测试的设备的详细反馈,以便开发团队可以就如何分配每种类型设备的工作负载做出明智的决定,并且在某些情况下,集中或放弃特定类型的设备或配置。兼容性质量检查帮助开发人员确定目标游戏在PC平台上能够流畅运行时所需的最低和推荐设置,并决定哪些移动设备将支持目标游戏。

高质量的软件工程是游戏项目成功的基础。对于大多数应用软件,能够完成高质量的软件工程就已经可以认为是成功了。但是游戏产品的要求更高,玩家的主观感受也同样重要,这就需要在游戏软件测试的基础上进一步对可玩性进行测试。

12.3 如何编写测试用例

游戏测试用例是一组预先定义的条件和步骤,旨在验证游戏的特定功能、性能、可用性或其他方面是否符合设计要求和玩家期望。每个测试用例通常包括测试输入、执行步骤、预期结果和实际结果。测试用例具有标准的格式,如表12-1所示。

表12-1 测试用例格式

测试用例项目	项目说明
测试用例编号	一个唯一的标识号或名称,用于区分和引用测试用例
测试用例标题	测试用例标题需要具有描述性,但不能过于冗长。例如,标题为"登录服务器"就过于宽泛,没有表明具体的目标是什么。"因密码不正确而导致服务器登录失败"或"因服务器离线而导致登录失败"是更好的测试用例标题。尽管这两个测试着眼于相似的事物,但测试者一眼就能看出它们有何不同。不需要在标题中写出确切的预期结果,因为这些结果应该在测试用例本身中扩展
测试环境	描述运行测试所需的硬件、软件或配置。这可能没有必要包含在每个测试用例中
前置条件	与测试环境信息类似,测试人员在运行此测试时可能需要其他前置步骤。例如设置测试游戏中该功能出现的时间和地点(某关卡或某个检查点),或者要求先达到游戏的某个阶段
测试步骤	描述测试人员为运行测试而执行的各个步骤。步骤的说明需要足够详细,以便任何人都可以准确地完成。QA测试人员并不是唯一参与游戏测试的人,需要确保任何开发人员、美工人员,甚至第一天加入团队的游戏团队成员都能理解这些步骤描述说明。测试步骤写得含糊不清,可能会导致不同的测试人员的测试结果不同,这可能会在团队成员之间产生不同的结果和误解
预期结果	预期结果描述运行该测试步骤后应该发生什么。它们是继测试步骤本身之后第二重要的方面。可以使用预期结果来描述每个单独步骤或整个测试的行为。这有助于确保测试人员知道应该发生什么
实际结果	测试执行后实际的结果
状态	测试用例的执行状态,如"通过"、"失败"或"未执行"
备注或评论	对测试用例或结果的额外说明,可能包括发现的问题或特别注意事项

一个QA测试人员如何编写一个好的测试用例呢?可以遵循以下原则。

● 不要对测试人员的知识做任何假设,始终假设测试用例撰写者不是运行测试的人。最好假设测试者是以前从未见过待测游戏项目的测试人员,确保不会错过任何细节。

● 确保所有测试步骤清晰简洁。屏幕截图、GIF 或视频是比文字更具体的测试步骤描述方式。

● 使用标准或统一的测试用例样式使测试步骤更易于阅读。这可以是文件名、级别等的粗体名称。这样做可以使测试人员更轻松地阅读测试步骤并注意到重要的信息。

● 测试人员每次都必须运行到某个关卡的某个部分是多余的工作内容,最好提供调试工具或配置文件可以让测试人员每次都从待测游戏中需要的地方开始。

● 尽量减少冗余的测试内容,确保测试人员不需要一遍又一遍地测试相同的内容。还需要考虑使用自动化测试工具进行测试。

● 需要同时测试有效和无效的输入和状态。在测试所有预期将会发生的行为的同时,也需要了解一些非预期行为会产生什么结果。例如,当玩家无法连接到服务器时游戏会崩溃吗?当玩家尝试选择尚未解锁的角色时会发生什么?

● 如果测试步骤太多,需要将其分解为较短的多个测试用例,还可以考虑添加测试数据或调试工具来帮助测试人员跳过一些测试步骤。测试步骤越多,一项测试失败的可能性就越大,并且测试范围就会变得过于广泛。对于功能测试,最好尝试限制单个测试可能失败的方式数量。

● 经常修改/更新测试用例：游戏将在整个开发过程中发生变化，测试会遇到以前没有意识到的情况。因此需要不断调整测试用例，以达到想要保证的质量水平。

下面以《俄罗斯方块》为例展示一些测试用例的范例，如表12-2所示，这里部分测试用例内容可以省略。

表12-2 测试用例范例——键盘输入的方块移动动作

测试用例编号	001		
测试用例标题	键盘输入的方块移动动作		
测试环境	个人计算机		
前置条件	使用以下设置加载游戏： 1 名玩家/等级 0/障碍 0		
测试步骤	步骤编号	操作说明	预期行为
	1	观察没有键盘输入的下落方块	方块应逐渐向下移动，速度不变
	2	按一次←键（短按）	方块应该向左移动一格
	3	按住←键（长按）	方块将继续一格一格地移动到游戏区域的左侧
	4	按一次→键（短按）	方块应该向右移动一格
	5	按住→键（长按）	方块将继续一格一格地移动到游戏区域的右侧
	6	按一次↑键（短按和长按）	按下↑键时，方块应逐渐向下移动，速度不变
	7	按↓键（短按和长按）	只有按下↓键时，方块才会加速下降到游戏区域的底部，左右位置不变；新生成的方块一旦出现在屏幕上，也应该继续落到屏幕底部
	8	按Space键一次（短按）	方块应顺时针旋转 90°
	9	按住Space键（长按）	方块应顺时针旋转 90°（一次），但按住Space键时不应继续旋转更多
预期结果	所有键按下都应导致预期的移动，而不会出现任何其他不需要的行为		
实际结果	所有键按下都观察到预期的移动，没有出现任何其他不需要的行为		
状态	测试通过		
备注或评论	需要测试这个功能在其他游戏平台上的兼容性		

以上只是一款休闲游戏的一个主要功能的功能测试用例，对于实际游戏项目，需要设计的功能测试用例、性能测试用例、兼容性测试用例、安全性性测试用例等测试用例数量将会很多，而且根据游戏类型和平台的不同有很大的差异。

12.4 游戏可玩性测试

可用性测试是评估产品（如软件、网站或应用程序）的易用性和用户体验的过程。其基本概念是测试和测量产品如何以及多么容易被目标用户使用。可用性测试支持以用户为中心的设计，强调从用户的角度出发，关注他们的需求、偏好和使用行为，目标是确保产品设计与用户的期望和实际使用方式相符合。可用性通常涉及几个关键指标，包括效率（即用户完成任务所需的时间）、准确性（即错误的频率和严重性）、学习曲线（即用户学习使用产品的难易程度）和用户满意度。可用性测试通常在控制环境中进行，模拟真实的使用场景。测试任务应反映实际的使用案例，确保测试结果的相关性和实用性。用户的直接反馈是可用性测试的核心组成部分。观察用户如何与产品互动，以及他们在使用过程中的反应和意见，是评估产品可用性的关键。可用性测试通常是一个迭代过程。根据测试结果，产品设计可能需要修改和改进，然后再次进行可用性测试，直到达到满意的可用性水平。可用性测试包括测试定性数据（如用户的感受和意见）和测试定量数据（如完成任务所需时间和错误率）。选取的测试参与者应代表目标用户群。他们的背景、技能和经验应与预期的最终用户相匹配。可用性测试对于确保产品不仅功能齐全，而且对用户友好、易于使用至关重要。

游戏可玩性测试源于人机交互领域的可用性测试方法。该方法更重视用户（或玩家）的主观体验。因此该方法往往需要召集潜在用户来使用应用程序，并向他们提出问题、获取反馈或分析他们的游戏行为。在游戏开发中，可玩性测试有助于确保游戏界面直观、游戏机制容易理解、整体游戏体验令人满意。在这里，游戏设计师需要遵循"以玩家为中心"的设计原则和测试方法。

游戏可玩性测试不能在开发结束时进行。因为这个阶段游戏产品变得太复杂，交付时间非常短，无法做出任何重大改变。如果可以在很早的设计和开发阶段发现缺陷，就可以在最短的时间内完成游戏可玩性测试。

游戏可玩性测试的方法包括调查问卷法、焦点小组访谈法和个别访谈法，有时还会使用直接观察、视频分析、眼动追踪、生理心理信号采集和日志等方法采集用户体验的数据。这些方法有助于收集来自玩家的详细反馈，从而对游戏进行评估和改进。

调查问卷是一种快速收集玩家反馈的方法，问卷在玩家结束游戏试玩后发放给玩家。设计调查问卷中的问题需要丰富的游戏测试经验，一个典型的游戏体验问卷应该包含多种问题，旨在全面评估玩家对游戏各个方面的感受和反应。问题可以设计为闭合问题（如选择题或打分题）和开放式问题（玩家以自由形式提供反馈）。调查问卷通常包括以下几个主要内容。

- 玩家基本信息：包括玩家的年龄、性别、游戏经验等，以了解玩家背景。
- 玩家经历：玩家是否体验过同类型的游戏，以及具体的游戏名称和投入时间。
- 游戏玩法：问题围绕游戏的玩法设计，如难度平衡、控制系统的响应性、游戏机制的创新性等。
- 故事情节和角色：评估玩家对游戏故事情节的投入程度，角色设计的吸引力，以及故事情节与游戏玩法的融合程度。
- 图形和音效：问题涉及游戏的视觉效果、美术风格、动画质量，以及音乐和声效对游戏体验的影响。
- 用户界面和可用性：评估用户界面的直观性、易用性，以及游戏是否易于上手。
- 情感反应：询问玩家在玩游戏过程中的情感体验，如激动、乐趣、挫败感等。

- 社交互动：如果游戏包含多人或社交元素，询问玩家对这些特性的感受和参与程度。
- 整体满意度：询问玩家对游戏整体的满意度，以及他们是否会推荐该游戏给他人。
- 开放式问题：提供空间让玩家自由表达他们的意见和建议，如他们认为游戏最需要改进的地方。
- 重玩价值：询问玩家是否愿意重新玩这个游戏，以及游戏的可重玩性。

调查问卷应该是结构清晰、简洁明了的，避免使用行业术语或复杂的问题表述，以确保所有玩家都能理解并愿意提供反馈。此外，问卷的长度也需要适中，过长的问卷可能导致玩家感到疲劳，影响他们的回答质量。

焦点小组访谈法是指一组玩家在主持人的引导下进行讨论。这种方法可以提供深入的洞察，因为玩家可以在小组讨论中互相影响和启发。焦点小组有助于理解玩家对游戏的整体感受、他们喜欢或不喜欢的方面，以及为什么会有这样的感受。访谈可以是结构化的（事先准备好一系列问题）或非结构化的（更开放和自由的对话形式）。访谈可以提供非常个性化和详细的反馈。访谈有助于深入了解个别玩家的体验，包括他们对游戏各个方面的看法和感受。

计划和组织一个游戏测试的焦点小组访谈涉及多个步骤，旨在确保收集到有价值的反馈并提供一个有效的交流环境。以下是一些关键步骤。

- 明确测试目标：确定焦点小组访谈的目的，是为了评估游戏的可用性、玩法、故事情节、用户界面，还是为了测试特定的游戏特性？
- 选择测试对象：招募代表目标玩家群体的测试对象。这些人应该是游戏的潜在用户，他们的年龄、游戏经验和兴趣应该与游戏的目标市场一致。
- 设计讨论提纲：准备一个讨论提纲，列出要探讨的主题和问题。这应该包括开放式问题，以促进讨论和分享。
- 安排时间和地点：确定访谈的时间、地点和持续时间。焦点小组访谈通常需要1到2小时。选择一个安静、舒适的地点，使参与者感到自在。为了保证测试结果真实，需要尽可能按照玩家实际使用情景来设计测试流程，减少过多的人为干预，让玩家自然而然地完成测试内容，并表现出最真实的反应。
- 准备设备和材料：确保有必要的游戏平台和数据采集设备，如音频/视频录制设备来记录访谈过程。准备游戏原型系统、演示视频或任何相关材料供参与者使用。
- 执行测试：让玩家在监控环境下玩游戏，同时收集数据（包括直接观察、录像、玩家的游戏行为记录等）。除了告知必要的信息外，在测试结束之前不要跟玩家解释游戏机制是怎样运作的；同时不要让玩家感受到观察者的存在。
- 引导访谈：选择一个有经验的主持人来引导讨论。主持人应该能够鼓励所有人参与，确保讨论保持在主题上，并适时深入探讨。
- 记录和分析数据：确保记录下访谈的重要内容。在访谈结束后，分析数据，提取关键见解和反馈。
- 感谢参与者：在访谈结束时感谢参与者的时间和贡献。提供适当的补偿，如礼品卡、游戏副本或小礼品。
- 总结与反馈：根据收集到的反馈制订后续行动计划。确定哪些反馈可以用来改进游戏，并计划如何实施这些改进。

通过细心的准备和专业的引导，焦点小组访谈可以成为游戏开发过程中获取宝贵用户洞察的重要工具。

个别访谈法专注于单个玩家的体验和反馈，允许玩家自由表达他们的想法和感受，提供更个性化和详细的反馈。个别访谈可以深入探讨特定问题或玩家体验的特定方面，如游戏的特定机制、故事元素或界面设计。访谈者可以根据玩家的回答灵活地调整问题，深入探讨或跳转到相关的话题。在个别访谈中，没有其他参与者的影响，玩家可能会更诚实和直接地表达他们的意见。面对面的交流使得访谈者可以观察玩家的非言语线索，如肢体语言、表情和情绪反应，这可以提供额外的洞察。一对一环境可以让玩家感到更加舒适和安全，特别是在谈论他们的游戏体验时。与焦点小组访谈一样，个别访谈的内容应该被记录下来，以便后续的分析和参考。组织个别访谈需要确保问题准备周全、环境安排得当，并且访谈者具备良好的沟通技巧和对游戏的深入理解。这种方法非常适合于深入理解玩家的体验、偏好和问题，从而对游戏进行针对性的改进。电话访谈实际上也是个别访谈法的一种实践形式，尽管不能观察玩家的非言语线索，但是电话访谈的成本更低，便于实施，可以快速覆盖较大数量的玩家群体。

与游戏可玩性测试相似的一项工作是游戏用户研究，涉及更加深入的对玩家行为、偏好、体验和反应的系统研究。这个领域结合了心理学、人类学、市场研究和用户体验设计的专业知识和工具，通过深入理解玩家来优化游戏设计和提升玩家满意度。用户研究可以在游戏项目的立项阶段、设计阶段和产品上线后进行，对于大型网络游戏尤其重要。有志于游戏设计行业的同学可以进一步探索相关知识。

12.5　游戏可玩性测试问卷

这里以《亚瑟王传奇：王国的命运》的游戏原型作为测试目标，设计一个游戏可玩性测试问卷，作为游戏设计团队的参考。

问卷的第一个部分需要玩家填写基本信息，包括年龄、性别、游戏经验等，以了解玩家背景。这个部分的问卷旨在收集足够的信息，以便在分析时能够考虑玩家的不同背景对游戏体验的影响。每个问题都有助于了解玩家的特点和游戏习惯，这对后续的游戏评估和改进至关重要。

游戏可玩性测试问卷范例

一、玩家基本信息

感谢您参与我们的游戏可玩性测试。请先填写以下基本信息，这将帮助我们更好地理解和分析测试结果。

个人信息

（一）年龄

□ 12岁以下

□ 13~17岁

□ 18~24岁

□ 25~34岁

　　□ 35~44岁

　　□ 45~54岁

　　□ 55岁以上

（二）性别

　　□ 男

　　□ 女

　　□ 不愿透露

（三）游戏经验

　　□ 初学者（不经常玩游戏，没有长时间专注于一款游戏的经验）

　　□ 有一定经验（偶尔玩游戏，曾经长时间专注于一款游戏且持续时间超过1周）

　　□ 资深玩家（经常玩游戏，曾经长时间专注于一款游戏且持续时间超过1个月）

　　□ 专业玩家（参与电子竞技或专业游戏活动，曾经长时间专注于一款游戏且持续时间超过6个月）

（四）您最喜欢的游戏类型（可多选）

　　□ 动作游戏

　　□ 冒险游戏

　　□ 角色扮演游戏

　　□ 模拟游戏

　　□ 策略游戏

　　□ 体育/竞速游戏

　　□ 第一人称射击游戏/第三人称射击游戏

　　□ 多人在线竞技游戏

　　□ 其他（请说明）：＿＿＿＿＿＿

（五）您平均每周玩游戏的时间

　　□ 少于1小时

　　□ 1~5小时

　　□ 6~10小时

□ 11~20小时

□ 超过20小时

（六）您主要在哪些设备上玩游戏？（可多选）

□ PC或笔记本计算机

□ 游戏主机（如Xbox、PlayStation）

□ 移动设备（如智能手机、平板计算机）

□ 手持游戏设备（如Nintendo Switch）

□ 其他设备：＿＿＿＿＿＿

下面可以选择游戏设计师比较关心的几个不同的方面来设计问卷的问题。例如关于戏剧性元素方面，可以设计下列问题。

二、游戏戏剧性元素

（一）您觉得游戏的故事情节吸引人吗？

□ 非常吸引人

□ 一般

□ 完全不吸引人

（二）游戏对话是否让您感到不协调？

□ 非常协调

□ 一般

□ 完全不协调

（三）故事情节是否具有连贯性和逻辑性？

□ 非常连贯和有逻辑

□ 一般

□ 完全不连贯和没有逻辑

（四）您对游戏中玩家角色的设计满意吗？

□ 非常满意

□ 一般

□ 非常不满意

（五）玩家角色是否有助于增强您对故事的投入？

　　□ 非常有帮助

　　□ 一般

　　□ 没有帮助

　　□ 妨碍了我的投入

（六）您认为哪个NPC设计最出色或需要改进？（开放性问题）

（七）您觉得故事情节和游戏玩法之间的融合程度如何？

　　□ 非常好的融合

　　□ 一般的融合

　　□ 完全没有融合

（八）在游戏过程中，故事情节是否有助于引导游戏玩法？

　　□ 非常有帮助

　　□ 一般

　　□ 妨碍了游戏玩法

关于游戏形式元素，可以设计下列问题。

三、游戏形式元素

（一）您对游戏的目标清楚吗？

　　□ 非常清楚

　　□ 一般

　　□ 非常不清楚

（二）如果您对控制系统有任何不满，主要是哪方面？

　　□ 延迟

　　□ 不准确

　　□ 太复杂

　　□ 其他（请说明）：＿＿＿＿＿

（三）您觉得游戏的用户界面直观易懂吗？

    ☐ 非常直观易懂

    ☐ 一般

    ☐ 非常复杂难懂

（四）游戏的菜单和控制选项布局是否合理？

    ☐ 非常合理

    ☐ 一般

    ☐ 非常混乱

（五）游戏UI的视觉设计和美术风格对您的游戏体验有何影响？

    ☐ 非常正面的影响

    ☐ 没有影响

    ☐ 非常负面的影响

（六）在游戏过程中，找到您需要的信息和功能是否方便？

    ☐ 非常方便

    ☐ 一般

    ☐ 非常困难

（七）您是否遇到过与游戏交互界面相关的问题或困惑？

    ☐ 从未遇到

    ☐ 经常遇到

    ☐ 无法使用界面

    ☐ 如果有，具体是哪些方面的问题或困惑？＿＿＿＿＿

（八）您觉得游戏关卡地图的大小怎么样？

    ☐ 太小，感觉局促

    ☐ 适中，布局合理

    ☐ 太大，感觉空旷

（九）关卡的布局是否有助于游戏的进行？

    ☐ 非常有帮助

□ 一般

□ 完全没有帮助

（十）关卡边界是否对您的探索和游戏体验造成了限制？

□ 非常限制

□ 一般

□ 完全没有限制

（十一）游戏是否有效地引导您在关卡中前进和探索？

□ 引导得非常好

□ 一般

□ 完全没有引导

（十二）您是否在游戏中迷路或不清楚下一步该去哪里？

□ 经常迷路/不清楚

□ 有时迷路/不清楚

□ 很少迷路/不清楚

□ 从不迷路/总是很清楚

（十三）您认为游戏中NPC的行为是否自然和合理？

□ 非常自然和合理

□ 一般

□ 完全不自然和不合理

（十四）NPC是否有效地增强了游戏的故事情节和环境氛围？

□ 非常有效

□ 一般

□ 有负面影响

（十五）游戏中敌人的设计是否具有挑战性？

□ 非常有挑战性

□ 一般

□ 完全没有挑战性

（十六）敌人的行为和反应是否符合游戏的整体风格和难度？

　　□ 非常符合

　　□ 一般

　　□ 完全不符合

（十七）游戏中的障碍设计是否合理？对游戏进程是否有正面的影响？

　　□ 非常合理，有很大正面影响

　　□ 一般

　　□ 非常不合理，严重影响游戏体验

（十八）游戏为解决谜题是否提供了足够的信息，让您知道如何解谜？

　　□ 提供了足够的信息

　　□ 提供了部分信息

　　□ 没有提供足够的信息

（十九）您认为游戏中的谜题是否自然和合理？

　　□ 非常自然和合理

　　□ 一般

　　□ 完全不自然和不合理

（二十）总体而言，您如何评价游戏的玩法设计？

　　□ 非常好

　　□ 好

　　□ 一般

　　□ 差

　　□ 非常差

（二十一）您对游戏玩法设计有什么具体的建议或评论？（开放性问题）

关于游戏动态元素，可以设计下列问题。

四、游戏动态元素

（一）您认为游戏的难度设置如何？

☐ 过于简单

☐ 适中

☐ 有点困难

☐ 非常困难

☐ 无法评估（请说明原因）：＿＿＿＿＿

（二）游戏中是否存在某些特别困难或容易的部分？

☐ 是（请描述）：＿＿＿＿＿

☐ 否

（三）您觉得游戏中的战斗机制是否易于理解和掌握？

☐ 非常易于理解和掌握

☐ 一般

☐ 非常难理解和掌握

（四）游戏中武器是否过于强大或弱小？是否合理？

☐ 武器设计合理

☐ 一般

☐ 武器设计不合理

（五）您认为游戏的战斗系统是否平衡？

☐ 非常平衡

☐ 一般

☐ 完全不平衡

（六）游戏中的敌人类型和战斗难度是否符合您的期待？

☐ 完全符合

☐ 一般

☐ 完全不符合

（七）您认为游戏中的资源（如金币、点数、材料等）的获取难度如何？

　　□ 非常容易

　　□ 适中

　　□ 非常困难

（八）您感觉货币在游戏中的使用是否有意义和重要？

　　□ 非常有意义和重要

　　□ 一般

　　□ 完全没有意义和不重要

（九）游戏中的购买和交易机制是否公平和合理？

　　□ 非常公平和合理

　　□ 一般

　　□ 完全不公平和不合理

　　当收集到游戏可玩性测试问卷的数据后，进行统计分析是关键的下一步。这个过程涉及整理、分析数据，并从中提取有意义的信息，以便理解玩家的反馈并据此改进游戏。以下是进行统计分析的一般步骤。

　　（1）数据整理：清理数据，检查问卷数据是否完整，去除无效或不完整的响应；对于开放性问题，将回答归类并编码，以便分析；将数据转换成适合分析的格式，例如在电子表格或统计软件中进行整理。

　　（2）统计分析：有多种统计分析方法可以用于对收集到的数据进行分析。对于定量问题，计算平均值、中位数、标准差等；对于定性问题（如单选题和多选题），计算每个选项的频率和百分比；分析数据中的趋势和模式，如某个特定功能的普遍评价；如果有玩家分组，比较不同玩家群体（如不同年龄、经验水平）的反馈差异；探索不同变量之间的关系，例如玩家经验和游戏难度评价之间的关系；如果数据量和质量足够，可以进行回归分析来预测特定变量的影响。

　　（3）结果解释和报告：使用图表和图形展示统计结果，如条形图、饼图和散点图等；结合统计分析的结果和图表，撰写详细的分析报告；基于数据分析的结果，提出游戏的改进建议。

　　（4）建议和反馈：将分析结果和建议与游戏开发团队共享，制订游戏改进的具体行动计划。

　　在统计分析过程中，可以使用电子表格软件（如Excel、WPS等）进行基本统计和数据整理。对于更复杂的统计分析，可以考虑使用专业统计软件（如SPSS、Matlab或Python统计工具库）。进行统计分析的目的是将大量数据转化为可操作的见解，从而指导游戏的进一步开发和优化。正确地执行这些步骤有助于深入了解玩家的需求和偏好，并做出更加明智的决策。

课程设计作业7：游戏测试报告

根据游戏设计内容，设计一个游戏可玩性测试问卷，请另外一个小组的同学试玩你们的游戏原型，并完成测试问卷。每两个游戏项目小组可以互为测试人员和设计团队。撰写一个测试报告，根据采集到的测试问卷数据，列出当前游戏原型的主要可玩性问题和修改意见。

课程设计作业总结和汇报演示

在游戏项目的最后，要求游戏项目团队完成游戏策划书的完整版，将各个阶段完成的游戏策划书整合为一个完整的文档。

要求各个游戏项目团队提交一个最终版的游戏原型系统和游戏源代码（包括整个工程目录），游戏原型系统发布到Windows系统，包括一个单独可以执行的版本。要求各个游戏项目团队提交游戏素材，包括游戏开发过程中制作的素材包、3D模型、贴图、视频、音频等。

要求各个游戏项目团队完成游戏汇报演示和小组互评。在这个环节里，要求各组同学准备一个约20分钟的游戏演示（包括PPT讲解和游戏原型系统演示）。要求做一个游戏设计内容的PPT，包含以下内容。

- PPT开始信息页面：课程名称、游戏名称、小组名称、大学名称、时间。
- 小组成员介绍：介绍各位成员，需要有各位小组成员的照片，并说明各自的分工。
- 介绍游戏原型系统的设计思路：说明游戏的设计思路和优点。

在讲解PPT之后，要求现场展示游戏原型系统的运行情况，并介绍主要玩法机制。总时长控制在20分钟以内，由于时间有限，请提前做好演练，以免超时。

在游戏演示过程中，各个小组相互观摩，完成对其他小组的匿名打分，并在课后提交打分结果。打分规则和表格将在演示前提供。各个小组游戏演示作业的得分将主要由小组互评的平均分数来决定。

第四部分
准备进入游戏行业

本书的前3个部分系统地介绍了与游戏设计相关的专业知识。很多同学在大学阶段就有进入游戏行业的计划。这一部分将介绍游戏行业的概况，希望对这些同学未来的就业选择有所帮助。本书最后一章将介绍游戏成瘾与防沉迷相关内容，帮助读者了解游戏行业的社会责任。

第13章
游戏行业介绍

本章将先介绍我国游戏市场的动态，包括细分市场、市场规模、流行游戏类型、玩家偏好变化、新兴技术应用等。然后介绍游戏行业的人才需求和就业现状。最后介绍与游戏相关的管理机构、内容分级制度以及相关的国家和地区法律法规。

13.1 游戏产业的发展与现状

我国游戏产业在过去的十年经历了迅猛的发展，在游戏平台、玩家群体、主流游戏类型、商业模式等方面都发生了剧烈的变化。而且游戏产业的发展也不仅仅依靠游戏作品本身，电子竞技和游戏社交都成为游戏产业的新增长点。

13.1.1 中国游戏市场

游戏行业经历了多年发展，已经成为一个市场规模庞大的产业。2020年前后，游戏产业的发展速度才有所放缓，而此前的二十年里，每年的增长都超过10%。

关于我国游戏产业的发展情况，每年由中国音数协游戏工委和中国游戏产业研究院发布的年度中国游戏产业报告提供了全面和深度的统计结果，全面反映我国游戏产业的现状。《2022年中国游戏产业报告》显示，2022年，全球游戏市场规模约为1830亿美元，用户规模约为32亿人。我国游戏市场规模为2658.84亿元，用户规模约为6.64亿人。我国以全球约五分之一的玩家数量、约七分之一的市场规模，在全球游戏行业格局中占据了重要地位。

2022年之前，我国游戏行业一直呈现增长的态势，销售收入从2010年的300多亿元一直增长到2021年的近3000亿元，在11年的时间里增长近10倍，在这期间，每年的销售收入增长大多超过10%，甚至有年度增长超过30%的情况。由于种种原因，2021年以后，我国游戏市场的增长明显放慢，并出现了负增长的情况。在游戏市场用户数量方面，从2010年的1.2亿增长到2021年的6.66亿的历史极值。2022年，我国游戏用户规模为6.64亿人，同比下降0.33%。继2021年用户规模增长放缓后，2022年用户规模也出现了近十年以来首次下降，标志着我国的游戏用户规模正式进入了存量市场时代。我国游戏市场还会继续发展，但是市场规模和用户规模将不会再有快速的增长。中国音数协游戏工委发布的《2023年中国游戏产业报告》显示，2023年，我国国内游戏市场实际销售收入3029.64亿元、同比增长13.95%，首次破3000亿元大关；用户规模为6.68亿人，同比增长0.61%，同样为历史新高点。

过去十余年游戏用户数量的强劲增长主要与游戏平台的更替有关。2010年，网络客户端游戏还占据绝对优势；而到了2022年，70%以上的游戏市场收入来自移动游戏。由于客户端游戏的市场收入在过去十年内一直保持在600亿元上下，因此过去十余年游戏市场总收入的增量主要来自移动游戏。移动游戏的市场收入在2010年仅有9.1亿元，用户规模约3千万人。但是到了2021年，移动游戏的市场收入达到2200多亿元的峰值，用户规模超过6.5亿人。在发展过程中，智能手机作为游戏平台的广泛普及功不可没。移动游戏覆盖了绝大多数游戏用户。在移动游戏类型中，角色扮演类、卡牌类和战略类游戏占据了主流，基本上占据了收入排名前100的移动游戏数量的一半左右；但是从收入占比来讲，多人在线战术竞技类和射击类游戏的收入明显高于卡牌类和战略类游戏，仅次于角色扮演类游戏。说明竞技类移动游戏的赢利能力更强。

经过多年发展，我国游戏企业已经能够大量出口高质量的自主研发游戏作品，自主研发游戏的海外市场销售收入已经达到180亿美元的体量。2022年，虽然海外市场销售收入略降，依然有170多亿美元。考虑到游戏行业的国内市场已经趋近饱和，海外市场成为中国游戏企业的重要增长点。海外市场的中国游戏依然是战略类、角色扮演类和射击类游戏最受欢迎。

中国游戏市场的商业模式也经历了显著演变。最初，市场主要以付费购买的方式销售游戏。随着时间的推移，免费增值（Free-to-Play，F2P）模式成为主导，玩家可以免费玩基础游戏内容，并通过购买虚拟物品或服务进行消费。此外，随着移动游戏的兴起，广告支持模式也变得普遍。近年来，订阅服务模式开始在中国市场出现，提供玩家支付定期费用以享受多种游戏内容的新方式。这些演变反映了市场的成熟、玩家需求的多样化以及技术进步对游戏消费方式的影响。

13.1.2 电子竞技

除了传统的游戏市场，电子竞技也成为一个新的游戏行业发展方向。我国电子竞技游戏市场实际销售收入也在2020年超过了1000亿元。电子竞技是指通过电子游戏进行的竞技活动。这个领域自20世纪末以来经历了显著的发展和变化。电子竞技的早期形式可以追溯到1972年，在斯坦福大学举办的《太空大战》比赛，这通常被视为最早的电子竞技比赛。随着个人计算机和游戏机的普及，电子竞技逐步发展。例如20世纪80年代早期的《高分挑战赛》（High Score Competitions）。20世纪90年代，网络游戏和多人在线竞技游戏兴起，如《雷神之锤》和《星际争霸》等游戏的比赛。

21世纪00年代，电子竞技开始获得更广泛的关注，许多专业电子竞技联赛和组织成立。2000年，韩国电子竞技协会（Korean e-Sports Association，KeSPA）在韩国文化体育观光部的支持下成立。该组织成立的主要目的是促进和管理韩国的电子竞技行业，提高电子竞技的公共认知度，支持电子竞技成为一种正式的竞技活动。韩国在电子竞技领域具有全球领先的地位，韩国电子竞技协会对此贡献颇大。韩国电子竞技选手和团队在国际赛事中的卓越表现，使韩国电子竞技协会及其运营的赛事受到全球电子竞技社区的关注。这个时期，《星际争霸》《反恐精英》《魔兽争霸》等游戏成为电子竞技的重要项目，并出现了世界级的电子竞技大赛。

在21世纪10年代，电子竞技进入全球化和媒体化阶段。《英雄联盟》《刀塔2》《反恐精英：全球攻势》等电子竞技游戏的出现，进一步推动了电子竞技的普及。

《英雄联盟》全球总决赛是该游戏最重要的年度赛事，由拳头游戏公司主办，首次举办于2011年。该赛事旨在汇聚全球最优秀的《英雄联盟》团队，竞争最高荣誉。参赛团队来自全球各个区域的顶级职业联赛，包括北美、欧洲、韩国、中国、东南亚等国家和地区，吸引了全球数百万观众观看直播，是电子竞技历史上观众人数最多的赛事之一。主球总决赛通常包括小组赛、淘汰赛和最终的总决赛。《英雄联盟》全球总决赛不仅是一场竞技赛事，也是电子竞技文化的展示，包括开幕式上的音乐表演和特效展示。《英雄联盟》全球总决赛不仅是《英雄联盟》这款游戏的顶级赛事，也是全球电子竞技领域最具影响力和最受欢迎的赛事之一。我国电竞团队在《英雄联盟》全球总决赛中表现突出，尤其是近几年。截至2023年，我国电竞团队已经多次获得了冠军，重要的战绩包括由Invictus Gaming（IG）战队在2018年夺冠，以及FunPlus Phoenix（FPX）战队在2019年夺冠。这些胜利激励了我国的电子竞技社区，同时提高了《英雄联盟》在我国的受欢迎程度。

《刀塔2》国际邀请赛是一项针对《刀塔2》玩家的年度电子竞技世界锦标赛，由维尔福公司于2011年开始主办。自首届赛事以来，该竞赛发展成电子竞技中最知名和最有威望的赛事之一，赛事吸引了来自全球各个区域的顶级《刀塔2》团队。参赛团队通过各自区域的预选赛、直接邀请或通过特定赛事获得资格。赛事通常包括小组赛和双败淘汰赛两个阶段。我国电竞团队在《刀塔2》国际邀请赛中同样取得了优异成绩。例如，Newbee战队在2014年获得冠军，Wings Gaming战队在2016年获得冠军。除了夺冠，我国电竞团队在其他年份的《刀塔2》国际邀请赛中也多次进入前四名，这些表现巩固了我国作为《刀塔2》顶级竞技国家的地位。

2010年以后，电子竞技开始被视为一个重要的市场领域，吸引了广告商、媒体公司和投资者的关注，还出现了专门培训电竞选手的企业，它们提供从基础技能培训到高级战术指导的全方位服务。这些企业可能是独立的电竞学院、职业电竞队伍的培训部门，或者是提供电竞相关课程的教育机构。这些组织和企业通过提供专业的训练环境、高水平的教练团队以及竞技和心理培训，帮助电竞爱好者和未来的职业选手提升他们的技能和竞技水平。随着电子竞技行业的成熟，专业电竞培训变得越来越普遍。电子竞技选手的选拔和培养是一个复杂的过程，涉及多个层面，包括技能识别、技术训练、心理培养和团队协作。

随着电子竞技行业的快速发展和普及，部分大学开始开设电子竞技相关的专业或课程。这些课程旨在为学生提供电子竞技行业所需的技能和知识，包括电子竞技管理、游戏设计、游戏营销、电子竞技教练、队伍管理等方面。韩国京畿大学（Kyonggi University）开设了电子竞技相关专业。我国的大学也在这个时期开始开设电子竞技和游戏设计相关课程，包括中国传媒大学、南昌工学院、四川电影电视学院等。这些课程旨在培养具备电子竞技行业所需技能的专业人才，包括电子竞技运营、游戏设计、市场营销、事件管理等专业方向。2016年，教育部发布《普通高等学校高等职业教育（专科）专业目录》，公布了13个新增专业，其中包括"电子竞技运动与管理"，属体育类，专业代码为670411。随着电子竞技产业人才需求在我国的持续增长，预计会有更多的高等教育机构加入这一领域。这些电子竞技专业不仅关注游戏技能的培养，更注重为电子竞技行业培养具有商业、管理、法律和媒体传播等方面知识的专业人才。这反映了电子竞技作为一项新兴行业，正在逐渐成为游戏教育领域的重要组成部分。

13.1.3 其他游戏相关行业

（1）游戏分销平台

游戏分销平台在游戏产业中扮演着至关重要的角色，负责游戏的推广、销售和分发。以下是几个主要的游戏分销平台，包括它们的公司历史和市场规模。

• Steam平台：由维尔福公司运营，成立于2003年，创始人是盖布·纽厄尔（Gabe Newell）和迈克·哈林顿（Mike Harrington），两人之前在微软公司工作。Steam平台最初仅作为一种简单的游戏更新和补丁分发渠道。随后，它逐渐发展为全球最大的PC游戏数字分销平台，提供游戏销售、社区交流和用户库管理等服务。Steam平台在PC游戏市场中占据主导地位，拥有庞大的用户基础和丰富的游戏库。截至2023年，Steam平台拥有数千款游戏，覆盖广泛的游戏类型，用户数量过亿。

• Epic Games Store：由Epic Games公司运营，于2018年推出，Epic Games公司最初以开发游戏和游戏引擎（如虚幻引擎）著称。Epic Games Store的推出是对Steam平台垄断市场的挑战，该平台通过提供独家游戏和每周免费游戏来吸引用户。尽管比Steam平台晚了许多年，Epic Games Store迅速成长，成为PC游戏市场的重要平台。它受益于Epic Games公司强大的行业联系和丰富的资金支持。

- PlayStation Store：由索尼互动娱乐公司运营，于2006年随PlayStation Network一起推出。PlayStation Store是Sony PlayStation游戏机的官方数字分销服务平台，提供游戏、影视内容和其他娱乐产品，在家用游戏机市场中占据重要地位。

- Xbox Live Marketplace：由微软公司运营，于2005年随Xbox 360推出。作为Xbox生态系统的一部分，Xbox Live Marketplace为Xbox用户提供了一个整合的数字游戏和媒体内容购买平台。

- Nintendo eShop：由任天堂运营，Nintendo eShop于2011年推出，是任天堂提供的数字分销服务平台，支持Nintendo Switch、Wii U和Nintendo 3DS系列。

（2）游戏引擎

游戏引擎是游戏开发的核心，它提供了一套工具和功能，使开发者能够创建、渲染和运行游戏。下面是几个主要的游戏引擎开发公司及其产品的特点。

- Unity Technologies成立于2004年，是一家总部位于美国的公司，以其开发的Unity游戏引擎而闻名。目前Unity游戏引擎支持超过25个游戏硬件平台，包括PC、移动设备、游戏机和VR/AR设备。Unity游戏引擎以其用户友好的界面和较低的入门难度而受到独立开发者和小型工作室的欢迎。Unity游戏引擎通过在线资源商店提供大量的资源和资产库，方便开发者使用；还提供一个强大的社区，拥有庞大数量的开发者，提供广泛的学习资源和支持。

- Epic Games成立于1991年，是一家总部位于美国的公司，开发了虚幻引擎。虚幻引擎以其高端图形渲染能力闻名，适合开发视觉效果要求高的游戏。这个游戏引擎提供著名的蓝图视觉效果脚本系统（Blueprint Visual Scripting），开发者无须编写代码即可创建复杂功能。这个游戏引擎适用于大型项目，常被大型游戏工作室用于开发AAA级游戏。

- Crytek成立于1999年，是一家德国的游戏开发公司，开发了游戏引擎CryEngine。CryEngine以其先进的图形和渲染技术而闻名，特别是在光线追踪和物理模拟方面。这个游戏引擎提供一个强大的集成环境创建工具，适合制作具有沉浸感的游戏世界。这个游戏引擎的高渲染质量意味着对硬件的要求相对较高，因此使用该引擎的游戏经常被用作测试最新游戏硬件的工具。

- 维尔福公司成立于1996年，是一家美国的游戏开发和数字分销公司，开发了Source Engine。该游戏引擎提供了良好的性能优化功能，适用于多种类型的游戏，还提供了易于修改和创建的游戏模组，支持了大量由玩家社区制作的内容；集成了强大的多人游戏支持和匹配系统。

其他游戏引擎还包括GameMaker Studio、Godot、Cocos2d、Spring RTS Engine等。

（3）游戏社交和直播

游戏社交和直播平台为玩家提供了分享游戏体验、观看直播、交流技巧和建立社区的机会。以下是一些常见的游戏社交和直播平台。

- 斗鱼：斗鱼是我国最大的游戏直播平台之一，提供游戏直播和电竞赛事。斗鱼专注游戏直播内容，特别是电子竞技和流行游戏，并提供与观众互动的功能，如弹幕、礼物和订阅。这个平台主要面向中国市场，内容以中文为主。

- 虎牙直播：虎牙直播是我国的另一大游戏直播平台，与斗鱼类似，提供丰富的游戏直播内容。

- Twitch：Twitch是目前我国以外的最大的游戏直播平台，发布于2011年，后被亚马逊收购。Twitch

平台提供游戏直播、电子竞技赛事直播和游戏相关内容，以及强大的观众互动功能，如聊天室、订阅和礼物，还支持多种类型的内容创作者，包括专业游戏玩家、艺术家和音乐家。

● YouTube Gaming：YouTube Gaming平台是YouTube的一个分支，专注于游戏相关的视频和直播内容，提供大量游戏视频、直播和游戏相关的Vlog。其用户可以轻松上传和分享自己的游戏内容。YouTube Gaming平台继承了YouTube平台强大的视频技术和广泛的观众群体。

● Discord： Discord是一款专门为游戏社区设计的通信软件，发布于2015年。这个软件提供语音、视频和文字聊天功能，允许用户创建和管理自己的私人和公共聊天服务器，广泛用于游戏玩家社群的建立和游戏相关讨论。

这些平台各具特色，不仅为游戏爱好者提供了观看和参与游戏直播的渠道，还为游戏社区的构建和游戏文化的传播起到了重要作用。

13.2 游戏产业的就业情况

每年有大量的毕业生进入游戏行业，因此了解游戏行业的人才需求非常重要。游戏行业希望加入游戏项目团队的人才能够做到"一专多能"，因为游戏开发是一个跨学科的过程，涉及艺术设计、编程、音乐制作、故事创作等多个领域。员工具备多种技能可以增强团队的灵活性和应对复杂项目的能力。此外，小型游戏开发团队或独立游戏开发者往往资源有限，所以更倾向于招聘能够胜任多项任务的人才，以提高工作效率和降低成本。"一专多能"的人才具有T型知识结构，即在一个专业领域拥有深厚的专业知识（即T型的垂直部分），同时在其他相关领域具备一定的知识和技能（即T型的水平部分）。这种结构使个人在其专业领域内具有深入的专业技能，同时能够理解、沟通并与其他学科领域的人才协作，体现了深度与广度的结合。T型知识结构在解决复杂问题和跨学科工作中尤为有效。

在脉脉高聘发布的《2023游戏行业中高端人才洞察》中，数据分析显示游戏行业整体人才处于饱和状态，但技术人才依然紧缺，其中语音、视频、图形、图像开发人才供需比仅为0.53，相当于两个岗位争夺一个人才。 2023年，游戏行业的新发岗位平均薪资为34462元，其中AI人才需求及薪资持续增长，算法研究员新发岗位平均月薪超6.4万元。网易游戏、米哈游和腾讯游戏连续两年成为最热门的游戏就业选择。根据该调查报告，游戏行业人才的年龄主要分布在25~35岁。其中25~30岁的年轻人占比最高，达到36.12%，其次是30~35岁的人才，占比33.68%，35岁以上的人才占比23.39%。游戏人才主要集中在本科和研究生学历群体。其中，本科学历人才占比达到65.37%、研究生学历人才占比16.42%、博士人才学历比0.74%。专科及以下学历人才也有一定比例，达到17.47%。

打算进入游戏行业的学生，首先需要通过正规的学历教育在一个领域或技能上达到专业水平，确保有一个坚实的基础。在不影响课内学习的基础上，学生需要探索与其主要专业相关的其他领域，扩展知识和技能范围。如果有实习的机会，可以将学到的新技能应用于实际游戏项目中，通过实践来加深理解和提高熟练度。还可以通过在线课程、研讨会或进修课程等方式，不断更新和扩展自己的技能。不管学生的大学专业是什么，都需要保持对新游戏技术和游戏行业趋势的敏感性，适应不断变化的工作环境。例如AIGC技术就是在这一两年内发展起来的新游戏制作技术，会对各个专业岗位的游戏工作者产生影响。不管是计算机科学专业还是艺术设计专业的学生，都应该积极学习和掌握新的知识和技能。只有终身学习才有可能跟上游戏行业发展的步伐。

游戏行业的岗位设置大致分为策划、程序、美术、测试、发行运营五大类。

• 策划岗可以细分为剧情策划师、系统策划师、数值策划师、关卡策划师等。剧情策划师撰写文案，设定世界观和故事。系统策划师设计游戏的玩法。数值策划师进行战斗数值、经济数值等数值方面的设计。关卡策划师设计游戏地图、副本、谜题等。策划岗对求职者的综合素质要求很高，需要对游戏设计和制作过程有充分的了解，同时精通几种重要的游戏类型的设计原则和玩法机制，并有较强的沟通能力，能够和其他各个岗位的团队成员高效沟通。

• 程序岗可以细分为研发程序员、引擎程序员、图形程序员、服务端程序员、物理程序员、工具程序员等。研发程序员又称为客户端程序员、Gameplay程序员，使用游戏引擎编写游戏的逻辑。引擎程序员开发或改动游戏引擎本身。图形程序员处理图形硬件和开发渲染管线。服务端程序员为网络游戏开发服务器。物理程序员实现如刚体、流体、粒子、破碎等现象的物理模拟。工具程序员开发游戏开发工具供其他岗位使用。这些岗位往往需要计算机科学或软件工程专业的人才。

• 美术岗可以细分为技术美术、原画师、建模师、动画师、UI设计师、特效师、音效师等。技术美术为美术工作提供技术支持，如定制和优化渲染管线、制作美术用插件、确保美术资源正确整合到游戏中。原画师设计角色、场景、建筑的原画，供后续建模工作参考。建模师根据原画设计来制作3D角色、场景和物品。动画师设计和制作角色动画。UI设计师设计游戏的各种UI。特效师制作游戏中的各种特效，包括魔法、爆炸、火焰、冰冻等。音效师制作游戏音效。这些岗位需要不同艺术专业的人才，并要求求职者热爱游戏创作。

• 测试岗可以细分为功能测试员、性能测试员、本地化测试员、QA测试员等。功能测试员测试游戏玩法是否符合设计。性能测试员测试不同游戏平台上的游戏性能，确保游戏能在各种游戏平台上运行并达到目标的帧率和分辨率。本地化测试员需要确保游戏在不同地区和语言环境下能够正确运行、表现良好，并且不违背当地风俗习惯。

• 发行运营岗可以细分为活动策划岗、市场运营岗、社区运营岗等。活动策划岗设计游戏活动，管理游戏版本更新。市场运营岗管理市场投放、流量经营、商务合作等。社区运营岗进行用户研究，管理游戏社区等。

关于各个岗位的技能要求，下面从招聘网站上摘录了一些校招岗位作为参考（隐去了具体公司名称并做了适当省略），如表13-1所示。

表 13-1 游戏行业校招岗位

岗位名称	技能要求
策划	● 专业不限，综合素质扎实，学科成绩优秀； ● 具有优秀的学习能力、创造力、沟通能力、逻辑思维、系统分析与文字组织能力，能从思考事物规律中获得乐趣； ● 热爱互联网，对行业发展有清晰认识，对使用过的互联网产品有独立和深入的见解，对用户需求有较好的识别能力和把控能力； ● 具有良好的团队协作能力、强烈的责任心、务实精神，工作脚踏实地，能够承受高强度的工作压力； ● 热爱游戏，有游戏策划案撰写经验、具有一定程序设计概念以及有各类网络游戏经验者优先； ● 热爱生活、关注人性
研发程序	● 计算机或相关专业； ● 精通C/C++编程语言及其思想； ● 具有扎实的计算机基础知识，深入理解数据结构、算法、操作系统等知识； ● 具有良好的逻辑综合分析能力，以及强烈的解决问题的意愿； ● 具有强烈的求知欲和与之相适应的学习能力； ● 具有良好的沟通能力，能清晰、准确地在团队成员中传达自己的想法； ● 熟悉或精通计算机图形学； ● 熟悉或精通分布式系统设计
引擎程序	● 精通C/C++编程语言及其思想； ● 具有扎实的计算机基础知识，深入理解数据结构、算法、操作系统等知识； ● 具有良好的逻辑和综合分析能力，以及强烈的解决问题的意愿； ● 具有强烈的求知欲和与之相适应的学习能力； ● 具有良好的沟通能力，能清晰、准确地在团队成员中传达自己的想法； ● 熟悉或精通计算机图形学； ● 熟悉编译原理，定制过领域专用语言； ● 熟悉或精通计算机物理模拟系统，使用过开源或商业物理引擎； ● 熟悉Unreal Engine和Unity等商业游戏引擎； ● 熟悉或曾经参与过游戏引擎或其中某个部分模块的开发
技术美术	● 本科及以上学历； ● 具有良好的沟通能力，团队合作意识，工作态度端正、负责； ● 掌握3ds Max或者Maya软件的基本操作； ● 熟悉C++、C#、Python或其他任意一种开发语言； ● 掌握Cg、HLSL、GLSL任意一种Shader语言； ● 具有Unreal Engine或Unity游戏引擎使用经验； ● 计算机、美术设计、数字媒体等相关专业优先； ● 有美术基础、技术美术相关工作经验优先，了解图形渲染算法优先； ● 了解及掌握Substance系列、Houdini等对应行业开发环境的相应软件
原画	● 具有良好的审美能力，扎实的绘画功底，并能把设计通过准确的造型、色彩空间关系落实到画面中； ● 熟悉计算机绘图的技巧，精通至少一种绘图软件，能使用2D软件或3D软件表达最终画面均可； ● 热爱游戏，善于分析总结不同游戏的设计风格、不同世界观下场景表现特色与差异； ● 积极乐观，不畏挫折，善于学习新的知识，能融洽地和团队其他成员一同进行创作
测试	● 本科或以上学历，专业不限； ● 具有资深游戏爱好者，对各类游戏有深刻的理解，具备丰富的游戏经验，游戏高端玩家优先； ● 具有良好的逻辑思维能力和学习能力，以及强烈的解决问题的意愿； ● 具有良好的沟通和团队协作能力，能清晰、准确地在团队中传达自己的想法； ● 具备扎实的计算机基础，掌握至少一门编程语言，熟悉数据结构、算法、操作系统和网络等知识

（续表）

岗位名称	技能要求
发行运营	● 专业不限，综合素质扎实，学科成绩优秀，热爱游戏，关注游戏行业动态； ● 具有优秀的学习能力、创造力、沟通能力、逻辑思维、系统分析与文字组织能力，能从思考事物规律中获得乐趣； ● 乐于接受新鲜事物，对于流行文化、创新科技或电子竞技等高度关注； ● 热爱生活，关注人性； ● 具有广泛网络游戏经验者或电子竞技参与经验者优先； ● 具备英、日、韩任意一种语言无碍使用能力者优先

读者可以自行在各大游戏公司招聘网站检索招聘信息。针对招聘要求查漏补缺、认真学习准备，让进入游戏的行业的过程更加顺利。

13.3 政府管理机构

本节介绍我国游戏行业的管理机构。由于网络游戏目前是游戏的最重要的分类，因此主要介绍网络游戏的管理机构。网络游戏行业属于互联网信息服务业的子行业之一，受到相关政府部门监督管理及行业协会自律监管。行业行政主管单位包括工业和信息化部、国家新闻出版总署、文化部、国家版权局等部门，以上相关部门在各自职责范围内依法对涉及特定领域或内容的互联网信息服务实施监督管理。本行业的自律监管机构包括中国互联网协会、中国音像与数字出版协会游戏出版工作委员会和中国软件行业协会游戏软件分会。

中国音像与数字出版协会（China Audio-Video and Digital Publishing Association，CADPA）是由全国从事音像与数字出版行业生产经营的企事业单位及个人自愿结成的、具有独立法人资格的非营利社会团体，是中华人民共和国唯一的全国性音像与数字出版行业组织。中国音像协会于1994年4月29日，经原国家新闻出版总署和民政部批准成立；2013年3月，经原国家新闻出版总署和民政部批准更名为中国音像与数字出版协会。协会现有会员1400余家，涵盖音像、音乐、数字出版内容创作、产品制作、内容传播等单位，设有唱片工作委员会、音乐产业促进工作委员会、音视频工程专业委员会、有声读物专业委员会、游戏出版工作委员会、数字阅读工作委员会、数字教育出版工作委员会、出版融合工作委员会（原专业数字出版工作委员会）、大众数字出版工作委员会、数字音像电子出版工作委员会（原电子音像出版工作委员会）、动漫工作委员会、知识服务与数字版权保护技术工作委员会、数字音乐工作委员会、电子竞技工作委员会14个分支机构。

中国音像与数字出版协会中与游戏行业有关的分支机构主要是游戏出版工作委员会，简称中国音数协游戏工委，于2003年8月经原新闻出版总署批准，报民政部备案后正式成立。游戏工委的会员单位包括国内游戏出版、游戏运营及相关领域企业。游戏工委旨在改善游戏出版业现状，规范游戏出版物市场，消除产业发展中的不良因素，使游戏出版业更加健康与繁荣。游戏工委直接接受中宣部出版局的指导和管理，是中华人民共和国唯一的全国性游戏行业管理、协调和服务组织。游戏工委作为沟通政府与企业、联系国内与海外的桥梁，在协助政府加强行业管理、帮助企业开拓游戏出版物市场等方面发挥积极作用，通过信息交流、国际合作、行业培训、产品展会和企业融资等方式，发挥社团作用，促进中国游戏出版业不断前进与发展。

另外一个与游戏行业相关的委员会是中国音像与数字出版协会电子竞技工作委员会，于2022年成立。

由于电子竞技是一个新兴的行业，把电子竞技当作体育项目还是文化项目管理，目前还没有定论。因此管理该行业的管理机构还有中国文化管理协会电子竞技管理委员会（登记管理机关为民政部）和国家体育总局体育信息中心。

中国软件行业协会游戏软件分会，原名中国软件行业协会电子游戏机分会，于1993年成立，是最早成立的游戏行业协会之一。2002年7月，经信息产业部和民政部的批准，中国软件行业协会电子游戏机分会更名为中国软件行业协会游戏软件分会。

13.4　游戏版号管理

游戏版号是国家新闻出版署批准相关游戏出版运营的批文号的简称，可以在国家新闻出版署官网进行查询。游戏版号由国家新闻出版广电总局负责管理。要在中国境内合法销售和发布游戏，开发商和发行商必须获得游戏版号。游戏版号的申请过程包括提交详细的游戏内容、脚本、画面等资料供审查。审查重点包括游戏内容的政治、文化、道德和法律适宜性。政府机构将对游戏的内容进行全面审查，以确保其符合中国的国家标准和规定。获得版号后，游戏才能在中国市场上销售和运营。未获得版号的游戏无法在中国境内地区合法上市。

所有游戏产品都要在取得版号批复后才可以合法上线运营。如果在没有版号的情况下开始运营并收费，会承担相应行政处罚。

申请游戏版号的要求很多，包括以下几点。

- 出版单位须为具有网络游戏出版资质的网络出版服务单位。
- 所申报的国产网络游戏作品已办理著作权登记手续或者相关公证，或者游戏著作权人明确的自我声明（承诺），游戏著作权人须为中国公民或内资企业。
- 游戏运营机构须具有《电信与信息服务业务经营许可证》（ICP证）。
- 游戏作品符合《出版管理条例》《互联网信息服务管理办法》《网络出版服务管理规定》等法律法规规章规定。
- 游戏运营机构在运营中必须符合国家有关保护未成年人的相关规定以及其他关于游戏运营活动的规定。

申请游戏版号需要提交的材料如下。

- 所在地省级出版管理部门报国家新闻出版署的请示文件。
- 《出版国产电脑网络游戏作品申请书》或《出版国产移动游戏作品申请表》。
- 著作权证明材料及著作权人相关证明文件。
- 运营机构企业法人营业执照及ICP证（复印件）。
- 游戏画面截图。
- 游戏作品中文脚本全文及游戏屏蔽词库。
- 游戏防沉迷系统功能设置说明。
- 用于内容审查的"管理人员"账号及游戏防沉迷系统测试账号。

- 游戏审查辅助材料。
- 包含所有申报文字材料的电子文档及游戏演示视频的光盘或U盘。

游戏企业将申请材料提交给国家新闻出版广电总局或其指定的审查机构后，审查机构对游戏内容进行全面审查，确保符合我国的法律和文化标准。审查通过后，将获得正式的游戏版号。

每年由国家新闻出版署批准的游戏数量不同，据GameLook统计，2023年全年国家新闻出版总署共下发新游戏版号1075个，同比增长109.96%，总量相比2022年实现翻番。这也是连续5年递减后，版号发放数量重新回归增长。其中移动游戏获得1023个版号，占绝大多数。

13.5　游戏分级制度

游戏分级制度的历史可以追溯到20世纪90年代，当时由于担心视频游戏中的暴力和成人内容对儿童和青少年造成影响，各国政府和行业组织开始制定相应的分级系统。

20世纪90年代初期，随着视频游戏业的成长，一些游戏因其暴力、性和成人内容引起了公众和政府的关注。《真人快打》在1992年发布后，因其极端血腥的内容而引起了广泛争议。这一游戏成为了暴力视频游戏辩论的焦点，特别是其标志性的"终结技"（Fatality），角色用极为血腥的方式击败对手。这些争议最终导致了美国政府的关注。作为对《真人快打》等暴力视频游戏的回应，参议员约瑟夫·伊萨多·乔·李伯曼（Joseph Isadore Joe Lieberman）在1993年成为这一问题的主要批评者。他是最早对《真人快打》表达关切的政治家之一，并持续批评暴力视频游戏。利伯曼在1996年联合参议员赫伯·科尔（Herb Kohl）和心理学家大卫·沃尔什（David Walsh），向国会介绍新一波暴力游戏，包括《生化危机》，以此推动对电子游戏内容的更严格监管。随着时间的推移，围绕《真人快打》的争议有所降温。到了2006年，暴力游戏争议的焦点已经转移到其他游戏上，如《侠盗猎车手》系列游戏。尽管如此，《真人快打》对视频游戏分级制度的发展产生了深远的影响。例如，德国于1994年将《真人快打Ⅱ》列入对青少年有害的作品名单，并于次年从市场上撤回了除GameBoy版本外的所有版本。而在日本，任天堂将游戏中的血液颜色从红色改为绿色，并在所有角色特定的致命终结技动作中使屏幕变为黑白。《真人快打》不仅在游戏行业内引发了对暴力内容的激烈辩论，也促进了游戏分级制度的建立和发展。

1994年，面对立法机构的压力，美国游戏行业成立了娱乐软件分级委员会（Entertainment Software Rating Board，ESRB），负责对游戏进行分级。ESRB是一个行业自我监管组织，负责对在美国和加拿大销售的电子游戏和应用程序进行内容评级。它的主要职责是为每款游戏提供年龄和内容的评级标签，帮助美国消费者，特别是家长，了解游戏内容是否适合儿童或青少年。ESRB的评级标准基于游戏中的暴力程度、性内容、成人主题、语言使用等因素。通过这一机制，ESRB旨在提供一个负责任的行业内部游戏内容评估系统，同时避免了政府的直接审查。ESRB对游戏进行评级的过程通常包括以下几个步骤。

- 提交资料：游戏开发商或发行商向ESRB提交一份关于游戏内容的详细描述，包括游戏中可能会引起关注的所有内容。
- 评级过程：ESRB的评级员根据提交的资料对游戏进行评估。评级员们通常不会玩游戏，而是依据提供的视频片段、脚本、游戏描述等资料来判断。

- 确定评级：基于评级员的评估，ESRB会为游戏分配一个适宜的年龄和内容评级。评级分类包括了适合不同年龄段的多个等级，如"E"（Everyone，表示适合所有人），"T"（Teen，表示适合青少年），"M"（Mature，表示适合成人）等。

- 审核与发布：确定评级后，ESRB会将评级结果发送给游戏制造商，之后公开发布并附加在游戏包装和宣传材料上。

这个过程旨在确保游戏内容评级的准确性，帮助消费者特别是家长了解游戏是否适合特定年龄段的玩家。ESRB的评级系统包括以下几个主要类别。

- EC（Early Childhood）：适合幼儿，不含有可能引起家长不适的内容。

- E（Everyone）：适合所有年龄段，可能包含轻微暴力或者低俗语言。

- E10+（Everyone 10 and Older）：适合10岁及以上玩家，可能包含轻微暴力、不温和语言或者少量恐怖元素。

- T（Teen）：适合青少年，可能包含暴力、低俗语言和少量成人主题。

- M（Mature）：适合17岁及以上玩家，可能包含强烈暴力、血腥场景、成人主题或强烈语言。

- AO（Adults Only）：仅适合18岁及以上的成年人，可能包含强烈的暴力、血腥场景、性内容或赌博。

- RP（Rating Pending）：评级尚未确定，通常用于宣传材料。

欧洲游戏信息组织（Pan European Game Information，PEGI）于2003年成立，总部设在比利时的布鲁塞尔，为欧洲市场上的视频游戏提供统一的年龄分级和内容评级系统。PEGI的评级系统旨在帮助欧洲消费者了解游戏内容的适宜性，以做出明智的购买和使用决策。PEGI的评级标准考虑了游戏中的暴力、性内容、成人主题、恐怖、毒品使用以及歧视等因素。PEGI 的游戏分级体系包括以下几个等级。

- PEGI 3：适合所有年龄段的玩家。

- PEGI 7：可能包含年幼儿童轻微不适的内容。

- PEGI 12：可能包含轻微暴力或稍微粗俗的语言。

- PEGI 16：可能包含暴力或犯罪描绘。

- PEGI 18：可能包含成年人内容，如极端暴力或性内容。

日本电脑娱乐分级组织（Computer Entertainment Rating Organization，CERO）是负责对在日本销售的电子游戏进行内容分级的机构。CERO的分级体系包括以下等级。

- A级：适合所有年龄段。

- B级：12岁以上推荐。

- C级：15岁以上推荐。

- D级：17岁以上推荐。

- Z级：仅适合18岁以上成年人。

其他国家的游戏分级系统包括德国的USK（Unterhaltungssoftware Selbstkontrolle）系统、韩国的KMRB（Korea Media Rating Board）系统和俄罗斯的RARS（Russian Age Rating System）系统等。

大多数分级系统都有多个等级，反映不同年龄层的适宜性，从适合所有年龄段的到只适合成人的。随着数字分发的兴起和游戏市场的全球化，统一的分级标准和国际间的协调成为新的挑战。游戏分级制度是对视频游戏内容进行监管和指导的重要工具，它反映了社会对儿童和青少年保护的关注，同时平衡了创意自由和社会责任的需要。随着游戏行业的不断发展，这个制度也在不断适应新的挑战和变化。

截至2023年，我国尚未实施一个全国性的官方游戏分级制度。我国的《网络游戏适龄提示》仅适用于网络游戏，且暂无18+分级。2020年12月16日，在2020中国游戏产业年会未成年人守护分论坛暨未成年人守护生态共建发布会上，《网络游戏适龄提示》团体标准发布，并宣布正式进入试行阶段。标准试行稿中规定了适龄提示标识符，提供了绿色的8+、蓝色的12+和黄色的16+这3个不同年龄段标识。值得注意的是，新的标准并未列入可能引起争议的18+年龄段，这也是该标准与国外游戏分级制度的明显不同之处。尽管多年来一直存在关于建立此类系统的讨论和建议，但我国目前没有像美国的ESRB或欧洲的PEGI那样的官方分级机构。在《网络游戏适龄提示》的定义中，"适龄提示"不是分级。区别在于，国外游戏行业普遍采用分级制，覆盖儿童、青少年和成人，特别是为成人年龄组添加详细内容描述，存在标注为"18+"的含有色情、暴力、犯罪等内容的限制级。而"适龄提示"是对我国严格、规范的内容审查制度的补充和完善，并不会放大游戏内容审核尺度。所有游戏都要符合社会主义核心价值观，都要充分考虑未成年人接触可能产生的影响，都要经得起家长和社会各界的检验。

练习题

❶ 请列举3个重要的电子竞技国际赛事。

❷ 中国音数协游戏工委的全称是什么？

❸ 技术美术和其他游戏美术岗的要求有什么不同？

❹ 游戏策划岗的要求不高，是不是任何专业的学生都可以申请？

❺ 我国的《网络游戏适龄提示》是游戏分级制度吗？

第 14 章
游戏成瘾与防沉迷

在过去 60 年里，视频游戏已经从一小部分年轻男性的兴趣爱好发展成为跨越性别和年龄的最受欢迎的兴趣爱好之一，中国游戏玩家群体约占总人口数的一半。虽然对大多数人来说，游戏是一种娱乐活动，甚至是一种爱好，但一小部分游戏玩家会出现负面症状，主要是游戏成瘾，影响了他们的身心健康并导致心理障碍。游戏成瘾目前已经是一个世界性的问题。

《2022年中国游戏产业报告》指出：2022年，游戏行业积极响应、贯彻落实主管部门的各项工作要求，进一步强化未成年人保护工作力度。自2021年新修订的《中华人民共和国未成年人保护法》实施、《关于进一步严格管理 切实防止未成年人沉迷网络游戏的通知》印发以来，在游戏主管部门、游戏行业和社会各界的共同努力下，批准运营的游戏已实现100%接入防沉迷实名认证系统，未成年人游戏总时长、消费额度等大幅减少；近七成家长对防沉迷新规较为了解，其中八成以上的家长，对新规的执行效果表示满意；超过85%的家长允许孩子在自己的监护下进行适度游戏；72%的家长认为孩子的游戏行为不对日常生活造成影响。未成年人游戏防沉迷工作取得了阶段性成果。

以上的报告内容总结了我国游戏防沉迷工作的进展，有志于加入游戏行业的学生，有必要对游戏成瘾的机制和社会影响有所了解，并学习游戏主管部门对于游戏防沉迷机制的相关政策法规以及游戏企业需要担负的相关社会责任。

14.1　游戏成瘾现象研究

2018年，世界卫生组织将游戏障碍（Gaming Disorder）纳入《国际疾病分类》第 11 版修订版（ICD-11），作为行为成瘾的一种。ICD-11 将其定义为"一种游戏行为模式，其特征是对玩游戏这种行为的控制能力受损，越来越优先考虑游戏而不是其他的活动。将玩游戏优先于其他兴趣和日常活动，即使有负面后果仍继续或更多地玩游戏。"

2013年，美国精神病学协会的《精神疾病诊断和统计手册》（DSM-5-TR）对游戏成瘾进行了描述，心理健康专业人员使用这个标准来诊断精神障碍。在DSM-5-TR中，这种症状被称为互联网游戏障碍（Internet Gaming Disorder，简称IGD）。DSM-5-TR 定义了很多与物质相关的成瘾性疾病，例如酒精、烟草、兴奋剂、大麻和阿片类药物。互联网游戏障碍是 DSM-5-TR 中继赌博成瘾之后的第二种行为成瘾类型。根据提议的标准，网络游戏障碍的确诊需要在一年内出现以下9种症状中的5种或更多症状。

- 专注于游戏。
- 当被剥夺游戏或无法玩游戏时出现戒断症状（如悲伤、焦虑、烦躁）。
- 对游戏产生耐受性，需要花更多时间玩游戏来满足冲动。
- 无法减少玩游戏的时间，尝试退出游戏失败。
- 因游戏而放弃其他活动，对以前喜欢的活动失去兴趣。
- 尽管出现各种问题仍继续游戏。
- 在花在游戏上的时间这个问题上欺骗家人或其他人。
- 利用游戏来缓解负面情绪，例如内疚或绝望。
- 因为游戏而危及工作、教育或人际关系。

网络游戏是否应被归类为成瘾/精神障碍存在很多争论。神经学研究表明，电子游戏和成瘾物质致使的大脑变化有相似之处，或者说游戏成瘾对人体的影响与毒品有相似之处。脑影像的研究也提示了游戏成瘾和物质成瘾的类似脑机制。但是也有研究证明游戏成瘾也许还不能定义为精神障碍，目前的研究工作缺乏理论基础，难以区分正常的和异常的游戏行为。2017年，安东尼·比恩（Anthony Bean）和罗伯特·尼尔森（Robert Nielsen）等人在《职业心理学：研究与实践》（*Professional Psychology: Research and Practice*）期刊发表研究，对美国精神病学协会提出对IGD概念的质疑。该研究认为"游戏成瘾"的研究方法大多借鉴于物质滥用研究领域，该领域的研究方法无法较好地理解媒介消费（如电子游戏）上瘾问题。另外，一些研究表明电子游戏上瘾并不是确定性的概念，上瘾带来的临床损伤可能很低。

2017年3月，在《美国精神病学杂志》（*American Journal of Psychiatry*）上发表的另一项研究旨在检验网络游戏障碍标准的有效性和可靠性，比较它用于研究赌博成瘾和游戏成瘾，并估计其对身体、社会和心理健康的影响。研究发现，在玩游戏的人中，大多数人没有报告任何网络游戏障碍的症状，并且可能患有网络游戏障碍的人的比例极小。该研究涉及对美国、英国、加拿大和德国成年人的多项研究。他们发现超过86%的18岁至24岁年轻人和超过65%的成年人最近玩过网络游戏。然而，对于符合网络游戏障碍标准的人是否比不符合标准的人的情绪、身体和心理健康状况更差，研究结果不一。研究人员发现，仅有0.3%至1.0%的普通人群可能"有资格"被诊断为网络游戏障碍。作者认为，热情参与（热情并专注于游戏的人）和病态（患有疾病/成瘾的人）之间存在重要区别。一个人是否对自己过多的游戏活动感到苦恼可能是区分两者的关键因素。

由于判定游戏成瘾的方法还不够成熟，因此会出现差异很大的统计结果。上面提到的研究工作认为只有0.3%至1.0%的普通人群可能"有资格"被诊断为网络游戏障碍，而法国的一项研究工作中，发现MMORPG的玩家群体中存在高达27.5%的网络游戏障碍。这个统计数据与上面的统计数据的巨大差异来源于对游戏成瘾判定的具体方法和过程。介于这两个极端情况之间，还可以查到不同的游戏成瘾率统计结果。新型冠状病毒感染（COVID-19）大流行之前，全球青少年网络游戏成瘾的平均水平约6.0%，其中中东国家和东南亚地区成瘾率最高（10.9%），西欧国家最低（2.6%）。邓素琴（Catherine So-Kum Tang）等对中国、美国和新加坡3个国家的青少年进行调查后发现，中国青少年网络成瘾率最高（7.0%），新加坡次之（4.9%），美国最低（4.5%）。而新型冠状病毒感染的流行使青少年网络成瘾率在全球范围内有所提升。

从人口统计学的角度分析，男性和青少年明显更容易出现游戏成瘾的问题。而教育水平、就业、婚姻状况、收入与游戏成瘾症状之间不存在显著的关联关系。

关于游戏成瘾的原因，有不同学科的学者进行了研究，从不同角度提出了游戏成瘾的可能原因。

神经生理学对游戏成瘾的解释主要集中在大脑奖赏系统的活动上。游戏活动能够激活与愉悦和奖赏相关的大脑区域，如腹侧纹状体和前额叶，这些区域在多巴胺的调节下起作用。多巴胺是一种与快感和奖赏感相关的神经递质，其释放会增强游戏行为。长期的游戏活动可能导致这些神经递质系统的改变，从而增加对游戏的依赖。此外，大脑的其他区域（如前扣带回）也可能在自我控制和决策制定中发挥作用，影响个体对游戏的依赖程度。

社会心理学对于游戏成瘾的解释通常涉及社交动机、归属感和自我认同的需要。一些理论认为，个体可能因为寻求社交互动、逃避现实生活中的压力和挑战或在虚拟环境中获得成就感而倾向于过度玩游戏。此外，游戏中的社交网络和社群互动可以强化玩家的参与感，尤其是对于那些在现实生活中感到孤立或缺乏社交支持的人。因此，游戏成瘾可能与满足社交和心理需求有关，而这些需求在现实生活中可能没有得到充分满足。

认知行为模型可被用于解释游戏成瘾的原因。该模型强调了思维方式和信念对行为的影响。在游戏成瘾的情况下，个体可能发展出一些不健康的认知模式，如将游戏视为逃避现实压力的唯一方法，或过分依赖游戏来获得满足感和成就感。这些认知可能导致过度游戏和成瘾行为。认知行为疗法即通过改变这些认知模式和行为来帮助治疗游戏成瘾。

14.2 游戏设计元素与游戏成瘾的关系

为了最大程度地提高收入，游戏设计团队的目标是创造具有吸引力并能长期留住尽可能多的玩家的游戏。因此为了确保玩家的参与度，游戏设计师确实会使用基于心理机制的游戏设计元素，例如通过难度调整保持心流状态，这样玩家才能长时间地专注于同一款游戏。操作性条件反射（Operant Conditioning）也是常用的游戏设计元素，主要体现在游戏循环的设计上。操作性条件反射是心理学中的一种学习过程，最初由B.F. 斯金纳（Burrhus Frederic Skinner）提出，通过使用后果（包括奖励和惩罚）来修改行为。正向强化涉及增加一个令人愿意的刺激以增加某种行为，而负向强化则涉及移除一个不愉快的刺激以增加某种行为。在不同类型游戏的"挑战—行动—奖励"游戏核心循环设计中，操作性条件反射可以产生持续的正面强化效果。长时间的正面强化效果有可能改变玩家的生活方式，是非常强大的、需要小心使用的工具。

一些重要的游戏元素能够增加玩家的参与度、满足感和归属感等，但这意味着视频游戏有多种元素可能使玩家"上瘾"，从而导致其中的少部分个体可能患上游戏障碍。虽然这并不意味着游戏本身就能使特定的人上瘾，但是部分游戏元素具有显著的成瘾潜力。

网络游戏成瘾基本上可以代表绝大多数游戏成瘾行为。在线游戏通常允许多人参与，而离线的单机游戏通常只有一个玩家。尽管单个玩家参与的离线游戏也存在玩家成瘾现象，但是网络游戏出现的玩家成瘾问题明显要严重得多。有社交元素的多人在线游戏中玩家更容易成瘾，因为玩家感觉自己在这些虚拟环境中能更有效地社交互动。心理脆弱或有社交障碍的玩家往往更倾向于参与在线活动，同时保持隐形和匿名，以减少他们因面对面互动而产生的焦虑。对他们来讲，多人在线游戏提供了一个安全的社交环境，可以满足他们的社交需求。研究也证明孤独、社交焦虑、社交能力较低和自尊心低与游戏成瘾有较高的相关性。

除了多人网络游戏带来的社交属性，某些类型的游戏，包括射击类游戏、战略类游戏、角色扮演类游戏和近年兴起的多人在线竞技游戏等，比其他类型的游戏具有更高的成瘾潜力。大型多人在线角色扮演类游戏是迄今为止成瘾研究最多的游戏类型。这些游戏类型包含多种设计元素，使得它们对玩家特别有吸引力。在大型多人在线角色扮演类游戏中，玩家加入称为公会的大型团体来实现游戏内目标，并在玩游戏时与其他玩家建立意义深远的关系。大型多人在线角色扮演类游戏还通过调节奖励机制和使用操作性条件反射来强化玩家的获得感，这种间歇性强化机制并不是机械地每次胜利都奖励玩家，而是随机奖励或者多次弱奖励后加一次强奖励。在多人在线FPS游戏中，玩家经常在固定团队中与其他玩家紧密合作，提高个人和团队技能。FPS游戏中的玩家角色定制允许玩家为自己创建独特的虚拟化身，可以将其视为玩家自我的延伸，对虚拟化身的认同会减少真实自我和理想自我之间的差异。这种补偿机制是对自己身体不满意程度较高的玩家的一种工具，可以增强他们的自尊并满足他们的社交需求，同时不会出现社交焦虑。一些最近变得非常流行的游戏类型（如多人在线竞技游戏和"大逃杀"类型游戏）尽管尚未得到广泛研究，但这些类型很可能由于多种游戏元素的优化组合，具有很高的成瘾潜力。例如多人在线竞技游戏综合了角色扮演类和战略类游戏的优点，重点强化了玩家角色能力快速成长和团体对抗等元素，将传统角色扮演类游戏中漫长的英雄成长道路压缩到几十分钟的对局里，游戏核心循环对玩家的刺激更强。

除了游戏中的社交和奖励机制，游戏的货币化设计带来了更多的成瘾相关游戏设计元素。从经济角度来看，近十年游戏模式的一种重要创新是提供免费游戏内容的同时在游戏中引入游戏内购买选项。免费增值模式已迅速成为最广泛的商业模式之一，其收入不依赖于游戏内容本身，而主要依赖于游戏内的交易（即购买虚拟物品形式的附加游戏内容，例如纹理/皮肤、武器、货币或关卡）。免费增值模式会掩盖或隐瞒玩家的真实长期游戏成本，玩家在经济上和心理上可能会比非免费游戏的投入更大。

也许迄今为止最受争议的游戏内购买的赢利方法是"随机抽取"（俗称氪金），指游戏内的一种提供可消耗的虚拟物品的奖励系统，通常以卡牌、盲盒的形式存在，可以用现实世界的货币（通过线上支付）购买，为玩家提供随机奖励。随机抽取机制背后的心理机制与所谓的"沉没成本效应"有关。沉没成本是指由于之前已经投入了金钱、精力或时间而继续进行某种行为的心理倾向。因此，如果玩家已经在随机抽取上花了钱但没有得到他们想要的东西，他们更有可能进一步购买以获得想要的虚拟物品。偶尔获得他们想要的稀有、高质量的奖励会起到间歇性的强化作用，这意味着玩家会得到强烈的心理强化，会继续参与随机抽取以获得其他有价值的奖励。为了吸引玩家，游戏开始时通常会提供免费的随机抽取机会，以让玩家熟悉这种游戏体验。研究表明，玩家在开奖之前就会开始分泌多巴胺，而不仅仅在实际获得奖励时分泌。游戏内随机抽取机制和赌博行为之间的相似性引起了广泛关注，与大多数赌博行为不同，游戏内随机抽取直接面向儿童和青少年。研究表明，在游戏随机抽取上花费大量金钱的玩家往往不是富有的游戏玩家，但更有可能是有游戏成瘾问题的玩家。因此，采用这种随机抽取机制设计游戏的游戏公司似乎从游戏成瘾群体而不是高收入客户中获取过多的利润，这对减少游戏附带伤害以及有关游戏中的随机抽取和其他游戏货币化相关技术的政策法规制定有很大影响。多国正在考虑对游戏随机抽取机制进行监管，例如比利时于 2018 年开始禁止这一类游戏机制，除了监管之外，还应实施有关游戏随机抽取风险的公众教育，以减轻其危害。

另一种可能诱发游戏成瘾的货币化技术是玩家个性化的报价和定价。游戏公司使用游戏内行为跟踪系统来收集有关玩家游戏和消费习惯的数据。根据这些数据，他们进行行为和心理分析，并使用这些分析来为个体玩家量身定制报价，甚至定价，不同的玩家被诱导以不同的价格提供和购买生产成本很低的相同虚拟物品。此外，游戏可能会使用施压策略来鼓励消费，如使用"限时优惠"，通过制造人为的稀缺性并让玩家相信"永远不会再有机会"来促使玩家购买物品。另一种施压策略是识别出可能与新手玩家相关的游戏内物品（例如武器、盔甲），然后识别出拥有此类物品的经验丰富的玩家，并在游戏比赛中匹配这两个玩家，以便新手玩家看到该特定物品的效果，鼓励他们购买它以增加在后续比赛中获胜的机会。

游戏设计的很多设计原则和方法是为了提高游戏的可玩性，使玩家自愿长时间玩游戏，具有很高的成瘾潜力。这些设计原则和方法与其他因素（即环境和个人）结合会增加游戏成瘾的概率，尤其是当玩家群体包括青少年的时候。因此，需要进一步研究新的游戏类型、游戏设计元素和货币化技术与游戏成瘾之间的关系，为相关政策制定提供准确的信息，以制定有效的预防和减少危害的政策。游戏企业也需要正视游戏成瘾的社会影响，在游戏产品设计过程中主动评估游戏元素与游戏成瘾之间的关系，保护青少年玩家群体。当商业利益与社会责任相矛盾的情况下，充分的自律是游戏行业能够长期稳定发展的必然选择。

14.3 未成年人游戏防沉迷措施

预防游戏成瘾，特别是针对未成年人的游戏成瘾预防是目前游戏防沉迷的主要方向。共青团中央维护青少年权益部和中国互联网络信息中心联合发布的《2020年全国未成年人互联网使用情况研究报告》显示，2020年62.5%的未成年网民会经常在网上玩游戏；13.2%未成年手机游戏用户，在工作日玩手机游戏日均超过2小时。人口统计学对游戏成瘾人群的分析也说明未成年人比成年人更容易游戏成瘾。这就需要引导未成年人积极参与体育锻炼、社会实践以及各种丰富多彩、健康有益的文娱休闲活动。针对青少年的游戏时间管理，游戏行业相关管理部门于近年连续出台了多项措施，对游戏企业的管理趋于严格。

2019年，国家新闻出版署发布了《关于防止未成年人沉迷网络游戏工作的通知》，主要工作重点是"有效遏制未成年人沉迷网络游戏、过度消费等行为"。其中主要的措施包括实行网络游戏用户账号实名注册制度、严格控制未成年人使用网络游戏时段/时长和规范向未成年人提供付费服务等。其中，严格实施网络游戏用户账号实名注册制度是所有其他措施的基础。这个规定中，要求网络游戏企业在深夜时段（即每日22时至次日8时）不得以任何形式为未成年人提供游戏服务。还规定"网络游戏企业向未成年人提供游戏服务的时长，法定节假日每日累计不得超过3小时，其他时间每日累计不得超过1.5小时。"同时还对未成年人付费设定了明确的上限。

2020年10月17日，第十三届全国人民代表大会常务委员会第二十二次会议第二次修订了《中华人民共和国未成年人保护法》，在第七十四条和第七十五条明确对网络产品（包括网络游戏）提出了规定。

"第七十四条 网络产品和服务提供者不得向未成年人提供诱导其沉迷的产品和服务。网络游戏、网络直播、网络音视频、网络社交等网络服务提供者应当针对未成年人使用其服务设置相应的时间管理、权限管理、消费管理等功能。以未成年人为服务对象的在线教育网络产品和服务，不得插入网络游戏链接，不得推送广告等与教学无关的信息。

第七十五条 网络游戏经依法审批后方可运营。国家建立统一的未成年人网络游戏电子身份认证系统。网络游戏服务提供者应当要求未成年人以真实身份信息注册并登录网络游戏。网络游戏服务提供者应当按照国家有关规定和标准，对游戏产品进行分类，作出适龄提示，并采取技术措施，不得让未成年人接触不适宜的游戏或者游戏功能。网络游戏服务提供者不得在每日二十二时至次日八时向未成年人提供网络游戏服务。"

2021年，为了强调《中华人民共和国未成年人保护法》关于网络游戏服务提供者应当针对未成年人设置相应的时间管理有关要求，国家新闻出版署发布了《关于进一步严格管理切实防止未成年人沉迷网络游戏的通知》，作为对上个文件的补充，进一步限制了网络游戏企业向未成年人提供网络游戏服务的时间，要求网络游戏企业只能在"周五、周六、周日和法定节假日每日20时至21时向未成年人提供1小时网络游戏服务"，这项规定进一步压缩了未成年人的网络游戏时间。由于上个文件发布后，网络游戏用户账号实名注册制度没有完全落实，因此在这个文件中要求"严格落实网络游戏用户账号实名注册和登录要求"，取消了上个文件中允许的"游客体验模式"，要求网络游戏玩家必须用真实身份信息注册。

2021年，教育部办公厅等部门发布了《教育部办公厅等六部门关于进一步加强预防中小学生沉迷网络游戏管理工作的通知》，同样强调了各地出版管理部门、网络游戏企业、地方教育行政部门和学校等相关机构在未成年人游戏防沉迷工作中的责任。

可以看出，这些相关法律和法规对游戏防沉迷措施一方面从严管控，强制限制游玩时长和付费金额；另一方面强调加强未成年人教育，引导其自觉避免游戏沉迷。

2023年12月举行的游戏产业年会对于游戏防沉迷问题的关注度明显下降，已经连续举办4年的未成年人保护分论坛不再设立。会上的《2023中国游戏产业未成年人保护进展报告》指出，未成年人过度游戏问题得到有效改善，游戏行业防沉迷工作步入新阶段。2023年12月23日，"宣传贯彻《条例》益起助力成长"主题研讨会上，共青团中央维护青少年权益部发布《第5次全国未成年人互联网使用情况调查报告》，调查发现，61.5%的未成年网民认为当前限制游戏时长的管理方式让自己或同学玩游戏的时间明显减少。

以上数据证明我国未成年人游戏防沉迷措施取得了一定的效果，但是游戏行业的从业者依然需要关注这一问题，已经存在的游戏防沉迷措施应该坚持执行。随着游戏行业的发展，这个问题可能会还以不同的形式出现，并影响政府管理部门对于整个行业的监管方式和力度。

练习题

❶ IGD有哪些症状？

❷ 操作性条件反射是什么？

❸ 根据统计，哪些人群最容易出现游戏成瘾问题？

❹ 列举3个与游戏成瘾现象相关的游戏设计元素？

❺ 随机抽取机制为什么容易引起游戏成瘾问题？

❻ 根据国家新闻出版署的相关规定，目前网络游戏企业向未成年人提供网络游戏服务的时间要求是什么？

结 语 设计游戏可以很快乐
EPILOGUE

　　尽管很多游戏行业的从业者会抱怨游戏设计工作的艰难，但游戏设计工作通常被认为是一项非常快乐的职业，它结合了创意、技术和游戏玩家的激情。希望本书的读者都能够在学习过程中，发现游戏设计工作的快乐。游戏设计允许个人发挥无限的创造力，从构思故事情节到设计游戏机制和创造虚拟世界。能够将自己的想象力和创意转化为实际的游戏体验，对许多人来说是一种极大的满足和快乐。对许多游戏设计师而言，游戏不仅是工作，更是他们的爱好和激情。能够以自己热爱的事物谋生，是一件非常幸福的事情。游戏设计过程中充满了挑战。找到创造性的解决方案，克服开发中的难题，为玩家提供有趣和引人入胜的游戏体验，这些都能带来极大的成就感。

　　游戏设计通常需要跨学科团队的紧密合作。与一群有才华的同学或同事共同创造，分享想法，一起解决问题，这种团队合作的过程本身就能带来快乐。在这样的团队中，成员们可能有不同的专业背景，如计算机科学、软件工程、艺术设计、音乐制作和项目管理等。这种多样性不仅可以促进创意的碰撞和融合，还能让团队成员在合作过程中学习到其他领域的知识和技能，从而提升自己的专业能力。同时，通过跨专业合作解决项目中遇到的问题，也能够提升团队成员解决问题的能力和团队协作能力。

　　进入游戏行业后，成功的游戏设计师有机会通过他们的作品影响和触动玩家。不论是让玩家体验到故事的情感深度，还是创造一个让玩家能够逃离现实压力的空间，都是非常有意义的成就。通过游戏讲述故事、传达情感或提出问题，游戏设计师可以与玩家建立深刻的联系，甚至影响玩家的思考和感受。这种能力让游戏设计不仅是一项技术工作，也是一种艺术创作，为游戏设计师提供了自我表达和创造影响的机会。能够看到自己的设计变成一款完成的游戏，并被全世界的玩家享受，这种满足感是其他许多职业难以比拟的。

　　游戏设计工作之所以快乐，是因为它结合了创意的自由、对游戏的热爱、团队合作的乐趣、解决问题的满足感，以及看到自己作品影响力的成就感。游戏设计是一个充满挑战和快乐的职业道路，希望本书的读者有机会不断学习新技能和知识，保持个人成长和发展，这本身也是一种乐趣。本书到这里就结束了，祝愿所有的读者能够由此开启游戏设计师成长之路。